舉業津梁

明中葉以後坊刻制舉用書的生產與流通

沈俊平 著

臺灣 學生書局 印行

舉業津梁

——明中葉以後坊刻制舉用書的生產與流通

目　次

圖表一覽

第一章　緒　論

一、坊刻制舉用書的出版概況

明代可說是出版史上的極盛時代，其刻書機構之多，刻書地區之廣，刻書數量之多，刻書技術之高，以及刻書家之普遍，都不是之前朝代所可比擬的。❶在刻書系統下，政府刻書稱為「官刻本」，私家刻書稱為「家刻本」，書坊刻書稱為「坊刻本」❷。明代官刻本的主要種類有二：在中央有「內府刻本」，是由內廷的司禮監所主管刻印；在地方則是「藩刻本」，是由各地藩王所刻的書，其中秦藩、魯藩、晉藩、德藩所刻的書，無論是校勘之精審與印刷之良善皆很有名。❸家刻本則在嘉靖年間（1522-1566）以後開始

---

❶ 李致忠《歷代刻書考述》（成都：巴蜀書社，1990），頁 211、217；周心慧〈明代版刻述略〉，見周心慧主編《明代版刻圖釋》（北京：學苑出版社，1998），頁 1；Wu, K. T., "Ming Printing and Printers", in *Harvard Journal of Asiatic Studies* 7, no. 3 (Feb., 1943), p. 203.

❷ 書坊，亦稱書肆、書林、書堂、書鋪、書棚、書籍鋪、經籍鋪等。

❸ 昌彼得〈明藩刻書考〉，見昌著《版本目錄學論叢（一）》（臺北：學海出版社，），頁 39-103；李致忠〈明代刻書述略〉，《文史》第 23 期（1984），頁 127-158；Zhao Qian and Zhang Zhiqing, "Book Publishing by the Princely Household during the Ming dynasty: A Perliminary Study", trans by

興盛，而且特別流行翻刻舊書。由於家刻本刊刻者多為藏書家，注重善本且重視校勘，故其所刻書可與宋版書相媲美；萬曆年間（1573-1620）以後，家刻本更是繁盛，吳勉學、陳仁錫（1581-1636）、胡文煥、毛晉（1598-1659）等著名刻書家相繼出現，堪稱是古代私家刻書事業的高峰。❹

但是，基本上官刻和家刻不是以營利為其印書目的；而書坊則是以營利為目的。❺坊刻的作用一為刊刻書籍，二為流通圖書。但

Nancy Norton Tomasko, in *The East Asian Library Journal* X, no. 1 (Spring 2001), pp. 85-128.

❹ 杜信孚〈明代版刻淺談〉，見杜著《明代版刻綜錄》（揚州：江蘇廣陵古籍出版社，1983），頁5下；邱澎生〈明代蘇州營利出版事業及其社會效應〉，《九州學刊》第5卷第2期（1992年10月），頁139-140。關於明代政府刻書和私人刻書的詳細情況，參閱繆咏禾《明代出版史稿》（南京：江蘇人民出版社，2000），頁48-63；張秀民《中國印刷史》（上海：上海人民出版社，1989），頁340-390；魏隱儒《中國古籍印刷史》（北京：印刷工業出版社，1984），頁94-109；Wu, K. T., “Ming Printing and Printers”, pp.225-250.

❺ 經營書肆所能獲得的贏利在當時還較一些行業為高。（同治）《撫州府志》卷六五載：金溪人楊隨在四川瀘州開設藥鋪，有從兄某同在瀘州經營書肆，常年虧損。楊隨以自己的藥鋪讓給從兄，而自己經營書肆，待年終結算，書肆營利比藥鋪大得多。轉引自張海鵬、張海瀛主編《中國十大商幫》（合肥：黃山書社，1993），頁389。這說明，只要經營得當，經營書肆亦可獲得可觀的營利。據袁逸考察：「明萬曆年間當代刻本的平均售價為每卷1.8錢銀，與同時期每卷0.124錢刻印成本比較，贏利率在12倍以上。即是扣除其他種種支費或損耗，書商的利潤仍十分可觀。」（袁逸〈明代書籍價格考〉，見宋原放主編《中國出版史料·古代部分》第二卷〔武漢：湖北教育出版社，2004〕，頁529）袁逸可能有過度誇大明代書商的贏利之處，但即使我們保守地以贏利率6倍計之，書商的利潤也頗為可觀，這或許是吸引明人從事刻書業的原因。

也有書坊是兼及刻印、發兌、售賣的經營方式。在時間的分佈上，明代坊刻經過了明初一段時期的沉寂後，約在成化年間（1465-1487）死灰復燃，到萬曆年間達至高峰。在地域的分佈上，蘇州、南京、杭州、湖州、徽州、建陽都是當時全國知名的產書中心。❻坊刻的種類頗廣，大致包括小說、戲曲、狀元策、翰林館課、八股文、醫書、類書等書籍，大致可分為「民間日用參考實用之書」、「科舉應試之用書」以及「通俗文學之書」三大類，❼這三大類圖書在明中葉以後的圖書市場呈三強鼎立之勢。❽

有學者指出：「坊刻在這個出版事業中的地位還沒有得到很好的認識。」❾的確，一些人對坊刻似乎存在偏見，好像坊刻書籍多為日用類書、通俗文學和制舉用書等熱門書，登不上大雅之堂。書坊主以營利為目的，所刻書籍確實也存在著這些弊病。但是，若我們能設身處地來看待坊刻在當時出版業所處的地位及其貢獻，就可能會改變我們對坊刻以往的誤解。首先，坊刻不像官刻有一定的消

---

❻ 張秀民《中國印刷史》，頁 340-402；沈津〈明代坊刻圖書之流通與價格〉，《國家圖書館館刊》1985 年第 1 期，頁 102；繆咏禾《明代出版史稿》，頁 61-63。

❼ 三大類的分法，采自肖東發〈建陽余氏刻書考略〉，見上海新四軍歷史研究會印刷印鈔分會編《歷代刻書概況》（北京：印刷工業出版社，1991），頁 127-129。

❽ 張秀民《中國印刷史》，頁 472；繆咏禾《明代出版史稿》，頁 381-382。大約同一時期的法國的出版趨向與明代呈現很大的不同，當時的法國的圖書市場較多地出版書信、宗教、時事、科學、地理和哲學等作品為主。參閱弗雷德里克·巴比耶著，劉陽等譯《書籍的歷史》（*Histoire du livre*）（桂林：廣西師範大學出版社，2005），頁 201-205。

❾ 王建《明代出版思想史》（蘇州：蘇州大學博士論文，2001），頁 119。

費群體，有一定的指令性計劃，一般都由公家提供經費，也不需憂愁銷售成績；也不像家刻，書籍生產只是業餘性質，大多只是為了博取名聲，沾染一點文人墨客的氣息。家刻一般都有資金的保證，刊印目的也不一定在謀利，即使蝕本也不在乎。坊刻則不然，不僅要面臨同業的激烈競爭，也要與官刻、家刻爭一席之地，生存可說是相當艱辛。其次，坊刻往往是新技術的催生婦，也是先進經營方式的代表。葉德輝（1864-1927）說：「古今藝術之良否，其風氣不操之於搢紳，而操之于衣食營營之輩。」❿就明代而言，坊刻在新技術的應用與書坊經營方式也往往超前於官刻與家刻。其中活字、版畫、套色、餖版等新技術與推廣離不開書坊主的努力。在經營方式上，書坊主已充分利用各種利於行銷的正當（如使用宣傳促銷策略、削減成本）和不正當（如偽託與翻刻）的手段，也逐漸從繁瑣的編書事務中脫離出來，改為聘請職業或兼職編輯家，將精力轉移到開拓圖書市場與組織生產方面。其三，在出版思想方面，官刻一般以啟迪民智、維持風教、樹立正統為其出版思想，家刻則以流傳文獻、刊刻先人或自己的著作為主要目的，坊刻的思想束縛較小，幾乎完全沒有禁區，日用類書、通俗文學和制舉用書等是書坊刻書的重點。⓫同時，坊刻的時間意識強烈，不像官刻和家刻那樣允許耗費較長的時間刊刻圖書。對書坊主而言，時間就是金錢，故他們必須和時間賽跑，跑在其他同業之前，以便在最短的時間內就將熱門選題的

---

❿ 葉德輝《書林清話》卷二，〈刻書分宋元體字之始〉（長沙：岳麓書社，1999），頁31。

⓫ 王建《明代出版思想史》，頁119-120。

圖書，如翰林館課、程墨、房稿之類的制舉用書較同行更先一步推到市場，大賺一筆。直接接觸市場，時間意識強烈也是坊刻成功的因素之一。⓬

在科舉考試制度施行的大約一千三百多年間，為了通過這條求取功名富貴的唯一管道，士人只得全力鑽研政府規定的應考書籍。但是，如果備考時僅埋首於政府規定的應考書籍，像明代規定以四書五經為主的書籍，對一些士子來說還是不足夠的。為了滿足這些士子的迫切需要，坊間就出現了林林總總的準備參加考試的輔助讀物。著錄有明一代書籍的《千頃堂書目》在給這些圖書歸類時，將它們統歸在集部的〈制舉類〉中，故本文借用這個類目統稱這類圖書為「制舉用書」。⓭明末有人稱這些制舉用書為「舉業之津梁」⓮，說明了當時那些內容齊備，形式多樣的制舉用書，能夠幫助士子在短時間內掌握參加考試所需要知道的知識和答卷竅門，給他們構建起一座更快更易在舉子業取得成功的橋樑，使得原本艱辛的備

⓬ 葉德輝《書林清話》卷八〈明華堅之世家〉記華珵「所制活板甚精密，每得秘書，不數日而印本出矣」（頁 175）。在短短數日就能推出新書，其刊行圖書之快，實在驚人，這充分體現了書坊時間意識的強烈。繆咏禾指出，如果集中眾多工人趕刻趕印的話，在短時間內突擊出大工程也是可能的事。像明代北京科舉考試放榜後，書坊在三五日就刊印完成《登科錄》的工作。見繆著《明代出版史稿》，頁 315。

⓭ 黃虞稷《千頃堂書目》，見《叢書集成續編》冊 67（上海：上海書店，1994），頁 565-566。

⓮ 陳祖綬撰，夏允彝等參補《近聖居三刻參補四書燃犀解》，〈凡例〉，見《美國哈佛大學哈佛燕京圖書館藏中文善本彙刊》冊 4（桂林：廣西師範大學出版社，2003），頁 13。

考工作更加簡易，這也是士子爭相研習坊刻制舉用書的原因。

制舉用書是官方唯恐太多太濫的圖書，除五經四書性理大全外，這類圖書自然不會出現在官方的刻書系統中。在家刻的出版系統下，雖有個人出資出版的制舉用書，像八股文稿本，但其目的主要是博取名聲，引起世人的注意，且品質參差不齊，流通管道有限，影響受到局限。但是，也有一些編撰者，特別是那些在科舉考試規定的某方面的內容或形式（像對四書五經的詮釋或八股文寫作）有特出成就者，在認識到所編撰的圖書可能給自己帶來的利益後，或自己出資，或在他人的資助下出版所編撰的制舉用書，避免與書坊分肥，這可說是金錢地位提升後一般人的普遍行為。其中不少私人出資出版而深具市場潛力的制舉用書，最終也逃不過被書坊翻刻的命運。不過和書坊主主持下所出版的制舉用書的數量比較起來，這些私人出資出版的制舉用書還是弱勢的。至於明中葉以後那些以營利為目的的書坊主則在商言商，自然不會輕易放棄這個擁有龐大讀者群支撐的圖書市場。由於這是個深具潛能與商機的市場，故而同行間都希望在這個市場中分得一塊大餅，彼此間展開激烈的競逐，使盡各種正當的和不正當的手段達至這個目的。在陣容強大的創作隊伍和他們的配合下，考生可輕易地在當時的圖書市場購得各式各樣的制舉用書，加上其他種類的圖書，如小說、戲曲、日用類書、醫書等，使得當時的出版市場呈現出一個百花齊放的格局。

郎瑛（1487-1566）回憶：「成化以前世無刻本時文，杭州通判沈澄，刊《京華日抄》一冊，甚獲重利。後閩省效之，漸及各省徽提學使考卷。」⑮八股文選本之刻始於成化間的沈澄。和郎瑛同時的李濂（1488-1566）也觀察到「比歲以來，書坊非舉業不刊，市肆非舉業不售，士子非舉業不覽。」⑯李詡（1505-1593）《戒庵老人漫筆》也說：

> 余少時學舉子業，並無刊本窗稿。有書賈在利考，朋友家往來，鈔得《鐙窗下課》數十篇，每篇謄寫二三十紙。到余家塾，揀其幾篇，每篇酬錢或二文，或三文。憶荊州中會元，其稿亦是無錫門人蔡瀛與一姻親同刻。方山中會魁，其三試卷，余為慫惥其常熟門人錢夢玉以東湖書院活字印行，未聞有坊間板。今滿目皆坊刻矣，亦世風華實之一驗也。⑰

通過郎瑛、李詡和李濂的親歷，我們大致可以斷定，制舉用書的出版經歷了成化以前一段長時期的沉寂後，隨著社會的變遷以及制舉用書讀者群體的逐漸形成，在成化年間死灰復燃，於嘉靖年間已然有上升的趨勢，至萬曆年間達致頂峰，坊刻制舉用書在晚明的圖書市場上大行其道應該是不爭的事實。⑱

---

⑮ 郎瑛《七修類稿》卷二十四，〈時文石刻圖書起〉，見《四庫全書存目叢書》子部冊 102（濟南：齊魯書社，1995），頁 618。

⑯ 黃宗羲編《明文海》卷一〇五，李濂〈紙說〉，見《景印文淵閣四庫全書》冊 1454（臺北：臺灣商務印書館，1983），頁 201。

⑰ 李詡《戒庵老人漫筆》卷八，〈時藝坊刻〉（北京：中華書局，1982），頁 334。「荊州」即唐順之，於嘉靖八年（1529）中會元。「方山」即薛應旂。

⑱ 姑不論其他種類的制舉用書的數量，單就「坊刻時文」這一類而言，考生已「看之不盡」，這很能夠說明當時坊刻制舉用書的數量之多。參袁宏道著，

雖然這些制舉用書在明中葉以後大量地刊行，但是，它們向來受明、清學者所鄙棄。商衍鎏討論八股文時指出：「自明至清，汗牛充棟之文，不可以數計。但藏書家不重，目錄學不講，圖書館不收。停科舉、廢八股後，零落散失，覆瓿燒薪，將來欲求如策論詩賦之尚在人間，入於學者之口，恐不可得矣。」⑲不僅八股文選集如此，像四書五經講章、策論選集等也大多隨著科舉制度廢止後，時代需求消失而煙消雲散。

此外，不少在明代出版的制舉用書因「議論偏謬」⑳而在清代為政府所禁毀，其中包括《翰林館課》、《八科館課錄》、《明館課宏詞》、《續宏詞》、《狀元策》、《策衡》、《策學考實》、《明策雋永》、《策略》、《二三場玉函時務表》、《二三場典》、《二三場日箋》、《二三場旁訓》、《二三場合刪》、《二三場合鈔》、《古今議論參》、《明文衡》、《了凡綱鑑補》、《歷朝捷錄大成》、《捷錄大全》、《捷錄全本直解》、《捷錄真

錢伯城箋校《袁宏道集箋校》卷二十二，〈瓶花集〉之十，〈尺牘〉，〈答毛太初〉（上海：上海古籍出版社，1981），頁764-765。

⑲ 商衍鎏著，商志潭校注《清代科舉考試述錄及有關著作》（天津：百花文藝出版社，2004），頁 244。同時，鮮少有書目給這些圖書專門立類，據周彥文的考察，明清書目中僅有葉盛《菉竹堂書目》、晁瑮《寶文堂書目》、祁承㸁《澹生堂藏書目》、茅元儀《白華樓書目》、黃虞稷《千頃堂書目》、《明史·藝文志》等給制舉用書專門立類。（見周彥文〈論歷代書目中的制舉類書籍〉，見《書目季刊》第31卷第1期〔1997〕，頁5-12）由此可見明清學者對這些圖書並不重視。

⑳ 姚覲光輯《清代禁毀書目四種》，《禁書總目·明文衡》，見《萬有文庫》第2集第7種（上海：商務印書館，1934），頁86。

本》、《捷錄法源旁注》等都在禁書之列，這無疑是使得這些原本已不為人們所重視的圖書，存世更受打擊。

考慮到這些在同時期西方所沒有的制舉用書在明中葉以後對當時的出版業所起的支撐力量，以及其閱讀對象的龐大，和其作為一種知識傳播、文化承傳和思想擴散的可能管道來說，它們對進一步瞭解明中葉以後的出版業和社會狀況應該具有相當大的價值，故乃是一個值得進行深入探討的課題。

二、明代圖書出版的研究概況

中國出版史的研究並不長，屈指數來，大約僅有一個世紀的時間。在十九世紀以前，找不到一部專門研究出版史的著作，即使有一些關於圖書印刷和校勘的記載，也是散見於各家筆記、文集的零篇短文之中。十九世紀末二十世紀初，開始有研究藏書、刻書和圖書的著作出現。

葉昌熾（1849-1917）的《藏書紀事詩》可說是最早一部涉及中國圖書史和藏書史的著作。此書出版於 1897 年，是一部記述五代到清末藏書家事蹟的著作。緊接其後的是葉德輝的《書林清話》。此書出版於 1911 年，是一部用筆記體記載中國古代圖書知識和出版印刷的史料。這兩部圖書史的奠基之作雖都涉及明代出版事業的討論，但並不集中，且頗為零碎簡略，也沒有關於明代制舉用書出版的討論。

自葉昌熾的《藏書紀事詩》和葉德輝《書林清話》後大約一百年的中國出版史研究中，研究中國出版史、中國印刷史、中國圖書史、中國版本學等的著作和論文集至少有好幾十種。在我們看來，在這些著作中，當以美國學者錢存訓的《造紙與印刷》㉑和中國學者張秀民的《中國印刷史》㉒為這個學術領域的經典之作。這兩種專著對明代出版事業均有述及，但由於是通史性質，故都相當簡略，欠缺完整。張秀民的《中國印刷史》對明代科第錄和八股文的出版情況雖有介紹，但略嫌表面，不夠深入。㉓

專論明代出版事業的專著和專文有六種：吳光清的〈明代印刷與印刷家〉（"Ming Printing and Printers"）、繆咏禾的《明代出版史稿》、郭姿吟的《明代書籍出版研究》㉔、趙前的《明本》㉕、王建的《明代出版思想史》㉖和大木康的《明末江南の出版文化》㉗。其中，繆咏禾的《明代出版史稿》在討論明代讀者群和市場一節中探討了明代制舉用書在有明一代常印不衰，有很大市場的原因。對制舉用書的類型，以及當時制舉用書的專業編輯者也作了簡略的介紹。㉘王建的《明代出版思想史》有專節介紹明代制舉用書

㉑ Tsien, Tsuen-Hsuin, *Paper and Printing*, v.5: 1. section 32, e and g, Joseph Needham (ed.), *Science and Civilization in China* (New York: Cambridge University Press, 1985). 中譯本有劉拓、汪劉次昕譯《造紙與印刷》（臺北：商務印書館，1995）以及鄭如斯編訂《中國紙和印刷文化史》（桂林：廣西師範大學出版社，2004）。

㉒ 張秀民《中國印刷史》，頁 334-543。

㉓ 同上，頁 457-459、471-472。

㉔ 郭姿吟《明代書籍出版研究》（臺南：國立成功大學歷史研究所碩士論文，2002）。

㉕ 趙前《明本》（南京：江蘇古籍出版社，2003）。

㉖ 王建《明代出版思想史》（蘇州：蘇州大學博士學位論文，2001）。

㉗ 大木康《明末江南の出版文化》（東京：研文出版，2004）。

㉘ 繆咏禾《明代出版史稿》，頁 381-383。

的出版情況和出版思想，可惜不夠深入。大木康的《明末江南の出版文化》對馮夢龍的制舉用書的編纂活動略有論述，同時也梳理了《儒林外史》一書中關於八股文選集的出版活動的描述。至於其他三種專著和專文則沒有觸及制舉用書的出版活動的討論。

在明代民間書籍出版研究方面，有陳昭珍的《明代書坊之研究》㉙、麥傑安的《明代蘇常地區出版事業之研究》㉚和葉樹聲、余敏輝的《明清江南私人刻書史略》㉛。在這幾種專著和專文中，麥傑安在《明代蘇常地區出版事業之研究》中簡略地討論了蘇州金閶書坊所出版的時文選輯及其社會效應。㉜葉樹聲、余敏輝在《明清江南私人刻書史略》對明清兩代在江南地區坊間出版的制舉用書也作了簡略的介紹。㉝

地方刻書史方面，以福建刻書業的研究最為深入。這方面的專著有謝水順、李珽的《福建古代刻書》㉞和賈晉珠（Lucille Chia）的《為營利而印刷：福建建陽的商業出版商（十一至十七世紀）》（*Printing for Profit: The Commercial Publishers of Jianyang, Fujian [11th-17th*

㉙ 陳昭珍《明代書坊之研究》（臺北：國立臺灣大學圖書館學研究所碩士論文，1984）。

㉚ 麥傑安《明代蘇常地區出版事業之研究》（臺北：國立臺灣大學圖書館學研究所碩士論文，1996）。

㉛ 葉樹聲，余敏輝《明清江南私人刻書史略》（合肥：安徽大學出版社，2000）。

㉜ 麥傑安《明代蘇常地區出版事業之研究》，頁 123、127。

㉝ 葉樹聲、余敏輝《明清江南私人刻書史略》，頁 135-136。

㉞ 謝水順、李珽《福建古代刻書》（福州：福建人民出版社，2001）。

Centuries]）㉟。這兩部專著對作為建陽地區的主要出版物之一的制舉用書雖有涉及，但極為表面、零散和簡略。

到目前為止，涉及制舉用書出版情況的研究論文有周彥文的〈論歷代書目中的制舉類書籍〉㊱和劉祥光的〈時文稿：科舉時代的考生必讀〉㊲。前者從目錄學的角度分析了歷代書目中對制舉類書籍的著錄情況，指出制舉用書在唐代已經行世，但在明代初年以前，制舉用書均未獨立成為書目中的一個類別。明代雖有一些書目如《菉竹堂書目》、《寶文堂書目》、《澹生堂書目》、《千頃堂書目》等已開始將制舉用書獨立成類，但分類不嚴謹，造成體例上的混亂。後者概述了從宋至清八百多年在科舉制度中扮演重要角色的時文稿的演變。指出在南宋流通頗廣的時文稿在元代因科舉考試的一度中止而稍歇，但自明成化以後再度出現，其流通逐漸廣泛。

酒井忠夫的〈儒學與通俗教育讀物〉（"Confucianism and Popular Educational Works"）一文可說是較早討論明代制舉用書的論文。㊳這篇文章以類書和善書為例，來討論儒學和通俗教育讀物的交接對明末社會變遷所發生的影響。文中指出除類書之外，當時坊間亦流通著大量的四書講章之類的制舉用書，並解釋了這些四書講章在當時

㉟ Lucille Chia, *Printing for Profit: the Commercial Publishers of Jianyang, Fujian, (11th-17th Centuries)* (Cambridge: Harvard University Asia Center, 2002).

㊱ 周彥文〈論歷代書目中的制舉類書籍〉，頁 1-13。

㊲ 劉祥光〈時文稿：科舉時代的考生必讀〉，見《近代中國史研究通訊》第 22 期（1996），頁 49-68。

㊳ Tadao Sakai, "Confucianism and Popular Educational Works", William Theodore de Barry (ed.), *Self and Society in Ming Thought* (New York: Columbia University Press, 1970), pp. 331-366.

大量流通的原因。除此以外，尚有周啟榮的〈從坊刻「四書」講章論明末考證學〉[39]和〈為成功而寫作：晚明印刷、考試與思想變遷〉（"Writing for Success: Printing, Examinations, and Intellectual Change in Late Ming China"）[40]。前者探討明末考證學的復興及其特色，並從科舉制度、坊刻四書講章及文人結社活動幾方面來說明萬曆末以至啟、禎時期考證學復興的原因及演變過程。後者討論明末出版、科舉考試與思想變遷三者之間的互動關係，指出發達的書坊出版活動對科舉文化和思想的影響，包括師生關係的疏離、書坊吸引有才華卻失意於科舉的士子投身於參與出版活動、坊刻制舉用書與程朱正統儒學出現分歧的詮釋等。

周啟榮的《近世中國的出版事業，文化與權力》（*Publishing, Culture, and Power in Early Modern China*）[41]可說是一部與本文的旨趣非常接近的專著。此書在導言中指出它是一部研究近世中國（即十六、十七世紀的中國）出版文化的著作，主要分析出版對文化生產（cultural production）的衝擊。周氏在此書是以四書講章和八股文選集這兩大類制舉用書的生產活動為中心來展開其論述。出版對近世中國的文學生產的衝擊是多方面的，此書著眼於商業性出版的增長對文化生

---

[39] 周啟榮〈從坊刻「四書」講章論明末考證學〉，見郝延平、魏秀梅主編《近世中國之傳統與蛻變：劉廣京院士七十五歲祝壽論文集》上冊（臺北：中央研究院近代史研究所，1998），頁53-68。

[40] Chow Kai-wing, "Writing for Success: Printing, Examinations, and Intellectual Change in Late Ming China", in *Late Imperial China* 17, no. 1 (June, 1996), pp. 120-157.

[41] Chow Kai-wing, *Publishing, Culture, and Power in Early Modern China* (Stanford: Stanford University Press, 2004).

產所起的影響，以及不斷擴大的文學精英階層對王朝的政治權力所起的衝擊，包括兩個部分：一是商業性出版的擴張促進了文藝工作者（包括寫作者、編輯者、評論者、校對者等）的成長；二是圖書市場的擴張引起了民間對文藝工作者的注目，這些文藝工作者挾持在民間的權威與代表官方權威的考官發出挑戰，與考官之間形成了對立的陣營。此書採用了不少西方的理論來做為它的分析概念，如布迪厄（Pierre Bourdieu）的「場域（field）」和「生活慣習（habitus）」概念，奈特（Gerard Genette）的「側文本（paratext）」架構，沙提埃（Roger Chartier）的「文學公共領域（literary public sphere）」，以及塞爾托（Michel de Certeau）將閱讀視為「文化侵佔（poaching）」的概念等等。除導言與結論外，它共有五章。他在首章中討論有關書籍製作各方面（包括紙張、板材等印刷原料和刻工）的成本，也根據所收集到的一些明末圖書的書價來驗證它們與收入水準的關聯。周氏強調當時書籍的製作成本極低，售價也極為低廉，書籍是大部分人都能負擔得起的物品。他在第二章中探討出版商的經營策略，包括取得原稿的辦法、宣傳促銷產品的策略、確保原料供給的方法、加快刻板速度的辦法，以及書籍的分配流通。此章強調在應用活字印刷增加的同時，雕版印刷所具備的簡易性和靈活性使它仍成為絕大多數出版商的首選。周氏在第三章闡釋商業出版的擴張帶來了對文藝工作者的需求，這些文人不少是考生。周氏指出由於往來鄉、會試考場的旅途花費負擔龐大，使得那些具備文字能力的考生為了籌集旅費而必須以賣文為生，其中有不少是將文字的勞動成果賣給出版商。他在第四章闡述坊刻四書講章如何挑戰官方的解釋，這些講章如何對儒家經典作出的獨立及多元的解讀，進而動搖了王朝的意識形態。

第五章追溯文學權威如何逐漸從政治中心轉移到由專業文評家形成的商業市場。周氏指出隨著出版業的擴張以及由文學權威所編寫的文評和選集的影響力的日益提升，乃與代表官方權威的考官形成了對立的關係。他根據這個觀察進一步探討，作為專業文評聯盟的復社，利用他們主導文學批評潮流的影響力，通過組織化的權力進而影響科舉取士。周氏在此書的結論除了簡短回顧全書的主要論點（即商業性出版對考試場域和文化生產的衝擊）外，還進一步對中國和歐洲出版商所面對的不同情境進行了詳細的比較和分析。[42]

至於和制舉用書出版相關的教育史、科舉史和八股文史的重要專著中，如艾爾曼（Benjamin Elman）的《帝制中國晚期的科舉文化史》（*A Cultural History of Civil Examination in Late Imperial China*）[43]、趙子富的《明代學校與科舉制度研究》[44]、黃明光的《明代科舉制度研究》[45]、王凱旋的《明代科舉制度考論》[46]、盧前的《八股文小史》[47]、啟功的《說八股》[48]、潘峰的《明代八股論評試探》[49]和

---

[42] 翁健鐘〈中國近代早期的印刷文化——評《近世中國的出版事業、文化與權力》〉，見李弘祺編《中國教育史英文著作評介》（臺北：臺灣大學出版中心，2005），頁258-280。

[43] Benjamin A. Elman, *A Cultural History of Civil Examinations in Late Imperial China* (Berkeley: University of California Press, 2000).

[44] 趙子富《明代學校與科舉制度研究》（北京：北京燕山出版社，1995）。

[45] 黃明光《明代科舉制度研究》（桂林：廣西師範大學出版社，2000）。

[46] 王凱旋《明代科舉制度考論》（瀋陽：瀋陽出版社，2005）。

[47] 盧前《八股文小史》（上海：商務印書館，1937）。

[48] 啟功《說八股》（北京：北京師範大學出版社，1992）。

[49] 潘峰《明代八股論評試探》（上海：復旦大學博士學位論文，2003）。

龔篤清的《明代八股文史探》[50]，除艾爾曼的著作對制舉用書的相關的問題進行了簡略的探討外，其他著作對這個問題則沒有予以討論。艾爾曼在書中第七章開設專節討論以八股文選本和四書講章為中心的明清制舉用書出版活動，他指出私人出版業的成長給那些失敗於科舉的士子開啟了一個出版個人作品和博得公眾認同的空間，也論述了自嘉靖以後朝廷一向信守的官方意識形態開始受到滲入思想新潮的四書講章挑戰。[51]潘峰的《明代八股論評試探》對制舉用書的出版活動雖沒有論述，但文中所選取來進行個案討論的八股文選評本和八股理論專著都相當有代表性，對本文具有很大的啟發作用。

總結而言，據筆者的觀察，前輩學者對坊刻制舉用書的關注顯得不足，過去探討明中葉以後坊刻制舉用書的生產與流通，或不夠深入，只簡述明中葉以後這類圖書的生產情況；或頗為零散，只針對某些相關的課題作粗略的說明。而周啟榮的《近世中國的出版事業，文化與權力》一書可說是開拓了制舉用書的研究工作。但是，在筆者看來，這個研究課題或許還有多個值得探討的空白點或不足之處。例如，制舉用書在明代以前的發展為何？是什麼原因促成制舉用書在明中葉以後的大量刊行，而不是在明初即延續元代這類圖書發展的勢頭而得到進一步的發展？明代的制舉用書與前代相關圖書的承傳關係為何？創新之處為何？制舉用書的讀者群如何形成？

---

[50] 龔篤清《明代八股文史探》（長沙：湖南人民出版社，2005）。

[51] Benjamin A. Elman, *A Cultural History of Civil Examinations in Late Imperial China*, pp. 400-420.

書坊是基於什麼因素來決定制舉用書的選題？成為制舉用書的編撰者的條件為何？哪些人會參與制舉用書的寫作、編選、校訂等生產活動？這些人又是基於什麼原因投入制舉用書的生產活動？制舉用書是不是僅限於前輩學者常利用來探討的四書講章與八股文選集？出版制舉用書的坊賈的宣傳推介的策略為何？制舉用書的流通管道為何？制舉用書的書價對它們的流通的影響為何？這些制舉用書所帶來的社會效應有哪些？朝野對坊刻制舉用書的態度為何？他們的態度對制舉用書的出版的影響為何？這些問題，在前人的相關研究中或沒有涉及，或沒有深入探討，或沒有全面探索。凡此種種，皆說明了我們對明中葉以後坊刻制舉用書的生產與流通的瞭解甚為薄弱，許多問題仍需深入研究，許多領域亟待開拓。目前的研究狀況與明中葉以後出版的制舉用書在出版史中所應佔有的地位遠不相符。以上所提問題，都值得我們進一步深入研究，以進一步撥開制舉用書的出版活動的迷霧，讓人們對這個課題有更深入的瞭解。

三、分析框架與思路

法國學者 Michela Bussotti 在回顧中國出版史研究時指出，中國學者在研究中國圖書史和出版史時一般都非常重視印刷史、印刷技術和材料特徵，以及善本古籍的流傳過程的研究。這些前輩學者的豐碩研究成果，讓我們對這些問題已有清晰的認識。[52]那麼，出

[52] Michela Bussotti, "General Survey of the Latest Studies in Western Languages on the History of Publishing in China", in *Revue Bibliographique de Sinology* 16 (1998), p. 61.

版史研究的工作是不是就可以因此劃下休止符？若不可以，接下來應該如何發展呢？

出版史的研究內容和研究任務是什麼？肖東發提供了一個相當具體的答案：「中國出版史是以歷史上的出版活動為研究對象的一門專史，其研究領域主要可歸納為兩個方面：其一是出版活動內部諸方面的聯繫；其二是出版事業與人類社會、經濟、文化等方面的相互聯繫。具體地說，就是研究並敘述出版事業形成和發展的歷史條件和具體過程，記述歷史上有重大貢獻的編輯家、出版家在文化創造、文化累積、文化傳播方面的業績，記述各類型重要典籍編纂出版的過程，揭示編輯出版在社會歷史文化形成中所起的作用，從而揭示出版事業發展的規律，是該學科的研究內容和研究任務。」[53]

從研究內容來分析，儘管有的學者已經注意從出版工作的產品——圖書的思想內容、物質形態、社會作用三方面結合起來研究，[54]但仍然存在研究物質形態多、研究思想內容不夠、研究社會作用甚少的問題。錢存訓曾指出：

> 早在十七世紀初，培根（Francis Bacon, 1561-1626）就說古代三大發明之一的印刷術對世界文明有顯著的影響，它改變了現代歐洲整個社會的面貌。從十九世紀以來，世界各國的學者

---

[53] 肖東發《中國圖書出版印刷史論》（北京：北京大學出版社，2001），頁27。

[54] 劉國鈞的《中國書史簡編》（北京：高等教育出版社，1958）是這方面的典範之作。

> 對於印刷史的研究，每多偏重它的發明、傳播和史實，而忽略了它對社會功能和影響的分析。直至最近一、二十年間（筆者按：約 1970-80 年代），才有少數學者開始對印刷術在西方社會所產生的影響加以研究。至於中國學術、思想和社會上所具有的功能或產生何種影響，則還沒有作出具體和深入的分析。[55]

錢存訓在〈中國印刷史的定義和研究〉一文中明確地提出了對中國印刷史研究所應採取的方向：

> 近代中外學者對於印刷史的研究，大概可歸納為三個主流：一是傳統目錄學系統，研究範圍偏重在圖書的形制、鑒別、著錄、收藏等方面的考訂和探討。另一系統可說是對書籍作紀傳體的研究，注重圖書本身發展的各種有關問題，如歷代和地方刻書史、刻書人或機構、活字、版畫、套印、裝訂等專題的敘述和分析。近年以來，更有一個較新的趨向，可稱為印刷文化史的研究，即對印刷術的發明、傳播、功能和影響等方面的因果加以分析，進而研究其對學術、社會、文化等方面所引起的變化和產生的後果。這一課題是結合社會學、人類學、科技史、文化史和中外交通史等專業才能著手的一個新方面。至於印刷術對中國傳統文化和社會有沒有產

---

[55] 錢存訓〈印刷術在中國傳統文化中的功能〉，見錢著《中國古代書籍紙墨及印刷術》（北京：北京圖書館出版社，2002），頁 262。

> 生影響？對現代西方文明和近代中國社會所產生的影響有什麼相同或不同的因素和後果？印刷術對社會變遷有怎樣的功能？這些都是值得提出和研究的新課題。[56]

因此，誠如澳洲學者 Anne McLaren 所建議，今後中國出版史的研究應該嘗試去把握中國出版事業的一些比較無形的問題（intangible aspects of the history of the Chinese book）。這些比較無形的問題包括出版事業對中國文化史、思想史和社會經濟史有哪些意義，及日益增加的圖書對社會起著什麼效應。[57]

此外，也有學者指出，中國出版史的研究對出版人物的研究仍極為粗淺，有重視對書坊主而忽略對讀者和作者的研究的傾向。美國華裔學者賈晉珠在《為營利而印刷》一書中指出：「中國印刷圖書已有超過十一世紀的歷史，但對牽涉圖書出版事業的『人』仍缺乏認識。現有的瞭解是來自於對現存的出版物的謹慎檢驗和歷代學者們所整理的目錄書。這些知識仍僅局限於圖書版本學方面的知識，以及牽涉官家出版物、高品質的私家版本和佛教與道教的宗教出版物，仍不足以反映在中國社會的不同讀者群的品味與需要。」[58]故其書把研究視角投注在福建建陽地區出版事業史上最具影響力

---

[56] 錢存訓〈中國印刷史的定義和研究〉，見錢著《中國古代書籍紙墨及印刷術》，頁 143。

[57] Anne E. McLaren, “Investigating Readerships in Late-Imperial China: A Reflection on Methodologies”, in *The East Asian Library Journal* 10, no. 2 (Autumn 2001), p. 110.

[58] Lucille Chia, *Printing for Profit,* p.3.

的劉氏、余氏和熊氏等三個刻書世家從十一世紀至十七世紀的出版活動。

在我們看來，一個時期的出版事業的興盛與否，受政治、經濟、文化、社會等多種因素的制約，除書坊主的積極參予之外，讀者和編撰者在整個出版事業的發展過程中也扮演著舉足輕重的角色。書坊主的圖書選題往往以讀者群的喜好為依歸，刊印為絕大多數讀者閱讀購買的圖書。因此，一個時期讀者群的喜好和購買力在很大的程度上左右了書坊主所出版的圖書的品類。有了需求，書坊主自然會嘗試去滿足。但書坊主也不能一味翻印舊書，這樣肯定會削弱本身和其他書坊主的競爭力。因此，也必須設法尋求一些編者或作者來編著一些內容新穎的圖書來出版，增加競爭力，並擴大圖書市場的佔有率。因此，編撰者群體的壯大與否在很大的程度上也影響一個時期出版事業的發展。

因此，此處要建議的是，假使我們以前輩學者對明代出版史的研究所取得的豐碩成果為堅實的基礎，換一個方向，從社會文化史的角度觀察，也許可以有一些新的發現，進而讓我們對中國傳統社會有更多的認識。而從制舉用書入手，可能是一個可行的途徑。

本文參考了西方學者，如錢存訓、Robert Darnton，對出版史研究的一些觀點。錢存訓對印刷術的功能和社會變革的關係提出這樣的看法：

> 關於印刷術的功能和社會變革的關係，一般學者各有不同的看法。一種可稱為「技術決定論」，即科技的發明影響社會生活的改變。……另外一種說法可稱為「社會決定論」，即

> 政治、經濟、社會的需要決定科學和技術的發展，而非科技影響社會。……實際上這兩種意見應加調和，可假設為「相互影響論」，即新興的科技會影響社會和生活方式的改變，而社會的需要也可促進新興學術的發明，或不加鼓勵而保持緩慢的發展。因此，印刷術和社會的關係是彼此相互影響而產生程度不同的作用。印刷術的發明和進展，對於中國和西方文化所產生的影響，應該從這一觀點去瞭解和闡釋。[59]

錢存訓把原本單向的兩種理論綜合為「相互影響論」是頗具真知灼見的看法。

西方文化研究學者 Darnton 在〈什麼是書的歷史？〉（"What is the History of Books?"）一文中提出傳播循環（Communication Circuit）這個架構來分析圖書的形成及它們擴展到社會的方式。在我們看來，這個以牽涉圖書出版事業的「人」為研究重心的架構對本文的研究框架具啟發的作用。

Darnton 認為「書的歷史」即是「印刷傳播的社會文化史」，其目的在「理解過去五百年來理念如何經由印刷媒介傳播，如何因暴露在印刷文字中而影響到人類的思想及行為」[60]。作為一個學科的「書的歷史」，首先要關注的是思想如何化入到印刷媒體，然後是書本做為物質的存在特質，其次則是進一步的探索與這個物件形

---

[59] 錢存訓〈印刷術在中國傳統文化中的功能〉，頁 262-263。

[60] Robert Darnton, *The Kiss of Lamourette: Reflections in Cultural History* (New York: Norton, 1990), p. 107.

成、傳播、影響的種種元素。易言之，「書的歷史」不僅關注「書」而已，它更關注的是書的「生命歷程」：[61]

> 一種由作者到出版者（如果書商沒有扮演此一角色的話）、印刷商、運送商、書商，然後到讀者這樣的傳播循環（Communication Circuit）。讀者最後完成此一過程，因為他在創作行為之前及之後都影響到作者。作者本人即是讀者。藉由閱讀及與其他讀者、作者聯繫，他們形塑文類、風格等概念，而且對於文學的從事有一致的感受，不管是在撰寫沙翁商籟體，還是撰寫組裝收音機的說明書，這是都會影響到他們的文本。一位元作者會在他的作品中對前面的作品的批評有所回應，作者也可以預期其文本所可能的回應。整個過程於是焉完成。在這過程中他傳遞了信息；而在傳遞的過程中，當信息從思想轉化成印刷文字，然後再轉化為思想時，也經歷了改變。「書的歷史」關切的是這過程中的每一階段，以及整個的傳播過程，包括它在時空中的變異以及其與其他周遭環境中的經濟、社會、政治、文化系統的相互關聯。[62]

---

[61] 陳俊啟〈另一種敘事，另一種現實的呈現：新文化史中的「書的歷史」〉，見《中外文學》第 34 卷第 4 期（2005 年 9 月），頁 157。

[62] Robert Darnton, *The Kiss of Lamourette: Reflections in Cultural History*, p. 107. 中文譯文採用陳俊啟在〈另一種敘事，另一種現實的呈現：新文化史中的「書的歷史」〉這篇文章中對這段文字的翻譯（頁 157-158）。

Darnton 提供了一個圖表，勾繪出這個過程中所包括的各種要素及其相互關係。

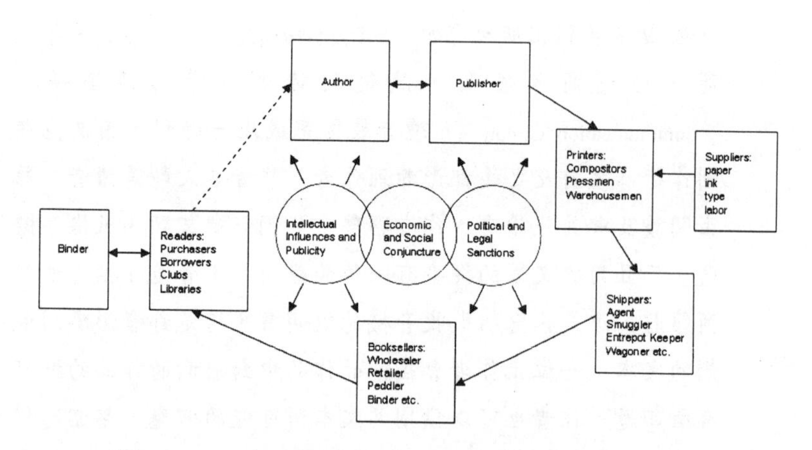

圖 1.1　Robert Darnton "Communication Circuit"

陳俊啟指出，通過這個圖表，可以讓我們窺探到西方傳統研究中重要的幾個要素，如「作者」、「讀者」、「出版商」、「書商」，這些其實都是個別領域如傳記研究、文學史、出版史、印刷史等關注的，但是在這個表中它們形成一個鎖鏈、一個循環，Darnton 用這個方式來強調它們彼此之間的相互關係。值得指出的是，這整個循環中所含的各個要素都是整體文化運作中的一部分，並不會因為它們在物質面的質素而減損了它們可能發揮的文化功效，也就是說，它們不止受到表中較為抽象形上的思想層面（intellectual）、經濟社會（socio-economic）因素的影響，在整個循環中也常常受制於政治或法律上的鉗制及干擾。作者寫作時可能會受到壓制，出版商會因書籍內容的觸及忌諱而遭到禁制，讀者也可能因為閱讀禁書而受到處分。這個表就如 Darnton 所說的，試圖「理解過去五百年來理念如何經由印刷媒介傳播，如何因暴露在印刷文字中而影響到人類的思想及行為」，而這個過程即是具體呈現在「書籍」及其傳衍的過程中（即「書的歷史」）。但是這個過程本身並不是最終的目的，「書的歷史」最終的目的是藉由蘊含在書籍的思想的傳衍，來掌握對歷史現實的更全面的理解。[63]

Darnton 特別強調他所提出的這個架構並不是一個一成不變的模式，認為他的這個架構也必須因時因地不同而做出適當的調整，也認為一般書籍大致上都會遵循這個運作方式循環。因此，如果能因時因地的不同而對這個架構做出適當的調整，我們也可以借用這個架構來進行中國出版事業的研究。[64]以明中葉以後的坊刻制舉用書的出版活動來說，除了保留原來架構中編撰者和讀者這兩個環節外，可將原來架構中的出版商、印刷商、托運人和書商這四個環節合併成書坊主一個環節。這是因為明中葉以後的書坊一般兼及刻

---

[63] 詳參陳俊啟〈另一種敘事，另一種現實的呈現：新文化史中的「書的歷史」〉，頁 147-156。

[64] 周啟榮在 *Publishing, Culture, and Power in Early Modern China* (pp.248-253)中曾對十六、十七世紀的中國和歐洲的出版業所面對的不同情境作出比較和分析。就經濟層面來說，出版業在歐洲是一個風險很高的行業，需要投入較高的資本，每本書的印量也高，銷售目標除了本國外，也須考慮國際市場。而就外在環境而言，歐洲的出版業受宗教和政治的束縛極大。相對而言，中國的出版業是一個風險較低，投資成本較小，技術較為簡便的行業，政府對出版業的管制也相當放任，周啟榮認為中國的出版業在當時的發展不會遜於歐洲。

印、發兌、售賣的經營方式。[65]由於資料的缺乏，我們在論述讀者這個環節時省略了借閱者、讀書會、圖書館使用者的討論，主要以購買者為考察對象。因此，我們認為研究這個歷史時期的出版活動，可將書坊主、編撰者和讀者放在同等地位，對他們進行個別研究，然後把他們之間的互動關係串聯起來，進行深入的解析。只有這樣，才能給人們對這個歷史時期的出版活動有一個更加清晰的畫面。

下圖是本文的一個研究框架。長方形以內的範圍表示明中葉以後的社會環境。三角形以內的範圍表示由讀者、書坊主和編撰者所組成的明中葉以後的坊刻制舉用書的出版活動。雙箭頭表示當時的社會與這類圖書的出版活動的相互影響。

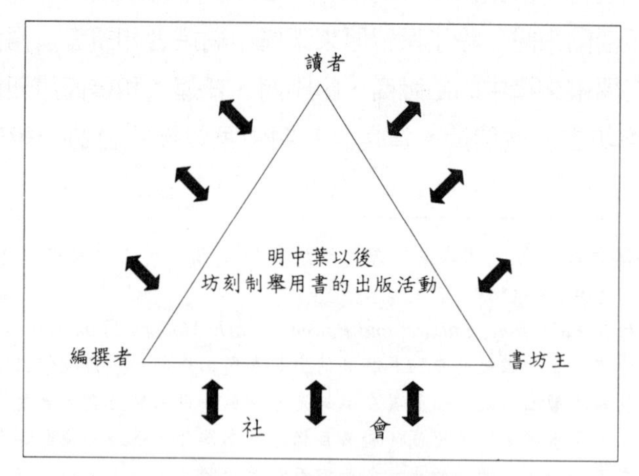

圖 1.2　論文研究框架

---

[65] 謝水順、李珽《福建古代刻書》，頁 341。

總的來說，本文是在出版史的框架，以明中葉以後坊間出版的制舉用書的生產和流通為研究對象，分析明中葉以後坊間所以產生大量制舉用書的社會因素，通過制舉用書的生產與流通的過程來瞭解書坊主、編撰者和讀者之間的互動關係，以及分析制舉用書大量流通後給當時社會帶來的影響是本文的主題。

本文將研究時間限定在 1465 年至 1644 年這一百八十年間制舉用書的出版活動。前者是成化元年，成化年間大約是坊刻制舉用書的出版活動開始死灰復燃的時代，故以此為考察起點；後者是崇禎十七年，也是明王朝結束的年代，故以此為考察終點。本文所討論的制舉用書，指的是明中葉以後書坊刊刻出版，供參加文舉三級考試——即鄉試、會試、殿試——的考生所用來準備考試的參考書。除此，凡是四書五經的原文，或是經書的注解，如朱熹的《四書章句集注》，或是明代官方所規定的教科書，如程頤的《伊川易傳》、蔡沈的《書集傳》、朱熹的《詩集傳》等，則都不在本文討論的範圍之內。由於時空和材料的限制，本文的研究對象，主要是書坊主和編撰者根據明政府所規定的三場考試的內容和形式所生產的制舉用書。

必須說明的是，在制舉用書的生產過程中，書坊主、讀者、編撰者各自扮演著他們的角色。書坊作為制舉用書的生產部門與流通管道，其核心人物是書坊主。從鎖定目標讀者、決定選題、策劃內容、約集文稿、聘請監督工匠完成刻印一直到市場銷售，書坊主人可以說是積極參與了制舉用書的生產與流通的各個環節，扮演著溝通讀者和編撰者的橋樑角色。但我們覺得讀者在這類圖書的生產過程中亦扮演著舉足輕重的作用。畢竟沒有這類圖書的讀者，書坊主和編撰者也就不會冒然去進行這類圖書的生產工作。換句話說，因為有了這類圖書的讀者，書坊主就根據讀者對這類圖書的閱讀需要或自行編撰，或聘請、邀約符合編撰這類圖書條件的文人去進行創作，又或是編撰者在沒有書坊主聘請或邀約的情況下自行進行創作，完稿後向書坊主毛遂自薦自己的作品。因此，本文將以制舉用書的讀者群體的形成為考察起點，繼而闡述這類圖書的編撰者的身份和參予編撰這類圖書的原因，最後論述書坊主將編撰者的成果轉換成商品後傳送到讀者手上所採用的宣傳手法和流通管道。但是，這類圖書的生命歷程並沒有因此作結。在科舉制度繼續執行和沒有重大政策對這類圖書的出版活動的遏制下，這類圖書的讀者將不會消失，其中有不少讀者從讀者身份轉換成編撰者的身份，或同時擁有這兩個身份，這些編撰者繼續和書坊主合作生產這類圖書來滿足不同時代的讀者對這類圖書的不同需求，從而構成了一個生生不息的「傳播循環」。

本文採歷史研究法與文獻分析法。所用資料，大體以明版制舉用書、版刻圖錄、書影、古代官、私書目、當代善本書目、善本書提要為基礎，再補充以明代科舉和出版問題的相關史料，舉凡官書、正史、詔令、奏疏、地方誌、野史、筆記、文集、人物傳記資料、小說，並融匯多年來中、港、臺、日及西方前輩學者在政治史、思想史、經濟史、社會史、教育史、文學史和出版史，尤其是關於明代部分的所取得成果，一一搜羅考訂，再予以歸納、整理、綜合、分析，以 Darnton 的「傳播循環」為研究架構，以涉及出版的人物為線，再現明中葉以後坊刻制舉用書的生產與流通的畫面，以及它們與當時社會環境的緊密關係。

第二章
坊刻制舉用書的興起與發展

第一節　坊刻制舉用書的產生與進展

有學者指出，制舉用書早在唐代隨著科舉考試制度的確立便已開始出現，這極可能和當時已發明的印刷術有關。❶一般而言，考試用書的內容會隨著考試內容的更動而改變。❷

在唐代，科舉考試包括多種科目，❸計有秀才、明經、進士、

---

❶ 後人根據後來發現的資料，指出唐貞觀年間已有雕板書，意即雕板書起源於唐初。曹之在《中國印刷術的起源》（武漢：武漢大學出版社，1994）一書中根據出土的兩件唐代初期的印刷品：武則天長安四年（704）至唐玄宗天寶十年（751）之間刻印的《無垢淨光大陀羅尼經咒》以及武則天在位期間（684-704）刻印的《妙法蓮花經》，再配合當時的社會需求、物質基礎、技術基礎三個方面全面衡量，乃定唐初為雕板書肇始的時代。

❷ 周彥文〈論歷代書目中的制舉類書籍〉，見《書目季刊》第 31 卷第 1 期（1997），頁 1-3；劉祥光〈印刷與考試：宋代考試用參考書初探〉，見《國立政治大學歷史學報》第 17 期（2000），頁 59。

❸ 關於唐代科舉考試的研究，可參閱吳宗國《唐代科舉考試研究》（瀋陽：遼寧大學出版社，1997）；傅璇琮《唐代科舉與文學》（西安：陝西人民出版社，2003），頁 23-41。

明法、明書、明算等科，而其中以進士科佔據主要的地位，其次是明經。在唐代科舉取士中，明經往往與進士並稱。明經科的一個特點，就是要求應舉者熟讀並背誦儒家經典（包括其注疏）。明經的考試項目為第一場帖文，第二場口試，第三場試策文。《文獻通考》中記載帖文的考試方法說：「凡舉司課試之法，帖經者，以所習經掩其兩端，中間開唯一行，裁紙為帖。凡帖三字，隨時增損，可否不一。或得四，或得五，或得六為通。」❹照現在的說法，就是填充，目的是為了測驗考生對經書的熟悉程度。所以參加明經科的考生中，就有人把經書中的章句斷裂，編成「帖括」，也就是單句的經文，以便記憶。周彥文引《舊唐書·選舉志》所記「明經者有但記帖括」這段話來印證在唐代就有這類的參考書了，他更進一步指出新、舊《唐書·藝文志》的經部禮類中著錄任預的《禮論帖》，《續唐書·經籍志》的春秋類中著錄蜀進士蹇遵品的《春秋傳帖經新義》，以及《新唐志》的類書類中所著錄白居易（772-846）的《白氏經史事類》、盛均《十三家帖》等，都是這類考試用書。❺

經幾番改變後，唐代進士科的三場考試大約在中唐時確定為第一場詩賦，第二場帖經，第三場策文，❻其中首場是決定去留的關鍵。❼唐代進士考試將詩賦列於首位，一方面固然是受到社會上重

---

❹ 馬端臨《文獻通考》卷二十九，〈選舉考二〉，見《十通》第 7 種（杭州：浙江古籍出版社，2000），頁 271。

❺ 周彥文〈論歷代書目中的制舉類書籍〉，頁 2。

❻ 關於唐代進士科考試的詳細情況，可參閱傅璇琮《唐代科舉與文學》，頁 160-190；吳宗國《唐代科舉考試研究》，頁 144-163。

❼ 晚唐詩人黃滔在〈下第〉詩中說：「昨夜孤燈下，闌於泣數行。辭家從早

視詩歌的影響，另一方面也因為進士試的詩賦都是律詩律賦，有格律聲韻可尋，對於考試官員來說，容易掌握一定的標準。正因如此，詩賦的試題中往往就明確規定了字數和繁瑣的用韻要求，不合於要求者必然落第。根據傅璇琮的研究，在這種繁瑣的用韻要求下，使得中唐開始，韻書便大為發達，《切韻》及有關《切韻》的補缺刊謬本的需求量極大，在社會上廣為流行；有年輕女子竟能以抄售《切韻》為生，也可以看出社會上對這類圖書的廣泛需要。❽第二場帖經科的考試內容與形式和明經科相同，故所用的參考書亦同。至於供第三場考試用的參考書則有杜嗣先的《兔園策府》、張大素的《策府》等。《崇文總目》著錄了白居易的《禮部策》，據鄭樵（1104-1162）在《通志·藝文略》中所載《禮部策》的小注：「唐白居易應制舉，自著策問，而以禮部試策附於卷末。」❾據此可知此書為一部供試策參考用的制舉用書。

唐代科舉，及第後並不授官，要進入仕途，還需經過吏部的考試，稱為省試。考試的內容有四個方面：一曰身，二曰言，三曰書，四曰判。判，是唐代省試的重要內容，對士子的命運影響很大。所以，唐人對判非常重視，無不熟習。當時坊間出版供研習判試用的圖書有張鷟（660-732）的《龍筋鳳髓判》、《判決錄》、白

歲，落第在初場。」這裏所說的初場，就是指詩賦。黃滔《黃御史集》卷二，見《景印文淵閣四庫全書》冊 1084（臺北：臺灣商務印書館，1983），頁 108。

❽ 傅璇琮《唐代科舉與文學》，頁 160-178。

❾ 鄭樵《通志》卷七十，〈策類〉，見《十通》第 4 種，頁 828。

居易的《甲乙判》等。[10]

從上文所舉的制舉用書中，可以發現有不少是以類書的形式現世的。《四庫全書總目·類書類》小序云：「類事之書，兼收四部。而非經、非史、非子、非集，四部之內，乃無何類可歸。」[11]類書是中國古代采輯或雜抄各種古籍的有關資料，分門別類加以整理，編次排列於從屬類目之下，以供人們查閱的工具書。當時坊間所以出現大量供科舉用的類書，是因為科舉考試要求士人們博觀廣取，以備臨試應用。因此抄錄古書，分類排比以儲積資料，即成為一種普遍的需要。張滌華指出：「科舉學盛，人皆欲速其讀書，故多自作類書，以為作文預備；而書賈牟利，亦多所刊佈。」[12]王應麟（1223-1296）《辭學指南》亦稱：

> 西山先生（指真德秀）曰……（題目）又有不可測者，如宣和間順州〈進枸杞表〉，固非場屋中出；萬一試日或遇此題，平時不知枸杞為何物，豈能作靈根夜吠之語哉？須燈窗之暇，將可出之題，件件編類，如《初學記》、《六帖》、《藝文類聚》、《太平御覽》、《冊府元龜》等書，廣收博覽，多為之備。[13]

---

[10] 王道成《科舉史話》（北京：中華書局，2004），頁 169。

[11] 永瑢等撰《四庫全書總目》卷一三五，子部類書類一（北京：中華書局，1995），頁 1141。

[12] 張滌華《類書流別》（北京：商務印書館，1985），頁 28。

[13] 王應麟《玉海》卷二百三，〈辭學指南〉，見《景印文淵閣四庫全書》冊 948，頁 310-311。

唐代供科場用的類書，除前述的《白氏經史事類》、《十三家帖》、《兔園策府》、《策府》、《龍筋鳳髓判》外，較重要的還有歐陽詢（557-641）等人奉敕撰的《藝文類聚》和徐堅（659-729）等人奉敕撰的《初學記》等。

到了宋代以後，科舉制度更加完備。其常科有兩大類：即進士科與諸科。後者包括九經、五經、開元禮、三史、三禮、三傳、學究、明經、明法等科。和唐代一樣，宋代也以進士科出身最為人所重。⓮同時，印刷業的發展也愈加發達，不但使得制舉用書的印製成本降低，而且發行量也大為增加。⓯宋初，進士科考試亦重於詩賦，和唐代進士科考試一樣，考生用韻須正確，否則也免不了名落孫山。為了幫助學生，朝廷出版《禮部韻略》以為參考之用。除此之外，也有學者編纂這類書籍，如宋寧宗時代（1195-1225）的孫奕所撰的《履齋示兒遍》中就有一卷以上的篇幅討論作詩賦用韻用字應該注意的事項。⓰《崇文總目》在經部小學類中著錄邱雍的《韻略》，陳振孫的《直齋書錄解題》在經部小學類中載錄秦泰昌的《韻略分毫補注字譜》，集部總集類中著錄的《指南賦箋》、《指南賦經》，黃虞稷（1629-1691）的《千頃堂書目》，在正文後的

⓮ 關於宋代科舉考試的詳細情況，可參閱賈志揚（John Chaffee）《宋代科舉》第五至第七章（臺北：東大圖書公司，1995），頁 71-175；李弘祺《宋代官學教育與科舉》第六章（臺北：聯經出版事業股份有限公司，2004），頁155-193。

⓯ 周彥文〈論歷代書目中的制舉類書籍〉，頁 2；祝尚書《宋代科舉與文學考論》（鄭州：大象出版社，2006），頁 261。

⓰ 劉祥光〈印刷與考試：宋代考試用參考書初探〉，頁 59。

「補宋」中所著錄的段昌武的《詩義指南》，《四庫全書總目》在總集類存目中著錄的《大全賦會》等，都是屬於這類的制舉用書。

此外，「策」和「論」也是進士科考生的必考項目，考官往往從歷史上找出某些政策問題，給出對這些政策的某些顯然矛盾的闡釋，專以考察考生對這些闡釋的調和能力。⑰為考「策」而出的參考書叫「策括」。它們將經史及時務的主要內容編成簡括材料，來幫助士子應付科舉策試。蘇軾（1037-1101）於熙寧四年（1071）在〈議學校貢舉狀〉中提到「策括」之「害」說：「近世士人纘類經史，綴輯時務，謂之策括。待問條目，搜抉略盡，臨時剽竊，篡易首尾，以眩有司。有司莫能辨也。」⑱在蘇軾眼裏，應試士子讀策括而全不用功，和作弊沒有差別。其奏議說明這類參考書對應試士子有極大的用處，故極受他們的歡迎。陳傅良的《止齋論祖》、葉適的《進卷》、無名氏的《十先生奧論》、《精選皇宋策學繩尺》，以及《直齋書錄解題》在集部總集類中著錄的《擢犀策》、《擢象策》等皆是供試策論用的制舉用書。⑲

為了滿足考生掌握歷史以便在策論中旁徵博引的需要，當時的坊間也流通著不少節縮自大型史書的歷史輔助讀物。這些坊刻史書節本「採取史集要義之言而成」，是適應科舉制度產生的輔助讀

⑰ 李弘祺《宋代官學教育與科舉》（臺北：聯經出版事業有限公司，2004），頁170。

⑱ 蘇軾《蘇東坡全集》卷一，〈奏議卷〉（上海：中國書店，1986），頁399。

⑲ 祝尚書《宋代科舉與文學考論》，頁273-276。

物，「特以科舉之習，不容不纂取其要」，[20]以幫助考生在短時間內掌握古今重要的歷史事件。其中有在兩宋之際節縮自司馬光《資治通鑑》的江贄的《通鑑節要》。《通鑑節要》被認為是詳略適中的最佳歷史輔助讀物，「少微先生（即江贄）因其舊文，纂為《通鑑節要》之書，以正百王之大統，千三百餘年之理亂興衰得失，至是昭然可考矣」[21]。到了南宋，在坊間流通的歷史輔助讀物有錢端禮（1109-1177）的《諸史提要》、洪邁（1123-1202）的《史記法語》、《南朝史精語》、呂祖謙（1137-1181）的《十七史詳節》、《眉山新編十七史策要》、《東漢精華》、劉深源、劉時舉的《宋朝長編》、呂中的《宋大事記講義》等，其中有不少是由福建建陽書坊出版。[22]

科舉考試的內容和格式到了北宋中期有了較大的改變，尤其是王安石變法（1071）之後，對學生的要求也不同，因此考試用書的形態亦隨之改變。[23]在考試改革方面，這次改革是注重於考「經義」；考生必須選通一經，接受考試。其目的是在於考察應試士子將儒家經典知識有效地應用於論辯的能力。[24]考生不僅要明經義，

---

[20] 邵寶〈兩漢文鑑序〉，見梁夢龍輯《史要編》卷七，《四庫全書存目叢書》史部冊 138（濟南：齊魯書社，1996），頁 524。

[21] 劉弘毅〈通鑑節要續編序〉，見《史要編》卷四，頁 500。四庫館臣考論是書云：「是書取司馬光《資治通鑑》刪存大要，然首尾賅貫，究不及原書。」見《四庫全書總目》卷四八，史部編年類存目，頁 432。

[22] 錢茂偉《明代史學的歷程》（北京：社會科學文獻出版社，2003），頁 60。

[23] 關於王安石對宋代科舉考試的內容和形式所做出的改革，可參閱賈志揚《宋代科舉》，頁 101-117。

[24] 李弘祺《宋代官學教育與科舉》，頁 171。

寫作的格式也必須符合一定的程式。不符合程式的，就無法被錄取。當時供準備經義考試的圖書，有王雱的《書義》、夏僎的《柯山書解》、王昭禹的《周禮詳解》、呂祖謙的《左氏博議》等。

另外，當時坊間還可以見到不少試墨彙編，何薳（1077-1145）《春渚紀聞》載：

> 李偕，（字）晉祖……被薦，赴試南宮。試罷，夢訪其同舍陳元仲。既相揖，而陳手執一黃被書，若書肆所市時文者，顧視不輟，略不與客言。晉祖心怒其不見待……奪書而語曰：「子竟不我談，我去矣！」元仲徐授其書于晉祖，曰：「子無怒我乎，視此乃今歲南省魁選之文也。」晉祖視之，即其程文，三場皆在。而前書云：「別試所第一人李偕。」方欲更視其後，夢覺，聞扣戶之聲，報者至焉。後刊新進士程文，其帙與夢中所見無纖毫異者。㉕

這個夢告訴我們試墨彙編在當時可以在書肆中購買得到，是深受應試士子歡迎的讀物。可能是為了與其他種類的書籍有所區分，這一類書籍是以黃色封面裝訂，以方便辨識購買。同時，這種試墨彙編的內容包括了三場考試：經義、策論以及詩賦，並收集有前幾名進士所寫的答卷。對於還在準備考試的士子而言。這些中式的試卷自然成為他們研習揣摩的對象，由此可見進士的試墨彙編在當時頗有

㉕ 何薳《春渚紀聞》卷一，〈李偕省試夢應〉（北京：中華書局，1983），頁6。

市場。[26]像《崇文總目》的集部總類著錄的《中書省試詠題詩》和樂史編的《唐登科文選》，也都是一些試墨彙編。另外是恰如現今的「考前猜題」之類的考試用書，如《通志·藝文略》的子部類書類中著錄錢昌宗的《慶歷萬題》、《千題適變》、《玉山題府》、《題海》、《續題海》、《王寅題寶》、《熙寧題髓》、鄭齊的《群書解題》、周識的《注疏解題》、許冠的《韻海》、張孟的《韻類解題》等都是這類參考書。[27]

就類書的發展來說，宋代可說是類書之風初盛的階段。[28]宋人在前代的基礎上，繼續編纂與出版不少供科舉考試用的類書，並在數量上和種類上超越唐代，采擇材料的範圍，也比唐人更廣。《四庫全書總目》卷六五《南北史精語》提要云：

> 南宋最重詞科，士大夫多節錄古書，以備遣用。其排比成編者，則有王應麟《玉海》、章俊卿《山堂考索》之流。[29]

---

[26] 劉祥光〈印刷與考試：宋代考試用參考書初探〉，頁 62。

[27] 周彥文〈論歷代書目中的制舉類書籍〉，頁 4。

[28] 趙含坤《中國類書》（石家莊：河北人民出版社，2005），頁 74-75。

[29] 《四庫全書總目》卷六五，史部史鈔類存目，頁 578。北宋哲宗紹聖元年（1094），「詔別立宏詞一科」，以為朝廷選拔撰寫「應用文詞」的人才，並延續到南宋。經幾番調整後，詞科試格規定的考試文種固定為十二類，即制、詔、露布、箴、記、頌、誥、表、檄、銘、贊、序。所用體式，大部分規定用四六，每類文體皆有定格。考試內容要求知古通今，即不僅考歷代典章故事，也考時事或本朝故事，於是乃促進了四六類專門類書的編刊。詳參慈波〈宋四六與類書〉，見《濟南大學學報》第 16 卷第 1 期（2006），頁 38-42；朱迎平《宋代刻書產業與文學》（上海：上海古籍出版社，2008），頁 186-187。

又卷一三五《源流至論》提要云：

> 宋神宗罷詩賦，用策論取士，以博綜古今參考典制相尚，而又苦其浩瀚，不可猝窮，於是類事之家，往往排比連貫，薈萃成書，以供場屋采掇之用，其時麻沙書坊，刊本最多。[30]

南宋人岳珂也曾說：

> 自國家取士場屋，世以決科之學為憑，故凡編類條目，撮載綱要之書，稍可以便檢閱者，今充棟汗牛矣。建陽書肆，方日輯月刊，時異而歲不同，以冀速售。而四方轉致傳習，率攜以入棘闈，務以眩有司，謂之懷挾，視為故常。[31]

徐松《宋會要輯稿》亦載有政和四年（1114）一名官員的奏摺：「比年以來，于時文中，采摭陳言，區別事類，編次成集，便於剽竊，謂之《決科機要》，偷惰之士往往記誦以欺有司。」[32]在朝廷看來，應試士子研讀這些參考書無異於作弊和走捷徑，故乃申令禁止。這些類書在當時絕大多數由建陽書坊刊行，發行量非常可觀。其中官修的有《太平廣記》、《冊府元龜》。私人編纂的有王應麟

---

[30] 同上，卷一三五，子部類書類一，頁1151。

[31] 岳珂《愧郯錄》卷九，〈場屋類編之書〉，見《景印文淵閣四庫全書》冊865，頁156。

[32] 徐松《宋會要輯稿》冊五，〈刑法二〉（臺北：新文豐出版公司，1976），頁6512。

（1223-1296）的《玉海》、祝穆的《事文類聚》、章俊卿的《山堂考索》、謝維新的《古今合璧事類備要》、林駉的《源流至論》、呂祖謙的《歷代制度詳說》、吳淑的《事類賦》、高承的《事物紀源》、孔傳的《後六帖》、楊伯嵒的《六帖補》、蘇易簡的《文選雙字類要》、劉攽的《文選類林》、劉達可的《璧水群英待問會元選要》、劉班的《兩漢蒙求》、詹光大的《群書類句》、朱景元的《經學隊仗》、楊萬里的《四六膏馥》、葉蕡的《聖賢名賢四六叢珠》、無名氏的《聖賢千家名賢表啟翰墨大全》、《翰苑新書》等。[33]

除了上述提到的考試用書外，也有一些指導考生如何寫考試程文的制舉用書。這些制舉用書往往從古籍中錄出成篇的文章，編輯成冊，供應試士子熟讀之用，其中有呂祖謙的《古文關鍵》、真德秀（1178-1235）的《文章正宗》及謝枋得（1226-1289）的《文章軌範》。《古文關鍵》選取韓、柳、歐、曾、蘇洵、蘇軾等唐宋名家散文為一編。呂祖謙不僅對每一個作家有總體上的評議，並且第一次開始涉及到直接對作品的評議。[34]《文章正宗》成於紹定五年（1232），真德秀解釋書名說：「正宗云者，以後世文辭之多變，

---

[33] 關於唐、宋兩代重要類書的討論，可參閱胡道靜《中國古代的類書》（北京：中華書局，1982），頁 77-153；戚志芬《中國的類書、政書和叢書》（北京：商務印書館，1996），頁 38-76。

[34] 孫琴安《中國評點文學史》（上海：上海社會科學院出版社，1999），頁 28-34；吳承學〈現存評點第一書：論《古文關鍵》的編選、評點及其影響〉，見《文學遺產》2004 年第 2 期，頁 72-84。

欲學者識其源流之正也。」㉟該書在經書、史籍、文集等選取文章予以評注，而分為「辭命」、「議論」、「敘事」、「詩賦」等四部分。㊱《文章軌範》收錄自漢晉唐宋之範文六十九篇，其中韓愈文占了三十一篇，柳宗元（773-819）、歐陽修文各五，蘇洵（1009-1066）文四、蘇軾文十二等等。他把書中收集的文章分為「小心文」和「放膽文」，每篇文後均加評語。在明代王陽明還為該書作序，李廷機、鄒守益（1491-1562）、歸有光（1507-1571）、焦竑（1540-1620）等也有批語。㊲此外，謝枋得的學生魏天應曾編有《論學繩尺》，它收羅了編者認為可作為典範文章的程文，每篇都注明出處、立說，並加上自己或他人甚至考官的批語，文中或文末也做了注解。

科舉考試在元朝初年一度中斷。㊳這不僅深深地打擊了追求功名富貴的讀書人，也頗為深刻地影響著圍繞著科舉考試為生的出版業，在這期間陷入凋零的窘境。但在科舉考試恢復之後，圍繞著準備考試用的書籍又立刻出現。㊴「元仁宗皇慶初，復行科舉，仍用

㉟ 真德秀《文章正宗》，〈序〉，見《景印文淵閣四庫全書》冊 1355，頁 5。

㊱ 李弘毅〈《文章正宗》的成書、流傳及文化價值〉，見《西南師範大學學報（哲學社會科學版）》，頁 106-110。

㊲ 劉祥光〈時文稿：科舉時代的考生必讀〉，見《近代中國史研究通訊》第 22 期（1996），頁 51。

㊳ 關於元代對科舉考試制度的態度和特點，可參閱徐黎麗〈略論元代科舉考試制度的特點〉，見《西北師大學報（社會科學版）》第 35 卷第 2 期（1998 年 3 月），頁 42-46；秦新林〈試論元代的科舉考試及其特點〉，見《殷都學刊》2003 年第 2 期，頁 40-44。

㊴ 劉祥光〈時文稿：科舉時代的考生必讀〉，頁 52。

經義，而體式視宋為小變。」[40]指導士子寫作經義文章的考試用書也紛紛出現，其中有倪士毅的《作義要訣》、涂溍生的《易義矜式》、林泉生的《詩義矜式》、王充耘的《書義矜式》、陳悅道的《書義斷法》等。據四庫館臣考論，王充耘在元以《書經》登第，《書義矜式》是其「所業之經篇，摘數題各為程文，以示標準」；[41]陳悅道的《書義斷法》摘錄經文之可命題者，逐句解釋，並說明作文要領。四庫館臣指出：「蓋王充耘《書義矜式》如今之程墨，而此書（《書義斷法》）則如今之講章。」[42]

除經義外，漢人、南人在首場還考「明經經疑」二問，這個考試項目在「《大學》、《論語》、《孟子》、《中庸》內出題，並用朱氏《章句集注》」，「復以己意結之。」[43]供準備經疑考試用的書籍有何異孫的《十一經問對》[44]、陳天祥的《四書辨疑》、王充耘的《四書經疑貫通》、袁俊翁的《四書疑節》、涂溍生的《四書經疑主意》、董彝的《四書經疑問對》[45]等。

---

[40] 《四庫全書總目》卷一二，經部書類二，頁 105。

[41] 同上，卷一二，經部書類二，頁 105-106。

[42] 劉祥光〈時文稿：科舉時代的考生必讀〉，頁 52-53；《四庫全書總目》卷一二，經部書類二，頁 98。

[43] 宋濂等撰《元史》卷八十一，〈選舉一〉（北京：中華書局，1976），頁 2019。

[44] 黃虞稷《千頃堂書目》卷三，經部經類·補元代部分，在該條有小注云：「設為經疑，以為科場對答之用。」見《叢書集成續編》冊 67（上海：上海書店，1994），頁 57。

[45] 國立編譯館編《新集四書注解群書提要》（臺北：華泰文化事業公司，2000），頁 12-28。

至於供科舉用的類書方面，則在數量上少於宋代，主要的有劉實的《敏求機要》、祝明的《聲律發蒙》，以及署名古雍劉氏撰的《古賦題》等。元人編撰的歷史輔助讀物也有一些，如曾先之的《古今歷代十八史略》、胡一桂（1247-?）的《十七史纂古今通要》等。[46]

第二節　明代坊刻制舉用書出版的沉寂與復興

整體而言，明代出版業的發展格局，在帝王政治掌控力極為強勢的明前期，官方圖書的出版也呈現強勢的狀態，[47]官方修纂刻印圖書的最大目的在於政治用途上，主要表現在：㈠制定禮法，承續道統；㈡博徵古事，鑒戒臣民；㈢制義取士，鉗制文人；㈣禁毀圖籍，禁錮思想。為了承續道統，推行漢制，所制定的典章禮制沿襲歷代法式，並繼續將程朱理學奉為國家理念。同時也纂輯古聖先賢的事蹟，以為全國臣民師法的典則，進而樹立朱明君權，求保國祚。此外又限制文人議論、閱讀的範圍，甚至刪改古書，禁毀不利於己的圖籍，以求思想的一統。這些官方的出版政策奠基於太祖和成祖，成為明前期官方書籍的最明顯特色。[48]有明一代，政府雖對

---

[46] 錢茂偉《明代史學的歷程》，頁 60。

[47] 郭姿吟《明代書籍出版研究》（臺南：國立成功大學歷史研究所碩士論文，2002），頁 94-95。

[48] 張璉《明代中央政府刻書研究》（臺北：私立中國文化大學史學研究所碩士論文，1983），頁 115-131。

出版業頗為鼓勵與扶持，㊾但在中央政府強力運作之下，明初所出版的圖書種類是比較單調的，書坊的反應也頗受影響，沿著官方的腳步亦趨亦隨。在這種情況下，使得坊刻制舉用書的出版活動，並沒有因為科舉制度的繼續推行，而承元代這類圖書發展的勢頭，得到進一步的發展，坊刻在官刻的主導下在明中葉以前表現得極為沉靜。顧炎武（1613-1682）說：「當正德之末，其時天下惟王府官司及建寧書坊乃有刻板，其流布於人間者，不過四書、五經、《通鑑》、《性理》諸書。」㊿故在正德末的市面上流通的主要是科舉考試所規定的教材，像朱熹的《四書章句集注》、《周易本義》、《詩經集傳》、《資治通鑑綱目》、程頤的《周易傳義》、蔡沈的《書經集傳》、《春秋左傳》、《春秋公羊傳》、《春秋穀梁傳》、胡安國的《春秋傳》、胡廣的《四書大全》、《五經大全》、《性理大全》等。

這種由官方所主導的出版格局到了明中葉以後，隨著帝王掌控

㊾ 早在洪武元年（1368），太祖已詔令免除書籍稅，《明會要》載：「洪武元年八月，詔除書籍稅。」見龍文彬撰《明會要》卷二六，〈學校下·書籍〉，見《續修四庫全書》冊 793（上海：上海古籍出版社，1995），頁199。同時免去稅收的還有筆、墨等圖書生產物料和農器。見傅鳳翔《皇明詔令》卷一：「書籍、筆、墨、農器等物，勿得收取商稅。」（臺北：成文出版社，1967），頁 36。可見在明太祖心目中，作為文化事業重要組成部分的書業，與恢復農業生產，解決民生問題是處於同等地位上的。洪武二十三年（1380），則「命禮部遣使購天下遺書，命書坊刊行」，通過讓利於民來刺激書業的發展。見陸深《儼山外集》卷二十二，見《景印文淵閣四庫全書》冊 885，頁 127。

㊿ 顧炎武《亭林文集》卷二，〈鈔書自序〉，見《續修四庫全書》冊 1402，頁82。

力的鬆動以及社會經濟的變化而出現了轉變。

明中葉以後的在位諸帝大多都是平庸無才之君，他們的政治掌控力已遠不如之前先帝尤其是太祖和成祖強勢。再加上他們在位期間，或忙於招架宮廷裏的明爭暗鬥，或忙於平撫國家面臨的內憂外患，已無法分身關注官方圖書的出版，使得官方圖書的出版呈現日益衰退的狀態。

在明初推行的一系列休養生息的社會經濟政策，像鼓勵墾荒，減免賦役，實行屯田，推廣植棉等的扶持下，商品經濟也在較為開明和寬鬆的環境下，取得了進一步的發展，其具體表現在農業的商品化程度的提高，手工業和商業規模的擴大。

就商品化農業來說，糧食生產持續發展，尤其是湖廣、四川等地開始大規模開發，逐漸成為新的商品糧食基地。商業性農業獲得了空前大好的發展機遇，棉、桑、麻、甘蔗、果樹等經濟作物，種植面積迅速增加。特別是甘薯和煙草的引進和廣泛推廣，產生了巨大的經濟效益。[51]

同時，手工業也取得長足的發展，各個生產部門規模不斷擴大，產品的品質、數量均有提高，工業流程及技術得到改進。其中一個重要特色是民營手工業興旺，在某些生產部門，甚至出現了規模生產。當時的手工業的部門種類很多，其中規模較大、進步較快

---

[51] 林金樹〈略論明中葉以後政治腐敗與經濟繁榮同時並存的奇特現象〉，見《中國社會經濟史研究》2002 年第 1 期，頁 8。關於各種商品性作物種植的發展，可詳參范金民《明清江南商業的發展》（南京：南京大學出版社，1998），頁 10-26。

的有礦冶、紡織、陶瓷、造船等。[52]此外，和出版業息息相關的行業，如造紙、製墨、製筆等，在當時也有不俗的發展，產品的質量都有顯著的提升。[53]

農業和手工業生產力的提高，帶動了商業的發展。交通路線的不斷開闢，商品流通量不斷增加，城市的經濟機能越來越強，集市在全國普遍建立，工商業城市如雨後春筍般地湧現，它們主要分佈在江南、東南沿海和運河沿岸等地。經濟最發達的江南，除了擁有棉紡中心松江、絲織業中心蘇、杭、漿染業中心蕪湖、造紙業中心鉛山、製瓷業中心景德鎮等五個手工業區域，蘇、松、杭、嘉、湖五府還擁有大批新興的絲棉紡織業城鎮。南、北兩京是全國最大的都市，它們既是全國的政治中心，也有發達的工商業，「四方財貨駢集」，「南北商賈爭赴」。當時商人的足跡遍佈全國各地，「往來貿易，莫不得其所欲」[54]。隨著商業資本的日顯活躍，並湧現出徽商、晉商、江右商、閩商、粵商、吳越商、關陝商等著名的地域性商幫。其中有的商人擁資達數萬、數十萬甚至百萬。他們除經營

---

[52] 呂昌琳，郭松義主編《中國歷代經濟史·明清卷》（臺北：文津出版社，1998），頁 238-256。

[53] 周心慧〈明代版刻述略〉，見周心慧主編《明代版刻圖釋》（北京：學苑出版社，1998），頁 4-5。

[54] 張瀚撰，蕭國亮點校《松窗夢語》卷四，〈商賈紀〉（上海：上海古籍出版社，1986），頁 74。關於南北兩京的商業發展情況，可參閱韓大成《明代城市研究》（北京：中國人民出版社，1991）中對這兩個城市的討論，頁 47-66。

商業外，有的還進入手工業生產。[55]隨著商品經濟的發展，「朝野率皆用銀」[56]，白銀逐漸成為中國市場的主要貨幣。[57]

明中葉以後也湧現了一批很有影響力的學者。以陳獻章（1428-1500）為代表的白沙學派的出現，不僅成為明代程朱理學向陽明心學轉換的中間環節，而且體現著轉換過程中新價值取向的孕育，具有異於宋明正統理學的特點。[58]陽明心學對人的主體「心」作了細緻剖析，並把人的主體意識提高了相當高度。其崛起和廣泛傳播，可以說是對儒學傳統和經典權威性的大膽挑戰，對於衝破程朱思想的禁錮，活躍學術空氣，解放人們思想，起到積極的作用。王學的分化，使晚明的學術思想呈現出更加複雜、多采的情景。[59]面對王學末流將王學禪化，從而導致晚明學術流於空疏的嚴重情況，東林黨的領導人顧憲成（1550-1612）、高攀龍（1562-1626）等則又由王學轉向朱學，並興起了實學思潮的端緒。[60]

帝王政治掌控力的鬆動、商品經濟的繁榮，思想新潮的湧現，

---

[55] 關於明代地域性商幫的詳細情況，可參閱張海鵬，張海瀛主編《中國十大商幫》（合肥：黃山書社，1993）。

[56] 張廷玉等《明史》卷八十一，〈食貨五〉（北京：中華書局，1974），頁1964。

[57] 關於白銀在明代的使用情況，可參閱彭信威《中國貨幣史》（上海：上海人民出版社，1958），頁452-506。

[58] 容肇祖《明代思想史》（上海：開明書店，1941），頁42-44；黃明同《陳獻章評傳》（南京：南京大學出版社，1998），頁245-246。

[59] 關於王學的崛起及其派分，可參閱容肇祖《明代思想史》，頁71-269。

[60] 陳鼓應，辛冠潔，葛榮晉主編《明清實學簡史》（北京：社會科學文獻出版社，1994），頁301-330。

導致人們的思想觀念發生了變化。傳統的重農抑商觀念受到衝擊，工商皆本的思想逐漸發展起來，商人的社會地位有了提高。[61]商品經濟的繁榮也促成了社會風氣發生變化，[62]以節儉為美德的傳統消費觀念遭到破壞，社會風氣趨向奢侈豪華。[63]

明中葉以後，民間書坊在這樣的背景下，打破了明前期以政治性書籍為主導的出版格局，開始朝向多元方向發展，[64]娛樂性、指導性和實用性書籍在書坊的主導下大行其道。其中本文所要討論的制舉用書也在這類圖書讀者群體的形成下而得到了蓬勃的發展。關於明中葉以後制舉用書讀者的形成，可參閱下一章的討論，茲不贅述。

郎瑛回憶：「成化以前世無刻本時文，杭州通判沈澄，刊《京

---

[61] 王衛平《明清時期江南地區的重商思潮》，見《徐州師範大學學報（哲學社會科學版）》2000 年第 2 期，頁 71-74。

[62] 李金玉〈論晚明商業發展對社會風尚的影響〉，見《新鄉師專學報（社會科學版）》第 11 卷第 4 期，頁 23-25。

[63] 社會奢侈風氣的表徵甚多，相關的研究成果已有多位學者提出，包括林麗月〈晚明「崇奢」思想隅論〉，見《國立臺灣師範大學歷史學報》第 19 期（1991），頁 215-234；林麗月〈衣裳與風教：晚明的服飾風尚與「服妖」議論〉，見《新史學》第 10 卷第 3 期（1999 年 9 月），頁 111-157；巫仁恕〈明代平民服飾的流行風尚與士大夫的反應〉，見《新史學》第 10 卷第 3 期（1999 年 9 月），頁 55-109；王家範〈明清江南消費風氣與消費結構描述：明清江南消費經濟探測之一〉，見《華東師範大學學報（哲學社會科學版）》1988 年第 2 期，頁 32-42；邵金凱，郝宏桂〈略論晚明社會風尚的變遷〉，見《鹽城師範學院學報（人文社會科學版）》第 21 卷第 2 期（2001），頁 58-62。

[64] 郭姿吟《明代書籍出版研究》，頁 96。

華日抄》一冊，甚獲重利。後閩省效之，漸及各省徽提學使考卷。」[65]八股文之刻始於成化間的沈澄，說明了制舉用書的出版是肇始自家刻，書坊在目睹了《京華日抄》的大賣後，乃開始伸足於此類圖書的出版。顧炎武指出正德末年的書坊流布的不過是「四書、五經、《通鑑》、《性理》諸書」。因此，在坊刻制舉用書這個市場尚未完全成熟之際，坊間主要流通的應當是顧炎武所說的「四書、五經、《通鑑》、《性理》諸書」。經建陽書坊的推波助瀾下，不過十幾年功夫，八股文之刻更是鋪天蓋地。但因而流弊叢生，引起了當權者的注意，並有禁書之舉。祭酒謝鐸曾於弘治十一年（1498）奏革《京華日抄》、《主意》等書一事，結果不僅「《日抄》之書未去，又益之以《定規》、《模範》、《拔萃》、《文髓》、《文機》、《文衡》；《主意》之書，未革去又益之以《青錢》、《錦囊》、《存錄》、《活套》、《選玉》、《貫義》，紛紜雜出」[66]。從這則資料來看，坊刻制舉用書的出版在弘治年間應當頗具規模。最遲在萬曆年間，坊刻制舉用書的出版愈加興旺發達，書坊出現了「非舉業不刊，市肆非舉業不售」[67]的現象。

明中葉以後，坊刻的規模逐漸超越官刻，分佈地域也逐漸擴

---

[65] 郎瑛《七修類稿》卷二十四，〈時文石刻圖書起〉，見《四庫全書存目叢書》子部冊 102，頁 618。《京華日抄》已佚，據書名看來，可能是沈澄將在京城搜集到的時文編輯而成。

[66] 黃佐《南雍志》卷四，見《續修四庫全書》冊 749，頁 170。

[67] 黃宗羲編《明文海》卷一〇五，李濂〈紙說〉，見《景印文淵閣四庫全書》冊 1454，頁 201。

大。除了南北二京外，江浙一帶有蘇州、常州、揚州、杭州、湖州等城市，閩北有建陽，湖廣有漢陽，江西有南昌，陝西有西安，安徽有徽州。四川的成都和山西的平陽雖然比前代較差了一點，但流風猶在，仍居中上地位。此外，各個省的首府和主要城市，都有相當規模的出版單位，在邊遠省份，也有長足的發展，其中廣西和雲南尤其值得重視。[68]今擇南京、蘇州、杭州、建陽這幾個重要的刻書地區，探討它們在制舉用書方面的出版情況。

南京自古為江南重鎮，三國時的吳，南朝的東晉、宋、齊、梁、陳，五代十國的南唐，明洪武皆建都於此。成祖遷都北京後，南京仍是江南地區的政治、經濟、文化中心，人文薈萃，衣冠士庶多居於此。深厚的文化底蘊，加上明王朝對書業的鼓勵，不僅使其官刻稱極盛，[69]民間坊肆刻書也十分發達，遠較北京有更大的發展。[70]胡應麟（1551-1602）云：「吳會（蘇州）、金陵（南京）擅名文獻，刻本至多，巨帙類書咸薈萃焉！海內商賈所資二方十七，閩中十三，燕、越勻也。然自本方所梓外，他省至者絕寡，雖連楹麗棟，搜其奇秘，百不二三。蓋書之所出，而非所聚也。」[71]在胡氏

---

[68] 繆咏禾《明代出版史稿》（南京：江蘇人民出版社，2000），頁 71。張秀民《中國印刷史》（上海：上海人民出版社，1989）中詳細記述了明代各地書坊刻書的情況，頁 340-402。

[69] 關於明代南京官刻的發展情況，可參閱張秀民〈明代南京的印書〉，見張著《張秀民印刷史論文集》（北京：印刷工業出版社，1988），頁 140-145。

[70] 關於明代金陵坊刻發達的原因，可參閱葉樹聲〈明清金陵坊刻概述〉，見上海新四軍歷史研究會印刷印鈔分會編《中國印刷史料選輯之四：裝訂源流和補遺》（北京：中國書籍出版社，1993），頁 322-324。

[71] 胡應麟《經籍會通》卷四（北京：北京燕山出版社，1999），頁 49。

眼中，若論書業之盛，僅閩建書林可與之比肩。南京只賣自己本地所梓的書籍，其他地區所出版的圖書很難滲入南京的圖書市場，這說明當地出版的圖書已做到自給自足的地步。

南京書坊可考的有上百家以上，大都集中在三山街一帶，其中有不少是同姓的，包括唐姓、周姓、王姓、傅姓、吳姓、李姓、陳姓、楊姓、胡姓、鄭姓、葉姓、徐姓等，他們的刻書活動在十六世紀中葉以後尤其活躍。[72]在明代南京眾多的書坊中，唐姓、周姓、王姓特多，從他們的名字用字看來，應當是出於一個家族，是同族世代經營出版業。[73]

正經正史、醫書、類書是南京書坊刻書的主要品種，除此之外，還刊刻了大量的戲劇和小說，據估計約有三百種左右。[74]據張秀民的觀察：「大致金陵坊刻醫書、雜書、小說不及建陽坊本之多，而戲曲則超過建本，兩處刊書均以萬曆時為最盛。」[75]由於南

---

[72] 張秀民據諸家目錄及原本牌記，考得南京書坊 93 家。（見張著《中國印刷史》，頁 342-348。）賈晉珠則考得 180 家，但她同時也指出，絕大多數知名的南京書坊所刊刻的圖書不多，南京的出版業還是明顯地為幾個著名的書坊所壟斷。見 Lucille Chia, "Of Three Mountains Street: The Commercial Publishers of Ming Nanjing", Cynthia J. Brokaw and Chow Kai-Wing (ed.), *Printing and Book Culture in Late Imperial China* (Berkeley: University of California Press, 2005), pp. 111-123.

[73] 繆咏禾《明代出版史稿》，頁 73-74；Lucille Chia, "Of Three Mountains Street: The Commercial Publishers of Ming Nanjing", p. 112.

[74] 張秀民《中國印刷史》，頁 348-351；繆咏禾《明代出版史稿》，頁 74；Lucille Chia, "Of Three Mountains Street: The Commercial Publishers of Ming Nanjing", pp. 127-140。

[75] 張秀民《中國印刷史》，頁 351。

京的讀書人多，除了為數眾多的一般士子外，還有不少在當地國子監就學的監生，故而制舉用書在南京的市場相當大。加上南京是文人薈萃之地，有不少能夠勝任圖書編寫工作的文人作為後盾，故南京書坊也不失機會刊刻了大量的制舉用書來滿足這個市場的需求，也同時給自己帶來豐厚的利潤。

明代南京唐姓書坊，如唐振吾（廣慶堂）和唐廷仁刊刻的制舉用書較其他同姓書坊來得多。唐振吾，字國達，金陵人。除刊刻戲曲、文集外，還有數量頗為可觀的制舉用書，包括《新刻徐玄扈先生纂輯毛詩六帖講意》、《新刻七名家合纂易經講義千百年眼》、《新刻癸丑翰林館課》、《戊辰科曹會元館課試策》、《新刻壬戌科翰林館課》等。唐廷仁，字龍泉，金陵人。[76]所刻以制舉用書為主，包括《精選舉業切要諸子粹言分類評林文源宗海》、《新刊子史群書論策全備摘題雲龍便覽》、《名世文宗》、《刻續名世文宗評林》、《新鐫國朝名儒文選百家評林》、《新鐫國朝名家四書講選》等。

周姓書坊中，如周曰校（萬卷樓）、周竹潭（嘉賓堂）和周時泰（博古堂）也出版了不少制舉用書。周曰校，字應賢，號對峰，金陵人。[77]刻書以通俗小說和制舉用書為多數。後者包括了《國朝名公經濟宏辭選》、《新刻舉業卮言》、《新刻顧會元注釋古今捷學舉業天衢》、《新刻沈相國續選百家舉業奇珍》、《新刊舉業利用

---

[76] 杜信孚、杜同書《全明分省分縣刻書考·江蘇省》（北京：線裝書局，2001），頁15。

[77] 同上，頁12。

六子拔奇》、《增訂國朝館課經世宏辭》等。周竹潭，字宗孔，金陵人。[78]刻書以制舉用書為主，有《皇明翰閣文宗》、《諸經品節》、《皇明館閣文宗》、《皇明百家文選》、《諸子品節》、《新刻乙未科翰林館課東觀弘文》等。周時泰除出版文集外，也刊刻了《新刊校正古本歷史大方通鑑》、《新刊邵翰林評選舉業捷學宇宙文藝》、《新刻辛丑科翰林館課》等制舉用書。

一些非源於刻書世家的書坊也刊刻了一些制舉用書，其中以李潮和光裕堂最具代表性。李潮，字時舉，號少泉，金陵人。[79]《全明分省分縣刻書考》著錄其所刊書二十六種，除醫書、類書、文集和通俗小說外，有多種為制舉用書，如《新刻邵太史評釋舉業古今摘粹玉圃珠淵》、《皇明三元考試》、《新鐫張太史注釋標題綱鑑白眉》、《詩經百家答問》、《皇明百家問答》、《新鐫十六翰林擬纂酉戌科場急出題旨棘圍丹篆》、《諸子綱目》等。此外，光裕堂也出版了《詩經副墨》、《諸子玄言評苑》、《性理大全會通》、《四書醒人語》等制舉用書。

由於南京的圖書市場只賣自己當地出版的書籍，他處所出版的書籍在當地很罕見。為了打開南京這個具有很大潛力的圖書市場，一些福建建陽的書坊也遠到來南京投資設店。如蕭世熙除在建陽設鋪外，也在南京設店。蕭世熙，字少渠，福建建陽人。所刻書多為浙江人著述。[80]除刊刻戲曲和文集外，蕭世熙在南京所開設的師儉

---

[78] 同上，頁 13。
[79] 同上，頁 8。
[80] 同上，頁 16。

堂也出版不少制舉用書，有《五子雋》五種、《新鍥侗初張先生注釋孔子家語》、《李相國九我先生評選蘇文彙精》、《侗初張先生評選左傳雋》、《侗初張先生評選戰國策雋》、《新刻張侗初評選國語雋》、《新鍥侗初張先生評選史記雋》、《陳眉公評選秦漢文雋》、《鼎雋諸家彙編皇明名公文雋》等。蕭世熙在建陽的書坊則出版了《五子雋》五種、《新鍥侗初張先生注釋孔子家語雋》、《新鐫張太史評選眉山橋梓名文雋》等，前兩種曾在南京出版。《全明分省分縣刻書考》著錄了蕭世熙在南京所刊刻的圖書三十四種，在建陽的刻書僅有以上幾種，可以看出他在南京的出版數量超出建陽許多。這是否能夠說明蕭世熙已經把事業的重心都放在南京，又或者是他利用建陽較低的出版成本來進行雕板的工作，將完成的刻板分別在建陽和南京刷印出版，這些都是值得考證的問題。[81]

在明代以前，蘇州本非刻書重地。[82]其刻書可上溯至南宋紹興十五年（1145）刊李誡（？-1110）的《營造法式》。自宋元以來當地出現了很多熟練的老刻工，影響所及，明代蘇州刻書在萬曆以前為全國各府之冠。[83]當時無論刊刻的技術或刻印書籍的品質都很優良，胡應麟評論說：「余所見當今刻本，蘇常為上，金陵次之，杭又次之。」又云：「凡刻之地有三，吳也，越也，閩也」，「其精

[81] 除蕭世熙外，在南京經營書坊的外地人尚有臨川人唐鯉非、歙縣人鄭思鳴、嘉興人周履靖、東陽縣人胡賢以及建陽人葉貴等。

[82] 宋人葉夢得在《石林燕語》卷八記述南、北宋之際出版業的發展情況時說：「今天下印書，以杭州為上，蜀本次之，福建最下。」他的這則記述並沒有特別提及蘇州刻書在當時的重要性。（北京：中華書局，1984），頁 116。

[83] 張秀民《中國印刷史》，頁 368。

吳為最，其多閩為最，越皆次之」，對蘇州刻本的評價是很高的。又稱：「凡姑蘇書肆，多在閶門外及吳縣前。書多精整，然率其地梓也。」[84]明代蘇州書坊所販賣皆為本地產品，書坊多冠以「金閶」兩字。蘇州書坊的數字，《中國印刷史》認為有 37 家，《江蘇刻書》補充了 19 家，《蘇州市志》又補充的 11 家。因此，蘇州的書坊，可查知共有 67 家。[85]其數量不及南京、建陽書坊之多。

蘇州書坊刊刻了各種各樣的暢銷書，如科舉、醫藥、童蒙、通俗類書、戲曲、小說等，來滿足社會各階層的多種需求。據筆者初步的調查，發現蘇州書坊所出版的制舉用書不僅在量方面不及南京、建陽書坊之多，也未見刊刻這類圖書比較特出的書坊。當然，這並不足以說明蘇州書坊在制舉用書的刊刻出版方面遜色于南京和建陽等重要刻書中心。蘇州書坊的出版重點可能是在八股文選集（下文將介紹蘇州書坊的八股文選集的出版情況，茲不贅述），而不在於四書五經、類書、通史類、諸子彙編類等制舉用書。八股文選集又往往不為當時官、私書目和地方誌中的藝文志所著錄，故和其他地區比較起來，蘇州書坊在制舉用書的出版活動的表現較不顯著。據《全明分省分縣刻書考》的著錄考察，蘇州出版超過兩種以上制舉用書的書坊並不多見，像擁萬堂出版《四書圖史合考》、《古名儒毛詩解》和《呂東萊左氏博議》等；大觀堂出版《五經疏義統宗》五種、《宋元通鑑》和《增訂二三場群書備考》。絕大多數的書坊僅出版一種制舉用書，葉聚甫出版《皇明歷朝四書程墨同文錄》，葉

---

[84] 胡應麟《經籍會通》卷四，頁 49。

[85] 以上諸書的統計數字皆取自繆咏禾《明代出版史稿》，頁 77。

仰山出版《遊藝塾文規》，黃玉堂出版《唐宋八大家文抄》等。值得注意的是，袁黃所編寫的制舉用書相當受到蘇州書坊的重視，出版得相當多，這可能是他編寫的制舉用書深受士子的緣故。其《增訂二三場群書備考》就曾為澹思堂、豹變齋、致和堂、大觀堂等書坊所出版。除此，葉仰山也曾出版其《遊藝塾文規》，龔堯惠曾出版其《古今經世文衡》，二酉齋曾出版其《新鐫了凡家傳利用舉業史記方瀾》等。

杭州是明代的另一個重要的刻書地區。除出版小說、戲曲、醫藥、童蒙等圖書外，當地書坊也出版了一些制舉用書。前文指出，明代八股文選本的出版實際上肇始於杭州，故杭州可說是明代制舉用書的發源地。杭州自古以來以印刷業發達而著稱於天下，其刻書可遠溯至五代時吳越國主錢俶（929-988）刊《寶篋印陀羅尼經》。宋靖康之變後，大批刻工南遷，臨安逐漸發展成為刻書中心。[86]入明之後，建陽、金陵等地刻書大興，杭州執全國書業牛耳的地位漸失，但出版業仍頗發達。胡應麟曾說：「今海內書凡聚之地有四：燕市也、金陵也、閶闔也、臨安也。」[87]就很能說明它在當時書業的影響力。和蘇州書坊的情況一樣，杭州書坊出版超過兩種以上制舉用書的書坊並不多見，如古香齋曾出版《秦漢文歸》和《魏晉南北朝唐宋文歸》等。不少書坊僅出版過一部制舉用書，如天益山房

---

[86] 關於五代至宋代杭州刻書的詳細情況，可參閱顧志興《浙江出版史研究：中唐五代兩宋時期》（杭州：浙江人民出版社，1991），頁 8-157；蔡惠如《宋代杭州地區圖書出版事業研究》（臺北：國立臺灣大學圖書資訊學研究所碩士學位論文，1998）。

[87] 胡應麟《經籍會通》卷四，頁 48。

的《孫月峰先生批評詩經》，名山聚的《鍥旁注類捷錄》，張起鵬（毓秀齋）的《新刻經史類編》，翁月溪的《新刊昆山周解元精選藝國萃盤錄》，樵雲書舍的《新刻增補藝苑卮言》等。杭州書坊和蘇州書坊一樣以刊行八股文選集著稱，加上資料的零散，故不能因其知見的制舉用書稀少而忽視它在當時這類圖書的出版活動的地位。

和其他刻書中心比較起來，建陽在明代刻書業中佔據著舉足輕重的地位。福建刻書業萌芽於五代，繁榮於兩宋，延續於元、明和清代。其中，福建明代刻書，以建寧府為主，而建寧府以建陽為主。[88]

元末明初的社會動盪給建陽刻書業造成了極大的影響，許多老字號大小書肆如余氏勤有堂等相繼歇業，倖存下來的幾家書肆（如宗文堂、翠岩精舍、廣勤堂等）在明初也很少刻書。經過了六、七十年的休養生息後，建陽刻書業才逐漸得到恢復和發展，余、劉、鄭等刻書世家的子孫們陸續重操舊業，熊、蕭等姓的家族成員也先後躋身其間。到了嘉靖、萬曆年間，建陽刻書業進入了歷史上的鼎盛時期，出現了書鋪林立、百肆爭刻的繁榮景象。據《建陽刻書史略》一書的考察，明代建陽書坊多達 203 家，這較張秀民考證得出的 84 家多了許多。[89]建陽書坊幾乎都集中在崇化里書坊街。（嘉靖）

---

[88] 方彥壽〈建陽古代刻書通考〉，見《出版史研究》第 6 輯（1998），頁 13。關於建陽出版業在宋元的發展情況，可參閱 Lucille Chia, *Printing for Profit: The Commercial Publishers of Jianyang, Fujian (11th-17th Century)* (Cambridge: Harvard University Asia Center, 2002), pp. 65-146.

[89] 吳世燈〈福建歷代刻書述略〉，見《出版史研究》第 5 輯（1997），頁 62。

《建陽縣誌》卷四載：「書籍出麻沙、崇化兩坊，昔號圖書之府，麻沙毀于元季，惟崇化存焉。今麻沙鄉進士長璇偕劉、蔡二氏新刻書板浸盛，與崇化並傳於世，均足以嘉惠四方云」。[90]卷五載「建邑兩坊，昔稱圖書之府。今麻沙雖毀，崇化愈蕃，蓋海宇人文有所憑籍云」。[91]（弘治）《八閩通志》的記載則更為明確：「建陽縣麻沙、崇化二坊，舊俱產書，號為圖書之府。麻沙書坊元季毀，今書籍之行四方者，皆崇化書坊所刻者也。」[92]

建陽書坊所刻圖書，經、史、子、集無所不包，尤以小說、戲曲等通俗文學作品為最多，凡當世所見之小說，由建陽書坊付梓者恐不下八、九。[93]醫書、制舉用書、日用類書亦多，這當然和這些書在社會上擁有龐大的讀者群有關。至於經史文集，建本傳世者亦不少。[94]（景泰）《建陽縣誌》稱：「天下書籍備於建陽之書坊」[95]，並非虛語。明代福建坊刻的繁盛，除表現在刻書單位的數目為全國之冠，以及出書種類的多樣化外，還表現在出書的數量上。清

---

[90] 馮繼科纂修，韋應詔補遺，胡子器編次（嘉靖）《建陽縣誌》卷四，見《天一閣藏明代方志叢刊（10）》（臺北：新文豐出版公司，1985），頁382。

[91] 同上，卷五，頁416。

[92] 黃仲昭《八閩通志》卷二十五，〈食貨・土產・建寧府〉，見《北京圖書館珍本叢刊》冊33（北京：書目文獻出版社，1988），頁336。

[93] 關於明代建陽的小說出版業的詳細情況，可參閱徐曉望〈建陽書坊與明代小說出版業〉，見《出版史研究》第6輯（1998），頁67-76。

[94] 關於明代建陽書坊所刻圖書的詳細內容，可參閱謝水順，李珽《福建古代刻書》（福州：福建人民出版社，1997），頁335-338；Lucille Chia, *Printing for Profit*, pp. 193-253.

[95] 趙文，黃璇纂修，袁銛續修（景泰）《建陽縣誌》，轉引自周心慧〈明代版刻述略〉，頁15。

閩人陳壽祺《左海文集》稱：「建安麻沙之刻，盛于宋，迄明未已，四部巨帙，自吾鄉鋟版以達四方，蓋十之五、六。」[96]

建陽刻書雖多，但因校勘粗略，紙、墨俱劣，在當時就受到讀書人的強烈批評。胡應麟也說：「閩中紙短窄黧脆，刻又舛訛，品最下而值最廉。」[97]謝肇淛（1567-1624）也批評說：「建陽書坊出書最多，而紙、板俱濫惡」；「板苦薄脆，久而裂縮，字漸失真，此閩書受病之源也。」[98]其實，建陽書坊刻書之量多質劣，並不始於明代，顧千里（1770-1839）稱：「南宋時，建陽各坊刻書最多。惟每刻一書，必請雇不知誰何之人，任意增刪換易，標立新奇名目，冀以衒價，而古書多失真。」[99]惟一「利」字，而使其忘刻書之「義」也。不過，從另一個角度講，正是由於建陽書坊出書迅速且「值最賤」，所刻又多為民間喜聞樂見的小說、戲曲及實用圖書，才使其所刻有廣闊的市場，從而在激烈的書業競爭中掙得一席之地。[100]

---

[96] 陳壽祺《左海文集》，轉引自李瑞良〈福建古代刻書業綜述〉，見宋原放主編《中國出版史料（古代部分）》第二卷（武漢：湖北教育出版社，2004），頁297。

[97] 胡應麟《經籍會通》卷四，頁50。

[98] 謝肇淛撰，郭熙途校點《五雜俎》卷十三，〈事部一〉（瀋陽：遼寧教育出版社，2001），頁275。

[99] 顧廣圻《思適齋集》卷10，〈重刻古今說海序〉，見《春暉堂叢書》（上海：上海徐氏校刊，1849），頁13下－14上。

[100] 建陽坊刻雖有其粗劣的一面，但並非一無是處，校勘精審的刻本也不少，如劉弘毅慎獨齋、劉氏廣勤堂的版本就很受人稱道。有關詳情，可參閱謝水順、李珽《福建古代刻書》，頁343-345；吳世燈〈福建歷代刻書述略〉，頁70-71；方品光〈福建古代刻書的編輯工作〉，見《出版史研究》第5輯

自成化年間杭州通判沈澄「刊《京華日抄》」而「甚獲重利」後，建陽書坊就「效之」出版了大量的八股文選本，其數量之多引起了一些朝廷官員的注意。弘治十二年（1499）十二月，吏科給事中許天賜請求朝廷趁建陽書坊發生火災的機會，禁止書坊中「損德蕩心，蠹文害道」的八股文選本，「悉皆斷絕根本，不許似前混雜刊行」。[101]雖然許天賜的建議最終沒有得到落實，但從他這段議論可以看出，當時建陽刊刻制舉用書的風氣是何等興盛。

明代建陽余氏書坊，如自新齋、萃慶堂、雙峰堂、三台館、克勤齋、怡慶堂等在出版通俗小說、日用類書、醫書等圖書的同時，還出版了大量的制舉用書。

自新齋是明代建陽著名的書肆，其刻書始於嘉靖年間，現存最晚的刻本是萬曆四十三年（1615）的《新刻題評名賢詞話草堂詩餘》。[102]自新齋出版了不少制舉用書，有《史記萃寶評林》、《漢書萃寶評林》、《通鑑纂要狐白》、《鼎鐫金陵湯會元評釋漢書狐白》、《新刻湯會元精遴評釋國語狐白》、《鼎鐫金陵三元合選評注史記狐白》、《左傳狐白》、《莊子南華真經狐白》、《精選舉業切要書史粹言評林諸子狐白》、《新刊標題明解聖賢語論》、《管晏春秋百家評林》、《精選舉業切要諸子粹言分類評林文源宗海》、《續文章軌範百家批評注釋》、《續名文珠璣》、《新刊補遺標題論策指南綱鑑纂要》、《新鍥張狀元遴選評林秦漢狐白》、

（1997），頁 77-79；葉德輝《書林餘話》卷下（長沙：岳麓書社，1999），頁 282。

[101] 《明孝宗實錄》卷一五七，弘治十二年十二月乙巳，頁 2825-2827。

[102] 謝水順，李珽《福建古代刻書》，頁 253。

《新鐫施會元評注選輯唐駱賓王狐白》、《四書順天捷解》、《鼎鐫黃狀元批選三蘇文狐白》、《續刻溫陵四太史評選古今名文珠璣》、《新鋟張狀元遴選評林秦漢狐白》等等。

以自新齋為堂號刻書的有余允錫、余泰恒、余良木、余紹崖、余明吾、余文傑。如《新刊憲台厘正性理大全》署名余允錫，《精選舉業切要書史粹言評林諸子狐白》署名余良木，《新鐫施會元評注選輯唐駱賓王狐白》署名余文傑，《續刻溫陵四太史評選古今名文珠璣》署名余紹崖，《漢書萃寶評林》署名余明吾等。署名雖有六個，但並不等於就是六個人。建陽書坊主常常在所刻書中分署不同的名、字。[103]萬曆四十二年（1614）自新齋刻《精選舉業切要書史粹言分類評林諸子狐白》，卷前題「書林紹崖余良木梓行」一行，在「余良木」前冠以「紹崖」，顯然余良木就是余紹崖。[104]

余彰德、余泗泉父子經營的萃慶堂是活躍於萬曆年間的書坊。余彰德曾聘請「胸藏萬卷，眾稱『兩腳書櫃』」的鄧志謨來指導子弟讀書，[105]余泗泉等余氏子弟均受業於他。他們雖沒有進入仕途，

---

[103] 像余象斗刻書就曾用了許多別名，肖東發說：「他的書肆，就有三台館、雙峰堂兩個名稱，仰止為余象斗字，號三台山人，所謂余君召、余文台、余元素、余世騰、余象烏者，經孫楷第、劉修業二先生考證，實為余象斗一人。」見肖東發〈建陽余氏刻書考略〉，見《中國印刷史料選輯之三：歷代刻書概況》（北京：印刷工業出版社，1991），頁126。

[104] 謝水順，李珽《福建古代刻書》，頁253。

[105] （同治）《安仁縣誌》卷二十六，〈人物·處士〉，見《中國地方誌集成·江西縣府志輯》冊32（南京：江蘇古籍出版社，1996），頁772。孫楷第說鄧志謨「嘗遊閩，為建陽余氏塾師。」見孫著《中國通俗小說書目》卷五，〈明清小說部乙〉（北京：作家出版社，1957），頁169-170。

但至少讓他們粗通文墨，為日後從事刻書業打下了堅固的基礎。萃慶堂出版了不少通俗小說和制舉用書。前者有鄧志謨的《鐵樹記》、《飛劍記》、《咒棗記》、《注釋藝林聚錦故事白眉》、《音注藝林唐故事白眉》、《旁訓古事鏡》等；後者有《六經三注粹鈔》、《王鳳洲先生會纂綱鑑歷朝正史全編》、《新刻世史類編》、《歷朝紀政綱目》、《書經萬世法程注》、《四書知新日錄》、《漢書評林》、《彙鍥注釋三蘇文苑》、《四書正義心得解》、《纂評注漢書奇編》、《新雋沈學士評選聖世諸大家明文品萃》等。

余應虬，字陟瞻，號猶龍。余泗泉之弟。除鄧志謨外，也曾師事黃端伯等人，[106]對四書頗有研究，是一個文化水準頗高的書坊主。余泗泉承襲其父的萃慶堂，余應虬則自創近聖居，自編圖書刻售。余應虬曾出版《新鋟評林旁訓薛鄭二先生家藏酉陽搜古人物奇編》、《新編分類當代名公文武星案》、《鼎鐫徐筆洞增補睡庵太史四書脈講意》、《新鐫翰林校正鼇頭合併古今名家詩學會海大成》和《刻仰止子參定正傳地理統一全書》等書。[107]除刊刻圖書外，還參與了《古今名家詩學會海大成》、《四書徵》、《四書湖南講》等書的參訂工作，也曾替湯賓尹所撰的《四書脈講意》撰寫了凡例七則。

余應虬也曾編寫過《四書翼經圖解》和《鐫古今兵家籌略》這

---

[106] 沈津《美國哈佛大學哈佛燕京圖書館中文善本書志》（上海：上海辭書出版社，1999），頁 63。

[107] 謝水順，李珽《福建古代刻書》，頁 251-252。

兩部制舉用書。《四書翼經圖解》計《大學》一卷、《中庸》一卷、《論語》十卷、《孟子》七卷。每句除解釋外，又有參證、考證、附考。上欄為考，極詳細述說該章旨意，通俗易懂。圖不甚多，但較精。[108]《鐫古今兵家籌略》的扉頁刊「古今籌略。時務論策疏議」。[109]據此推測該書是專供試策論用的制舉用書，其內容主要圍繞在軍事問題，收漢到明以來的兵家籌略，卷一論部，卷二策部。通過他積極出版、參訂和撰寫制舉用書的活動，可看出他是一個市場意識相當強烈的書坊主，故也不落人後地參與了這些工作，以便在這個深具潛力的市場中賺取甜頭。

和余彰德有堂兄弟關係的余象斗是明代建陽書坊的代表人物。余象斗繼承其父余孟和的雙峰堂，還自創了三台館。余象斗曾在舉業的道路上走過，他自述說：「辛卯之秋，不佞斗始輟儒家業。家世書坊，鋟笈為事。」[110]說明余象斗曾習舉業，可惜屢試不第，對舉業心灰意懶後放棄儒業，繼承祖傳事業，經營書坊。在他長袖善舞的經營下，其書坊規模愈來愈大，刻書數量也愈來愈多。除了繼續刻印經史文集外，還迎合市民階層的需要，自己動手編輯並刊印了大量的通俗小說和民間日用類書。據統計，以余仁仲萬卷堂和余氏勤有堂為代表的宋元兩代余氏書坊，素以刊印經史著稱，沒有刻印小說的記錄，而余象斗一個人就刻印了數十部小說。他搜集了民

---

[108] 沈津《美國哈佛大學哈佛燕京圖書館中文善本書志》，頁 64。

[109] 余應虬輯《鐫古今兵家籌略》扉頁，見《美國哈佛大學哈佛燕京圖書館藏中文善本彙刊》冊 18。

[110] 轉引自肖東發〈明代小說家、刻書家余象斗〉，見《明代小說論叢》第四輯（瀋陽：春風文藝出版社，1986），頁 198。

間藝人的「說話」材料，經過編輯加工，雕刻成書，使得不少口頭的民間傳說、歷史故事得以長久保存，廣泛地流傳。其中有神魔小說《五顯靈官大帝華光天王傳》、《北方真武玄天上帝出身志傳》，公案小說集《新刊皇明諸司廉明奇判公案》、《新刻皇明諸司公案傳》等，另外還編有《仰止子詳考古今名家潤色詩林正宗》、《韻林正宗》、《三台館仰止子考古詳訂遵韻海篇正宗》、《新刻芸窗匯爽萬錦情林》、《仰止子參定正傳地理統一全書》等書，均自編自刻，說明其文化水準甚高。[111]像余象斗這種集撰、編、刻、賣於一身的書坊主，使得士、商這兩個原來涇渭分明的角色重疊在一起，顯示自明中葉以來，士商合流已成為一種普遍的社會現象。像余象斗這種具有士商綜合體身份的書坊主在當時也並非唯一，前述的余泗泉和余應虬，以及接下來要介紹的劉洪和劉龍田，也同樣擁有這種綜合體的身份。這正好融於明中葉以後這樣一個商業發展的社會，打破了四民商為末的傳統觀。

除通俗小說和日用類書外，余象斗也出版了不少制舉用書。我們可通過肖東發在余象斗刊刻的《新鍥朱狀元芸窗彙輯百大家評注史記品粹》卷首所發現到的刻書目錄來瞭解余象斗所出版的制舉用書：

> 辛卯（1591 年）之秋，不佞斗始輟儒家業。家世書坊，鋟笈為事。遂廣聘縉紳先生，凡講說、文笈之裨舉業者，悉付之

[111] 謝水順，李珽《福建古代刻書》，頁 242；官桂銓〈明小說家余象斗及余氏刻小說戲曲〉，見《文學遺產》增刊 15 輯（1983），頁 125。

梓。因具書目於後：

講說類　計開

《四書拙學素言（配五經）》、《四書披雲新說（配五經）》、《四書夢關醒意（配五經）》、《四書苹談正發（配五經）》、《四書兜要妙解（配五經）》

以上書目俱系梓行，乃者又弊得晉江二解元編輯《十二講官四書天臺御覽》及乙未會元藿林湯先生考訂《四書目錄定意》，又指日刻出矣。

文笈類　計開

《諸文品粹》（系申汪錢三方家注釋）、《歷子品粹》（系湯會元選集）、《史記品粹》（正此部也，系朱殿元補注）

以上書目俱系梓行，近又弊得：

《皇明國朝群英品粹》（字字句句注釋分明）、《二續諸文品粹》（凡名家文笈已載在前部者，不再復錄，俱系精選，一字不同）。

再廣歷子品粹

　　前歷子姓氏

《老子》	《莊子》	《列子》	《子華子》	《鶡冠子》
《管子》	《晏子》	《墨子》	《孔叢子》	《尹文子》
《屈子》	《高子》	《韓子》	《鬼谷子》	《孫武子》
《呂子》	《荀子》	《陸子》	《賈誼子》	《淮南子》
《揚子》	《劉子》	《相如子》	《文中子》	

　　後再廣歷子姓氏

《尚父子》	《吳起子》	《尉繚子》	《韓嬰子》
《王符子》	《馬融子》	《鹿門子》	《關尹子》

《亢倉子》　《孔昭子》　《抱朴子》　《天隱子》
《玄真子》　《濟丘子》　《無能子》　《鄧析子》
《公孫子》　《鬻熊子》　《王充子》　《仲長子》
《孔明子》　《宣公子》　《賓王子》　《郁離子》
《漢書評林品粹》（依《史記》彙編）

一切各色書樣，業已次第命鋟，以為寓內名士公矣，因備揭之於此。余重刻金陵等板及讀書雜傳，無關於舉業者，不敢贅錄。

雙峰堂余象斗謹識。[112]

這份頗具宣傳促銷味道的刻書目錄明確地聲明「無關於舉業者，不敢贅錄」。（關於這則刻書目錄的進一步解讀，可參閱下文的討論，此不贅述。）除這份刻書目錄所著錄的制舉用書外，他的書坊還出版了《周易初進說解》、《新刻九我李太史編纂古本歷史大方綱鑑》、《鼎鋟趙田了凡袁先生編纂古本歷史大方鑑補》、《新刻三方家兄弟注點校正昭曠諸文品粹魁華》、《新刊李九我先生編纂大方萬文一統內外集》、《刻九我李太史十三經纂注》、《新刻徐九一先生四書剖訣》、《陳眉公先生選注左傳龍驤》、《刻陳眉公先生選注兩漢龍驤》等。

總的來說，余象斗具有很強的市場意識。在他主持下的雙峰堂和三台館主要出版熱門書，明中葉以後坊間最暢銷的通俗文學、日用類書和制舉用書等都是他的出版重點，其主持下的書坊可說是明

[112] 轉引自肖東發〈明代小說家、刻書家余象斗〉，頁 198-199。

中葉以後民間營利出版業的一個縮影。

以克勤堂為堂號的余碧泉、余近泉、余明台也刊刻了《史記萃寶評林》、《書經集注》、《評林注釋要刪古文大全後集》等制舉用書。由余良史、余良進、余完初等經營的怡慶堂也出版過一些制舉用書，包括《新刻續選批評文章軌範》、《新鐫翰林評選注釋二場表學司南》、《新輯續補注釋古今名文經國大業》等。

劉氏日新堂、安正堂、慎獨齋、喬山堂等書坊在經營時也注意開拓制舉用書這個圖書市場。自元代已開始刻書的日新堂（一題日新書堂）在成化至嘉靖年間就曾出版《標題詳注十九史略大全》、《歷代道學統宗淵源問對》、《新刊通鑑一勺史意》、《東漢文鑑》、《續真文忠公文章正宗》等制舉用書。

安正堂是明代建陽劉氏刻書歷史最長、數量最多的書肆。從宣德四年（1429）刻《四明先生續資治通鑑節要》算起，至萬曆三十九年（1611）刻《翰墨大全》止，前後長達一百八十多年之久。以安正堂為堂號刻書的有劉宗器、劉仕中、劉朝琯、劉求茂。安正堂刻書很多，經、史、子、集各類都有。[113]其中有不少科舉考試的教科書和參考書，包括《四明先生續資治通鑑節要》、《新刊詳增補注東萊博議》、《詩經疏義會通》、《春秋胡傳集解》、《新刊禮記纂言》、《璧水群英待問會元選要》、《大學衍義補摘要》、《周易傳義大全》、《禮記集說大全》、《禮記集注》、《新刊性理大全》、《新編漢唐綱目群史品藻》、《春秋集傳大全》、《經史通用古今真音》等。

---

[113] 謝水順，李珽《福建古代刻書》，頁 266-267。

慎獨齋主劉洪，字弘毅，號木石山人。《貞房劉氏宗譜》卷二有其「像贊」，贊云：「秀毓書林，八斗才深。璞中美玉，空谷足音，前古後今。惟質惟實，《綱目》傳心。」[114]說明他有相當高的文化修養，並曾對《綱目》一書進行了相當深入的研究。劉洪喜讀史書，撰有《綱目質實》，還為《資治通鑑綱目外紀》進行音釋的工作，也曾參與《少微先生資治通鑑節要》的校對工作。劉洪對自己的史學造詣頗為自負，他在所刊的《十七史詳節》一書中就刻有「精力史學」的墨色圖記來自我標榜。[115]《新刊古本少微先生資治通鑑節要》卷前有劉吉序一篇，云：「建陽義士劉君弘毅，自幼酷好經史，樂觀是書。久之，亦大有所得。乃於暇日取其真本，正彼訛舛，名門生獨明子輩，錄而成帙，將壽諸梓以傳，而請予題一言于首簡。」[116]相信和他對史學的興趣有關，劉洪出版了不少歷史類的科舉考試教材和參考書，包括《資治通鑑綱目》、《資治通鑑節要》、《四明先生續資治通鑑節要》、《資治通鑑綱目前編》、《續資治通鑑綱目》、《十七史詳節》、《歷代通鑑纂要》、《皇明政要》、《西漢文鑑》、《東漢文鑑》、《史記集解索隱》、《春秋經傳集解》等。劉洪刻書認真，校勘精審。其刻書的品質頗受後人稱讚。特別是他所刻的細字本，高濂讚譽它們「似亦精美」[117]；徐康

---

[114] 轉引自謝水順、李珽《福建古代刻書》，頁 272。

[115] 謝水順、李珽《福建古代刻書》，頁 272。

[116] 轉引自謝水順、李珽《福建古代刻書》，頁 272。

[117] 高濂《遵生八箋》卷十四，〈燕閑清賞箋〉上，〈論藏書〉，見《景印文淵閣四庫全書》冊 871，頁 716。

稱讚其《文獻通考》細字本「不失元人矩矱」[118]。葉德輝（1864-1927）對慎獨齋刻本也十分推崇：「劉洪慎獨齋刻書極夥，其版本校勘之精，亦頗為藏書家所貴重。」[119]明代建陽坊刻本向來被舊時士大夫所鄙棄，得到好評的，也僅有劉洪慎獨齋一家而已。[120]

大約在隆、萬年間由劉福棨創設的喬山堂，在其子劉龍田（1560-1625）出色的經營下成為明代建陽的名肆之一。劉龍田曾習過舉業。（道光）《建陽縣誌》有其小傳：「劉大易，字龍田，書坊人。始父母以色養。侄幼孤，撫之成立。好施濟，鄉鄰待之舉火者數十家。初業儒，弗售。挾篋游洞庭、瞿塘諸勝，謂然曰：『名教中有樂地，吾何多求！』遄歸侍庭幃，發藏書讀之。纂《五經緒論》、《昌後錄》、《古今箴言》諸編。即卒，以子孔敬貴，贈戶部廣東清吏司主司。崇禎間，祀鄉賢祠。」[121]我們相信劉龍田是因為舉業的失敗後才轉而繼承父親的刻書事業，他不僅刊刻圖書，也撰寫了《五經緒論》、《昌後錄》、《古今箴言》等書，可說是建陽坊肆中文化程度較高者。劉龍田刻書以子部為主，其中以醫書較多，[122]不過也刊刻了《許太史評選戰國策文髓》、《新鍥考正繪圖注釋古文大全》、《書經發穎集注》、《古文品外錄》、《續文章軌範百家評注》、《新鐫三太史評選歷代名文風采》、《新鍥台閣校正注釋補遺古文大全》等制舉用書。

---

[118] 徐康《前塵夢影錄》卷下，見《續修四庫全書》冊1186，頁741。

[119] 葉德輝《書林餘話》卷下，頁282。

[120] 謝水順，李珽《福建古代刻書》，頁273。

[121] （道光）《建陽縣誌》，轉引自謝水順，李珽《福建古代刻書》，頁277。

[122] 謝水順，李珽《福建古代刻書》，頁277。

建陽熊氏在宋、元兩代刻書極少，直到明代在熊宗立（1409-1482）大量刊刻醫書以後，熊氏坊刻業才蔚然興起。知名的刻書家除熊宗立外，還有熊瑗、熊成冶、熊大木、熊秉宇、熊安本、熊飛（雄飛館）、熊體忠（宏遠堂）、熊龍峰（忠正堂）等。不過，熊氏刻書的規模、數量仍難與余、劉等刻書世家相提並論。在熊氏的書坊中，以種德堂所刊刻的制舉用書的數量最為可觀。

種德堂的刻書可以分成兩個階段，正統至嘉靖年間為前期，以熊宗立為主，所刻僅限於醫書，傳本較少；後期以熊成冶為主，從萬曆元年（1573）起刊刻了大量的書籍，內容無所不包，傳本也較多。[123]其中有不少是供科舉用的圖書，如《登雲四書集注》、《注釋歷朝捷錄提衡》、《史記評林》、《新鐫葉太史彙纂玉堂綱鑑》、《書經精說》、《詩經開心正解》、《歷朝紀要綱鑑》、《新鍥評林注釋歷朝捷錄》、《鋟顧太史續選諸子史漢國策舉業玄珠》、《新刊金陵原版易經開心正解》、《新刻楊會元真傳詩經講義懸鑑》、《書經便蒙講義》、《精摘古史粹語舉業前茅》、《類編古今名賢彙語》、《鋟顧太史續選諸子史漢國策舉業玄珠》、《施會元輯注國朝名文英華》等。

鄭氏書坊以宗文堂所出版的制舉用書為最多。由鄭天澤創建的宗文書堂從元至順元年（1330）開始刻書，前後持續了近三百年，堪與劉氏翠岩精舍和日新堂相媲美。明代以宗文堂（或稱宗文書堂、宗文書社）為名號刻書的有鄭希善、鄭以厚、鄭世魁、鄭世容、鄭

---

[123] 同上，頁 284-288。

世豪等。[124]其刻書以經史文集為主，也包括了為數不少的科舉考試教材和參考書，如《皇明文衡》、《新刻唐代名賢歷代確論》、《周易纂言集注》、《新刊通鑑綱目策論摘題》、《續資治通鑑綱目》、《春秋左傳》、《新刊性理大全》、《新刊史學備要綱鑑會編》、《新刊史學備要史綱統會》、《新刊全補通鑑標題摘要》、《新鍥鼇頭歷朝實錄音釋引蒙鑑鈔》、《新刊箋注決科古今源流至論》、《詩經大全》、《我朝殿閣名公文選》、《新刊憲台考正少微通鑑全編》、《宋元通鑑全編》、《焦氏四書講錄》、《新刊憲台考正少微通鑑全編》、《編輯名家評林史學指南綱鑑新鈔》、《新鍥翰林李九我先生左傳評林選要》等。

明代建陽詹氏書坊刻書頗盛，知名的書坊主有詹長卿（就正齋）、詹聖澤、詹聖謨、詹聖學（勉齋）、詹諒（易齋）、詹彥洪、詹張景（秀閩）、詹林我、詹林所等。此外，還有進德書堂、進賢書堂、西清堂等。[125]其中以詹聖澤刊刻制舉用書為最多。詹聖澤，字霖宇，號勉齋，福建省芝城人。[126]他所出版的制舉用書有《新鋟施會元精選旁訓皇明鴻烈》、《詩經開蒙衍義集》、《新鍥會元湯先生批評南明文選》、《詩經鐸振》、《注釋九子全書》、《新鍥會元湯先生批評空同文選》、《皇明我朝捷錄旁訓》、《新鍥二太史彙選注釋老莊評林》、《新刊鳳洲先生簽題性理精纂約義》、《新刻李太史選輯戰國策三注旁訓評林》等。

---

[124] 同上，頁 306。

[125] 同上，頁 317。

[126] 《全明分省分縣刻書考·福建省卷》，頁 35。

必須說明的是，我們所利用來整理以上幾個地區所出版的制舉用書的幾種資料，所著錄的都是一些四書五經講章、論、表、策、古文選本、類書、通史和諸子彙編等制舉用書，對八股文選集幾乎完全沒有著錄。實際上，當時所出版的八股文選集不在少數。據顧炎武觀察，當時坊刻八股文選集有好幾種形式：

> 至乙卯（萬曆四十三年）以後，而坊刻有四種，曰程墨，則三場主司及士子之文。曰房稿，則十八房進士之作。曰行卷，則舉人之作。曰社稿，則諸生會課之作。至一科房稿之刻有數百部，皆出於蘇、杭，而中原北方之賈人市買以去。[127]

當時坊刻八股文的名目有程墨、房稿、行卷、社稿等等。顧炎武曾說：「昔人所待一年而習者，以一月畢之」，記誦程房墨稿是準備參加科舉考試的一條捷徑。當時蘇、杭等地的一些書商開坊專刻這種範文，急功近利之徒紛紛購買，以致出現「天下之人惟知此物可以取科名、享富貴，此之謂學問，而他一概不觀」的情形。[128]這兩個地區之所以能出版大量的八股文選集，相信與這兩個地區活躍的文人結社活動息息相關。據何宗美的研究，明代文社在萬曆以後開始興盛起來。[129]陸世儀《復社紀略》云：

---

[127] 顧炎武《原抄本顧亭林日知錄》卷十九，〈十八房〉（臺北：文史哲出版社，1979），頁472。

[128] 同上。

[129] 何宗美《明末清初文人結社研究》（天津：南開大學出版社，2003），頁40。

> 令甲以科目取人，而制義始重，士既重於其事，咸思厚自濯磨，以求副功令，因共尊師取友，互相砥礪，多者數十人，少者數人，謂之文社，即此以文會友，以友輔仁之遺則也。好修之士，以是為學問之地，馳騖之徒，亦以是為功令之門，所從來舊矣。[130]

也就是說，文社是在科舉取士制度刺激下文人自發組織的專攻八股制義的團體。書商看準了商機，乃與文社中核心人物合作，刊刻他們所編輯的八股文選集，賺取了可觀的利潤。[131]文社亦通過這種方式來謀利，以維持文社的經費開支。

除蘇、杭外，南京鄰近的上元和江寧兩縣，以及建陽也出版了不少八股文選集。嘉、隆人何良俊（1506-1573）說：「余在南郡時，嘗與趙方泉督學言，欲其分付上、江二縣，將書坊刊行時義盡數燒出。仍行文與福建巡按御史，將建寧書坊刊行時義亦盡數燒除。方泉雖以為是，然竟不能行，徒付之空言而已。」[132]上元和江寧兩縣所刻八股文選本與建寧書坊齊名，可見其產量之多，惜我們對上元和江寧兩縣的書坊所知甚少。何良俊在嘉靖末年建議燒盡這

---

[130] 陸世儀《復社紀略》，見《中國內亂外禍歷史叢書》第 13 輯（上海：神州國光社，1946），頁 171。

[131] 謝國楨《明清之際黨社運動考》（北京：中華書局，1982），頁 119-120。

[132] 何良俊《四友齋叢說》卷之三，〈經〉三（北京：中華書局，1997），頁 24。此書初刻於隆慶三年（1569）。

兩縣所出版的時義沒有得到落實，也不知是幸還是不幸。[133]

通過以上的分析，說明在明中葉以後政治與社會變遷的大環境下，使得坊刻得以擺脫官刻的主導而得到了發展的空間。制舉用書在杭州通判沈澄於成化年間啟動了按鈕後，對圖書市場發展動向極為敏銳的書坊主立刻意識到閱讀這類圖書的讀書群體的存在及其發展潛力和商機，經由建陽書坊的領頭與推波助瀾下而得到迅速的發展，這股勢頭也同時漫延至當時其他重要刻書地區。在它們的共同推動下，乃將坊刻制舉用書的出版推向一個高峰。

---

[133] 何良俊約在五十歲時授南京翰林院孔目之職，三年後辭官。他的這個建議應當是在這段期間提出的。

第三章
坊刻制舉用書的讀者

第一節　坊刻制舉用書讀者的出現與規模

值得注意的是，制舉用書的作用絕非單單幫助有資格應試的考生應付來臨的科舉考試而已。必須指出的是，明代科舉的特色在於考試與學校的緊密相連。❶所謂「科舉必由學校，而學校起家，可不由科舉。學校有二：曰國學，曰府、州、縣學。」❷國子監和地方儒學這兩個官方學校支柱的教學內容、課程安排、教學方法、考核等基本上是以科舉考試所規定的內容和形式為依據的。明中葉以後，官學發展的衰敗，官方對書院態度的轉變，啟動了書院發展的契機。❸書院群體中也逐漸分離出一種為培養科舉人才服務的考課性書院，且數量日益增加。因此，相信監生和生員，乃至書院的生

---

❶ 王凱旋《明代科舉制度考論》（瀋陽：瀋陽出版社，2005），頁 65-75。

❷ 張廷玉等《明史》卷六九，〈選舉一〉（北京：中華書局，1974），頁 1675。

❸ 李兵《書院教育與科舉考試關係研究》（臺北：國立臺灣大學出版中心，2005），頁 186-201。

徒都應是制舉用書的讀者，他們都會利用和研習充斥於坊間的制舉用書，來幫助他們應付繁重的日常課業和考試。

明代國子監的教學，是按照正義、崇志、廣業、修道、誠心、率性六堂，再分三十二班的形式組織的。洪武十六年（1383）正月，朱元璋在國子監學規中規定：

> 凡生員通四書未通經者，居正義、崇志、廣業堂。一年半之上，文理條順者，許升修道、誠心堂。坐堂一年半之上，經史兼通、文理俱優者，升率性堂。❹

按這規定，國子監中的六堂，其實又按照在監學生水準的高低被分成了三個級別。

明代國子監的教法包括了會講、復講、背書和作課幾方面。❺會講是指彙集全校學生而進行講授；復講則是由學生來主講指定課題，通過抽籤方式來決定由何人來講。背書是通過背誦學生所習經書來檢查學生對所學經書的熟悉程度，亦是通過抽籤方式來決定由何人來背誦。作課不等於考試，但作課的做法類似於考試。❻明代國子監中的作課，在洪武三十年（1397）頒佈的監規中有著明確的規定：

---

❹ 徐溥等奉敕撰，李東陽等重修《明會典》卷一百七十三，〈國子監·監規〉，見《景印文淵閣四庫全書》冊 618，頁 700。

❺ 《明史》卷六九，〈選舉一〉，頁 1677。

❻ 吳宣德《中國考試制度通史·第四卷·明代（西元一三六八至一六四四年）》（濟南：山東教育出版社，2000），頁 160-165。

> 每月務要作課六道：本經義二道，四書義二道，詔、誥、表、章、策、論、判語內科二道。不許不及道數。仍要逐月作完送改，以憑類進。違者痛決。❼

作課的內容，與科舉考試的內容完全一致。因此，作課的目的顯然包含了兩方面：一方面，由於當時國子監的監生還可以通過積分直接入仕，因此作課訓練無疑有針對這一批人進入仕途後的工作需要的傾向；另一方面，由於科舉入仕在當時已經成了士人竭力追求的目標，而入仕是需要經過考試的，因而國子監中的作課訓練，顯然也有訓練監生參加科舉的想法在內。❽

考試是明代國子監最終衡量學生學業成績的方式。在大部分的時間裏，國子監的監生考試為「季考」（每季舉行一次的考試）所取代。考試全部結束後，陸續將試卷送祭酒座前，當場彌封。試卷次日發博士、助教、學正、學錄等官分看，擬定上、中、下等第，再送兩廂詳定出榜。凡上榜者，可以獲得一定的獎賞。若紕繆不通文理以及違反規則的，則予以處罰。❾這種考試，在各方面都與科舉考試沒有什麼差別了。❿

---

❼ 徐溥等奉敕撰，李東陽等重修《明會典》卷一百七十三，〈國子監·監規〉，頁 700。

❽ 吳宣德《中國考試制度通史·第四卷·明代（西元一三六八至一六四四年）》，頁 163。

❾ 郭槃等撰《明太學志》卷七，見首都圖書館編輯《太學文獻大成》冊 6（北京：學苑出版社，1996），頁 29 下－30 下。

❿ 吳宣德《中國考試制度通史·第四卷·明代（西元一三六八至一六四四年）》，頁 166-167。

至於地方學校的生員方面，按照定例，提學院道考試儒童，發案備錄，三日內必須入學，從此儒童也就成了地方學校的生員。生員在入學後就面臨著各種考試。考試通常是用來衡量教學效果的一種手段，但對明代的儒學而言，考試不僅僅限於檢測教學效果，它同時也用於其他方面，比如選擇歲貢生員，選擇參加科舉的學生。生員所面臨種種考試，主要有提學官的歲考、科考，提調官的季考，掌印教官的月考，各齋教官的日課。在這些考試中，因教官是學校生員的主管官員，身兼官、師兩職，故其日課、月考最為頻繁。⓫

所謂日課，即教官每日對生員的例行課業。每日諸生升堂完畢後，即退入各自的學舍。訓導進諸生於齋，每日誦讀。及夜，諸生各就舍誦讀。凡一月中三、六、九日，教官進諸生於堂，講書作文。這是日課的基本規程。⓬

所謂月考，即在日課及三、六、九作課的基礎上，每至月末，教官會集生員，當堂考試一次。已成才生員，考四書義或經義、論、策各一篇，初學者，破、承、對句各三首。凡遇季考之月，免其月考。考畢，各較定次第高低，量示懲罰，仍書小榜，在明倫堂張掛。⓭

除接受教官的日課、月考外，生員還得參加提調官的季考。每遇季月，提調官親自考校生員，分別等第，量行賞罰。然後將等第

⓫ 陳寶良《明代儒學生員與地方社會》（北京：中國社會科學出版社，2005），頁236。

⓬ 同上，頁240。

⓭ 同上，頁241。

名次及優、劣生各二三卷，送提學道官審閱。⓮

在一系列的考試中，由於歲考關係到生員的黜陟，科考關係到科名的進取，故這兩種考試是生員非得參加的考試。⓯這兩種考試都有地方督學使者主持。《明史·選舉志》云：「提學官在任三歲，兩試諸生。先以六等試諸生優劣，謂之歲考。」⓰若照《明史》所言，提學官在任三年，共有兩次考試，即歲考與科考。換言之，即三年歲考一次。歲考為考試廩、增、附生文字之優劣，以驗其進步，定其黜升。因提學官歲考諸生，關係到生員的黜陟，故除非生員患病及丁內外艱，否則無不參加考試。即使遊學在外，也都紛紛趕回原籍參加歲考。以六等之制歲考生員，在明代得到了很好的執行。⓱

至於「科考」，據《明史·選舉志》載，歲考既畢，繼取一二等為科舉生員，俾應鄉試，謂之「科考」。因此年大比，先以此試。考其優劣以決定生員可否應試，故又名「決科」。其等第仍分為六，而大抵多置三等。科考第一、二等，方可參加鄉試，而一旦位列第三等，即使是第一名，也不得應鄉試。至於在科考中被黜者僅百一，亦有絕無一人被黜者的例子。⓲因此，科考是從生員中選

⓮ 海瑞《海瑞集》上冊，〈興革條例·禮屬〉（北京：中華書局，1981），頁93。

⓯ Benjamin A. Elman, *A Cultural History of Civil Examination in Late Imperial China* (Berkeley: University of California Press), pp.133-138.

⓰ 《明史》卷六九，〈選舉一〉，頁1687。

⓱ 陳寶良《明代儒學生員與地方社會》，頁248-250。

⓲ 按照《明史·選舉志》，督學歲考諸生，定為六等：「一等前列者，視廩膳生有缺，依次充補，其次補增廣生。一二等皆給賞，三等如常，四等撻責，

拔可以參加鄉試的生員，選中者稱「科舉生員」。⓳

書院考課與國子監和地方儒學大致相同，一般也是由地方官吏主持，有日課、旬課、月課和季考等形式，如雲從、太邱、益津和紫陽等書院都將考課作為重要的教學手段。有的書院還將考課寫入學規中，使之進一步制度化。⓴如白鷺州書院在萬曆年間的館例中就詳細規定了考課的內容與形式。其日課要求生徒「或看經書若干，或讀論表若干，或看過《通鑑》、《性理》若干，或看程墨及時藝若干，或看古文若干，各隨意見力量，但要日有日功，月無忘之，本府無時抽籤稽查」，可見其日課的內容完全是為滿足生徒參加科舉考試服務的。此外，還規定每月於三、八兩日會文，朔、望兩日會考。會文和會考都是月課，只是要求的程度不同而已，其內容是以八股文為主。㉑不僅在內容上與科舉考試一致，而且考課形式亦是仿照科場條例來進行，「每會，使君咸是臨之，探筴命題，糊名入座，一仿棘闈制例，既籍其課藝，授兩生甲乙，取村守公，字比句櫛，絜短論長，不遺餘力」㉒。白鹿洞書院的考課還模仿官學的「六等黜騭法」，將考課和書院錄取名額、津貼的發放結合起來，以達到激勵生徒的目的。㉓頻繁的考課，使生徒疲於應付考

五等則廩、增遞降一等，附生降為青衣，六等黜革。繼取一二等為科舉生員，俾應鄉試，謂之科考。」詳參《明史》卷六九，〈選舉一〉，頁1687。

⓳ 陳寶良《明代儒學生員與地方社會》，頁253-253。

⓴ 李兵《書院教育與科舉考試關係研究》，頁201。

㉑ 劉繹《白鷺洲書院志》卷二，〈汪太守館例十二條〉，見趙所生、薛正興主編《中國歷代書院志》冊2（南京：江蘇教育出版社，1995），頁584-589。

㉒ 同上，卷七，甘雨〈白鷺書院課士錄序〉，頁676。

㉓ 李兵《書院教育與科舉考試關係研究》，頁202。

試，根本無暇顧及自習研究。

不管是官學的教法和考試，還是自書院群體中分離出來的考課式書院的教法和考試，士子們所學和所考的都是圍繞著朝廷所規定的科舉考試的內容與形式，一些考試還遵循著科舉考試的程式來進行。凡此種種，皆是為了充分預備學生應試而設的。為了應付繁重的日常課業，及時交上規定的功課，避免受罰，以及為了應付頻繁的考試，順利過關，以免罷黜，相信絕大多數的學生們已開始購買和研習坊間出版的制舉用書，以應付日常課業和各種考試。這個自明初以來就已經規定下來的科舉考試制度以及學校的教法和考試，可以說已經給制舉用書的出版市場提供了一定數量的讀者群，但明初書坊為何在這類圖書的出版活動方面表現得相當沉寂，而必須等到明中葉以後才死灰復燃而漸漸興旺發達起來呢？

前文指出，明初在中央政府強力運作之下，所出版的是單一政治用途的書籍，民間書坊的發展也因而受到制約。更為重要的是，明中葉以前，由於政治相對清明，社會相對穩定，以及統治階層自身的相對清醒與理智，在很大的程度上抑制了科舉競爭機制的局限性及其消極影響的衍生。因此，此時的科舉競爭基本上還能保持相對的公正性及其功能的有效發揮。㉔加上在對待科舉考試的態度上，明初士子大多本著「道學緒餘即舉業，舉業精妙即道學」㉕的觀念將舉業學習看作是悟道的一種方式，將究心經傳作為促進舉業

㉔　劉曉東《明代士人生存狀態研究》（長春：東北師範大學博士論文，2000），頁 180。

㉕　李開先《李中麓閒居集》卷十一，〈中麓書院記〉，見《續修四庫全書》冊 1341，頁 323。

的一種途徑。在舉業學習中多以經傳原文為本，而不屑於程文的揣摩與剽竊，士子自身也多以貫通經義為求學之本。蘇翔鳳曾做出這樣的描述：「成、弘之間，士不知有時刻，篋中止有經史、古文、先儒語錄，故作文者自書所見，不假借於人。」㉖黃宗羲也有同樣的觀察：「昔之為時文者，《大全》、《通鑑》、《左》、《史》、《語》、《策》，未嘗不假途於是也。」㉗像楊士奇（1365-1444）少時，「四書五經皆手抄以讀」；㉘何文淵（1385-1457）為諸生時，「勤苦讀書，涵儒既久，經史百氏無不貫通」㉙。故明初舉子的知識結構與文化視野相較於後世的經生而言，還是較為寬博的。在學風上也較為踏實，不急於速成。故明初制科取士，雖「一以經義為先」，還是起到了「網羅碩學」的功效的。㉚也就是說，還是基本上維護了「學而優則仕」的文化目標。科場情弊雖也存在，卻並未從根本上影響競爭的公正與公平性。雖然競爭的失敗使落第士子不可避免地也會發出怨言，卻仍能保持相對平和中允的恬退心態。㉛由於制舉用書在明初幾乎完全沒有市場，故而這類圖書的出版也表現得極為沉靜寥落。

㉖ 梁章鉅著，陳居淵校點《制義叢話》卷二（上海：上海書店出版社，2001），頁37-38。

㉗ 李鄴嗣《杲堂文鈔》卷首，黃宗羲〈杲堂文鈔序〉，見張道勤標點《杲堂詩文集》（南京：浙江古籍出版社，1988），頁379。

㉘ 徐紘編《明名臣琬琰續錄》卷一，王直〈少師楊公傳〉，見《景印文淵閣四庫全書》冊第453，頁283。

㉙ 同上，卷七，章綸〈吏部尚書何公行狀〉，頁354。

㉚ 《明史》卷二八二，〈儒林一〉，頁7221。

㉛ 劉曉東《明代士人生存狀態研究》，頁191-192。

但是，這種情況到了明中葉以後出現了變化，這不僅表現在前述的帝王掌控力的鬆動，商品經濟的繁榮，思想新潮的湧現以及社會風氣的變遷，還表現在以下幾個方面的變化。

其一、考生隊伍的日益膨脹。明代參加科舉考試的主體是國子監中的監生及地方儒學的生員。㉜除此之外，考課式書院亦輸送了不少生徒參加科舉考試。洪武朝監生數，除了洪武二十六年（1393）突至 8124 名外，其他少者不及 500 名，多者亦不過 2000 名。而在萬曆末年，一般均維持在 3000 名左右。㉝相對說來，地方儒學的生員人數較國子監的監生人數多出許多，差距甚大。生員是科名階級中最初的一級，通過對生員人數的估計可讓我們瞭解到參加科舉考試的士子的增長的情況。明初，人們普遍不重學，不以進學成為生員為榮，甚至害怕入學，故明初生員人數不多。明中葉以後，各地文事漸興，時有新設府、州、縣學校，教育得到長足的發展，加上附學生員的設立和無定額限制，在學生員的進多退少，日積月累，年復一年。這就使生員成為一個相對穩定的並有一定數量規模的社會階層。㉞至明末，生員數更是驟增。據韓國學者吳金城的研究，明中葉全國生員約為三十一萬人，晚明約為五十萬。㉟

㉜ 錢茂偉《國家、科舉與社會：以明代為中心的考察》（北京：北京圖書館出版社，2004），頁 92。

㉝ 關於萬曆末年南京國子監監生數，可參閱陳寶良《明代儒學生員與地方社會》附表五，頁 509。

㉞ 陳寶良《明代儒學生員與地方社會》，頁 196-210。

㉟ 吳金城〈明清時代紳士層研究的諸問題〉，見《中國史研究的成果與展望》，轉引自錢茂偉《國家、科舉與社會：以明代為中心的考察》，頁 99。

顧炎武也曾說：「今（晚明）則不然，合天下之生員，縣以三百計，不下五十萬人，而所以教之者，僅場屋之文。」㊱陳寶良據明代方志和文集來進行明末生員總數的統計，認為明末全國生員總數極可能突破 60 萬。若「再加上各類不與科舉的生員，其數字將更大」㊲。若以吳金城對明代生員人數的估計為準，得出國子監監生和地方儒學生員在明中葉的比例為 1：103，晚明為 1：167。若加上國子監的監生人數，得出明中葉應試人數約為 31 萬 3 千人，晚明則為 50 萬 3 千人。

此外，明末書院還直接從政府手中爭取到了參加鄉試的科舉考試名額，於是便有了「書院科舉」（亦作「洞學科舉」）的名目，就是指每遇大比之年，書院按照自己所享有的參加鄉試名額，派出相應數量的生徒與地方儒生一起參加鄉試，這些生徒的資格就相當於地方儒學的科舉生員。㊳其中白鷺洲、白鹿洞兩書院獲得保舉生徒直接參加鄉試的名額，分別為四十二個和八個名額。㊴目前我們雖無確切的書院生徒數字，但以當時書院的數量、規模的日益增長的事實來看，相信他們的數量也頗為可觀。

其二、考生組成成分的擴大。明代鄉試除了一些有職業牽掛和娼優隸卒等人員外，在入試資格的規定上，並沒有顯示出等級的區

㊱ 顧炎武《顧亭林詩文集》卷一，〈生員論〉上（北京：中華書局，1983），頁 21。

㊲ 陳寶良《明代儒學生員與地方社會》，頁 214-215。

㊳ 應方淦〈明代書院舉業化探析〉，見《晉陽學刊》2006 年第 4 期，頁 100。

㊴ 李應昇《白鹿洞書院志》卷四，李應昇〈申議洞學科舉詳文〉，見《中國歷代書院志》冊 1，頁

分。[40]在沒有等級區分的情況下，使得參加科舉考試不再為四民之首的「士」所壟斷，出身「農、工、商」的子弟也有資格應試。

入試資格雖然幾乎沒有限制，但我們也必須認識到，科舉是一條費錢之路。每逢鄉試，士子進城應試，均需賃房居住，而此時房租又頗昂貴，非一般庶民子弟所能承受。而參加會試，則花費更大。一些離京城較遠的省份的士子，在前一年的十二月初就開始上路參加第二年三月的會試。旅途勞頓之苦，旅費之巨，不難想像。[41]王世貞（1526-1590）回憶：

> 余舉進士，不能攻苦食儉，初歲費將三百金，同年中有費不

[40] 在洪武三年和洪武十七年分別頒佈的科舉格式中，對鄉試的入試資格都作了具體的規定。洪武三年的科舉條格中規定：「一、仕宦已入流品及曾於前元登科並曾仕宦者，不許應試。其餘各色人民並流寓各處者，一體應試；一、有過罷閒人吏、娼優之人，並不得應試。」（見王世貞《弇山堂別集》卷八十一，〈科試考一〉，見《景印文淵閣四庫全書》冊 410，頁 232-233）而洪武十七年規定：「國子學生、府州縣學生員之學成者，儒之未仕者，官之未入流而無錢糧等項粘帶者，皆由有司保舉性質敦厚、文行可稱者，各具年甲、籍貫、三代、本經，縣州申府、府申布政司鄉試。其學官及罷閑官吏、倡優之家、隸卒之徒，與居父母之喪者，並不許應試。」（見徐溥等奉敕撰，李東陽等重修《明會典》卷七十七，〈禮部三十六·學校二·科舉·鄉試〉，見《景印文淵閣四庫全書》冊 617，頁 740）前後兩個規定，最明顯的不同是洪武十七年的規定遠較洪武三年詳細而具體。從這兩個規定來看，凡是只要符合條件的人都可以入試。

[41] 陳寶良《明代儒學生員與地方社會》，頁 231。像明代傳奇《荷花蕩》卷上記「飯不充口」的徐州窮秀才徐國寶在恩師借助三十金後才得以赴京趕考，可說是當時的真實寫照。見《全明傳奇》（臺北：天一出版社，1990），頁 15 上。

能百金者。今遂過六七百金，無不取貸於人。蓋贄見大小座主，會同年及鄉里官長，酬酢公私宴醵，賞勞座主僕從與內閣吏部之輿人，比舊往往數倍。㊷

王氏所言當僅指會試前後的費用，家境富裕者用銀三百兩，寒門子弟或攻苦食儉者需銀百兩。王氏舉進士在嘉靖二十九年（1550），三、四十年後科舉費用已漲了一倍以上。大名鼎鼎的畫家文徵明（1470-1559）十次鄉試不中，其曾孫文震孟（1574-1636）十一次會試才登第。王世貞年十九，一舉中第，費銀數百兩，這些人一而再，再而三，乃至十數次的應考，費用之巨實難計算。自然這還不包括士子寒窗苦讀耗費的時間和精力，以及家長、親屬付出的陪讀時間和精力。如此高昂的費用，對難以飽腹的貧民小戶來說簡直是天文數字，顯然只有那些富室大戶才能承受。㊸

後人對明代官員俸祿，作了種種評論。趙翼（1727-1814）《廿二史劄記》專門列了一條：「明官俸最薄」㊹。《明史》也說：「自古官俸之薄，未有若此者。」㊺官僚們「月不過米二石、不足食數人」、「不足以資生」、「困於饑寒」的抱怨不絕於口。㊻明

㊷ 王世貞《觚不觚錄》，見《景印文淵閣四庫全書》冊 1041，頁 438。

㊸ 范金民〈明代江南進士甲天下及其原因〉，見《明史研究》第 5 輯（1997 年），頁 166。

㊹ 趙翼《廿二史劄記》下冊，卷三十二，〈明官俸最薄〉（臺北：世界書局，1962），頁 473-474。

㊺ 《明史》卷八十二，〈食貨六〉，頁 2003。

㊻ 龍文彬《明會要》卷四三，〈職官十五〉，〈百官祿秩〉，見《續修四庫全書》冊 793，頁 373。

代官祿雖然低微，但由於官僚士大夫可以通過「仕途權力」向經濟領域的輻射而衍生的可觀經濟效益，如經濟優免權、投獻、饋贈等，在很多時候它要遠遠高於俸祿本身。㊼故相信絕大多數的官僚士大夫是不打算放棄這種「仕途權力」，故而他們會利用充裕的財力，鼓勵與支援子弟潛心科考，不僅是為光耀門楣，也是希望他們入仕以繼續維持既有的經濟特權。

士、農、工、商四民，商居四民之末。隨著商業的發展，以及城市生活的繁榮，人們的日常生活用品以及奢侈品越發離不開商人，而商人的經濟實力也日益增長，社會地位也隨之提高。然而，就士的地位而言，並沒有因為商人地位的提高而發生動搖。這當然與人們的傳統看法有關。而最主要的還是士與官仍有著直接的、密切的聯繫。為了沾染「士氣」，明中葉以後的商人乃積極地向結交士人，不少士人都有和商人交往的經歷。如金陵文士顧璘（1476-1545）與漁鹽大賈陳蒙相交三十年；㊽先祖以商起家的李夢陽（1472-1529）結交商人更為廣泛，當時大商人鮑弼、鮑允亨、汪昂、王現、鄭作、丘琥等都與他交往。㊾除此之外，江南資產百萬、數十萬的勢家，多為紳商合璧之家。正如王士性（1546-1598）在《廣志繹》中所論：這些勢家以經商致富，然非「奕葉科第，富貴難於長

㊼ 關於士人入仕後可獲取的經濟利益，可參考劉曉東《明代士人生存狀態研究》，頁149-154。

㊽ 顧璘《顧華玉集》卷三十二，《息園存稿》文三，〈壽梅南君序〉，見《叢書集成續編》冊114，頁230。

㊾ 李夢陽《空同集》卷四十五，〈梅山先生墓誌銘〉，見《景印文淵閣四庫全書》冊1262，頁416-418。

守，其俗蓋難言之。」[50]這種現象正說明了明代商人的生存環境仍十分艱難，若不依附士、官便難以生存持久。

不過，商人在與士人交往的過程中也覺察到士人仍難以擺脫他們對商人的傳統偏見。因此，與其低聲下氣地去攀結士人，倒不如鼓勵自己的子孫業儒，有幸謀得一官半職，就可名正言順地與士人平起平坐。況且在商人眼中，也多注意到了攀升到士階層後的實際社會地位和與地位相伴隨著的利益。在他們看來，一旦側身士的階層，便可提高自身社會地位，與其他士人平起平坐而不會在心理上覺得卑微，擺脫了人們的賤視；如果僥倖考得一官半職，便可遠則光宗耀祖，近則保護自己的切身利益不受侵害。與此同時，明中葉以後，隨著社會分工的不斷發展，商業網絡日益擴大，商品和貨幣的運動錯綜交織。在這種社會形勢下，商人是否具有較高的文化素養就顯得格外重要。商人掌握了一定的文化知識，有助於在商業活動中分析市場形勢，分析自然和社會諸因素對供求關係的影響，從而在取予進退之間不失時機地作出正確的判斷，以獲得厚利。[51]正因如此，明中葉以後，不少萬貫家財的商人在「援結諸豪貴，籍其蔭批」[52]的同時，也利用其擁有的資財，大力發展教育，鼓勵子弟求學上進，參加科舉考試。在晚明，商人為子弟擇師，已成一時風氣。例如安徽商人鮑柏庭「家頗饒裕」，給子孫「延名師購書籍不

---

[50] 王士性《廣志繹》卷四（北京：中華書局，1981），頁745。

[51] 閻廣芬〈試論明清時期商人與教育的關係〉，見《河北大學學報（哲學社會科學版）》第26卷第3期（2001年9月），頁53-54。

[52] 李夢陽《空同集》卷四十，〈擬處置鹽法事宜狀〉，頁359。

惜多金」。[53]陝西商人雷太初，「課子讀書」，囑為進士。鳳翔周昶，「獲利萬金」，「延師以課子孫，其後科甲相繼，為邑望族」。[54]由此可見，富商大賈通常設有家館，聘請館師，以教養子弟，「購書籍」亦「不惜多金」。

明中葉開始，江南農戶力田致富逐漸增多。蘇州人吳寬（1435-1504）說：「三吳之野，終歲勤動，為上農者不知其幾千萬人。」[55]據范金民的研究，「這些上農擴大土地經營規模者很少見，而投資培植子弟入仕者較為普遍」[56]。如無錫華氏，原來「屋廬弊陋，田園毀頓」，明中葉有華莊者，「唯以力田勤家為務，善自節縮衣食為儉約，家以日饒」，其子昶從名師游，考中進士。[57]又如吳縣進士陳霽，其父「獨課僮僕力耕稼。久之，收入滋多，開闢浸廣，腴田沃壤，彌跨胡璫，又積書延師教子」[58]，為後代積累了科考的資財。再如秀水進士馮夢禎（1548-1605），其家「以漚麻起富巨萬，祖、父皆不知書」[59]。這些都是明代農家子弟登第的成功例

---

[53] 張海鵬，王廷元《徽商研究》（合肥：安徽人民出版社，1995），頁 383。

[54] （歙縣）《新館鮑氏著存堂宗譜》卷二，〈柏庭鮑公傳〉，轉引自閻廣芬〈試論明清商人與教育的關係〉，頁 52。

[55] 吳寬《家藏集》卷三六，〈心耕記〉，見《景印文淵閣四庫全書》冊 1255，頁 307。

[56] 范金民〈明代江南進士甲天下及其原因〉，頁 166。

[57] 王鏊《震澤集》卷二六，〈華封君墓表〉，見《景印文淵閣四庫全書》冊 1256，頁 406-407。

[58] 同上，卷二六，〈陳封君墓表〉，頁 408-409。

[59] 錢謙益《牧齋初學集》卷五一，〈南京國子監祭酒馮公墓誌銘〉，見《四庫禁毀書叢刊》集部冊 114，頁 597。

子，可見在科考上，貴胄介裔與素封子弟沒有什麼界限。富裕農民以耕種良田的心態來培植子弟，故而有不少農家子弟由田畝走向仕途。考生的隊伍顯然因為家庭經濟能力較為寬裕的庶民子弟的加入而更為龐大。[60]

通過以上的討論，說明了明中葉以後考生的組成成分中，包括了不少在經濟能力極為寬裕的士子，他們的家庭有足夠的條件來幫助子弟儘快走完科舉的道路，像提供舒適的學習環境、延聘名師督導，以及竭盡所能購買一切能夠幫助子弟取得舉業成功的輔助工具。

其三、學校教育的逐漸失效。必須說明的是，明中葉以來數目龐大的儒學生員隊伍，又可分為府、州、縣的廩膳生員、增廣生員、附學生員。廩膳、增廣生員設於洪武年間，附學生員設於正統年間。三者之間除有級別的差異外，還表現在待遇的不同。其中最大的差別是廩膳生員在學校會饌，而且有固定的號舍，供其修習課業。據陳寶良的研究，即使是廩生，也並非始終在整個明代都在學校修習課業。大約在成、弘年間，生員不再在學校修習課業。生員在這期間遊學成風，不在學校修習課業，也意味著不再受教官的監督和訓導了。至於增廣和附學生員皆無廩膳，不在學校會饌，也無固定的號舍供其修習課業，故多在家學習。[61]家境富裕的生員不在學校修習課業，尚能夠延聘名師在家中進行單獨訓導。家境中等的則在私塾中學習，但這些塾師的教學素質可能會較地方儒學教官來

---

[60] 范金民〈明代江南進士甲天下及其原因〉，頁 167。

[61] 陳寶良《明代儒學生員與地方社會》，頁 176-179，388。

得差，至於家境差的可能就無法得到老師的耳提面命了。不過，不管他們是否有塾師督導，這些沒能在學修習課業的生員都需要尋求其他途徑來縮短他們與在學生員競爭的距離，像鑽研誦習坊間流通的制舉用書就是其中的一條途徑。

廩生雖有機會在學校接受教官的訓導，可是，事實是他們在這方面的優勢並不會因此較增、附生高出許多。這是因為他們在學校面對的是一群素質低劣且教學熱忱不振的的儒學教官。明代立國之初，郡縣建學之始，就特重教養之道，認為「學校之政舉，則民習於禮義而全其性，如是足以為善治」[62]。既然重學校、重教育，就必須借重教官的教學，所謂「掌教之官，尤為育才之藉」[63]。而所以重視儒學教官，是因「天下不可一日無師儒之功，國家不可一日弛學校之教」[64]。明代上至帝王下至百官、庶民，皆知師道之尊，在於教學之重，「師為天子育賢于學校，學校有所育，而後朝廷有所用；師道有所立，而後相業有所成。是知學校者，育才之源；朝廷者，賢才之流也」[65]。洪武以後，上述支持教官的師尊的條件漸漸失去，教官秩別卑下、俸祿微薄、有權無責、就任難遷，以致陷入一種自上而下的被歧視、遭折辱的窘境，自明中葉以後，教官已

---

[62] 余繼登《典故紀聞》卷九（北京：中華書局，1981），頁 158。

[63] 孫承澤《山書》卷十一，〈士先德行〉，見《續修四庫全書》史部冊 367，頁 257。

[64] 丘濬《大學衍義補》卷六八，〈設學校以立教上〉，見《景印文淵閣四庫全書》冊 712，頁 780。

[65] 倪謙《倪文僖集》，卷二〇，〈贈姜先生典教固始序〉，見《景印文淵閣四庫全書》冊 1245，頁 432。

逐漸被視之為卑冷淹滯，人不樂為的散職。[66]在缺乏有效的獎勵制度，與時人過度的歧視下，已由明初的奮厲昂揚，至後轉趨不振。[67]教官教學熱忱不振，加上其來源的惡化，導致教育品質嚴重下降。這在當時曾引起朝野許多有識之士的高度關注。景泰四年（1453），工科給事中徐廷章上言：「今校官多歲貢、監生及山林儒士，素無深長學問，輒為人師，授經且句讀不明，問難則汗顏無對。師尚如此，弟子可知。」[68]成化十三年（1477），御史胡璘又言：「天下教官率多歲貢，言行文章不足為人師範。」[69]雖然不斷有寄望改變這種情況的呼聲，但這種情況不但沒有改善，反而更加嚴重：年邁歲貢成為教官隊伍的主體，他們「日暮途窮，無所自飭」[70]，「精力倦於鼓舞而學術紕繆，無能為諸生先」[71]。許多教官甚至「既稟不繼，師生多者逾月不相見」[72]。如此，官方學校教育搖搖欲墜，危機四伏。[73]

---

[66] 林堯俞等纂修，俞汝楫等編撰《禮部志稿》卷四九，〈議處教職疏〉，見《景印文淵閣四庫全書》冊 597，頁 912-914。

[67] 吳智和《明代的儒學教官》（臺北：臺灣學生書局，1991），頁 14。

[68] 《明英宗實錄》卷二三二，景泰四年八月乙酉，頁 5085。

[69] 《明史》卷六九，〈選舉一〉，頁 1680。

[70] 查繼佐《罪惟錄》卷二六，〈學校志總論〉，見《續修四庫全書》史部冊 321，頁 587。

[71] 陳夢雷，蔣廷錫等編《古今圖書集成》冊 657，〈經濟彙編·選舉典〉卷二十七，〈學校部·雜錄〉（上海：中華書局，1934），頁 20。

[72] 崔銑纂修（嘉靖）《彰德府志》卷之五，〈官師志〉，見《四庫全書存目叢書·史部》冊 184，頁 404。

[73] 與之相對，在學校教育走向衰退的同時，學校教育作為育才之地的作用，又逐漸引起人們的重視。於是，自成化以後，書院擺脫了之前沉寂的局面又逐

其四、考試競爭的趨向激烈。除學校教育的失效外，面對著明中葉以後學校生員和學院生徒數目膨脹的情況，朝廷並沒有相應地增加錄取名額。有學者指出，明代的科舉考試是一種有計劃的淘汰性考試。[74]也就是說，不是所有的士子都有資格參加鄉試，只有部分優秀的生員和生徒才有資格參加科舉考試。明朝慣例，學校生員在鄉試之前進行選拔性預選考試，這就是前述的歲考和科考。歲考完畢，繼通過科考取一、二等的科舉生員參加鄉試。經過歲考和科考後，大部分素質較差的生員就在這兩個階段就被淘汰了。不管是歲考還是科考，對生員來說至關重要，這是他們取得參加鄉試資格的必經之路。因此，為了取得參加鄉試的資格，避免提早出局，可以想像生員們必當竭盡全力應付歲考和科考以儘早取得科舉生員的身份參加科考。至於眾多生徒欲從有限的配額獲得書院保舉參加鄉試，其間中競爭的激烈自不待言。

科舉生員和書院生徒在取得參加鄉試資格後，又得面臨鄉試的再一次清理。明代對鄉試錄取有名額上的限制，舉額分配是根據各省戶籍多寡和文風高下而制定。在計劃性的科舉體制下，鄉試競爭的關鍵是爭配額。配額放寬，意味著競爭空間的擴大。[75]明代鄉試的錄取數，曾經過一個由無定額到有定額的反復過程。[76]大體說

漸興起，著名書院相繼興復，新建書院也相繼建立。詳參樊克政《中國書院史》（臺北：文津出版社，1995），154-171。

[74] 錢茂偉《國家、科舉與社會：以明代為中心的考察》，頁 95。

[75] 同上。

[76] 林堯俞等纂修，俞汝楫等編撰《禮部志稿》卷二十三，〈鄉試・凡鄉試額數〉，頁 428。

來，明朝鄉試的解額，分為三個階段，洪武至宣德間（1368-1435），解額一直維持在 510-575 之間。正統間（1436-1449），解額在 740-760 之間。景泰七年（1456）以後，解額在 1135-1210 之間。[77]

鄉試考試的錄取率究竟有多高呢？文徵明云：「鄉貢舉三歲一舉。合一省數郡之士，郡數千人而試之，拔三十之一，升其得雋者曰舉人。」[78]張居正（1525-1582）也說：「遇鄉試之年，應試生儒名數，各照近日題准事例，每舉人一名，取科舉三十名，此外不許過多一名。兩京監生亦依解額，照數起送。有多送一名者，各監視官徑行裁革，不許入場。」[79]合省解額一定，那麼參加鄉試的科舉生員即照三十取一的比例而定。照規定，決不允許多送一名。但據陳寶良的研究，發現「各省舉人的錄取比例，根據年代不同，並非均嚴格執行三十取一的比例」[80]。陳寶良統計了自成化十六年至天啟七年（1480-1627）之間十六個地區的鄉試情況，發現某些地區的中舉率可高達 10%，即十取一；某些地區的中舉率可低至 1.5%，即六十七取一。[81]因此，中舉率會因為地區競爭度的強弱而無法嚴格執行三十取一的比例。而實際統計數目中全國地區的平均競爭度為28，即二十八取一，大體接近於通常三十取一的說法。同時，總體

---

[77] 錢茂偉《國家、科舉與社會：以明代為中心的考察》，頁 95。

[78] 文徵明《文徵明集》上冊，卷十七，〈送周君振之宰高安敘〉（上海：上海古籍出版社，1987），頁 462。

[79] 張居正《張太岳集》卷三十九，〈請申舊章飭學政以振興人才疏〉（上海：上海古籍出版社，1984），頁 498。

[80] 陳寶良《明代儒學生員與地方社會》，頁 270-271。

[81] 陳寶良的統計可見於《明代儒學生員與地方社會》，附表 23，頁 521-523。

中舉率的發展是越往後，競爭越激烈，這是生員數不斷增加，而解額相對固定以後的必然現象。[82]值得注意的是，以上所謂明代鄉試錄取率，是建立在事前的人為控制之上的，不是自然競爭形成的比例。如果允許所有的生員都參加考試的話，則可以肯定，明代鄉試的錄取率還要低得驚人。[83]

明朝會試錄取名額也有限制。《禮部志稿》記：「會試中式無定額，大約國初以百名為率，間有增損，多者如洪武十八年、永樂三年，俱四百七十二名，永樂十三年三百五十名；少者如洪武二十四年三十一名，三十年五十二名。成化而後，以三百名為率。多者如正德九年、嘉靖二年、三十二年、四十四年、隆慶二年、五年，俱四百名；少者如成化五年、八年，俱二百五十名。各科三百六名以外，或增二十名，或五十名，俱臨時欽定。」[84]

會試的錄取率因會試參加和錄取人數的多少而逐屆變化，大約在十分之一左右。嘉靖時人胡直（1517-1595）說：「凡就試者，不下三四千人。此三四千人，始嘗登第于數萬人，已而得對大廷者，止三百人。」[85]宣德年間人孔友諒說：「今秋闈取士，動經一二百名」。「及會試下第，入監並還家者，十常八九。」[86]柯暹說：

---

[82] 陳寶良《明代儒學生員與地方社會》，頁 272。

[83] 錢茂偉《國家、科舉與社會：以明代為中心的考察》，頁 99。

[84] 林堯俞等纂修，俞汝楫等編撰《禮部志稿》卷二十三，〈會試·凡會試額數〉，頁 433-434。

[85] 胡直《衡廬精舍藏稿》卷八，〈別諸南明太史歸越序〉，見《景印文淵閣四庫全書》冊 1287，頁 301。

[86] 《明宣宗實錄》卷十一，洪熙元年十一月癸丑，頁 307。

「三年一賓興，或二三千人，額取不過百十。文衡選十一於千百，雖非不公，而驪黃牝牡，不能無眩於去取，豈但不能者以為難乎？」[87]吳寬說：「臣觀於今日，士至數千，可謂多矣。及所取士，止於三百，其數不及什一，亦可謂精矣。」[88]王弘海（1541-1617）說：「大率中者不能什一，而不中者常十九焉。」[89]按照這五個人的說法，每科應試舉人在 2000-3000 人至 3000-4000 人之間，會試錄取率在 10% 左右，淘汰率在 90% 左右。[90]吳宣德對這個問題也曾做出考察，說：

> 洪武四年參加會試者 200 人，錄取 120 人，錄取率為 60%。洪武二十四年參加會試者 660 人，錄取 32 人，錄取

---

[87] 柯暹《東岡集》卷三，〈送鄭貢士序〉，見《四庫全書存目叢書》集部冊 30，頁 529。

[88] 吳寬《家藏集》卷四三，〈壬戌會試錄序〉，頁 387。

[89] 王弘海《太子少保王忠銘先生文集·天池草重編》卷七，〈會試錄後序〉，見《四庫全書存目叢書》集部冊 138，頁 147。

[90] 錢茂偉《國家、科舉與社會：以明代為中心的考察》，頁 102。錢茂偉對明代應試人員的數量變化亦稱作為考查，指出 1370-1400 年間，會試應試人員不多，在 99-995 之間。1404-1424 年，即永樂年間，應試人員明顯增多，在 3000 左右。1424-1448 年間，即宣德、正統年間，錄取率有所控制，應試人員也有所下降，當在 1000 多一些。1451-1572 年，即景泰至成化八年，錄取數上升，應試人員也相應上升在 3000-3325 人。1475-1643 年，錄取數在 300-350 之間，相應地，應試人員也上升到 4000-4625 人之間。（頁 102-103）由於社會出路的狹窄，使眾多落第士子只有一而再，再而三地求仕於科場之中。在加上不斷衍生出的新生舉子，使求仕於場屋的舉子人數在這種累積式的迴圈中不斷增加，日漸形成一支浩浩蕩蕩的科舉大軍。

> 率為 4.7%。永樂十九年參加會試者 3000 人，錄取 201 人，錄取率為 6.7%。天順元年會試者 3000 餘人，錄取 294 人，錄取率在 7.4%-9.8% 之間。嘉靖五年會試者接近 4000，錄取 301 人。錄取率在 7.5%-10% 之間。嘉靖五年以後，歷科進士的錄取人數都在 300 名左右，而其後參加科舉的人數只多不少，所以其錄取率肯定低於 10%。[91]

因應試舉人多，所以明朝會試的競爭相當激烈。[92]

其五、科場舞弊的日益嚴重。明中葉以後，科場競爭的益加激烈以及學校教育機制的局限性的日漸暴露，也導致了科場舞弊的泛生。一般說來，科場舞弊的主體是參加考試的士子和各級考官，多數情況下是士子和考官的共同行為，也有少數情況為士子單方面的舞弊行為，但士子在沒有考官的援結是很難奏效的，因此明代考官利用職權進行科場舞弊成為明代科舉舞弊的最主要和最突出方面。[93]正如《明史》中所云：「其賄買經營、懷挾倩代、割卷傳遞、頂

---

[91] 吳宣德《中國考試制度通史·第四卷·明代（西元一三六八至一六四四年）》，頁 485-486。錢茂偉也做出同樣的觀察，詳參錢著《國家、科舉與社會：以明代為中心的考察》，頁 103。

[92] 錢茂偉《國家、科舉與社會：以明代為中心的考察》，頁 101。明人馬信人所撰的《荷花蕩》（卷上）這部傳奇記述徐州秀才徐國寶之父徐燦「自九歲馳名庠序，直至八十歲應試不第，遂哽咽而死」。見《全明傳奇》（臺北：天一出版社，1990），頁 15 上。這種士子困守科場至死的現象相信也並非純屬虛構，應是當時現實生活中的真實寫照。除了是因為個人的因素外，科場競爭的激烈也是造成徐燦屢試不第的主要原因。

[93] 王凱旋《明代科舉制度考論》，頁 166-167。

名冒籍，弊端百出，不可窮究，而關節為甚。」[94]所謂的「關節」就是士子與考官之間通過各種各樣的管道與方式所形成的一種非正式的考試與錄取關係，主要表現在權力干預和人情賄買兩個方面。[95]這兩個方面的舞弊行為對原本已頗為激烈的科舉競爭的公正與公平性影響最大。

隨著學校教育的失效、科場競爭的激烈與科場舞弊的泛生，無疑的削弱了學校教育的實際效用以及科舉競爭的公正與公平性，加上士人在「入仕」以外的「本業」出路極為狹隘，[96]給士人的科舉歷程帶來了極大的生存壓力與困惑，也強烈地衝擊著他們對科舉「學而優則仕」的文化目標的體認。多數士人出於「求仕」的實利性的目的而由「恬退求實」走向了「躁競務虛」。[97]其中一些士人不願像明初的士子那樣花很大的精力來沉潛百家，立意為文，也不願在從學時下苦功，在經濟能力允許的情況下，他們轉而以「闈牘房稿、行卷社義」、《說約》、《捷錄》等制舉用書取代經史原典

---

[94] 《明史》卷七十，〈選舉二〉，頁1705。

[95] 關於權力干預和人情賄買這兩種科場舞弊的手法，可詳參《明代士人生存狀態研究》，頁181-185。

[96] 在「入仕」以外，士人的治生類型大致可概括為「本業治生」與「異業治生」。前者是指士人以自身的文化知識與智慧同社會進行交換以獲取物質生活資料的治生方式，這種治生方式包括教授、入幕和傭書賣文三種；後者是指士人並不以自身的文化知識與智慧，而是與其他與之基本無關的方式同社會進行交換以獲得物質生活資料的治生類型，這種治生方式的內涵極為開放，包括醫、卜、工、賈、農等各行各業。詳參劉曉東《明代士人生存狀態研究》，頁10-37。

[97] 劉曉東《明代士人生存狀態研究》，頁193。

為求學之具；[98]以「揣摩風氣、摘索標題」取代「究心經傳」為治學之本，「以備速荒之用」。[99]更因這種虛浮之風的屢見成效而倍受士人自身與社會的推崇。據王祖嫡（1531-1592）觀察，其時（約萬曆年間）「俗皆以書坊所刊時文競相傳誦，師弟朋友自為捷徑，經傳注疏不復假目」。[100]祁承㸁（1563-1628）親見老師「每見弟子于四股八比之外略有旁窺」，「便恐妨正業，視為怪物。」[101]顧炎武回憶其少年時所見說：「余少時見有一、二好學者，欲通旁經籍而涉古，則父師交相譙呵，以為必不得顓業於帖括，而將為坎坷不利之人。」[102]父兄、師長擔心士子「分心」，所以都不鼓勵子弟讀制舉用書以外，甚至正經正史的書籍。在他們對制舉用書的極力推崇下，乃直接地鼓勵了士子「不究心經傳，惟誦習前輩程文以覬僥倖」[103]的虛浮之風，導致「不知曾有漢、晉」的固陋士人比比皆是。[104]

---

[98] 李鄴嗣《杲堂文鈔》卷首，黃宗羲〈杲堂文鈔序〉（杭州：浙江古籍出版社，1988），頁 379。

[99] 黃宗羲《南雷詩文集》上，碑誌類，〈董巽子墓誌銘〉，見《黃宗羲全集》冊 10（杭州：浙江古籍出版社，1986），頁 488。

[100] 王祖嫡《師竹堂集》卷二十二，〈明郡學生陳惟功墓誌銘〉，見《四庫未收書輯刊》第 5 輯第 23 冊，頁 250。

[101] 祁承㸁《藏書訓略》，〈購書〉，見袁詠秋，曾季光主編《中國歷代圖書著錄文選》（北京：北京大學出版社，1995），頁 309。

[102] 顧炎武《原抄本顧亭林日知錄》卷十九，〈十八房〉，頁 472-473。

[103] 徐紘編《明名臣琬琰錄》卷二三，楊士奇〈國子司業吳先生墓誌銘〉，見《景印文淵閣四庫全書》冊第 453，頁 256。

[104] 李鄴嗣《杲堂文鈔》卷五，〈戒庵先生生藏銘〉，頁 512。

總的來說，在帝王政治掌控力的鬆動、商品經濟的繁榮、思想新潮的湧現、社會觀念的變遷、學校教育的失效、科舉競爭的激烈等的背景下，伴隨著一個數目龐大，組成成分更為擴大的士子群的形成，以及士子對待科舉的心態上的轉變，使得制舉用書在經過了明初的沉寂後得到了發展的契機。對市場動向極為留意的書坊主已隱約地從這些變化中嗅吸到金錢的氣味，自然不會輕易放棄這個具有極大潛力與商機的圖書市場。

第二節　士子閱讀需求的調查

在鎖定了制舉用書的目標讀者後，為了確保投資的成功，書坊主就必須謹慎的評估這些目標讀者的閱讀需求。除了可以直接向士子們查詢外，明政府對科舉考試的內容與形式所做的規定也可以作為士子閱讀需求的指標。

對於科舉考試的方式和內容，洪武三年（1370）和洪武十七年（1384）頒佈的科舉格式都有著比較具體的規定。

表 3.1 洪武三年與洪武十七年科舉格式比較[105]

	洪武三年的規定		洪武十七年的規定	
	內容	出題範圍	內容	出題範圍
第一場	本經義一道，限500字以上	《易》程、朱氏注和古注疏，《書》蔡氏傳、《詩》朱氏傳和古注疏，《春秋》左氏、公羊、穀梁、胡氏、張洽傳、《禮記》古注疏	本經義 4 道，每道 300 字以上。未能者，許減 1 道。	《易》程、朱氏注、《書》蔡氏傳及古注疏，《詩》朱氏傳、《春秋》左氏、公羊、穀梁、胡氏、張洽傳、《禮記》古注疏
	四書義 1 道，限300 字以上		四書義 3 道，每道 200 字以上。未能者，許減 1 道。	用朱子《集注》。
第二場	禮樂論，限 300 字以上；詔、誥、表、箋。		論 1 道，300 字以上；判語 5 條；詔、誥、表、箋內科 1 道。	
第三場	經史時務策 1 道，限 1000 字以內。		經史策 5 道，各 300 字以上。未能者許減 2 道。	

[105] 吳宣德據《弇山堂別集》卷八十一、《禮部志稿》卷七十一整理，見吳著《中國考試制度通史・第四卷・明代（西元一三六八至一六四四年）》，頁464-465。

通過以上圖表的比較，顯示了前後兩個科舉格式基本上沒有變動三場考試的內容。這三場考試有它們各自目的。于永清說：「國家取士功令，斟酌前代，自經義外，參用論、表、策，蓋用經義以觀子大夫經術，用策以觀子大夫時務，用論以觀子大夫才藻。」[106]張中曉指出：「科制，就其好處而言，夫先之以經義，經觀其理學；繼之以論，經觀其器識；繼之以判，以觀其斷讞；繼之以表，以觀其才華；而終之以策，以觀其通達乎事務。」[107]由於三場考試有它們各自的作用，故這些內容都不是隨意規定的。

和洪武三年的規定比較起來，洪武十七年在試題類型和全場考試分量上則都有所增加。而在命題範圍方面，洪武十七年的規定顯然較洪武三年小得多。其中四書義限定在朱熹《四書章句集注》中出題，以及經義中較多使用程朱理學一派的注釋著作，這顯然是明代在政治思想上推崇程朱的必然結果。[108]

明成祖永樂十二年（1414），命翰林學士胡廣等人組織編纂《五經大全》、《四書大全》、《性理大全》，共二百六十卷，由明成祖親自作序，頒行天下。其中《四書大全》、《五經大全》，乃是「集先儒傳注」而為之，「凡有發明經義者取之，悖於經旨者

---

[106] 董復亨編《近科衡文錄》，于永清〈近科衡文錄序〉，明萬曆庚子（二十八年，1600）刊本。

[107] 張中曉《無夢樓文史雜抄》，見路莘整理《無夢樓隨筆》（上海：上海遠東出版社，1996），頁 51。張中曉進一步說明三場的作用說：「經義當依朱子法，通貫經文，條陳眾論，而斷以己意。論以觀其誠見，表以觀其統靡，判當設為甲乙，以觀其剖決，策觀其通今致用。」（頁 52）

[108] 吳宣德《中國教育制度通史·第四卷·明代（西元一三六八至一六四四年）》，頁 465。

去之」。《性理大全》則是「集先儒成書，及其議論、格言輔翼五經四書，有裨於斯道者」而成之。這裏所謂的「先儒」，主要是指為程朱所推崇的理學派別、程朱理學及其傳人。三部大全的纂修目的，是為了「使天下之人獲睹經書大全，探見聖賢之蘊，由是窮理以明道，立誠以達本，修之於身，行之於家，用之于國，而達之天下，使家不異政，國不殊俗，大回醇古之風，以紹先王之統，以成雍熙之治」[109]。由此可見，三部大全的編纂，是為了實現全民思想的統一。《明史·選舉志》記載：「永樂間，頒《四書五經大全》，廢注疏不用，其後《春秋》亦不用張洽《傳》，《禮記》止用陳澔《集說》。」[110]據此看來，這套《大全》的刊行，取代了科舉考試的各家經注，以後士子應考，將往完全根據官方所編的《大全》做標準。但實際上也並非完全如此，除部分原本規定的經傳和注疏被刪除外，《四書大全》和《五經大全》中所據的經傳大部分都是沿襲洪武年間的內容規定，只是在原有的基礎上有所擴充而已。[111]

---

[109] 《明太宗實錄》卷一六八，永樂十三年九月己酉，頁 1873-1874。

[110] 《明史》卷七十，〈選舉二〉，頁 1694。

[111] 《五經大全》所據經注，均屬程朱學派的著作。例如《周易大全》是據程頤《伊川易傳》和朱熹《易本義》；《書傳大全》是據蔡沈《書集傳》；《詩經大全》是據《詩集傳》；《春秋大全》是據胡安國《春秋傳》；《禮記大全》是主陳澔《雲莊禮記集說》。其中，胡安國私淑程門，蔡沈是朱熹的學生，陳澔之父大猷為朱熹的三傳弟子，他們均屬程朱學系。《四書大全》包括四個部分：一、《大學章句》、《大學或問》；二、《中庸章句》、《中庸或問》；三、《孟子集注大全》；四、《論語集注大全》。前兩個部分只是把朱熹的四部原著編入，末附諸儒之說。後兩部分，則在朱熹的兩部集注

但是，通過這些規定，發現除了第一場考試有明確地規定從哪些書籍裏出題之外，其他兩場考試並沒有明確地規定。我們認為，若要更加清楚地瞭解這三場考試所規定的教材，或許有必要更進一步從明代教育的特點來尋求這個問題的答案。前文指出，明代教育的顯著特點，就是將科舉考試和學校教育合而為一。明代中央官學和各府、州、縣學的教學內容，不外乎科舉考試的內容。受科舉考試的指揮棒的指導，科舉考什麼，學校便教什麼。因此，通過當時的中央官學和府、州、縣地方學校的教學內容，可讓我們瞭解士子利用哪些教科書來備考。

明代中央官學以國子監為最重要。林麗月對國子監生的學習課程進行了考察：

> 明初規定國子監生所習課程，包括四書五經，劉向《說苑》、大明律令、書算、御制《大誥》、御制《為善陰騭》、《孝順事實》、《五倫》等，日後太學教材雖屢有增添，但大體而言，國學課程是以思想教育為主的，其所以注重經書即在以經書作為訓練思想的教科書。由於國學之最終目的仍在為國家訓練政治幹部，故亦注重研讀國家律令。其課程內容如與宋代太學相較，則無論在深度與廣度方面皆遠遜於宋代。由此可知，明廷所望於國學教育者，實僅在塑成

之中，逐章逐節附入諸儒之說。因此，《四書大全》可說是朱熹《四書章句集注》的擴大。《性理大全》主要是程朱學者解釋六經和闡述性理之學的著作。總之，這三部《大全》，實為程朱學派的著作彙集。

> 一種忠君治事的士人模式，視思想教育為最重要之工具，絕不允許國子監生有離經叛道，異於正統的思想，自然更談不上高遠的學術思想，故明代官學在鉗制思想上所發生的作用是與當時的科舉制完全相同的。[112]

故明政府希望通過限定國子監的課程，來實現改造人的思想的目的。明代國子監教學內容的安排，在藏書中也有著清楚的反映。以北京國子監為例，除字帖外，在嘉靖年間，有藏書 56 種，其中各朝所頒的 8 種、儒學著作 18 種、子書 7 種、史書 21 種。[113]

表 3.2　明北監藏書表[114]

種類	書名
頒書	《口口口》、《為善陰騭》、《孝順事實》、《五倫書》、《大明會典》、《歷代名臣奏議》、《明倫大典》、《大明集禮》
儒學典籍	《易經大全》、《書經大全》、《詩經大全》、《春秋大全》、《禮記大全》、《易經本義》、《書經集注》、《詩經集注》、《春秋胡傳》、《禮記集注》、《儀禮》、《祭禮》、《喪禮》、《孝經》、《四書大全》、《四書集注》、《性理大全》、《周禮全書》
諸子	《太玄索引》、《楊子太玄》、《老子》、《列子》、《尉繚子》、《楊子法言》、《讀書記》

---

[112] 林麗月《明代的國子監生》（臺北：東吳大學中國學術著作獎助委員會，1978），頁 4。

[113] 吳宣德《中國教育制度通史・第四卷・明代（西元一三六八至一六四四年）》，頁 154。吳宣德計算有誤，乃更正之。

[114] 吳宣德據《明太學志》卷二整理，見吳著《中國教育制度通史・第四卷・明代（西元一三六八至一六四四年）》，頁 154。

史書	《史記》、《漢詔》、《蜀漢本末》、《前漢書》、《後漢書》、《三國志》、《晉書》、《宋書》、《南齊書》、《北齊書》、《魏書》、《南史》、《北史》、《五代史》、《元史》、《宋遼金正統》、《資治通鑑》、《文獻通考》、《通鑑綱目》、《梁書》、《後周書》
字帖	紅簽字帖、白簽字帖
備註：空格為字跡不清，不能辨認何書，推測應是《大明律》一類的著作	

據《南雍志》的著錄，南監的情形也和北監類似，除當朝所頒圖書外，儒學典籍、史書乃是其藏書的主要部分。[115]

至於府、州、縣地方學校的教學內容，往往也為順應國家政治事務在不同時間的要求而不斷予以修訂。僅洪武一朝，就做了幾番改變，最後一次的修訂是在洪武二十五年。這次修訂的內容如下：「一、朝廷頒行經史、律誥、禮儀等書，生員務要熟讀精通，以備科、貢考試；二、遇朔望，習射於射圃；三、習書依名人法帖，日五百字以上；四、數務在精通九章之法。」[116]地方學校的教學內容，在洪武以後依然不斷發生變化。其中，隨著中央政府政治意圖的改變，歷朝頒降的圖書也不斷累積到地方學校的教學內容中。如永樂十四年（1416）頒降的《歷代名臣奏議》、永樂十五年頒降的三部《大全》、正統十三年（1448）頒降的《五倫書》以及成化年間頒行的朱熹《資治通鑑綱目》等等，都在以後的地方學校教育中成為重要的教學內容。此外，由於追求科舉，地方學校原先規定的

---

[115] 黃佐《南雍志》卷一七，〈經籍考〉，見《太學文獻大成》冊 4（北京：學苑出版社，1996）。

[116] 《明太祖實錄》卷二一六，洪武二十五年二月甲子，頁 3181。

習書算等內容，在後來也自然而然地不再被重視。(117)

為了方便生員修習課業，地方學校中均設有尊經閣，以便妥藏和教學內容相關的各類書籍。尊經閣藏書多由朝廷頒降，如永樂間，命儒臣輯《五經大全》、《四書大全》、《性理大全》，頒學校。又頒《為善陰騭》、《孝順事實》、《勸善書》。宣德年間，又頒《五倫書》。(118)以常熟縣儒學為例，收藏的頒降書就有：《四書大全》、《易經大全》、《書經大全》、《詩經大全》、《春秋大全》、《禮記大全》、《五倫大全》、《性理大全》、《孝順事實》、《為善陰騭》等各一部，《欽定大獄錄》二本。(119)

總的來說，中央官學和地方學校主要是採用朝廷頒降的圖書、經史、律誥、禮儀等書為教材來教導在學監生和生員。中央官學和地方學校存在的目的皆是為準備在學監生和生員參加科舉考試，在相同的考試內容和形式的規定下，其教學內容當相去不遠。因此，圍繞著這些教材的坊刻制舉用書便順應士子的需要而大量出現。

除了可以根據科舉考試所規定的內容與形式，以及學校的教材來作為選題指標外，書坊還根據士子答卷的需要出版了一些輔助讀物。據前引余象斗刊刻的《新鍥朱狀元芸窗彙輯百大家評注史記品粹》卷首的刻書目錄，可進一步瞭解明中葉以後所出版的坊刻制舉用書的種類。它所著錄的圖書，既有四書講章，又有《史記》、

(117) 吳宣德《中國教育制度通史·第四卷·明代（西元一三六八至一六四四年）》，頁 253。

(118) 陳寶良《明代儒學生員與地方社會》，頁 108。

(119) 陳寶良據《常熟縣儒學志》卷五〈書籍志〉整理，見陳寶良《明代儒學生員與地方社會》，頁 108。

《漢書》、諸子彙編、古文選集、明文選集等輔助讀物。余象斗在目錄中強調所列都是「關於舉業」者的圖書，從中可窺探到當時書坊所出版的幾個制舉用書的種類。以四書為例，就包括他的書坊已出版的《四書拙學素言》、《四書披雲新說》、《四書夢關醒意》、《四書萃談正發》、《四書兜要妙解》，以及將要出版的《十二講官四書天臺御覽》和《四書目錄定意》等，這些顯然都是針對首場考試的需要而出版的制舉用書。至於史書、諸子百家和文章「品粹」類的制舉用書也有一些，目的是為滿足士子們全方位的備考需要。這是因為明代的科舉考試從理論上來說是一個全面性的考試，不僅要求考生們對四書五經有透徹的瞭解，代聖人立言，並希望從中更進一步選取能夠反映考生在學問、德行和實際能力兼具的人才，減低僥倖取勝的可能性，第二場考「論一道，詔、誥、表內科一道，判語五條」和第三場考「經史策五道」的目的就在於此。熟讀了四書五經以外諸如史書、諸子百家以及優秀文章的內容和作法，就使得考生在二三場考試答卷時能夠引經據典，並且靈活的駕馭文字，寫出更能吸引考官注意力的文章。再加上明中葉以後的士子在寫作八股文時有如萬曆十五年（1587）禮部上奏的傾向：「唐文初尚靡麗而士趨浮薄，宋文初尚鉤棘而人習險譎。國初舉業有用六經語者，其後引《左傳》、《國語》矣，又引《史記》、《漢書》矣。《史記》窮而用六子，六子窮而用百家，甚至佛經、《道藏》摘而用之，流弊安窮。」[120]為了滿足士子們寫作時「旁徵博引」的習氣，故而史書、諸子百家和文章「品粹」類的制舉用書

[120] 《明史》卷六九，〈選舉一〉，頁1689。

也就應運而生了。

值得注意的是，關於明代科舉考試的錄取只重首場的論斷隨處可見。祝允明（1461-1527）說：「今之司校者惟重首考而略於後選，是國家定制之旨已有輕重，今後加偏焉。當重其重，輕其輕也。故愚以為三試取捨宜均其力為便。」[121]如果沒有只重首場的傾向，祝允明是不會提出三場均重的建議。顧炎武也曾說：「明初三場之制雖有先後而無輕重，乃士子之精力多專於一經，略於考古。主司閱卷，復護所中之卷，而不深求其二三場。」[122]意思很明顯，明初本是三場並重，只因讓士子各治一經，他們的精力往往專注於所習本經和四書，而忽略其他經典的內容。評卷時間的緊促、士子人數的激增、考生答卷的冗長，加上三場考試衡文標準的模糊多元，難以掌握，使得考官的工作量非常繁重和緊迫，而日趨程式化的八股文易於把握標準，便於衡文，加之主考官既批閱初場經義後，批閱其他場試題的同考官多隨聲附和而不去深究二三場的作答情況，是導致考官重首場而偏廢後場的原因。[123]那麼，既然科舉考試只重首場，以營利為目的的書坊主人是否會因此忽視出版和二、三場考試相關的制舉用書呢？

---

[121] 黃宗羲《明文海》卷七五，祝允明〈賢舉私議〉，見《景印文淵閣四庫全書》冊 1453，頁 705。

[122] 顧炎武《原抄本顧亭林日知錄》卷十九，〈三場〉（臺北：文史哲出版社，1979），頁 475。

[123] 關於明代科舉考試重首場考試而偏廢後兩場考試的詳細論述，可參閱張連銀《明代鄉試、會試試卷研究》（蘭州：西北師範大學文學院碩士論文，2004），頁 36-45。

幸好在當時有不少有識之士洞察到了這種重首場而偏廢後場的弊端，乃起而呼籲政府兼重三場，希望能改變這種不健康的現象。即使無法做到完全兼重三場，至少能做到經義和論、策的兼重。弘治年間的王鏊（1450-1524）在奏疏中說：「今科場雖兼策論，而百年之間主司所重惟在經義。士之所習亦惟經義，以為經既通，則策論可無俟乎習矣。近年頗重策論，而士習既成，亦難猝變。」從這段話中可知，在弘治年間是相當重視策論的。嘉靖四十三年（1564），「令閱卷雖以經義為重，論策亦不可輕。若經義純正雖善而論策空疏者，不得中式。」[124]說明在嘉靖末年，策問還是受到相當的重視，有明確的選拔標準以保證經義和論、策的兼重。萬曆四年（1576）十二月，禮部都給事中李戴等上書條陳會試事宜，言及四事，其中之一就是「後場當重」，「今次分房官務虛心詳閱，有二、三場揚確古今、條陳時事非徒漫衍者，即初場稍疵亦有量收錄。其止工時義而後場空疏者概斥」[125]。禮部接納了這一建議。此後，萬曆十一年（1583）正月御史楊四知亦上疏言，論策如博古通今，既便「經書義稍疵，獎拔必加」[126]。萬曆十五年（1587）五月，南京御史陳邦科上疏云，「乞敕以後鄉、會試卷務要三場勻稱，方許中式，如後場馳騁該博，而初場不過平平者，拔置前列，以示激勵」[127]。皇上深以為然。由上可知萬曆年間對第二、三場的

---

[124] 張朝瑞《皇明貢舉考》卷一，〈取士之制〉，《續修四庫全書》冊 828，頁 150。

[125] 《明神宗實錄》卷五七，萬曆四年十二月乙亥，頁 1312-1313。

[126] 同上，卷一三二，萬曆十一年正月丙子，頁 2462。

[127] 同上，卷一八六，萬曆十五年乙丑，頁 3475。

論、策還是非常重視的。

實際上，若我們把策、論這兩種考試文體放置入中國古代選拔人才的歷史中考察，就會發現策、論二體的生命力的頑強。統觀中國古代選拔人才使用的考試形式，主要有三類：一類是考核對儒家經典記誦、理解能力的帖經、墨義、經義、八股，一類是檢測應試者文學才情的詩、賦，另一類則是衡量考生言事論政能力的策、論。值得關注的是，前兩類在歷代考試中都經歷了興衰浮沉的變化，只有策論二體自始至終沿用不絕，歷久不衰。[128]

有學者指出，作為考試文體的策論所以歷久不衰，與歷代統治者通過考試選拔人才的根本目的是相一致的。無論是察舉制還是科舉制，統治者需要的畢竟不是經學家或文學家，而是有見識、有能力的治國人才。雖然掌握儒學思想和語言文采也是不可缺少的，但更重要的仍然是經世濟國的才識。而策論的考核形式正適應了這種需求。[129]「試之論以觀其所以是非於古之人，試之策以觀其所以措置於今之世。」[130]因此，北宋科舉「變聲律為議論」的重要理由就是「有司束於聲病（指詩賦），學者專于記誦（指帖經、墨義），則不足以盡人才」，「先策論則文詞者留心於治亂矣」。[131]宣導考生留

---

[128] 朱迎平〈策論：歷久不衰的考試文體〉，見《上海財經大學學報》第4卷第6期（2002年12月），頁62。

[129] 朱迎平〈策論：歷久不衰的考試文體〉，頁62。

[130] 蘇軾著，孔凡禮點校《蘇軾文集》卷四九，〈謝梅龍圖書〉（北京：中華書局，1996），頁1424。

[131] （元）脫脫等撰《宋史》卷一百五十五，〈選舉一〉（北京：中華書局，1977），頁3613。

心治亂，檢測考生治國才識，這應是封建統治者以策論試士的共識。因此，帖經、墨義早被廢棄，詩賦也屢遭廢止，甚至八股也曾被停用，但策論作為科舉文體從未被廢，而沿用不衰。宋代以後科舉的最高級別是殿試，而殿試一律試策，而且往往是皇帝親試，並據此決定名次等第，可見統治者對策論的高度重視。若僅熟悉初場的經義和四書義，到了殿試時可能會過不了試策一關而無法高中，功虧一簣。因此，若想高中的士子應當也不會忽略策論的研習。可以說，歷代統治者（包括明代）在選拔人才時都重視策論，鮮明地表達了要求士子關注國計民生的導向，而廣大考生也在應試策論的過程中進行了言事論政的預演，培養了相關的能力，這無疑符合中國古代政治的根本目的。[132]

因此，雖然士子普遍重視初場的經義和四書義，但一些士子也沒有偏廢二場的論，以及三場的經史時務策的研習，冀望高中；[133]再加上明政府希望通過科舉考試選拔到「經明行修、博古通今、名實相稱者」，強調「設科取士，必得於全材，任官惟賢，庶可成於

---

[132] 朱迎平〈策論：歷久不衰的考試文體〉，頁 62-63。

[133] 三韓曹去晶編《姑妄言》第四回載：「（鐘生）次日到書鋪廊買了許多墨卷、表論、策判之類回來，又制了幾件隨身的衣履，備了數月的柴米。恐自己炊爨，誤了讀書之功，雇了一個江北小廝，叫做用兒，來家使喚，每日工價一星。他然後自己擬了些題目，選了些文章，足跡總不履戶，只有會文之期才出去。閑常只埋頭潛讀，真是雞鳴而起，三鼓方歇，以俟秋闈鏖戰。」通過這段記述，說明學習態度認真的考生還是沒有偏廢二、三場考試的準備工作的。見《思無邪匯寶》冊 37（臺北：臺灣大英百科股份有限公司，1997），頁 474-475。

治道」[134]。凡此種種，都是有意於出版制舉用書的書坊主在進行選題評估時不容忽視的。

正確認定選題的性質與範圍，對書坊主來說是整個圖書生產程序的關鍵，起著「成則王，敗則寇」的作用，其道理是不言而喻的。明中葉以後的書坊主在這方面可說是相當精準地確認了制舉用書讀者群的需求範圍和掌握了這類圖書的需求規律，在他們與編撰者密切的合作下，出版了各種各樣的制舉用書來滿足了士子的強烈閱讀需要，使得這類圖書的市場呈現一派生氣勃勃的繁盛景象。

---

[134] 《明史》卷七十，〈選舉二〉，頁 1695。

第四章
坊刻制舉用書的編撰者

第一節　從自編到約請：理想編撰者的篩選

鎖定了讀者對象和選題後，書坊主接下來的工作就是組稿。書坊主在制舉用書的編輯、組稿方面有相當豐富的經驗。大約在嘉靖初年學習舉業的李詡回憶道：

> 余少時學舉子業，並無刊本窗稿。有書賈在利考朋友家往來，鈔得《鐙窗下課》數十篇，每篇謄寫二三十紙。到余家塾，揀其幾篇，每篇酬錢或二文，或三文。憶荊州中會元，其稿亦是無錫門人蔡瀛與一姻親同刻。方山中會魁，其三試卷，余為慫恿其常熟門人錢夢玉以東湖書院活字印行，未聞有坊間板。今滿目皆坊刻矣，亦世風華實之一驗也。❶

---

❶ 李詡《戒庵老人漫筆》卷八，〈時藝坊刻〉（北京：中華書局，1982），頁334。

書賈從朋友家塾中選出學子們的平日之作來出版，並給予每篇二、三文的酬金。精打細算的書賈估計窗稿之刻能給他帶來極高的利潤，乃親自組稿，並投下資本，付予酬金給提供稿子的作者。而李詡也因此受到啟發，勸錢夢玉刻其師薛應旂（1499-1535）的試卷。從這個側面看，時人在編輯制舉用書時可說是動足腦筋。不管是書賈，還是讀書人，都希望在擁有龐大讀者群的制舉用書市場上占取優勢。但後來親自編選制舉用書的書賈已不多了。張鳳翼（1527-1613）《句注山房集》記載：

> 皇明以制義衡士，海內操觚學語者人人自命為宗匠云。然卑者掇拾餖飣剽秦灰漢蠹以爭奇，高者又識鶩青牛神棲白馬以故作幾狷。……吾姻友馮獻猷擁高訾不自據，取孝王宗貫磨勘之，且延江浙萬仲濤、馮定之兩名儒結社昕夕校藝，戟拔幟中原。❷

可知當時能為文者，「人人自命為宗匠」，都可替書坊編選制舉用書。雖然到了萬曆年間仍有像余象斗、余應虯等書坊主出版自己親自編撰的制舉用書，但這種情況已不多見。更何況到了後來書坊所出版的制舉用書已不止窗稿而已。自萬曆四十三年（1615）以後，坊刻八股文可分為四種形式：程墨、房稿、行卷和社稿。❸從這些

❷ 張鳳翼《句注山房集》卷十四，〈如蘭草引〉，見《四庫禁毀書叢刊》集部冊 70，頁 251。

❸ 顧炎武《原抄本顧亭林日知錄》卷十九，〈十八房〉（臺北：文史哲出版社，1979），頁 471-472。

八股文選本的名目來看，由於其編輯方式都不同，書坊主已沒有能力勝任這個工作，而需要聘請或邀約文人來從事這些專門的編輯工作，於是乃促使了編輯與書商的分工。書坊主通過文人的勞動，可直接將此成果化為商品，而不再需要親自參與較為繁重的編撰事務，可以分出不少精力專注於出版與發行，這實際也促進了出版業走向另一個發展階段，是符合出版業的發展趨勢的。❹

制舉用書的約稿工作依序為確定出版目標、選擇書稿編撰者、提出寫作要求、確定約稿協定、瞭解創作進度到最後的提取完成稿件。通過《儒林外史》第十八回的描繪，可以讓我們看到書商向文人邀稿的過程：

> 次日清晨，文瀚樓店主人走上樓來，坐下道：「先生，而今有一件事相商。」匡超人問是何事。主人道：「目今我和一個朋友合本，要刻一部考卷賣，要費先生的心替我批一批，又要批的好，又要批的快，合共三百多篇文章。……這書刻出來，封面上就刻先生的名號，還多寡有幾兩選金和幾十本樣書送與先生。不知先生可趕的來？」……匡超人心裏算計，半個月料想還做的來，當面應承了。主人隨即搬了許多的考卷文章上樓來，午間又備了四樣菜，請先生坐坐，說：「發樣的時候再請一回，出書的時候又請一回。平常每日就是小菜飯，初二、十六，跟著店裏吃『牙祭肉』；茶水、燈

❹ 王建《明代出版思想史》（蘇州：蘇州大學博士論文，2001），頁36。

> 油，都是店裏供給。」❺

這段小說情節描繪了文瀚樓店主向匡超人邀稿的過程。當時書商為了出版制舉用書，會邀約一些稍有聲名或學識的文人來編選這些書籍，並在書籍的封面刻上編選者的名字，藉此為書籍做宣傳。書商在書籍編輯完成後會依先前約定支付「選金」和樣書給這些編選者。在編選書籍的那一段日子，書商還提供予菜飯、茶水和燈油給編選者，將編選者視為座上賓招待。

在組稿的過程中，選擇書稿編撰者是整個程序中的最關鍵的環節。那麼，制舉用書的理想的編撰者是誰？他們應該具備哪些條件？如何評估他們有足夠的能力和知名度來勝任制舉用書的編撰任務？必須說明的是，這裏所說的制舉用書的編撰者，包括寫作、編輯、校補、評點制舉用書者，以及作品被選入制舉用書者。

葉夢珠《閱世編》記：

> 公（龔之麓）念文風之壞，蓋由選家專取偽文，托新貴名選刻，以誤後學，因督學詞臣蔣虎臣超疏請嚴禁偽文，遂為覆

---

❺ 吳敬梓《儒林外史》第十八回〈約詩會名士攜匡二，訪朋友書店會潘三〉（北京：人民文學出版社，1977），頁 218。筆者在文中多處引用《儒林外史》的描寫，是由於這部小說還是很能夠反映明代的社會和歷史實況。魯迅在《中國小說史略》對此亦有說明：《儒林外史》「成殆在雍正末，著者方僑居于金陵。時距明亡未百年，士流蓋尚有明季遺風，制藝而外，百不經意，但為矯飾，云希聖賢。敬梓之所描寫即是此曹，即多據自所聞見，而筆又足以達之，故能燭幽索隱，物無遁形。」（北京：人民出版社，1957，頁231）

> 准。定例：凡鄉、會程墨及房稿行書，比由禮部選定頒行。各省試牘必由學臣鑑定發刻，如有濫選私刻者，選文之人無論進士、舉人、監生、生員、童生，分別議處，刊示頒行。是科選家為之寂然，部頒房書，出力洗惡習，然其中又不無矯枉過正者。❻

葉夢珠的記載所反映的是清初的情況，但清初沿襲晚明，實可看作是晚明坊刻八股文選本的風氣。進士、舉人、監生、生員、童生都是坊刻八股文選本的編選者，他們大批的存在使得編輯與書商的分工成為可能。不過，絕大多數的制舉用書都是出自生員之手，據萬曆年間人王在晉的觀察：

> 今坊刻多出於青衿士所選，作人以為當今名士也。及數閱信賢書姓名久不俱載，不惟自娛，抑亦誤人，名不旌於世而急急以自旌。❼

則坊刻制舉用書多為生員所編，而生員從事於此，為的只是經濟原因。據張溥（1602-1641）的觀察，不少「選人之文者，大率皆不得志之人」：

---

❻ 葉夢珠《閱世編》卷八，〈文章〉（上海：上海古籍出版社，1981），頁185。

❼ 王在晉《越鐫》卷十七，〈學政類·重實學〉，見《四庫禁毀書叢刊》集部冊104，頁444。

> 夫房書之行，以其文受人之選也，大率皆得志之人也，其名不與乎房書。而選人之文者，大率皆不得志之人，緜他人之文以寓意者也。故為文與選文，有二道焉。列己之所有白於人，而天下不疑作者之能事也。至於選，而其法詘矣。觀人之短長，為之屈伸以要所好，縱其劉覽意難，率下及于無如之何，而其事終不可已。非性之能忍者，未見其有成也。選即成矣，而乃覆之本然之道，蓄者頗寡。又多以布衣而論說當世之貴人，安在意氣之獲遂哉！❽

這些不得志的文人大多數是為了生計而參與制舉用書的編選工作。周亮工（1612-1672）《賴古堂集》記：「盛此公名于斯，南陵人，家故不貲。世有義聲。」「間復至秣陵遴選制舉義行之，非其志也」。❾盛此公與周亮公有很深的交情，可能是位飽學之士，但因為經濟原因而經常到南京替書坊編選時文。被仕途排斥在外的士人若想學以致用的話，不外乎是教學、入幕和賣文等三種為主要方式。對那些既不能教學，又不能入幕，又不屑或沒有能力從事一些與本業無關的農、工、商等行業的士子來說，替書坊編選圖書雖沒有像教學與入幕那樣受人尊重（因為它已滲透入商業的元素），但或許還是一個較佳的或無奈的選擇。這是因為從事圖書編撰活動不僅解決了生計，至少它還是與本業比較靠近，受人尊重的。像晚明著名

---

❽ 張溥《七錄齋集》文集卷一，〈醬書序〉，見《四庫禁毀書叢刊》集部冊182，頁398。

❾ 周亮工《賴古堂集》卷十八，〈盛此公傳〉，見《四庫禁毀書叢刊》集部冊184，頁654。

的小說和類書作家鄧志謨也是個困於場屋、科場上不得意的書生，後因無意科場，接受建陽的萃慶堂的聘請從事編纂和創作來謀取生計。

雖說只須稍通文墨，就可「自命為宗匠」，連僅參加過童試的讀書人也可以成為制舉用書的編撰者。但是，除非在士子圈裏有很高的文名，否則要成為一個有影響力的制舉用書的編撰者，則必須至少參加過鄉試，不管中舉與否，這些生員或舉人所編寫的制舉用書對讀者來說還是較有說服力的。曾經經過鄉試的洗禮，對科舉考試的程式和要求至少會有一定的瞭解，對答卷的竅門可能會有一些領會。把這些難得的經驗和體會，傾注在所編寫的制舉用書，傳授給士子，很容易就能得到他們的認同和信服。實際上，對那些曾參加過鄉試而遭黜落的生員來說，他們是否有足夠的資格來編撰制舉用書還是為人們所質疑的。雖然說他們是編撰這類圖書的主幹分子，但畢竟像馮夢龍、陳際泰等困守科場但聲名已著，備受士子推崇的編撰者在當時還是少數。（關於馮、陳兩人編撰制舉用書的情況，可參閱下一節的討論。）

據我們對制舉用書編撰者的身份的考察，發現除了童生和生員外，當時曾編撰過制舉用書的文人還包括：㈠有科舉名銜者，像舉人、解元、進士、會元、榜眼、探花、狀元、庶吉士❿等；㈡官

---

❿　庶吉士的選拔，始於洪武十八年（1385）乙丑科。選拔庶吉士通常稱為「館選」，對象一般是新科二甲和三甲進士，入選的進士進學於翰林院。每次館選的人數的不一，大致為二十人至三十人。庶吉士培養三年就任用。「三年學成，優者留翰林為編修、檢討，次者出為給事、御史，謂之散館。」留者，二甲授編修，三甲授檢討，庶吉士成為翰林官的主要來源。關於明代庶

員，如翰林官員、國子監祭酒和科舉考官等；㈢對科舉考試規定的某方面的內容或形式為士子公認為權威和行家者；㈣文社操政者。

不少擁有較高科舉名銜和官銜者在當時享有很大的聲名，他們編寫制舉用書的資格是不容置疑的。在當時的市面上就流通著不少署名楊慎、唐順之、王錫爵、沈一貫、孫鑛、馮琦、葉向高、李廷機、陶望齡、焦竑、翁正春、湯賓尹、張以誠、施鳳來等名人的制舉用書。這些名人不僅在科舉考試中取得功名，且曾在朝廷中擔任過高級官員，有些也曾擔任過科舉考試的考官。⓫通過留連於書市的士人和商人的回饋，以及本身的細微觀察，書坊主深切地理解到士子對這些名人的崇拜心理，自然而然就鎖定他們為制舉用書的編撰者，特別是那些剛奪魁的狀元和會元，是坊賈緊盯的目標，往往在他們中式後就出版標上他們的名銜的制舉用書。像焦竑（1540-1620）⓬在萬曆十七年（1589）高中狀元後即刻就被書賈盯上，接連幾年坊間出現了不少打上他的名銜的制舉用書，像萬曆十八年（1590）自新齋的《史記萃寶評林》，萬曆十九年（1591）余明吾自新齋和萬曆二十年（1592）萬卷樓周對峰的《兩漢萃寶評林》，萬

吉士制度的情況，可參閱張廷玉等撰《明史》卷七十，〈選舉二〉（北京：中華書局，1974），頁 1696-1697，1701。

⓫ 關於這些名人的履歷及署他們姓名的制舉用書的詳細情況，可參閱〈附錄一〉。

⓬ 焦竑，字弱侯，號澹園，江寧人。萬曆十七年以殿試第一入官翰林修撰。焦竑既負重名，性復疏直，為嫉之者所誣劾，謫福寧州同知。焦竑博極群書，善為古文，典正馴雅，卓然名家，年八十卒。見《明史》卷二八八，焦竑本傳，頁 7392-7394；Hummel, Arthur (ed.), *Eminent Chinese of the Ch'ing Period* (Washington, D. C.: Library of Congress, 1943), pp. 145-147.

曆二十一年（1593）書林鄭望雲的《焦氏四書講錄》，萬曆二十二年（1594）的《新鍥皇明百家四書理解集》，萬曆二十四年（1596）汪元湛的《新鐫焦太史彙選中原文獻》等等。此外，標焦竑之名出版的制舉用書還有《史漢合鈔》、《新刊焦太史彙選百家評林明文珠璣》、《新鍥焦太史彙選百家評林名文珠璣》、《皇明館課經世宏辭續集》、《增纂評注文章軌範》、《新鐫選釋歷科程墨二三場藝府群玉》、《新鍥二太史彙選注釋九子全書評林》、《新鍥翰林三狀元彙選二十九子品彙釋評》、《新刻三狀元評選名公四美士必讀第一寶》等。經後人考辨，證實了這些署名焦竑的制舉用書都是出自書賈的依託。⓭關於當時書坊依託名人之名刊行制舉用書的詳細情況，還可參閱下文的討論。

坊賈在出版名人所編寫的制舉用書時，往往也不忘利用機會在書名裏冠以他們的名銜，希望借醒目的書名吸引士子的目光，增加銷售。像《新鐫翰林三狀元會選二十九子品彙釋評》、《增刊校正王狀元集注分類東坡先生詩》、《鼎鐫黃狀元批選三蘇文狐白》、《新鋟張狀元遴選評林秦漢狐白》、《新刻顧會元注釋古今捷學舉業天衢》、《新刻湯會元輯注國朝群英品粹》、《新鍥會元湯先生

⓭ 焦竑的門生許吳儒在〈刻澹園集記〉中說：「澹園先生所著多不自惜」，「先是有《焦氏類林》八卷、《老莊翼》十一卷、《陰符解》一卷、《焦氏筆乘》六卷、《續筆乘》八卷、《養正圖解》二卷、《經籍志》六卷、《京學志》八卷、《遜國忠節錄》四卷，業已行于時，《東宮講義》六卷、《獻征錄》一百二十卷、《詞林嘉話》六卷、《明世說》八卷、《筆乘別集》六卷，尚藏於家。餘刊行文字書籍託名者，亦識者自能辨之。」見焦竑撰，李劍雄點校《澹園集》下冊（北京：中華書局，1999），頁1217。

批評空同文選》、《施會元輯注國朝名文英華》、《新刻楊會元真傳詩經講義懸鑑》、《戊辰科曹會元館課試策》、《新刻乙丑科華會元四書主意金玉髓》、《湯許二會元制義》等都在書名中冠以編選者的科舉名銜。《新刻翰林評選注釋程策會要》、《新鐫翰林李九我先生家傳四書文林貫旨》、《新鐫翰林考正歷朝故事統宗》、《新鐫翰林評選注釋二場表學司南》、《梅太史訂選史記神駒》、《新雋三太史評選歷代名文風采》、《續刻溫陵四太史評選古今名文珠璣》、《新鍥太史許先生精選助捷輝珍論鈔注釋評林》、《新鐫葉太史彙纂玉堂綱鑑》、《鋟顧太史續選諸子史漢國策舉業玄珠》、《刻劉太史彙選古今舉業文韜注釋評林》、《陳太史昭代經濟言》、《新鐫張侗初太史永思齋評選古文必讀》、《新刻邵太史評釋舉業古今摘粹玉圃珠淵》等，也都在書名中打上「翰林」、「太史」（修撰的俗稱）等翰林官標籤。此外，那些專門彙集庶吉士在翰林院進學時所作的館課詩文彙編，也往往在書名上打上「翰林館課」來招徠顧客，其中有《新刻癸丑翰林館課》、《戊辰科曹會元館課試策》、《新刻壬戌科翰林館課》、《增訂國朝館課經世宏辭》、《新刻乙未科翰林館課東觀弘文》、《皇明館課標奇》、《新刻辛丑科翰林館課》以及《新刻壬辰館課纂》等等。

一個值得注意的現象是，一些名氣較小的制舉用書的編撰者，在制舉用書中雖有題名，但可能是編撰者本身擔心或書商顧慮編撰者的名聲不夠響亮，無法起號召的作用，但又不甘於隱姓埋名，折衷的辦法就是在題名的排序上屈尊而列在所託名的社會名流之後，冀望靠攏名人的聲望加強銷路，也希望能借此提高聲望。如明刊本《新刻顧會元精選左傳傳奇珍纂注評苑》題「會元太初顧起元評注，太史臺山葉向高參注，太史九我先生李廷機校閱，後學道南李鵬元選輯」。屈萬里認為「此書之輯，當出於李鵬元之手」。[14]意即「顧起元評註」、「葉向高參注」、「李廷機校閱」皆出自書坊主託名。又如明末刊本《戰國策奇鈔》題「古吳陳仁錫明卿父較閱，古潭劉肇慶開侯父參訂」。屈萬里認為「此書為肇慶所撰」[15]。再如明刊本《古論大觀》題「華亭陳繼儒仲醇甫選，婁東吳震元長卿編次」，《目錄》末題「雲間陳夢溪、陳夢蓮、陳夢草同詮次」。王重民認為是書「實為三陳所輯，而托之繼儒」。[16]和顧起元、葉向高、李廷機、陳仁錫、陳繼儒等人比較起來，李鵬元、劉肇慶、陳夢溪、陳夢蓮、陳夢草等人的名氣可謂是相形見絀，但為求得書的好賣，在題名的排序上自甘屈身在所託名的社會名流之後。

此外，還有不少失意於科場但卻對科舉考試規定的某個方面的內容或形式為士人所公認為權威的制舉用書編撰者。他們或在四書五經的闡釋方面，或在八股文的寫作方面有著突出的成就。

必須說明的是，這些編撰者在四書五經方面的成就，並非是在哲學層面對這些經典做出更進一步的發揮，而往往在編寫這類圖書時和舉子業緊緊扣連在一起，成為士子眼裏的權威。像郭偉是編撰四書講章的高手，經其手撰校的四書講章多達五十五種，包括《語苑新意》、《講意詳達》、《舉業要覽》、《鼇頭注說》、《講意翱翔》、《翰林家訓》、《說藪》、《歸正抄評》、《百氏統

[14] 屈萬里《普林斯頓大學葛思德東方圖書館中文善本書志》，見《屈萬里全集》冊12（臺北：聯經出版事業公司，1984），頁42-43。

[15] 同上，頁144。

[16] 王重民《中國善本書提要》（上海：上海古籍出版社，1983），頁448。

宗》、《講意正印》、《主意折衷》、《衍義》、《讀書一得》、《膚見》、《名公答問》、《名公新說》、《名公新意》、《新說評》、《正說評》、《歸正講》、《合注篇》、《續合注篇》、《集注翼》、《一見能講》、《明明講》、《宗一說》、《一覽全書》、《指南車》、《正新錄》、《五說一統》、《西湖問答》、《說符》、《百家彙纂》、《砥柱中流》、《續砥柱中流》、《藝林鼓吹》、《椽筆錄》、《教子正講》、《類儁火齊》、《主意金鼎》、《紅爐點雪》、《講意天龍》、《精抄》、《意藥》、《四書約》、《文家鏡》、《續文家鏡》、《崇正錄》、《元魁啟鑰》、《奪錦標》、《提掇英雄》、《青雲捷徑》、《丹桂飄香》等。[17]徐奮鵬也是編撰四書講章的佼佼者，有《四書脈講意》、《四書續補便蒙解注》、《四書近見錄》、《四書古今道脈》、《知新錄》、《纂定四書古今大全》、《筆洞生新悟》、《四書屢照編講意》、《四書講意》、《四書夢中一喚》、《四書悟解錄》等。郭偉、徐奮鵬在四書講章的編撰具有一定的知名度和號召力，書坊才會一而再、再而三地出版他們所編撰的四書講章。

八股文是明代首場考試規定的考試文體，由於首場考試起著決定考生去留的作用，故士子都非常重視這場考試的準備工作。而坊刻八股文選本就是他們利用來揣摩的工具。前引張溥的觀察稱：「夫房書之行，以其文受人之選也，大率皆得志之人也。」[18]這些

---

[17] 郭偉彙纂《皇明百方家問答》，〈郭洙源先生歷來纂著四書講意書目〉，明金陵聚奎樓李少泉刊本。

[18] 張溥《七錄齋集》文集卷1，〈甞書序〉，頁398。

「得志之人」，有不少是八股文寫作名家。⑲基於銷路的考量，這些名家的八股文往往是選集優先入選的作品。

必須說明的是，八股文選集是一種時效性極強的制舉用書，這是因為八股文本身是一種具有強烈的時代性的文體，無論內容或格式都隨時代的變化而變化，故被人稱為「時文」。顧炎武說：「時文之出，每科一變。」⑳乾隆皇帝說：「時文之風屢變不一。」㉑這些言論都揭示了八股文隨時代而變化的屬性。

風氣代變，技法愈臻於奇巧；名家輩出，長江後浪推前浪，後輩不讓於先驅。這種趨勢，今人瞭解與否並不重要，但對當時的八股文寫作者和士子來說卻是非把握不可的。科舉中常說的「揣摩風

---

⑲ 八股文名家的標準如何界定，前輩學者對此都沒有進行說明。我們或許可以參考方苞《欽定四書文》對所錄之文的要求來作為界定八股文名家的標準。方苞的《欽定四書文》收錄了自明永樂朝至清雍正朝兩百七十一位八股文名家之文，其中明人就占了一百五十位。方苞《欽定四書文·凡例》中說：「凡所錄取，以發明義理，清真古雅，言必有物為宗。」他在這裏說明了對所錄之文的要求：闡發的義理要有發明、新意；文辭要清真古雅，言之有物。他進一步指出「清真古雅」的文章對理、辭、氣的要求：認為要理明，其根本就在於需要探索六經的義理，研究宋元諸儒的學說。而要文辭允當，就必須貼合題義，以三代、兩漢之書為取材對象。至於要文氣昌盛，就得胸懷義理，飽讀周、秦、漢、宋大家文章。只有這樣，寫出來的文章才會清真雅正，言之有物。（見《景印文淵閣四庫全書》冊 1451，頁 4）簡言之，「清真古雅」的八股文章就是用簡潔、典雅、暢達的語言來闡述作者所領悟到的孔孟之道、程朱之學。因此，相信只有那些能夠寫出符合方苞《欽定四書文》錄文標準的文章的作者，才能稱之為八股文名家。

⑳ 顧炎武《亭林文集》卷一，〈生員論中〉，見《續修四庫全書》冊 1402，頁 78。

㉑ 田啟霖《八股文觀止》（海南：海南出版社，1996），頁 1217。

氣」，揣摩的就是不同時期八股文的風尚，不能過時，一般也不可超前，否則，再好的八股文也不能在科舉中錄取。在《儒林外史》中，馬二先生說「本朝洪、永是一變，成、弘又是一變」㉒。衛體善也說：「洪、永有洪、永的法則，成、弘有成、弘的法則。」㉓方苞（1668-1749）對明代八股文風尚的具體變化有過精微的觀察，他指出：

> 明人制義，體凡屢變。自洪永至化治，百餘年間，皆恪守傳注，體會語氣，謹守繩墨，尺寸不渝。至正嘉作者，始能以古文為時文，融液經史，使題之義蘊，隱顯曲暢，為明文之極盛。隆萬間兼講機法，務為靈變，雖巧密有加，而氣體茶然矣。至啟禎諸家，則窮思畢精，務為奇特，包絡載籍，刻雕物情，凡胸中所欲言者，皆借題以發之，就其善者可興可觀，光氣自不可泯。㉔

商衍鎏指出：「八股謂之時文，亦以時過則遷，違時之舊文已去，合時之新文代興。」㉕八股文風尚的微妙變化，就需要「揣摩」。

㉒ 吳敬梓《儒林外史》第十三回，〈蘧駪夫求賢問業，馬純上仗義疏財〉，頁166。

㉓ 同上，第十八回，〈約詩會名士攜匡二，訪朋友書店會潘三〉，頁223。

㉔ 方苞《方苞集集外文》卷二，〈進四書文選表〉，見《方苞集》下冊（上海：上海古籍出版社，1983），頁579-580。

㉕ 商衍鎏著，商志潭校注《清代科舉考試述錄及有關著作》（天津：百花文藝出版社，2004），頁257。

《儒林外史》第四十九回中的高翰林就深諳其中奧妙，說：

> 高翰林道：「老先生，『揣摩』二字，就是這舉業的金針了。小弟鄉試的那三篇拙作，沒有一句話是杜撰，字字都是有來歷的，所以才得僥倖。若是不知道揣摩，就是聖人也是不中的。那馬先生（即馬純上）講了半生，講的都是些不中的舉業。他要曉得『揣摩』二字，如今也不知做到甚麼官了！」㉖

比如《儒林外史》第十一回描述魯小姐「十一、二歲就講書、讀文章，先把一部王守溪的稿子讀的滾瓜爛熟」㉗。王守溪即王鏊，而他的稿子就是成、弘間的八股文「經典」，是士子所必須熟讀與通曉的。又如「以古文為時文，融液經史，使題之義蘊，隱顯曲暢」是正、嘉時期的時尚，若在明初作這種特點的八股文會以不雅論之。一些士子揣摩前人的八股文竟到了癡迷的程度：

> 松陵吳默，壬辰會元也。乙未春初遊西山至一佛寺少憩，見一生獨步殿側，與語，若不聞，良久，忽大笑入殿上，取鐘槌連扣不已，一寺皆驚。問其故，曰：「吾適得一元破，故不禁狂喜耳。」吳問之，則宣城湯賓尹也。吳為榻數夕，湯

㉖ 吳敬梓《儒林外史》第四十九回，〈翰林高談龍虎榜，中書冒占鳳凰池〉，頁 563-564。

㉗ 同上，第十一回，〈魯小姐制義難新郎，楊司訓相府薦賢上〉，頁 138。

文藝益進，果以此得元。[28]

湯賓尹後來成為八股文大家，但在中式以前竟為能想出跟前科元魁相似的「破題」而手舞足蹈的狂喜的地步，可見當時士子揣摩風氣之烈。而要跟風趨時，坊刻八股文選本在這方面就起著嚮導的作用。《荷花蕩》這部明代傳奇記徐州秀才徐國寶的話說：「今試期漸迫，不免往書鋪廊下，看有什麼新出文字，買些來選玩。」[29]這說明即使臨到考前，士子還念念不忘玩味「新出文字」，生怕走出了潮流之外。從官方來說，有時不免要刊佈行卷程式以示天下，如萬曆十五年（1587）禮部就曾以「弘治、正德、嘉靖初年，中式文字純正典雅」，取中式文字一百十餘篇，奏請「刊佈學宮，俾知趨向」[30]，作為準則。從民間來說，父輩之傳授文訣，富家之延請名宿，書坊之刊刻時藝，文社之相互砥礪，歸結到一點，無非有揣摩風氣以求得雋的目的在。[31]

由於八股文名家的作品往往展現一個時代的風貌，故他們的作品經常為選家所收錄，和其他文風相近的名家作品一起結集出版。像田大年的《皇明四書文選》（萬曆刊本）所選的是萬曆以前的名家

---

[28] 蔣廷錫等奉敕纂《古今圖書集成》冊 79，《理學彙編·文學典》卷一八二，〈經義部〉（臺北：鼎文書局，1980），頁 1847。

[29] 馬佶人《荷花蕩》卷上，見《全明傳奇》（臺北：天一出版社，1990），頁 15 上。

[30] 《明史》卷六九，〈選舉一〉，頁 1689。

[31] 何宗美《明末清初文人結社研究》（天津：南開大學出版社，2003），頁 132-133。

如錢福、商輅（1414-1486）、王鏊、歸有光、胡友信、邢一鳳、尤英、茅坤、王衡、湯兆京、畢懋良、袁宏道（1568-1610）、董光巨集等的作品。陳名夏編的《國朝大家制義》（明末刊本）收四十二位元明代名家的作品，其中有孫慎行、鄧以讚、諸燮、萬國欽、錢有威、楊起元、吳默、錢福、黃汝亨、薛應旂、黃洪憲、郭正域、王錫爵、顧天埈、顧憲成、李夢陽、許獬、茅坤、孫鑛、葉修、許孚遠、沈演、湯顯祖、王守仁、瞿景淳、趙南星等。㉜

八股文名家對時文的品評也深受士子的重視，不少選集在作品的尾端也彙集了名家對作品的批語，這些批語如同考官閱卷的批語。如《皇明歷科四書墨卷評選》所選作品就收有黃汝亨、湯賓尹和張鼐的批語；《萬曆墨卷選》收有黃汝亨、湯賓尹和張鼐的批語；《國朝大家制義》收有艾南英、周鍾、韓敬、張鼐、李廷機、茅坤等的批語。㉝

萬曆末年以後，八股文的選編和出版已成為一種由選家和書坊共同操作完成的商業活動。舊時稱選集科場墨卷的人為「選家」，他們的這個工作稱為「選政」，㉞科場墨卷經這些民間選家「批了

㉜ 潘峰《明代八股論評試探》（上海：復旦大學博士論文，2003），頁 43-48，108-113。

㉝ 同上，頁 109，114-117。

㉞ 吳敬梓《儒林外史》第十三回，〈蘧駪夫求賢問業，馬純上仗義疏財〉：「那日打從街上走過，見一個新書店裏貼著一張整紅紙的報帖，上寫道：『本坊敦請處州馬純上先生精選三科鄉會墨程。凡有同門錄及殊卷賜顧者，幸認嘉興府大街文海樓書坊不誤』。公孫心裏想道：『這原來是個選家，何不來拜他一拜？』……公孫看那馬二先生時，身長八尺，形容甚偉，頭戴方巾，身穿藍直裰，腳下粉底皂靴，面皮深黑，不多幾根鬍子。……公孫道：

出來」後就成為「傳文」了。㉟黃宗羲說：「婁江王房仲（即王世貞次子王士驌）《閱藝隨錄》，此選家之始也。辛丑（萬曆二十九年，1601）遂有數家，自是以後，時文充塞宇宙。」㊱科場墨卷都是優秀之作，值得效法，但也必須由選家來「仙人指路」，把墨卷的過人之處給批點出來，舉子效法時才有所依據。不過，當時經由選家選批的選集，也不全是科場墨卷，也同時錄選了不少士子的平日之作。㊲書坊往往出資聘請一些學有專長或趕考有方的選家來主持選政，其時著名的選家有艾南英、陳際泰等，㊳他們的選本曾風行一時。前者有《今文定》、《今文待》、《戊辰房書刪定》、《辛未房稿選》、《八科房選》、《十科房選》、《甲戌房選》、《易三房同門稿》、《戊辰房選千劍集》、《易一房同門稿》、《歷科四

『先生來操選政，乃文章山斗。』」（頁 165）

㉟ 吳敬梓《儒林外史》第十八回，〈約詩會名士攜匡二，訪朋友書店會潘三〉，頁 223。像《儒林外史》中的馬純上（馬二先生）、蘧公孫、衛體善、隨岑庵、匡超人、蕭金鉉、諸葛天申等都是八股文選家。其中一些著名的選家是書坊主寄予邀約的對象，像匡超人在杭州的五、六年期間，曾編選了「考卷、墨卷、房書、行書、名家的稿子，還有《四書講章》、《五經講書》、《古文選本》」等制舉用書共「九十五本」，估計每個月至少編選一部制舉用書。見《儒林外史》第二十回〈匡超人高興長安道　牛布衣客死蕪湖關〉，頁 246。

㊱ 周永年《先正讀書訣》，見《四庫未收書輯刊》第六輯第 12 冊，頁 304。

㊲ 吳承學，李光摩〈八股四題〉，見《文學評論》2004 年第 4 期，頁 32。

㊳ 艾南英，字千子，東鄉人，天啟四年甲子（1624）舉人。唐王時，授兵部主事，改御史。有《艾千子稿》；陳際泰（1573-1640），字大士，臨川人。崇禎庚午（三年，1630）舉人，甲戌（七年，1634）進士，行人司行人。《明史》入「文苑傳」，有《太乙山房稿》、《已吾集》。見盧前《八股文小史》（上海：商務印書館，1937），頁 49、56。

書程墨選》等。㊴後者有《易五房同門選》、《四家稿》和《五家稿》等。㊵由於他們在士子圈裏的影響力很大，蘇、杭等地的書坊，都競相邀請他們去主持選政。㊶

像艾南英、陳際泰等不少眼界高於他人的選家，由於他們所編選八股文選本的權威性普遍得到士子的認同而成為舉子圈中遐邇聞名的選家。對士子而言，他們的作品若能得到這些權威的青睞而被收錄在選家的選集中，可謂是中舉以外的另一種殊榮。因此，士子們都會毛遂自薦，將自己的鄉、會試的中式答卷（即沒有被官方認可為程文的）和平日的作品寄給選家，希望他們的作品為選家所相中，收錄在他們的選集中。特別是剛考完試後，士子們都紛紛將他們的答卷寄給選家。㊷如陳際泰在京城期間，收到陳子龍的來信告知他打算在會試後編選一部會試墨卷，托他在京城負責收集考生答卷。消息尚未正式發出，陳際泰就已收到逾三百名考生的答卷。㊸即使在平時，選家也經常收到來自四面八方的作品。像黃汝亨就曾收到自遠方的考生們所寄來的上千篇作品；㊹沈守正徵求《詩經》

㊴ 各書的序文散見於艾南英《天傭子集》卷一至卷四（臺北：藝文出版社，1980），頁 87-405。

㊵ 陳際泰《已吾集》卷二，〈易五房同門選序〉，見《四庫禁毀書叢刊》集部冊 9，頁 608；梁章鉅著，陳居淵校點《制義叢話》卷六，頁 118。

㊶ 謝國楨《明清之際黨社運動考》（北京：中華書局，1982），頁 119-120。

㊷ Chow Kai-wing, *Publishing, Culture, and Power in Early Modern China* (Stanford: Stanford University Press, 2004), p. 214.

㊸ 陳際泰《已吾集》卷二，〈陳臥子十八房選序〉，頁 609。

㊹ 黃汝亨《寓林集》卷七，〈素業五編序〉記他「得自遠者二千餘篇」；〈素養四編序〉載他「三年集四方之士計得文如千首」。見《四庫禁毀書叢刊》

房稿，共收到各地士子寄來的作品六百餘篇。㊺

這些選家中有不少是八股文名家，像選家始祖王士驌的八股文成就皆為俞長城、方苞和梁章鉅所認可，有關他的論述和作品分別收錄在這三人所編選的《可儀堂一百二十家制義》、《欽定四書文》和《制義叢話》中。㊻在崇禎年間聯合選評《皇明歷朝四書程墨同文錄》的楊廷樞和錢禧也是八股文名家。㊼楊廷樞「為文直追守溪（王鏊），唐（順之）、瞿（景淳）以下蔑如也。嘗偕錢起士（即錢禧）選《同文錄》，一代風氣皆其論定。」㊽《同文錄》收自明洪武朝乙丑科黃子澄〈天下有道　子出〉篇，終至明崇禎朝甲戌科羅炌〈救民于水　二句〉篇，篇目按時間先後排列，恰好覆蓋了整個明代。㊾前文述及的選家如黃汝亨㊿、艾南英[51]、陳際泰[52]、陳

集部冊 42，頁 173、193。

㊺ 沈守正《雪堂集》卷五，〈癸丑詩經房稿合選序〉，見《四庫禁毀書叢刊》集部冊 70，頁 631。

㊻ 王士驌，字房仲。梁章鉅說王士驌之學出自董其昌，他們的分別在於董其昌之文「豐潤秀逸，其體圓」；王士驌之文峭拔矜厲，其體方。見梁章鉅著，陳居淵校點《制義叢話》卷六（上海：上海書店出版社，2001），頁 91。

㊼ 楊廷樞，字維斗，長洲人。崇禎庚午解元，福王時，兵事給事中。有《楊維斗自訂稿》；錢禧，字起士，吳門人，有《錢起士稿》。分見盧前《八股文小史》，頁 56，58。

㊽ 梁章鉅著，陳居淵校點《制義叢話》卷七，頁 108。

㊾ 潘峰《明代八股論評試探》，頁 100-108。

㊿ 黃汝亨（1558-1626），字貞父，仁和人。萬曆辛卯（十九年，1591 年）舉人，戊戌（二十六年，1598）進士，江西參議。周以清謂萬曆末年，或尚圓融，或尚詭異，唯貞父結構嚴密，有巨集正名程之風，又濟以隆、萬之神韻，質有其文矣。細看乃平淡之文字，而對偶中參差處令人不覺，故神明於成、弘之法者貞父是也。見周著《四書文源流考》，見《學海堂集》初集卷

子龍(53)等也都是名噪一時的八股文名家。由於他們是名家，眼界高於一般的選家，所選自然都是精品，肯定符合當時的文風。閱讀了這些選本，並根據選文的體制風格來揣摩和研習，無疑的可以增加他們中式的機會。若這些作品再經他們的批點，指出它們的優長之處，則就更進一步增加了這些選本的價值，肯定可以吸引更多士子購買。其中一些選家不僅在八股文的寫作方面享有盛譽，還中過高第。如編選《歷科鄉會墨卷》的湯賓尹不僅開八股文的「串合之門」，(54)還是萬曆二十三年（1595）會試的會元，殿試的榜眼。

八，廣州啟秀山房道光五年至光緒十二年間（1825-1886）刊本，頁 37 上。

(51) 清人易學實在序《天傭子集》時，稱讚艾南英之「文博大謹嚴，兼永叔子固之長」；「長篇大論，每如江水瀉地，即約略數行，亦五嶽峙荒，碣石橫流，而未嘗無逶迤參差之致。」（見艾南英《天傭子集》，易學實〈序〉，頁 23-24。）俞長城對艾南英的八股文亦頗為推崇：「艾東鄉少負異才，倡其同志四大家稿，名動海內，而樸質堅辣，三家（即章、羅、陳）莫及。《定》、《待》（筆者按：《明文定》和《明文待》）諸書，大綱既舉，眾目既張，黜富強而歸於王，辨禪墨而宗於聖，究周秦議論之失，斥漢唐訓詁之孚」，「蓋精嚴如錢起士，猶遜一籌、求仲之倫乎？遭時喪亂，跋履間關，同時名士狼籍載路，而公獨視死如歸，遊說萬端，終莫之屈，不媿為篤信好學、守死善道者矣。」（見梁章鉅著，陳居淵校點《制義叢話》卷六，頁 96。）

(52) 有評論者以為時文之快且多，無有如際泰者，故爾字句間有不修飾處，而真氣鼓蕩。見梁章鉅著，陳居淵校點《制義叢話》卷七，頁 118。

(53) 陳子龍（1608-1647），字大樽，又字臥子，華亭人。崇禎庚午（三年，1630）舉人，丁丑（十年，1637）進士，兵科給事中。《明史》有傳，有《陳臥子稿》、《程墨運隆集》。見盧前《八股文小史》，頁 56。

(54) 錢謙益著，錢曾箋注，錢仲聯標校《牧齋有學集》下冊，卷四十五，〈家塾論舉業雜說〉（上海：上海古籍出版社，1996），頁 1508。

書坊和士子對文社操選政者所主持的社稿也非常重視。明代文人，頗喜歡結社立會，集合同好，以切磋藝文。這一類組合，比較重要的有文社和詩社。文社大多以八股文的習作、觀摩為其課業，並揣摩考題趨向，作為科場角逐的準備。[55]其中有不少文社在社內操選家的主持下將社員平日的習作刊刻成集。「其意皆在於精采慎選，為應試者程式，俾其有所取法之故」[56]。在社內操持選政者，往往是文社的主持人。能夠為社員所認同而成為文社的主持人，自然不是泛泛之輩。葉夢珠說：

> 啟、禎之際，社稿盛行，主持文社者，江右則有艾東鄉南英、羅文正萬藻、金正希聲、陳大士際泰；婁東則有張西銘溥、張受先采、吳梅村偉業、黃陶庵淳耀；金沙則有周介生鍾、周簡臣銓；溧陽則有陳百史名夏；吾松則有陳臥子子龍、夏彝仲允彝、彭燕又賓、徐暗公孚遠、周勒卣立勳，皆望隆海內，名冠詞壇。[57]

「後生」的文章一經選政者的「品題」，「便作佳士」。[58]復社的張溥，幾社的陳子龍、徐孚遠（1599-1665），豫章文社的艾南英等都是在當時文壇遐邇聞名之輩。由他們編選出來的社稿自然成為士子們鍾愛的輔助讀物，像他們這種能提供銷路保證的編撰者是書坊

---

[55] 楊淑媛〈明末復社之研究〉，見《史苑》第50期（1990年5月），頁54。

[56] 商衍鎏著，商志潭校注《清代科舉考試述錄及有關著作》，頁257。

[57] 葉夢珠《閱世編》卷八，〈文章〉，頁183。

[58] 同上。

急欲邀約的對象。謝國楨說：

> 那時候對於社事的集合，有「社盟」、「社局」、「坊社」等等的名稱。坊字的意義，不容説，就是書鋪，可見結社與書鋪很有關係。說起書坊來，倒是很有趣的故事。原來他們揣摩風氣，必須要熟讀八股文章，因此那應時的制藝必須要刻版，這種士子的八股文章，卻與書店裏作了一拔好買賣，而一般操選政的作家，就成了書坊店裏的臺柱子。[59]

書坊多揣摩時文風氣，刻書上市，以此營利。[60]

當時知名的社稿有復社的《國表》、幾社《壬申文選》、《幾社會義》、芝雲社的《芝雲社稿》、應社的《石鼓桐樓版》。此外，還有靜明齋社、持社、汝南明業社、倚雲社、廣社、偶社、隨社、瀛社、雅似堂、贈言社、昭能社、野腴樓等都出版過社稿。匡社的主持者吳應箕和徐鳴亦曾「合七郡十三子之文」刊佈行世，產生了廣泛的影響。同時，五經之選在文社也頗為盛行。晚明的應社即著力於此，其分工是楊彝、顧夢麟主《詩經》，楊廷樞（1595-1647）、吳昌時、錢栴主《書經》，周銓、周鍾主《春秋》，張采、王啟榮主《禮記》，張溥、朱隗主《易經》。[61]

發掘書源來滿足市場的需求，這對書坊經營至為重要。明中葉

---

[59] 謝國楨《明清之際黨社運動考》（北京：中華書局，1982），頁 119-120。

[60] 何宗美《明末清初文人結社研究》，頁 36。

[61] 同上，頁 128。

以來，制舉用書的讀者群體不斷擴大，對這類圖書的需求不斷增加。那麼，書坊主是通過哪些途徑取得文人的書稿呢？為了取得並擴大稿源，書坊主往往廣泛結交文人，採取靈活的合作方式，以獲得更多的書稿來滿足市場的需求。

當時編撰制舉用書的文人，有直接受聘於書坊的。像郭偉曾受聘於余泗泉和金陵諸書坊，（乾隆）《晉江縣誌》載：

> 郭偉，字洙源（一說字士俊），（福建晉江）石湖人。髫歲以文學名，與李廷機諸人為紫宮會。年二十四，受聘于三山余泗泉，始纂《鼇頭龍翔集注》等共八種。繼而流寓金陵，撰著《崇正錄》諸集，凡三十七部。梓而行之，一時紙貴。其《四書金丹》陳仁錫序之。最後成《集注全書》，項煜為之序。晚歸家，卒年七十余歲。四方學徒會葬者數百人。[62]

我們相信他是替建陽書坊編寫四書講章起家，通過這些講章在市場建立起影響力後，轉而受聘於富裕的金陵書坊，替它們編撰新選題的講章。

也有一些塾師在教職之餘提供作品給書坊出版的。像鄧志謨（1559-?）與萃慶堂堂主余彰德和其子余泗泉也存在密切關係。[63]孫楷第在《中國通俗小說書目》卷五介紹鄧志謨的生平說：「志謨字

---

[62] 方鼎等修，朱升元等纂（乾隆）《晉江縣誌》卷十二，〈人物志六〉，見《中國方志叢書》冊 82（臺北：成文出版社，1967），頁 343。

[63] 金文京〈晚明小說、類書作家鄧志謨生平初探〉，見《明代小說面面觀：明代小說國際學術研討會論文集》（上海：學林出版社，2002），頁 318-329。

景南，號竹溪散人（一作竹溪散生），亦號百拙生。所著書多自署饒安人」，「嘗遊閩，為建陽余氏塾師，故所著書多為余氏所刊。」[64]今查鄧志謨的著述，發現其中以萃慶堂為堂號出版的作品就有《新鍥晉代許旌陽得道擒蛟鐵樹記》、《鍥唐代呂純陽得道飛劍記》、《鍥五代薩真人得道咒棗記》、《刻注釋藝林聚錦故事白眉》、《鍥旁注事類捷錄》、《精選故事黃眉》、《鍥旁訓古事鏡》、《丰韻情書》、《花鳥爭奇》、《山水爭奇》、《風月爭奇》、《童婉爭奇》、《蔬果爭奇》和《梅雪爭奇》等。其中《鍥旁注事類捷錄》是供科舉用的類書（詳參第五章的介紹）。十八種知見著述中，就有十四種由萃慶堂所刊。這很能說明鄧志謨在擔任余氏塾師時，也同時提供作品給余氏書坊刊行的這個事實。

為了占得先機，書坊主不能單單依靠所聘請的文人編撰新稿，或守株待兔，坐在書坊裏等待「自由撰稿人」上門呈上新稿，這樣的經營手段會導致他們被拋在市場後頭。他們必須主動地根據市場的需求向具備編撰制舉用書條件的文人邀稿。因此，更多的情況還是書坊主殷勤地奔走於文人之間，向他們索作序言、評點乃至請其修訂、編撰書稿。書坊主甚至出資向落選士子徵求答卷，然後將它們交托給選家批點。[65]像前引《儒林外史》中文瀚樓店主人向匡超

---

[64] 孫楷第《中國通俗小說書目》卷五，〈明清小說部乙〉（北京：作家出版社，1957），頁169-170。

[65] 葉夢珠《閱世編》卷二，〈科舉五〉載：「向來鄉、會朱卷，惟中式者解部，餘皆棄去，好事者各就本府、縣收歸，俟諸生之有志者，每卷出銀二、三錢購閱，其間點竄，往往有未竟，甚或不染一筆者，亦付之無可如何也。」（頁46）

人邀稿的過程也並非只是出現在小說的情節而已，現實中書坊主也經常向文人邀稿。據金文京的考證，有些資料可以證明書商和文人之間的具體關係。例如余象斗的侄子余應虬在序《鼎鐫徐筆洞增補睡庵太史四書脈講意》中透露：

> 予不敏，就業成均，獲師事宣城睡庵湯太史，太史以所輯《四書脈》私予。予不敏，受而卒讀，掩卷而歎曰：藏諸名山，孰與公諸海內之為惠博也。……客歲歸自金陵，取道西江，謁徐君筆峒，某所以重鐫之，且勿使譎詭者得以飾說亂之。[66]

據此序可知他到過南京和國子監祭酒湯賓尹會面，從而得到湯賓尹的著作，回程經過江西，與徐奮鵬商量出版事宜。同時也透露了另一個書商也有意出版此書，以致與余應虬之間發生競爭，幸而余應虬與湯賓尹直接面談才從競爭中取勝。[67]由於時人對建陽書坊所出版的圖書的品質存在疑慮，故而建陽的書坊主在獲知新稿的消息後，就有直接與作者面談的必要，以取得作者的信任，將新稿交托給他們出版。與余應虬商量出版事宜的徐奮鵬也是當時一個有影響力的制舉用書編撰者。徐奮鵬，字自溟，號筆洞生。江西臨川人。

---

[66] 湯賓尹《鼎鐫徐筆洞增補睡庵太史四書脈講意》，余應虬〈序〉，轉引自金文京〈湯賓尹與晚明商業出版〉，見胡曉真主編《世變與維新：晚明與晚清的文學藝術》（臺北：中央研究院中國文哲研究所，2001），頁91。

[67] 金文京〈湯賓尹與晚明商業出版〉，頁91。

年輕時得到湯顯祖的賞識，卻以布衣而終。[68]著有《四書脈講意》、《四書續補便蒙解注》、《四書近見錄》、《四書古今道脈》、《知新錄》、《纂定四書古今大全》、《筆洞生新悟》等四書講章。[69]余應虯的到訪說明他們之間可能存在著書商與編輯的關係。

一些書坊主不僅在考試期間到考場附近收集士子的答卷，還就近拉攏士子替他們進行八股文的選評工作，像徐奮鵬就曾在參加鄉試期間為書坊主說服替他們編寫制舉用書。[70]

前文指出，當時的市面中流通著不少署名焦竑的偽作。那麼，託名焦竑的諸多偽作是孤立的例子嗎？答案是否定的。這種假託社會名流的名號來刊行圖書的手段是當時一些書坊主慣用的伎倆。楊守敬就曾指出「明代書估好假託名人批評以射利」；[71]張溥也根據他的見聞指出：「今遊五都之市，觀浩瀚之書，其縱橫成列者，皆講詁也。講詁不足，又益以標意，托諸貴人，假之名舊。」[72]書坊

---

[68] 其傳可見於謝旻等監修，陶成等編纂《江西通志》卷八十二，《景印文淵閣四庫全書》冊 515，頁 810。

[69] 國立編譯館編《新集四書注解群書提要》（臺北：華泰文化事業公司，2000），頁 70-75。此外，《提要》所附錄《古今四書總目》尚著錄有徐奮鵬的其他四書著作，包括《四書屢照編講意》、《四書講意》、《四書夢中一喚》、《四書悟解錄》等（頁 43-44），照書名看來，似乎也是供科舉用的參考書。

[70] Chow, Kai-wing, *Publishing, Culture, and Power in Early Modern China*, pp.76-77.

[71] 楊守敬《日本訪書志補》，見《續修四庫全書》冊 930，頁 762。

[72] 張溥《七錄齋詩文合纂》卷六，〈論語注疏大全合纂序〉，見《續修四庫全書》冊 1387，頁 1689。

主這樣做的目的無非是要利用「名人效應」來進行「借勢」和「造勢」。將社會名流的名號「掛靠」在所出版的圖書中，一可借名人之勢而進行圖書宣傳，二可創造性地形成一種氣候、聲勢，最終的目的無非是想借名人擴大其刻書的影響，增強其可靠性和權威性，在讀者群中引起關注，提高身價，便於銷售。故他們就經常弄虛作假，將無名文人所編寫的圖書套上當時一些社會名流的名號出版，企圖魚目混珠來矇騙讀者。[73]

據前輩學者的考察，以下幾種制舉用書的作偽嫌疑頗大：

1.明萬曆間刊本《續名文珠璣》

是書卷內題「續刻溫陵四太史評選古今名文珠璣」，次題：「甲榜第二人：黃鳳翔、楊道賓、李廷機、史繼偕選」。黃鳳翔等四人分別是隆慶二年（1568）、萬曆十四年（1586）、萬曆

---

[73] 作偽造假在明中葉以後的社會蔚然成風，像在南京，就連金飾也可以作偽，如金絲有銀心，金箔用銀裹等等。（見周暉《金陵瑣事》卷四，〈金絲金箔〉，見《歷代筆記小說集成·明代筆記小說》冊 41〔石家莊：河北教育出版社，1995〕，頁 540。）而在蘇州府的嘉定縣，市場上的一些狡猾奸商最喜歡使用「贗銀」，這些銀子大多在裏面攙銅、吊鐵或者灌鉛，用來欺騙一些愚訥之人。（見韓浚，張應武等纂修〔萬曆〕《嘉定縣誌》卷二，〈疆域考下·風俗〉，見《四庫全書存目叢書》史部冊 208，頁 697-698）時人葉權在《賢博編》載：「今時市中貨物奸偽，兩京為甚，此外無過蘇州。賣花人挑花一擔，燦然可愛，無一枝真者。楊梅用大棕刷彈墨染成紫黑色。老母雞撏毛插長尾，假敦雞賣之。滸墅貨席者，術尤巧。」（北京中華書局，1987 年版，頁 6-7。）「敦雞」不知為何物，也許就是野雞。把老母雞的毛拔掉，插上長尾巴冒充「敦雞」，想像力可謂奇特。關於明人作偽造假的情況，可參閱陳寶良《明代社會生活史》（北京：中國社會科學出版社，2004）的討論，頁 111-112，650。

十一年（1583）、萬曆二十年（1592）的第二名第進士。王重民認為溫陵四太史「顯是偽託」，並據卷末的「李光縉評」而「疑此即出光縉手」。[74]屈萬里亦認為此書乃「託名四太史者也」，並據黃鳳翔序後「鞭坟子楊九經」識語而疑此書為楊九經所作。[75]

2.明萬曆間刊本《新刊陳眉公先生精選古今人物論》

是書題「華亭陳繼儒仲醇父選」。有萬曆己酉（萬曆三十七年）夏日莆中鄭賢撰「人物論敘」、「撰文姓氏」、「古今人物論凡例」。據李鳳萍考察，是書「實為鄭賢所選，冒列繼儒之名，（臺灣）中央圖書館另藏有萬曆三十六年潭陽余彰德刊《古今人物論》，題為鄭賢編即可證明」[76]。

3.明末刊本《正續名世文宗》

是書原題「琅琊王世貞元美編選，雲間陳繼儒仲醇校注，吳郡錢允治功父參訂」。王重民認為「是書編校人員及錢允治、陳仁錫兩序，皆為坊賈所托」。[77]沈津也認為「是書乃托王世貞名，據序，知為胡時化所輯，錢允治又為之補」[78]。

4.明萬曆間刊本《新鐫焦太史彙選中原文獻》

---

[74] 王重民《中國善本書提要》，頁450。

[75] 屈萬里《普林斯頓大學葛思德東方圖書館中文善本書志》，頁523。

[76] 李鳳萍《晚明山人陳眉公研究》（臺北：東吳大學中國文學研究所碩士論文，1985），頁102。

[77] 王重民《中國善本書提要》，頁444。

[78] 沈津《美國哈佛大學哈佛燕京圖書館中文善本書志》（上海：上海辭書出版社，1999），頁553。

是書題「修撰漪園焦竑選，少傳穎陽許國校，編修石簣陶望齡評，修撰蘭嵎朱之蕃注，新安庠生汪宗淳啟文父、汪元湛若水父、許繼登爾先父、汪宗伋予淑父閱梓」。[79]四庫館臣評該書說：「一切典故，無當於制科者，概置弗錄，識見已陋。至首列六經，妄為刪改，以為全書難窮，只揭大要，其謬更甚。竑雖耽於禪學，敢為異論，然在明人中，尚屬賅博，何至顛舛如是，殆書賈所偽託也。」[80]王重民考辨：「是書《提要》已辨其偽。觀其題銜，亦是『三狀元』彙選之意。惟此本為新安諸汪所托，與他書為金陵坊賈所托者不同。」[81]

5.明天啟間刊本《古奇文品勝》

是書原題「句容玉衡孔貞運編選，古莆元贊曾楚卿校閱，臨川毛伯丘兆麟參訂」。王重民認為該書是出自書賈的作偽：「貞運，孔子六十三代孫也，萬曆四十七年以殿試第二人授編修，天啟中充經筵展書官，崇禎九年入內閣。及張至發去位，貞運代為首輔」，「觀于此，可知是書何以託名貞運之故矣。」[82]沈津也懷疑此書乃出自坊賈託名。[83]

6.明萬曆間余氏雙峰堂刊本《新刻李九我先生編纂大方萬文一統內外集》

是書題「賜進士及第出身禮部右侍郎九我李廷機編纂，賜進士

---

[79] 屈萬里《普林斯頓大學葛思德東方圖書館中文善本書志》，頁528。
[80] 《四庫全書總目》卷一九三，集部總集類存目三，頁1756。
[81] 王重民《中國善本書提要》，頁379。
[82] 同上，頁453。
[83] 沈津《美國哈佛大學哈佛燕京圖書館中文善本書志》，頁588。

及第出身內閣大學士瑤泉申時行勘閱，賜進士及第出身禮部左侍郎養淳朱國祚校刊，閩建邑書林文台余象斗繡梓」。有申時行、朱國祚、李廷機三序，皆不著年月。屈萬里認為「此書蓋余氏書坊所編，諸名士殆皆依託也」。[84]

7.明泰昌元年（1620）鄭氏奎璧堂刊本《鼎鐫諸方家皇明名公文雋》

是書題「石公袁宏道精選，毛伯丘兆麟參補，眉公陳繼儒標指，侗初張鼐校閱，寧吳從先解釋，居一陳萬言彙評」。有泰昌元年周宗建序、陳之美序。[85]四庫館臣謂是書為「坊間刻本，托宏道以行」者也，周宗建序亦為偽託。[86]

8.明天啟六年（1626）刊本《諸子奇賞》

是書題「明陳仁錫評選」。屈萬里指出：「是本有三徑齋主人所作發凡十則，有云：『諸子中有數種，向系明卿先生摘抄于《古文奇賞》，評品確當，海內久已欽服』云云。然則是編內僅有數種中之若干篇，經陳氏評選以入《古文奇賞》；此全書而題陳氏評選，蓋託名也。」他進一步指出說：是書「前後集均有天啟六年陳氏序，恐亦屬贗鼎」[87]。

以上例子，僅是明中葉以後託名之風大盛時的部分例子，實際數目肯定更多。

坊間偽託當代名人，當時已幾成公害，頗遭非議。焦竑、王世

---

[84] 屈萬里《普林斯頓大學葛思德東方圖書館中文善本書志》，頁 531-532。

[85] 沈津《美國哈佛大學哈佛燕京圖書館中文善本書志》，頁 588。

[86] 《四庫全書總目》卷一九三，集部總集類存目三，頁 1757。

[87] 屈萬里《普林斯頓大學葛思德東方圖書館中文善本書志》，頁 299。

貞、袁宏道、陳繼儒等都是文壇名流，也是書坊喜於託名的對象。焦竑的門生許吳儒指出不少以其師之名刊行的「文字書籍」大都出自「託名者」所為。[88]特別是那些署名焦竑的制舉用書，經今人的考證後，已證實都是偽作。包括《史記萃寶評林》、《兩漢萃寶評林》、《史漢合鈔》、《新鐫焦太史彙選中原文獻》、《皇明人物考》、《新刊焦太史彙選百家評林明文珠璣》、《新鍥焦太史彙選百家評林名文珠璣》、《新刻三狀元評選名公四美》、《皇明館課經世宏辭續集》、《增纂評注文章軌範》、《新鐫選釋歷科程墨二三場藝府群玉》、《新契翰林標律判學詳釋》、《新鍥二太史彙選注釋九子全書評林》、《新鍥翰林三狀元彙選二十九子品彙釋評》等。[89]王世貞雖曾編纂過《四書文選》這部時文選本，[90]但當時署其名出版的制舉用書也大多為託名之作。姜公韜指出：「明人好作偽書，近人類能道之，以弇州（即王世貞）在文史方面聲名之大，著述之豐，他人之以偽作托弇州名以傳，也是意中之事。」[91]這些偽作除了前述的《正續名世文宗》外，還有《綱鑑會纂》、《王鳳洲先生綱鑑正史全編》、《王鳳洲先生綱鑑正約會纂》、《續文章軌範百家評注》、《增批歷史綱鑑補注》、《合鍰綱鑑通紀今古合錄

---

[88] 焦竑撰，李劍雄點校《澹園集》下冊，許吳儒〈刻澹園集記〉（北京：中華書局，1999），頁 1217。

[89] 許建昆〈焦竑文教事業考述〉，見《東海學報》第 34 卷（1993），頁 90-93。

[90] 王世貞《弇州四部稿》卷七十，〈四書文選序〉，見《景印文淵閣四庫全書》冊 1280，頁 210-211。

[91] 姜公韜《王弇州的生平與著述》（臺北：國立臺灣大學文學院碩士論文，1974），頁 45。

注斷論策題旨大全》等。[92]明人錢希言在《戲瑕》中揭露：「頃又有贗袁中郎書，以趨時好。如《狂言》，杭人金生撰，而一時貴耳。賤目之徒，無復辨其是非，相率傾重資以購，秘諸帳中，等為楚璧，良可嗤哉！」[93]可見，雖是偽作，因託名袁宏道，還是成為眾相爭購的熱點。至於陳繼儒，更是書賈追蹤的對象。他「或刺取瑣言辟事，詮次成書，遠近競相購寫，訟請詩文者無虛日」。[94]在他生活的時代裏，不僅名聲傾動朝野，著述也備受重視，偽託其名之書也隨之而出。陳夢蓮跋《陳眉公先生全集》時也曾指出：「先生有《晚香堂小品》、《十種藏書》，皆系坊中贗本」[95]。鄭振鐸斷定今所流傳的陳繼儒著述「大抵皆明季坊賈妄冒其名」，「以資速售耳」[96]。除前述的《新刊陳眉公先生精選古今人物論》外，《李相國九我先生評選蘇文彙精》、《鼎鐫諸方家皇明名公文雋》、《秦漢文膾》、《舉業日用密典》和《古論大觀》等也相信都是偽作。[97]

除以上幾個名人外，葉向高、李廷機、蘇濬[98]、丘兆麟、陳仁

---

[92] 同上，頁 74-80；孫衛國《王世貞史學研究》（北京：人民文學出版社，2006），頁 284-285。

[93] 錢希言《戲瑕》卷三，見《續修四庫全書》冊 1143，頁 589。

[94] 《明史》卷二九八，陳繼儒本傳，頁 7631。

[95] 陳夢蓮〈陳眉公先生全集序〉，見陳文新主編《中華大典·明文學部二》（南京：鳳凰出版社，2005），頁 940。

[96] 鄭振鐸《西諦書話》（香港：三聯書店，1983），頁 354。

[97] 關於依託陳繼儒之偽作，可詳參李鳳萍《晚明山人陳眉公研究》第三章對其著作的考辨（頁 75-125）。

[98] 除正文中所舉的例子外，題蘇濬編，李廷機纂，葉向高校的明萬曆熊沖宇種

錫等也都曾為書坊所冒名。名人是活招牌，借助名人的知名度和影響力對擴大出版物的關注力，增加圖書的銷售額起著一定的效用，給書坊主帶來豐厚的利潤。由於無法抗拒「利」的誘惑力，是書坊主昧著良心作假的原因。被託名之人似乎對這種現象習以為常，鮮少追究。實際上，我們懷疑有些名人也樂觀其成，喜見自己的名字被依託在制舉用書上。這是因為名字被托，說明他們的名聲夠響亮，才會被偽託。除此，制舉用書的讀者都是應試士子，名字被托也顯然有助於擴大他們在這個圈子裏的影響力。況且在當時偽託之風盛行的情況下，若名人的名字夠響亮，自然就成了書坊主一而再，再而三託名的目標，被托之人顯然也沒有精力和時間一再地和書坊主周旋，耗時費力，吃力不討好，最終得到的可能是書坊主補貼的一點「酬金」而已。

同時，書坊主也堪稱是魔法師，同一部書到了他們手裏可玩出不同的花樣，不僅可以託名不同的名人，甚至可以改換書名，以達到欺人耳目，多售牟利的目的。[99]在商業利益的驅使下，即使像余象斗這種具有文化水準的書坊主，也放下道德面紗，幹起偷天換日

德堂刊本《鐫紫溪蘇先生會纂歷朝紀要旨南綱鑑》也「實皆書估託名」。見沈津《美國哈佛大學哈佛燕京圖書館中文善本書志》（頁 128）對該書所進行的考辨。

[99] 葉德輝說：「明人刻書有一種惡習，往往一書而改頭換面，節刪易名。如唐劉肅《大唐新語》，馮夢禎刻本改為《唐世說新語》。先少保公《岩下放言》，商維濬刻《稗海》本改為鄭景望《蒙齋筆談》。郎奎金刻《釋名》，改作《逸雅》，以合五雅之目。全屬臆造，不知其意何居。」見葉著《書林清話》卷七，〈明人刻書改換名目之謬〉（長沙：岳麓書社，1999），頁151-152。

的不法勾當。他自萬曆二十八年至三十八年間（1600-1610）三刻《大方綱鑑》。初刻託名李廷機，書題《新刻九我李太史編纂古本歷史大方綱鑑》三十九卷卷首一卷，卷內題「吏部左侍郎李廷機編纂，內閣大學士申時行校正，閩建邑書林余象斗刊行」。卷末有「萬曆庚子孟冬雙峰堂余文台梓行」牌記，庚子為萬曆二十八年。李廷機于萬曆二十七、八年官南京吏部右侍郎，此書題左侍郎，乃是傳聞之誤。二刻成于萬曆三十二年（1604），書題《新刻九我李太史校正古本歷史大方通鑑》二十卷卷首一卷。此刻的書名有些微改變，將「李太史編纂」改為「李太史校正」，將「大方綱鑑」改為「大方通鑑」外，內容和萬曆二十八年本相同。[100]沈津說余象斗在此刻「不僅託名于李廷機等人，且變換卷數，炫人耳目」[101]。如果說初刻和二刻之間的書名僅有小變化，則三刻不僅在書名出現了較大的變化，甚至連作者也改變了。三刻的書名變成了《鼎鍥趙田了凡袁先生編纂古本歷史大方鑑補》，題「趙田袁了凡先生編纂，潭陽余象斗刊行。」卷首不僅有託名袁黃的序，還有一篇袁黃的學生韓敬所寫的序，不外是強調此書的難得。孰不知此書在十年內已刊刻過不止一次了，現在只不過改換門庭而已。明明在矇騙讀者，卻托他人（即韓敬）之口來為自己臉上貼金，也正露出了書坊主恬不知恥的本色。王重民說：「其實袁黃、韓敬俱是託名，此第三刻實則翻第一刻耳。所不同者，第一、二卷史文分標『編』、『紀』，第二卷以後則分標『綱』、『目』、『鑑』耳。余象斗自

[100] 王重民《中國善本書提要》，頁99。

[101] 沈津《美國哈佛大學哈佛燕京圖書館中文善本書志》，頁127。

萬曆二十八年至三十八年，十年之間，三刻是書，三次更換名目，無非欺騙讀者，冀多銷售耳。」[102]

另外，據沈津考察，託名焦竑的萬曆建興書軒魏畏所刊本《史記綜芬評林》的書口上刻「史記 口口評林」，中間空開二字。他又發現卷末頁書口刊有「史記萃寶評林」六字，裁定它是據明萬曆十八年書林自新齋余紹崖刊本《史記萃寶評林》的書板翻印，書口的「史記 口口評林」中間的空開二字應當是「萃寶」二字，是建興書軒在翻印時故意將這兩字挖走，將書名改為《史記綜芬評林》，堂而皇之地再推到市場售賣，企圖魚目混珠，讓讀者誤會是焦竑新作而去購買。但書坊主不小心在卷末頁書口留下的蛛絲馬跡，使他們狐狸尾巴也完全暴露出來。[103]

看到其他書坊所刻的書易售好賣，有利可圖，書坊主就想盡辦法翻刻。馮夢龍指出：「吳中鏤書多利，而甚苦翻板。」[104]更不可思議的是，翻刻的書比原刻書發行得還快還廣：「往見牟利之夫，原板未行，翻刻鍾布。」[105]。翻刻的書，特別是建陽書坊翻刻的書比原刻本便宜了整整一半：「閩專以貨利為記，凡遇各省所刻好書價高，即便翻刻，卷數目錄相同，而篇中多所減去，使人不知，故

[102] 王重民《中國善本書提要》，頁98。

[103] 沈津《美國哈佛大學哈佛燕京圖書館中文善本書志》，頁100-101。

[104] 馮夢龍《智囊》，〈雜智部·小慧〉卷二十八，〈唐類函〉（鄭州：中州古籍出版社，1986），頁739。

[105] 袁宏道《錦帆集》，〈禁翻豫約〉。轉引自袁逸〈明後期我國私人刻書業資本主義因素的活躍與表現〉，《浙江學刊》1989年第3期，頁127。

一部止貨半部之價，人爭購之。」[106]雖然翻刻書的品質差，但因價格便宜，買者也顧不了仔細鑑定，「人爭購之」。擅長翻刻的余象斗也身受其害，搖頭歎息道：「不佞斗自刊《華光》等傳，皆出予心胸之編集，其勞鞅掌矣！其費弘巨矣！乃多為設利者刊，甚諸傳照本堂樣式，踐轍跡而逐人塵後也。」[107]他的刻書也遭到同行翻刻，可說是得到現世報了。[108]

作偽和翻刻之風在當時如此熾烈，除了是因為書坊主為利益所薰心外，明代圖書出版政策的寬鬆也是導致這種惡風愈演愈烈的原因。清人蔡澄《雞窗叢話》載：「先輩云：元時人刻書極難，如某地某人有著作，則其地之紳士呈詞于學使，學使以為不可刻，則已。如可，學使備文咨部，部議以為可，則刊版行世，不可則止。」[109]明代則不然，不僅沒有這樣的繁文縟節，層層把關，逐級審查的圖書出版制度，甚至可以說基本上沒有出版前的審查制度。無論官府、私宅、坊肆，亦或是達官顯宦、讀書士子、太監傭役，只要財力所及，皆可刻書。[110]既然沒有把關的機構，也就難怪書坊

---

[106] 郎瑛《七修類稿》卷四十五，〈事物類·書冊〉，見《四庫全書存目叢書》子部冊 102，頁 750。

[107] 吳元泰《八仙出處東遊記》，余象斗〈八仙傳引〉，見《古本小說集成》冊 120（上海：上海古籍出版社，1990），頁 1。肖東發在〈建陽余氏刻書考略〉一文中曾列舉了余象斗翻刻其他書坊所出版的書籍的例子。見上海新四軍歷史研究會印刷印鈔分會編《中國印刷史料選輯之三：歷代刻書概況》（北京：印刷工業出版社，1991），頁 132-133。

[108] 袁逸〈明後期我國私人刻書業資本主義因素的活躍與表現〉，頁 127。

[109] 蔡澄《雞窗叢話》，見《筆記小說大觀》第 39 編第 6 冊，頁 527。

[110] 繆咏禾《明代出版史稿》（南京：江蘇人民出版社，2000），頁 68-70；周心

主可以如此肆無忌憚地冒刻和翻刻圖書了。

為了防範書坊主書商翻刻己書分奪利潤，不少書坊主紛紛在所刻圖書申明：「翻刻必究」。(111)如明天啟刊本《增定春秋衡庫》的扉頁鈐有「如有翻刻，千里必究」(112)；明金陵書林張少吾刊本《新刻乙丑科華會元四書主意金玉髓》的扉頁也申明「翻刻者千里必究」(113)。但是，究竟這些強烈的字眼是否能夠達到阻遏的效果，是一個值得進一步考察的問題。鑒於翻刻者眾，手段高超，防不勝防，一些書坊主便採取特殊措施來保護自己的書不被翻刻。馮夢龍《智囊》載：萬曆三十一年（1603），「俞羨章刻《唐類函》將成，先出訟牒，謬言新印書若干，載往某處，被盜劫去，乞官為捕之。因出賞格，募盜書賊。於是，《類函》盛行，無敢翻者。」(114)像這種用計調動官府防範的事例畢竟是極為罕見。一些文人也曾向書坊追究過刊印他們的未定稿，像書坊曾背徐光啟刊印了他的《毛詩六帖講意》，被他發現後將書版收回銷毀。(115)然而，這種執意追究的情況也甚為少見。

慧〈明代版刻述略〉，見周心慧主編《明代版刻圖釋》（北京：學苑出版社，1998），頁 2-3。

(111) 袁逸〈明後期我國私人刻書業資本主義因素的活躍與表現〉，頁 127。

(112) 轉引自沈津《美國哈佛大學哈佛燕京圖書館中文善本書志》，頁 47。

(113) 轉引自沈津《美國哈佛大學哈佛燕京圖書館中文善本書志》，頁 65。

(114) 馮夢龍《智囊》，〈雜智部·小慧〉卷二十八，〈唐類函〉，頁 739-740。

(115) 徐小蠻〈徐光啟的《毛詩六帖講意》及其研究價值〉，見席澤宗，吳德鐸主編《徐光啟研究論文集》（上海：學林出版社，1986），頁 190-191；劉毓慶〈論徐光啟《詩》學及其貢獻〉，見《北方論壇》2001 年第 2 期，頁 71-72。

第二節　名與利的追逐：與書坊合作的目的

明中葉以後，雖然有不少文人在託名之風大為盛行的時代裏身受其害，但一些曾被盜名的文人，像張溥、陳子龍、馮夢龍等也的確曾替書坊編撰過制舉用書。除此之外，郭偉、袁黃、陳際泰、湯賓尹、鄧志謨等人，也曾全職性或兼職性地替書坊編撰過圖書。

一些文人編撰制舉用書的目的是要示初學以門徑，以方便士子求取功名，像顧夢麟編撰《四書說約》，是鑒於《四書大全》、《四書蒙引》、《四書存疑》和《四書淺說》等四編都有它們的不足之處，故他將它們統合起來，「令就一處」，采其精要，間出他的見解，成《四書說約》，以便利士子揣摩；[116]此外，在顧夢麟看來，毛、鄭以來諸家對《詩經》的注釋均不盡人意，到了朱熹的《詩集傳》始達到較好的水準，可惜後來的《五經大全》又不錄比興的論述，故他在《詩經說約》以《詩集傳》為本，又補充朱熹與各家比興之說，以及《詩集傳》疏漏的名物考釋，加上他個人見解，力求便於學者閱覽；[117]顏茂猷希望以其編寫的《六經纂要》為管道，提供予「舉業者窮經之捷徑」。[118]此外，薛應旂的《四書人

---

[116] 顧夢麟《四書說約》，〈四書說約序〉，見《四庫未收書輯刊》第 5 輯第 3 冊（北京：北京出版社，2000），頁 16-19。

[117] 顧夢麟《詩經說約》，〈序〉，見《詩經要籍集成》冊 18（北京：學苑出版社，2002），頁 95-98。

[118] 顏茂猷《新鐫六經纂要》，〈自序〉，見《四庫全書存目叢書》子部冊 222，頁 1-3。

物考》、陳禹謨的《四書名物考》、馮夢龍的《綱鑑統一》、閔齊華的《九會元集》，以及林林總總的八股文選本、古文選本、翰林館課、類書、諸子彙編等的編撰都是抱持便利士子準備考試的目的。

除此，一些文人也希望通過他們編撰的制舉用書，如王樵的《尚書日記》、王肯堂的《尚書要旨》等，讓士子對這些經典的義旨有所體悟。華琪芳的《四書主意金玉髓》也旨在明經而「不詭於制」，「語語不忤朱注，字字印合考亭」，「舉一切詭異惑人新說，一概洗除殆盡」[119]；陳祖綬的《四書燃犀解》「融脈貫旨，考證今古，悉依傳注」，希望通過它來矯正標奇樹異、離經叛道的歪風。還有一些文人希望借助他們編選的八股文選本將走入歧途的八股文風導引到正確的方向，像艾南英深疾「場屋文腐爛」，以他為核心，「與同郡章世純、羅萬藻、陳際泰以興起斯文為己任」，「刻四人所作行之世」[120]，對八股文的風尚進行正面疏導。

實際上，也有不少文人是為改善個人的經濟狀況，或為擴大個人的影響力才與書坊主攜手合作的。

以商品經濟發達的江南地區來說，明中葉以後社會最基本的消費指數為「得五十金則經年八口之家可以免亂心曲」[121]。也就是說，一年至少要有五十金的收入才能維持一家八口的基本開銷。除

---

[119] 華琪芳《新刻乙丑華會元四書主意金玉髓》，〈四書主意金玉髓凡例〉，明末金陵書林張少吾刊本。

[120] 《明史》卷二八八，艾南英本傳，頁 7402-7403。

[121] 李延昰《南吳舊話錄》卷上（上海：上海古籍出版社，1985），頁 221-222。

了家庭開銷外，不少文人還得負擔日益頻繁的社交開支。[122]這麼沉重的經濟負擔，對那些有正業而有穩定收入，像從事教學與幕賓的士人而言基本上是處於一種勉強維持生計的狀態之中，至於那些層次較低者甚至處於極度貧困之中。因此，為了避免陷於入不敷出的窘境，他們必須在正業之外尋求額外的收入。其中，不少文人通過「賣文」來賺取外快。特別對一些既不能教學，又不能入幕的士人而言，「賣文」是他們賺取生活開支的主要謀生手段。除撰寫墓誌、壽贊、碑傳、抄書外，替書坊編選制舉用書也是賣文的一種方式。[123]

在當時的名士中，像馮夢龍和陳際泰等都曾替書坊編選過制舉用書來增加收入。馮夢龍，字猶龍，長洲人。[124]少年時即有才情，

---

[122] 關於明代中晚期士人頻繁的社交情況，可參閱徐林《明代中晚期江南士人社會交往研究》（長春：東北師範大學博士論文，2002）。

[123] 替書坊編選制舉用書所得的酬報，新手和老手待遇有異，有名與無名之間，酬勞亦大不相同。如《儒林外史》中的馬純上在嘉興府大街文海樓書坊操選政，刻的墨卷叫《歷科墨卷持運》。他稱自己「在此選書，東家包我幾個月」，「東修其實只得一百兩銀子」。（第十四回，頁174-176）馬純上「補廩二十四年」，又曾「考過六七個案首」，是個有名又老成的選家，所以酬金是比較高的。（第十三回，頁 166）至於新進選家匡超人，花了六天時間，批了三百多篇文章，得到的酬勞只是「二兩選金」，和馬純上比較起來不免相形見絀。除選金外，書坊還提供飯食、茶水和燈油。此外，還提供一些樣書讓選家自行販賣。（第十八回，頁218）

[124] 關於馮夢龍的籍貫、生卒年和名號的考證，可參閱容肇祖〈明馮夢龍生平及著述（一）〉，見《嶺南學報》第二卷第二期（1931），頁 61-62；胡萬川《馮夢龍生平及其對小說之貢獻》（臺北：國立政治大學中國文學研究所碩士論文，1973），頁 5-8。

博學多識，為人曠達，治學不拘一格，行動亦每每不受名教束縛。青少年時期的馮夢龍，對科舉仕進抱存著希望，刻苦礪學儒家經典，專攻《春秋》，並取得了相當高的成就。但從治經取得的成果看，卻有不盡如人意處。據載，馮夢龍在二十歲左右成諸生。可是，儘管有卓越的才華和學識，終究沒有順利地沿著科舉階梯再升上去，好不容易到崇禎三年（1630）才取得貢生的資格，這時他已經五十七歲了。[125]接著以歲貢的身分，擔任丹徒訓導。六十一歲時，升任福建壽寧知縣。四年任滿以後，他回到故鄉蘇州，過著閒適寧謐的隱居生活。[126]

馮夢龍雖才華橫溢，早有文名，但科舉的挫敗，使得馮夢龍沉淪下層，從而造成他的窮愁潦倒，不得不為衣食奔走，也經常依靠師友的援助。馮夢龍曾窮得向其師熊廷弼（1569-1625）求援，熊氏憐其行李單薄，叮囑友人贈銀數百兩。有時甚至窮得無米下鍋，褚人獲《堅瓠續集》載：

> 袁韞玉《西樓記》初成，往就正于馮夢龍。馮覽畢，置案頭不置可否。袁惘然不測所以而別。時馮方絕糧，室人以告。馮曰：「無憂，袁太令今夕饋我百金矣。」乃誡閽人：「勿閉門，袁相公饋銀來，必在更餘，可逕引至書室也。」室人皆以為誕。袁歸，躊躇至夜，忽呼燈持百金就馮。及至，見

---

[125] 李銘皖等修（光緒）《蘇州府志》冊 3，卷六十二，〈選舉四〉（臺北：成文出版社，1970），頁 1599。

[126] 關於馮夢龍的生平，可參閱陸樹侖《馮夢龍研究》（上海：復旦大學出版社，1987），頁 1-30。

門尚洞開，問其故。曰：「主方秉燭在書室相待。」驚趨而入。馮曰：「吾固料子必至也。詞曲俱佳，尚少一出，今已為增入矣；乃《錯夢》也。」袁不勝抵服。[127]

若這段記載屬實的話，則馮夢龍貧困到家無隔日的餘錢宿糧的傳說就有根有據了。

除了要負擔家庭的開支外，頻繁的社交活動也使得馮夢龍開支更加龐大，以致入不敷出。馮夢龍是結社中的活躍人物，組織過專門研究《春秋》的文社。[128]和朋輩結社，飲酒、遊山、玩水是他們常有的事，[129]這些活動都免不了花費。此外，馮夢龍也曾一度過著「逍遙豔冶場，遊戲煙花里」[130]的生活。馮夢龍在《掛枝兒》中有一段關於少時狎遊的記載：

每見青樓中，凡愛人私餉，皆以為固然。或酷用或轉贈，若不甚惜。至自己偶以一扇一帨贈人，故作珍秘，歲月之餘，猶詢存否？而癡兒亦遂珍之，秘之，什襲藏之。甚則人已去而物存，猶戀戀似有餘香者，真可笑已！余少時從狎遊，得所轉贈詩帨甚多。夫贈詩以帨，本冀留諸篋中，永以為好

[127] 褚人獲《堅瓠續集》卷二，見《續修四庫全書》冊 1261，頁 555。

[128] 詳參馮夢龍《麟經指月》的〈參閱名單〉，見魏同賢主編《馮夢龍全集》冊 1（上海：上海古籍出版社，1993），頁 1-6。

[129] 陸樹侖《馮夢龍研究》，頁 63-64。

[130] 王挺〈挽馮夢龍〉，見橘君輯注《馮夢龍詩文》（上海：海峽文藝出版社，1985），頁 147。

也。而豈易其旋作長條贈人乎？然則汗巾套子耳，雖扯破可矣。[131]

這裏說明馮夢龍征逐秦樓楚館的狎遊生活和結交妓女的事實。[132]由於馮夢龍經常行走於煙花巷里，混跡在歌伎舞女之中，與一班文友經常吟風弄月，臧否人物，暢談古今，這樣頻繁的社交活動肯定增加了個人開支。若馮夢龍是來自一個富裕的家庭，應該是能夠應付這些開支。但馮夢龍的家境並不富裕，故在應付這些社交活動的開支時難免捉襟見肘。馮夢龍是個手無縛雞之力的一介書生，除了舞文弄墨外，根本沒有能力從事農、工、商的活動。他為了謀求生計，不得不各處奔波。因此，我們在他的著作中經常看到「落魄奔走」[133]、「奔走多難」[134]一類沉痛的言辭。馮夢龍要求得生存，只有轉向自我生計的開拓，要麼去坐館，做山人清客，要麼就是賣文或編書謀生。在相當長的一段時間裏，馮夢龍也曾教過書，先後教過同鄉浦、莊、陶姓子弟，無錫吳、黃姓子弟，浙江烏程沈姓子弟等等。[135]萬曆四十三年（1615），應邀到楚黃講授《春秋》。但教書的收入畢竟微薄，也可能是因為在萬曆四十八年（1620）所編輯

---

[131] 馮夢龍《掛枝兒》卷五，〈隙部‧扯汗巾〉，見《馮夢龍全集》冊 42，頁 144-145。

[132] 關於馮夢龍的青樓經歷，可參閱聶付生《馮夢龍研究》（上海：學林出版社，2002），頁 32-44。

[133] 馮夢龍輯《情史》，〈情史敘〉，見《馮夢龍全集》冊 37，頁 5。

[134] 馮夢龍輯《春秋衡庫》，〈發凡〉，見《馮夢龍全集》冊 3，頁 2。

[135] 魏同賢〈《馮夢龍全集》前言〉，見《馮夢龍全集》冊 1，頁 11。

的《麟經指月》在出版後得到了良好的反應，於是下了決心放棄教學，專注於編輯。在接下來的歲月裏，馮夢龍幾乎每年都有新書梓行。其中《麟經指月》、[136]《春秋衡庫》、《春秋定旨參新》、《四書指月》等是馮夢龍編寫來指導諸生準備《春秋》考試的制舉用書。

《麟經指月》傾注了馮夢龍「廿載之苦心」和「研悟」，始「纂而成書」，這部書「頗得同人許可」[137]。書成，適宦游楚黃，曾與楚黃諸社友共同詳定，撥新汰舊，摘要芟繁。[138]此書的主旨，在於「因經信傳，借傳信經」[139]，疏通經傳，其主要的工作不外兩個：一是批駁訛謬不倫的比題、合題；[140]一是言破題的宗旨與作

---

[136] 《春秋》也稱為《麟經》。《春秋·哀公十四年》：「春，西狩獲麟。」杜預注：「麟者，仁獸，聖王之嘉瑞也。時無明王出而遇獲，仲尼傷周道之不興，感嘉瑞之無應，故國魯春秋而修中興之教，絕筆於『獲麟』之一句。所感而作，固所以為終也。」見（周）左丘明傳，（晉）杜預注，（唐）孔穎達疏，陸德明音義《春秋左傳注疏》卷五十九，《景印文淵閣四庫全書》冊144，頁 639-640。孔子作《春秋》是為了復興教化的目的，他在「獲麟」這一句上停筆，是出於感慨，因此就結束了《春秋》的著作。所以後來有「孔子作《春秋》，絕筆於『獲麟』」之說。故後人也把《春秋》稱為《麟經》。

[137] 馮夢龍《麟經指月》，〈麟經指月發凡〉，見《馮夢龍全集》冊 1，頁 1。

[138] 同上，頁 1-7。

[139] 馮夢龍《麟經指月》，梅之煥〈麟經指月序〉，頁 6。

[140] 關於《春秋》合題比題之弊，《續修四庫全書總目提要》記：「紹興五年，聽于三傳解經出相兼出題，學者因求關合會通之法，以為決科之計。元人楊維楨有《春秋合題著說》、黃復祖有《春秋經疑問答》、晏兼善有《春秋透天關》，皆為科舉而作，無關經義。」「所謂比題、傳題者，非有精微。時文之弊，牽合搭配，始則棄經誦傳，其末並傳亦荒，炯鑒昭然，言之痛

法。此書頗得時人推崇，其梓行附白稱「自《指月》既出，海內《麟經》家，人人誦法猶龍先生矣。」[141]這部書之所以引起這麼大的反響，主要是與馮夢龍對《春秋》有著深刻的把握有關。在編寫方法上，此書在滿足了士子猜題需要的同時，不是引導他們去背誦「爛舊時文」，而是啟發他們去鑽研《春秋》的經傳。他在書中將《春秋》能夠出題的文題一一列出，做到了「題雖擇而不漏」，接著以自己高超的八股文寫作能力在每道文題之後作一個破題。在破題之後，又詳盡地解說了該題的要旨和作文之重點與方法，做到了「傳無微而不彰」，讓士子們自覺地去研讀《春秋》本經。

《春秋衡庫》，又名《別本春秋大全》。衡庫者，喻心中有物

切。」見中國科學院圖書館整理《續修四庫全書總目提要・經部》，經部春秋類（北京：中華書局，1993），頁 747。明代《春秋》八股文的文題主要有三：經題、傳題和合比題。鄒德溥在《春秋匡解》卷首解釋這三種文題說：「本經題目只有三樣：一曰經題，一曰傳題，一曰合比題。經題如元年春王正月，如衛侯朔出奔直至內衛一事，相為本末者，但可謂之經，比于四書之全題，而不得謂之傳與合；其或事與之不相為本末而作傳者，引入各傳者，引入各傳內以發明褒貶之義，或以照辨書法，後人因之以出題謂之傳題；或從傳而無意義主二傳，合然後冠冕者，或會傳意合作，或傳中本無但人以己意合而成題，或以屬詞比事之法比而成題，要之必有大義理大字眼謂之合比題。合比題於經無病，自有傳題，已不免信傳啟經之失。況搜尋牽合，如元年搭葵丘，春王正月搭乙卯蒸，如京師搭為入鄁王事民事之類。」見《四庫全書存目叢書》經部冊 120，頁 638。《續修四庫全書總目提要》說明出現合題的原因云：「按宋制，《春秋》義題，聽于三傳解經處出。靖康初改用正經出題。尋以《春秋》正經，可命題者不過七百餘條。州郡問目，重復甚多。屢其易於弋獲復聽于三傳解經處，相間出題，而創為合題之法。元明因之，無所更易。」（頁 748）

[141] 轉引自陸樹侖《馮夢龍研究》，頁 150。

而不露於外。[142]馮夢龍在〈發凡〉中說明了此書的性質：「茲編一以功令為主，故胡氏全錄，即偶節一二，亦多崩弒等傳，或復詞贅語，舉業所必不用者；不然寧詳毋略，不敢啟後學苟且之端也。」[143]周應華在跋明刊本《春秋衡庫》中概括此書的內容與特色說：「吾師茲輯，主以經文，實以《左》、《國》，合以《公》、《穀》，參以子史，證以他經，斷以胡氏，輔以群儒，刪繁取精，針亡不失，可謂衡矣；采實兼華，字句不漏，可謂庫矣。衡而且庫，二百四十二年之行事，前源後委，聯如貫珠，甲是乙非，炳如列燭，可謂善讀《春秋》矣。」[144]同時也將「音解悉列上方」，以避免「與補注相混」[145]。

馮夢龍也曾將《麟經指月》和《春秋衡庫》修訂後成《春秋定旨參新》一書。有上下兩欄，上欄所載為以《麟經指月》為藍本修改而成的《春秋定旨參新》，下欄是《春秋衡庫》的修改版。

除供準備《春秋》義的制舉用書外，馮夢龍還曾編撰過《四書指月》和《綱鑑統一》（見第五章的介紹）。惜目前存世的明刊本《四書指月》並不完整，僅存《論語》六卷和《孟子》七卷。它逐章逐節按程朱傳注對其要旨進行闡發，並採用眉批、圈點與附注的

---

[142] 《管子·七法》記：「衡庫者，天下之禮也。」尹知章注：「衡者，所以平輕重；庫者，所以藏寶物，不令外知者也。言王者用心，常尚准平天下，既知輕重審用於心，無令長耳目者所得，此則天子之禮然也。」見尹知章注，戴望校正《管子校正》卷二（臺北：世界書局，1981），頁31。

[143] 馮夢龍《春秋衡庫》，〈發凡〉，見《馮夢龍全集》冊3，頁2。

[144] 同上，周應華〈跋春秋衡庫〉，見《馮夢龍全集》冊4，頁2-3。

[145] 同上，〈凡例〉，見《馮夢龍全集》冊3，頁9。

形式來指點作文之法。

由於生活的貧困，馮夢龍在從事通俗文學創作的同時，也旁及制舉用書的編輯工作，這不僅體現了他的市場意識，也反映了他對科舉的熱衷。明代科舉考試指定《春秋》義以胡安國的詮釋為標準，因而馮夢龍在編撰《麟經指月》、《春秋衡庫》、《春秋定旨參新》等都沒有超出胡安國的陳說，但同時在胡安國的詮釋基礎上，旁及它書，探求來龍去脈，可見他的編輯工作是針對著讀者的需要而開展的。至於馮夢龍選擇在麻城教學時出版《麟經指月》，不僅是因為他在麻城講授《春秋》享有盛譽，還因為麻城是科舉風氣強盛之地，特別是《春秋》在當地有著崇高的威望。麻城人梅之煥在序《麟經指月》中指出：「敝邑麻，萬山中手掌地耳，而明興獨為麟經藪，未暇遐溯。即數十年內如周、如劉、如耿、如田、如李、如吾宗，科第相望，途皆由此。故四方治《春秋》者，往往問渡於敝邑，而敝邑居然以老馬智自任。」[146]馮夢龍利用他在麻城講授《春秋》大受歡迎之時，在當地出版《麟經指月》，顯然是基於市場考量的緣故。

陳際泰（1567-1641）也編撰過不少制舉用書。陳際泰，字大士，臨川鵬田陳坊人。他在其父陳儀生流寓福建汀州期間出生，[147]

---

[146] 馮夢龍《麟經指月》，梅之煥〈敘麟經指月〉，頁1-2。

[147] 陳際泰〈陳氏三世傳略〉云：「父西園先生，少隨大父玉伯公入閩武平，市平江市。公為人醇潔自好，工書及五行之學，顧役生之路甚微，一歲所獲才數金耳。歸至白水鎮居亭主人宿客至四十許，有同舍子醉遺銀八兩于水次之浴室，大父拾得之，同舍子非有見焉，又非有夙乎我者也，卒還之，不以語人。」見陳際泰《已吾集》卷八，《四庫禁毀書叢刊》集部冊6，頁651。

青年時返回故籍臨川。陳際泰從小聰明好學，可是，因為家庭貧困，加上其父老來得子，恐怕陳際泰讀書影響身體，故未能從師，後靠自學成材。[148]陳際泰才思敏捷，寫作八股文的速度之快、數量之多，在當時是獨一無二的，有時一天能寫二、三十首，一生作品多達萬首。[149]其稿中一題數義者甚多，如《孟子》「充類至義之盡也」，文凡五篇，一氣銜接。[150]難能可貴的是，其時文多而不濫，與羅萬藻、章世純、艾南英以時文著稱，被譽為「臨川四大才子」[151]。陳際泰大器晚成，崇禎二年（1629）才考上拔貢，第二年中舉，又四年中進士，年已六十八歲。著有《群經輔意說》、《五經讀》、《易經說意》、《四書讀》、《周易翼簡捷解》、《易五房同門選》、《五家稿》、《四書稿》、《太乙山房稿》等。[152]

陳際泰很可能是基於經濟原因才給書坊供應制舉用書的。《明史》載其「家貧，不能從師，又無書，時取旁舍兒書，屏人竊誦。」[153]十四歲「代父管蒙館，自此遂自館」。他返歸「臨川祖

---

[148] 《明史》卷二八八，陳際泰本傳（頁 7403）稱其「家貧，不能從師，又無書，時取旁舍兒書，屏人竊誦。從外兄所獲《書經》，四角已漫滅，且無句讀，自以意識別之，遂通其義。」陳際泰〈陳氏三世傳略〉云：「先生生泰，年四十三矣，愛之甚。泰受室，為人師，或就浴，猶為洗背，顧禁泰苦讀。」（頁 651）

[149] 《明史》卷二八八，陳際泰本傳，頁 7403。

[150] 梁章鉅著，陳居淵校點《制義叢話》卷七，頁 117-119。

[151] 《明史》卷二八八，羅萬藻本傳，頁 7403。

[152] 《明史》卷二八八，陳際泰本傳，頁 7403；羅萬藻《止觀堂集》卷九，〈陳大士傳〉，見《四庫禁毀書叢刊·集部》冊 192，頁 507。

[153] 《明史》卷二八八，陳際泰本傳，頁 7403。

居」後，因「本房甚貧，不能具饘」，幸得到「族侄湛泉公與其二子」的協助，才免於「饑寒」。[154]此外，他也活躍於當時的社事，在萬曆二十八年（1600）發起組織新城大社，是江西文社的主幹，其社交活動的活躍是不言而喻的。頻繁的社交活動無形中增加了他的生活開支，所以他必須在教習以外尋找其他增加收入的途徑。而替書坊編選制舉用書不僅可以給自己帶來額外的收入，也可以利用這個機會來摩拳擦掌，準備下一次的科舉考試，更可以通過這個途徑擴大個人和文社的影響力。實際上，以他當時在文壇上的地位，肯定是書坊羅致的對象。在他的編輯生涯中，除八股文選集外，也曾替書坊編寫了《五經讀》、《四書讀》、《易經說意》和《周易翼簡捷解》這幾部制舉用書。

《五經讀》共五卷，《易》、《書》、《詩》、《禮記》、《春秋》各占一卷。各卷卷首先闡明各經大意，再細分標題解釋經文，如卷一《五經讀·易經》，先解釋《易經》大意，再細分〈讀乾坤〉、〈讀屯〉、〈讀蒙〉、〈讀需〉、〈讀訟〉、〈讀師〉、〈讀大象〉、〈讀比〉、〈讀小畜〉等標題解讀經文。茲引《詩經·國風》中的兩則解讀為示例。〈召南·讀鵲巢〉解云：

> 於鵲巢見純一之德焉，見專靜之福焉，見操守之重焉，見禮際之隆焉，蓋有此而後可共交於神明，以備內外之官。夫采

[154] 陳際泰〈陳氏三世傳略〉，頁652。

> 繁之夫人威儀卒度也，故祭而受福。[155]

〈邶風·讀新台二子乘舟〉解云：

> 新台禽行也，而有二子乘舟，益信天理之未嘗亡然。衛宜卒殺其子，幾至亡國，亂者數世可鑒也夫。[156]

它不列經典原文，可能是供水平較高的士子參考使用。四庫館臣評《五經讀》說：「其（陳際泰）平生以制義傳，經術非所專門，故是編詮釋五經，亦皆似時文之語，所謂習慣成自然也。」[157]

陳際泰編撰過《四書讀》，它如同《五經讀》一樣對四書進行解讀。它分章對《學》、《庸》、《論》和《孟》進行解讀，如《大學》的〈所謂修身章〉：

> 有所者，有因也，吾竊畏其弗當也。心為私心而非公心，公心為正，不公即不正矣。有所者，有處也，吾竊畏其弗化也。心為滯心而非虛心，虛心為正，不虛即不正矣。四者至，吾心釋焉，自可於倥傯之後，思吾所酬，而此不能。蓋至心逐物而不歸，物系心而不置，而一身之用無一而當，而

---

[155] 陳際泰《五經讀》，〈詩經·國風·召南·讀鵲巢〉，見《四庫全書存目叢書》經部冊 151，頁 377。

[156] 同上，〈詩經·國風·邶風·讀新台二子乘舟〉，頁 378。

[157] 《四庫全書總目》卷三四，經部五經總義類存目，頁 284。

後知心之為修身急也。[158]

又如〈所謂齊其家章〉：

> 家人不可以法治也，情焉而已矣。家人不可以情奇也，平焉而已矣。家人最不可不平情，然家人之際最難以平情，何者？他人與我不相涉者也，本屬無情，所以平情，而家人則否，他人與我不相近者也。偶爾施情，所以平情而家人則否，家人于我有憎愛焉。久之系於我，而至不可回，家人于我有毀譽焉。久之入於我而至不能釋，於是有親愛畏經哀矜而辟焉，好而不知其惡者矣。所謂莫知其子之惡之類也，於是有賤惡傲惰而辟焉，惡而不知其美者矣。所謂莫知其苗之碩之類也，夫辟焉。若此吾恐見好者，或挾其驕以淩乎，見惡者而禮義不能憑。吾又恐見惡者或逞其忽以加乎，見好者而名分不及顧家之不齊也，又何怪焉，而益知修身以平情不可以已也。[159]

徐渭在序《四書讀》時指出此書「猶左氏之有《外傳》也。世之人能讀先生之文者，必樂得此書而誦習之。」同時也指出此書自初刊後，一直都受到士子的歡迎。舊板因一再的翻印而損壞了，但

---

[158] 陳際泰《四書讀・大學》，〈所謂修身章〉，見《四庫全書存目叢書》經部冊 166，頁 232。

[159] 同上，〈所謂齊其家章〉，頁 232。

市場上對此書仍有很高的需求，因而有重新開雕的必要。[160]

此外，陳際泰還曾編寫了《易經說意》和《周易翼簡捷解》這兩部供準備《易經》試用的參考書。《易經說意》分節解釋《易經》經文。每節列舉標題或徵引經文，然後進行解釋。四庫館臣指出這部書在解釋經文的特色說：「際泰以時文名，故其說經亦即用時文之法，中間或有竟作兩比者。自有訓詁以來一、二千年，無此體例也。」[161]《周易翼簡捷解》在目前已難得一見，《四庫全書總目》對其內容和旨趣有簡要的說明：

> 是編謂河圖洛書體用相為附麗，表裏經緯，悉師羲易。首卷載〈古今諸圖〉，中十六卷為〈捷解〉，末卷又為〈圖說〉二十四條，〈拾遺〉九條，散漫支離，未得要領，附載群經，輔〈易說〉一卷，僅十四頁。大旨謂《大學》、《中庸》諸書皆所以明《易》，而西方之教獨與之背。蓋明末心學橫流，大抵以狂禪解《易》，故為此論以救之，所見特為篤實，其八比高出一時，亦由此根底之正也。[162]

四庫館臣認為陳際泰在此書中的見識「特為篤實」，認為他的八股文所以能在當時鶴立雞群，「亦由此根底之正也」。羅萬藻認為它「行當於世」，可為學易者的「繩墨」[163]，充分肯定了它的價值。

---

[160] 陳際泰《四書讀》，徐渭〈原序〉，頁227。

[161] 《四庫全書總目》卷八，經部易類存目二，頁66。

[162] 同上。

[163] 陳際泰《周易翼簡捷解》，羅萬藻〈序〉，轉引自（臺灣）國立中央圖書館

給書坊提供制舉用書，不僅疏解了馮夢龍、陳際泰的經濟問題，在一定的程度上也擴大了他們在士子圈裏的影響力，像馮夢龍在研究《春秋》之風頗熾的麻城出版了《麟經指月》，並得到了當地士子的普遍認可，從而建立起了他在這個領域的影響力，士子們都視他為這個領域的權威。馮、陳兩人又都是文社的活躍分子，若他們編撰的制舉用書好賣，也很能夠結聚更多的文人加入他們所屬的文社，一起切磋藝文、觀摩課業，文社的影響力也因此跟著擴大。

制舉用書的稿源除了來自於民間文人外，還有一些是來自上層的官員，像湯賓尹在他入仕後還給書坊提供過書稿。湯賓尹（1569-?）字嘉賓，號霍林，亦稱睡庵，宣城人。萬曆十九年（1591）應南京鄉試不第，二十二年（1594）再度應試成功，二十三年（1595）會試為會元，殿試則榜眼。之後，湯賓尹旋入翰林院，歷任編修、侍讀等官，三十八年（1610）遷國子監祭酒。萬曆三十九年（1611）任會試同考官，同年革職回鄉。[164]

據金文京的統計，標有湯賓尹名字的書共有四十四種。[165]他指出：「湯氏從二十七歲考成會元的萬曆二十三年（1595）開始，一直到迎接六十歲的崇禎元年（1628），幾乎不斷地出書，如果把已

編《國立中央圖書館善本序跋集錄·經部》（臺北：國立中央圖書館，1992），頁82-83。

[164] 金文京〈湯賓尹與晚明商業出版〉，頁92-93。

[165] 金文京的調查主要是集中在日本內閣文庫、日本尊經閣、日本蓬左文庫、日本京都大學人文科學研究所、中國國家圖書館、中國科學院圖書館、臺灣國家圖書館、臺灣大學圖書館、美國國會圖書館等。

經散失的和待查的書籍包括在內，其數量應是更為可觀」。[166]在這些著述中，「其中占絕大多數的乃為科舉參考書」[167]。筆者據金文京的清單予以增訂，發現標名湯賓尹的制舉用書有以下二十七種：

表 4.1　湯賓尹編撰制舉用書一覽

書名	出版年份／書坊
1.《四書衍明集注》[168]	萬曆二十三年（1595）光裕堂鄭名世刊本
2.《新鍥湯會元遴輯百家評林左傳藝型》	萬曆二十四年（1596）自新齋余良木刊本
3.《新刊湯會元精遴國語藝型》	萬曆二十四年（1596）自新齋余良木刊本
4.《湯會元注釋四大家文選評林》	萬曆二十五年（1597）書林詹霖宇刊本
5.《新鐫翰林評選歷科四書傳世輝珍程文墨卷》	萬曆二十五年（1597）余良木刊本
6.《鼎鐫金陵三元合選評注史記狐白》	萬曆二十八年（1600）自新齋余良木刊本
7.《諸史狐白合編》	萬曆三十二年（1604）余氏書坊刊本
8.《重鐫增補湯會元遴輯百家評林左傳狐白》	萬曆三十八年（1610）自新齋余泰垣刊本

[166] 據筆者的調查，還可增補的包括臺灣中央研究院傅斯年圖書館所藏的湯賓尹《鐫宣城睡庵詩集》十一卷（明萬曆三十八年刊本）和湯賓尹評選《睡庵湯嘉賓先生評選歷科鄉會墨卷》不分卷（明萬曆四十二年馮汝宗刊本）兩部。

[167] 金文京〈湯賓尹與晚明商業出版〉，頁 90。

[168] 《新集四書注解群書提要》據藏於日本尊經閣文庫的明萬曆二十三年（1595）光裕堂刊本《四書衍明集注》考論，「是書分三欄，下欄全錄朱注，上欄批語；中欄錄賓尹《四書解頤鼇頭》，首有凡例，次有制義類題辨異，以下分章講說，應舉講章之書也。」（頁 116）

9.《蘇雋》[169]	萬曆四十一年（1613）三吳二酉齋刊本
10.《新刻湯太史評點丘毛伯四書剖》	萬曆四十一年（1613）閩建詹聖澤刊本
11.《睡庵湯嘉賓先生評選歷科鄉會墨卷》	萬曆四十二年（1614）刊本
12.《性理標題一覽》	萬曆四十二年（1614）刊本
13.《綱鑑標題一覽》	萬曆四十二年（1614）刊本
14.《天香閣說》[170]	萬曆四十二年（1614）刊本
15.《鼎鐫徐筆峒增補睡庵太史四書脈講意》[171]	萬曆四十七年（1619）余應虬刊本
16.《湯睡庵先生歷朝綱鑑全史》	萬曆間三台館余象斗刊本
17.《鼎鐫纂補標題論表策綱鑑紀玉精要》	萬曆間喬山堂劉龍田刊本
18.《新鋟朱狀元芸窗彙輯百大家評注史記品粹》	萬曆間雙峰堂余象斗刊本
19.《新鐫百大家評注歷子品粹》	萬曆間雙峰堂余象斗刊本
20.《九會元集》	天啟元年（1621）閔齊華刊本

[169] 乍看之下，《蘇雋》從表面上看似乎與科舉無關，金文京主要是根據該書王志序文中的「裨制舉之業甚初」這句話斷定該書是供為場屋之用的。

[170] 《新集四書注解群書提要》據藏於日本內閣文庫的明萬曆四十二年（1614）刊本《天香閣說》考論，其「卷首有萬曆四十二年丘兆麟序，序首略有殘闕，又有論文宗旨及凡例三則。」「是書為制藝八股之擬題，或拈一章一節，或取一句兩句以為擬題，說解其題旨並破題之法，文中有圈點及批語，擬題說解宗賓尹、袁了凡、王觀濤及微言提掇諸家之說。」（頁 114）

[171] 是書題湯賓尹撰，徐奮鵬增，余應虬補。《新集四書注解群書提要》據藏於日本內閣文庫的明刊本《增補四書脈講意》考論，「余序略云：《四書脈》盛行於世者，四載於茲矣，無奈有獝詭之徒，蒙羊以虎，贋梓希說以亂之，故此曰脈，彼亦曰脈，真贋幾於混淆矣。遂與徐氏重鐫是書，且『增講以暢之，補旨以完之』，而將增補者列於天頭一欄。賓尹之說大要與其《四書合旨》類同，仍不脫講章之體也。」（頁 115）

21.《湯睡庵先生鑑定易經翼注》	天啟三年（1623）西崑館繡谷徐可久刊本
22.《湯睡庵太史論定一見能文》	崇禎元年（1628）刊本
23.《鼎鐫睡庵湯太史易經脈》	明刊本
24.《新鐫湯會元四書合旨》	明仙源堂刊本
25.《四書解頤鼇頭》	明刊本
26.《四書醍醐》	明刊本
27.《四書金繩》	明刊本

通過這個書單，相當充分地反映了湯賓尹的市場意識。從這些制舉用書的內容來看，主要以四書講章居多，其次為歷史類參考書。此外，還有程文墨卷、古文選本和諸子彙編等。這些都是士子急為需要和廣為利用的制舉用書，其中尤以四書講章和程文墨卷最為重要。雖然作偽之風在當時極為熾烈，但我們相信它們大多數都是出自湯賓尹之手。當然，我們也不完全排除其中有些是託名之作。[172]如果資料充足的話，將有助於解開這個謎團。

同時，我們也發現湯賓尹和建陽書商，特別是和余氏書坊存在著密切關係。在這二十七種制舉用書中，有九種是由余氏書坊所出

---

[172] 金文京指出，「很多書商託名於湯賓尹，是因為湯賓尹的書是暢銷的。」《重鐫增補湯會元遴輯百家評林左傳狐白》中林世選的序中就說：「有宛陵（即宣城，指湯賓尹）狐白之輯價增百倍」；又云：「左氏傳之鐫諸木也奚啻汗牛，而惟斯輯洛陽為之紙貴哉。」金氏認為「很可能道出個中消息」，意即《左傳狐白》可能是書商託名於湯賓尹的。見金文京〈湯賓尹與晚明商業出版〉，頁 90-91。《新鍥朱狀元芸窗彙輯百大家評注史記品粹》中的刻書目錄著錄湯賓尹編的《再廣歷子品萃》，四庫館臣推斷乃出於偽託。見《四庫全書總目》卷一三二，子部雜家類存目九，頁 1124。

版，占了全數的三分之一。[173]此外，南京（光裕堂）、蘇州（二酉齋）、常州（仙源堂）、湖州（閔齊華）等書坊也都曾出版過湯賓尹編撰的制舉用書。其厚重的資歷使得他成為當時名聲響亮的人物，很自然地引起了各地書坊對他的注意。這是因為標上他的名字的制舉用書肯定能夠在書架實現自我行銷，成為搶手貨。若他願意編寫制舉用書的話，即使他不主動找書商洽談出版事宜，書商也會一窩蜂上門來邀稿。為了獲得他的書稿，書商之間在明爭暗鬥中進行著角力。像前述的余應虯為了爭得湯賓尹的《四書脈講意》書稿，不惜千里迢迢從建陽到南京和湯賓尹會面，最終打敗了另一個有意出版這部書的書商，從競爭中勝出，得到湯賓尹的許可，獲得了這部書的書稿。

任官的十五、六期間（1595-1610），湯賓尹從正七品的編修往上升遷至從四品的國子監祭酒。好景不長，他任祭酒也不過一年就被革職。從那些確知出版年份的制舉用書中，發現其中七種是在他任官期間出版的。在這期間，湯賓尹的官秩雖不低，但俸祿還是微薄的。[174]他雖然也享有很大的經濟優免特權，可以公開地接受人們的「投獻」和「饋贈」，但和正四品以上的官員比較起來，其政治

---

[173] 其中余良木四種、余象斗三種、余泰恒一種、余應虯一種。

[174] 從四品的官員的年俸為米 12 石、銀 55 兩、鈔 1584 貫。見張顯清、林金樹《明代政治史》下冊（桂林：廣西師範大學出版社，2003），頁 639。和之前的朝代比較起來，明代的官俸相對微薄。趙翼在《廿二史劄記》卷三十二專門列了一條：「明官俸最薄」來討論這個問題。（見臺北世界書局版，1962，頁 473-474）；《明史》也感歎明代的官俸之微薄云：「自古官俸之薄，未有若此者。」（見卷八二，〈食貨六〉，頁 2003）

地位還是較為低微，故而來自各種途徑的經濟利益也相對來得少。更何況湯賓尹也是與東林黨對立的宣黨的領袖。(175)身為宣黨的領袖，為了拉攏各方同好，壯大聲勢，以壓倒東林黨，他也就無可避免的活躍於各種社交活動中。社交活動的經常支出雖然不至於使湯賓尹鬧窮，但多少給他帶來一些經濟壓力，故而他得想方設法來「開源」以疏解經濟壓力。和其他的經濟來源比較起來，給書坊供應制舉用書所得的酬金可能沒有想像中可觀。但憑藉他在當時的聲望和資歷，酬金肯定較民間文人來得高，故給書坊提供制舉用書也不失為是一個增加收入的途徑。更何況這些制舉用書的流通面極廣，很容易就能使得他的聲名進一步在士子圈中流傳和擴展，也不失為是一個深化他個人和宣黨影響力的途徑。

湯賓尹革職回鄉以後，並沒有因下野而完全失去了他的政治影響力。萬曆四十一年（1613）二月，他又涉及了熊廷弼案。《明史》記載：「初，賓尹家居，嘗奪生員施天德妻為妾，不從，投繯死。諸生馮應祥、芮永縉輩訟於官，為建祠，賓尹恥之。後永縉又發諸生梅振祚、宣祚朋淫狀。督學御史熊廷弼素交歡賓尹，判牒言

(175) 晚明這一時期的朝政極為腐敗混亂，而東林黨爭，更貫穿了整個晚明歷史的發展。當時與東林黨對立的有宣、昆、齊、楚、浙五黨。湯賓尹乃宣黨的領袖。《明詩紀事》指出：「嘉賓宣黨之魁，與東林為難。」（見陳田編輯《明詩紀事》卷十八〔上海：上海古籍出版社，1993〕，頁 2556。）東林黨出現後，與反對東林黨的五黨在朝政上有多次的交鋒。《明史》記載：「比憲成歿，攻者猶未止。凡救三才者，爭辛亥京察者，衛國本者，發韓敬科場弊者，請行勘熊廷弼者，抗論張差梃擊者，最後爭移宮、紅丸者，忤魏忠賢者，率指目為東林，抨擊無虛日。」（見《明史》卷二三一，顧憲成本傳，頁 6033。）

此施、湯故智，欲藉雪賓尹前恥。」[176]東林黨因為此事而極力抨擊維護湯賓尹的熊廷弼（1569-1625），熊廷弼最後也被免職。[177]湯賓尹在遭鄉人圍剿後離開家鄉，先後到杭州和南京訪問好友，最後寓居南京天界寺。當時很多士子慕其名來寄居寺院，他就利用寺院所設的公塾來和士子們切磋學問。天界寺與書坊櫛比的三山街僅隔一箭之遙，[178]憑籍他之前累積的聲望和資歷，還是很能夠吸引書商或仲介人來向他邀稿。下野後的湯賓尹這時已失去了穩定的俸祿和其他各種收入，可以想像他的經濟情況已大不如前，故他也樂於成全書商的邀稿，在教學之餘給書坊供應制舉用書來增加收入，也同時借此來維持他與士子圈的聯繫，而他大部分的制舉用書也都是在他下野後完成的。

袁黃（1533-1606）在萬曆年間也曾編撰過數量可觀的制舉用書。不過，和馮夢龍、陳際泰、湯賓尹等人不一樣的是，出自於個人對舉業由衷的熱愛是推動他積極進行制舉用書的編輯工作的力量。

袁黃，初名表，後更名黃，字坤儀，號了凡。江蘇吳江人。少即聰穎敏悟，卓有異才，對天文、術數、水利、兵書、政事、醫藥等都有研究，補諸生。嘉靖四十四年（1565）知縣辟書院，令高材

---

[176] 《明史》卷二三六，孫振基本傳，頁6154。

[177] 金文京據《明史》卷三〇三〈烈女傳〉載湯賓尹族父湯一德奪施之濟未婚妻徐貞女而徐被迫自盡，郡守張德明為之立祠之事，與湯賓尹奪施天德妻（施妻也姓徐）一事如出一轍，頗令人懷疑同事異傳。見金文京〈湯賓尹與晚明商業出版〉，頁96-97。在黨爭激烈之時，我們不得不懷疑有排斥異己者假借湯賓尹族父湯一德奪妻之事來中傷湯賓尹。

[178] 金文京〈湯賓尹與晚明商業出版〉，頁97。

生從其受業。萬曆五年（1577）會試，因策論違主試官意而落第。十四年（1586）中進士。任河北寶坻知縣，政績斐然。二十年（1592）調任兵部職方主事，後遭誣革職，遂罷歸家居，閉戶著書。卒年七十四。著述豐富，有《袁氏易傳》、《河洛解》、《曆法新書》、《曆法新收書》、《皇及考》、《功過格》、《群書備考》、《立命篇》、《心鵠》、《經世略》、《通史》、《立命篇》、《省身錄》、《廣生篇》、《祈嗣真詮》、《陰騭錄》、《四書刪正》、《四書訓兒俗說》、《遊藝塾文規》、《遊藝塾續文規》、《袁了凡先生彙選古今文苑舉業精華》、《新刻經世文衡》、《兩行齋記》、《歷史大方綱鑑補》、《皇都水利》、《評注八代文宗》、《寶坻政書》、《寶坻農收》、《袁生懺法》、《詩外別傳》、《談文錄》、《舉業彀》等。[179]

有學者指出，袁黃的著作主要表現在他的舉業之學和〈立命篇〉等善書思想的兩個方面。[180]其舉業之作有《遊藝塾文規》、《遊藝續塾文規》、《四書刪正》、《袁先生四書訓兒俗說》、《群書備考》、《增訂二三場群書備考》、《袁了凡先生彙選古今

[179] 許熙《嘉靖以來注略》中的「萬曆二十一年二月條」記載了袁黃被革職的情況。見《四庫禁毀書叢刊》史部冊 5，頁 182。關於袁黃的生平，可參閱毛一波〈袁黃的生平〉，見《華學月刊》第 20 期（1973 年 8 月），頁 12-14；酒井忠夫《增補中国善書の研究》（東京：国書刊行會，1999），頁 378-380；Carrington Goodrich, (ed.) *Dictionary of Ming Biography, 1368-1644* (New York: Columbia University Press, 1976), pp. 1632-1635.

[180] 酒井忠夫《增補中国善書の研究》，頁 388。

文苑舉業精華》、《古今經世文衡》、《歷史大方綱鑑補》[181]、《兩行齋集》、《談文錄》、《舉業穀》及《心鵠》等。茲介紹以下幾種：

《遊藝塾文規》是一部討論八股文寫作方法的制舉用書。卷一討論寫作八股文必須注意的事項，接下來九卷分別討論破題、承題、起講、正講的寫法，並舉例加以說明；其中以正講的寫法的討論最多，共占七卷。以卷二的破題部分為例，袁黃在此卷的起始部分就用了可觀的篇幅討論了破題的重要性和要旨，接著在各文題下列舉了各家的破題，在各家的破題後分析了他們的優劣之處。例如「知及之」全章[182]徵引了朱錦、厲昌謨、徐可求、高克正、汪鳴鑾、李日華、袁宏道、余心純等對這個文題所作的破題，在各家破題後對他們的優劣之處進行品評。

《遊藝續塾文規》為《遊藝塾文規》的續書，同樣也是討論八股文寫作方法的制舉用書，同時也彙集了各家的八股文理論。和《遊藝塾文規》不同的是，此書以「輯我朝前輩論舉業者，彙而列之，以便規法」為宗旨。換言之，續編收集的主要是明人的八股文理論。它共有十八卷，卷一收王守仁等四人的八股文理論，卷二收茅坤等四人的理論，卷三至五收袁黃的理論，卷六收顧憲成等四人

---

[181] 此書有萬曆年間余象斗所刊的《鼎鐫趙田了凡袁先生編撰古本歷史大方鑒補》。據王重民的考察，此書乃是出自書商的偽託。詳參本章第一節的討論。

[182] 《論語・衛靈公十五》：「子曰：知及之，仁不能守之，雖得之，必失之。知及之，仁能守之，不莊以涖之，則民不敬。知及之，仁能守之，莊以涖之，動之不以禮，未善也。」

的理論，卷七收李廷機等十八人的理論，卷八至九收武之卿等三人的理論，卷十至十二以癸甲會試墨卷為例來討論破題、承題和小講的寫法，卷十三以會試墨卷為例討論正講的寫法，卷十四至十八卷以鄉試墨卷為例討論正講的寫法。

袁黃對自朱熹以後說經「講究未悉」，「意猶未暢」，以及「與經意不盡合」的情況甚為不滿，故他寫作《四書刪正》來「闡孔孟之真傳」，同時也方便「明時之舉業」。它「專主理意，間與朱《注》不合而有礙於舉業者一字不敢擅改。」[183]書分上下欄，上欄列章旨節意，或采諸家講語或獨發己見，於宋儒與經意不合者，則明著其失；下欄列經文朱《注》，刪正朱《注》冗繁之處，用其意而稍變其文，以立作文之法，以便於初習制義之用。[184]他在書中所舉的《四書蒙引》和《四書存疑》都是供準備科舉參考的四書講章。袁黃能科舉及第，這些舉業用書也起著一定的作用。但他在利用它們來學習舉業的過程中也發現它們的缺陷，於是乃編撰《四書刪正》來彌補它們的不足之處。像袁黃這種從讀者身份轉變成作者身份的情況，相信在當時也並不是孤立的例子。

此外，袁黃尚編有《增訂二三場群書備考》這部「闈務秘笈」[185]。此書題袁黃著，袁儼（袁黃子）注，沈昌世增，徐行敏訂。它將上古至明代的事類、文類、典故、經濟等事項分門別類而成。卷一

---

[183] 袁黃《四書刪正》，〈四書刪正凡例〉，明刊本，頁 1-5。

[184] 國立編譯館編《新集四書注解群書提要》，頁 92。

[185] 《增訂二三場群書備考》扉頁，轉引自沈津《美國哈佛大學哈佛燕京圖書館中文善本書志》，頁 448。「闈」指科舉考試，「闈務」即為科舉考試所應知道的事項。

分聖制、聖學、道學、性學、經傳、書籍、諸子、諸史、字學、書法、文章、詩、賦；卷二分象緯、曆數、日食、分野、正朔、災祥、形勢、京省土俗、漕渠、治河、地脈、海運、水利、東南水利、西北水利、潮汐；卷三治道、詔令、親政、賞罰、儲訓、宗藩、刑律、宦官、鬻爵、賦稅、戶口、土田、徭役、救荒、錢楮、屯田、鹽法、馬政、茶法、驛傳；卷四禮樂、律呂、郊祀、藉田、謚法、學校、科舉、士族、兵制、兵法、民兵、軍器、火器、舟師、車戰、城塞、守邊、九邊、備倭等六十八類。它主要參據經史百家之言，摘其要旨，述其沿流變遷，勒為典雅可誦之文，以備帖括論述之資。所取明朝事蹟，皆較詳細，並重點突出了對科舉考試有幫助的和所應知道的事項。據沈津考察，此書在崇禎年間至少流傳著萬卷樓刊本、澹思樓刊本、致和堂刊本，以及一種不署堂號的刊本，[186]說明它是崇禎年間的一部暢銷書，否則書坊就不會一再開雕了。《燕京大學圖書館目錄初稿》著錄了清康熙二年（1663）吳門鳴鳳堂重刊的《重訂袁了凡注釋群書備考》，計七十二類，[187]較《增訂二三場群書備考》多出四類，類目的秩序也有所變動。根據這個線索可以知道它在清初還得到士子的普遍重視，否則就不會有文人願意花心思來給它注入「新血」了。

袁黃也曾從類書和文章選集中輯錄出一些便利於備試的文章和範文，彙集成《袁了凡先生彙選古今文苑舉業精華》這部舉業指

---

[186] 沈津《美國哈佛大學哈佛燕京圖書館中文善本書志》，頁448。

[187] 鄧嗣禹編《燕京大學圖書館目錄初稿·類書之部》（北京：燕京大學圖書館，1935），頁38-39。

南。其扉頁刊：「袁了凡先生，邇不課兒，已選《舉業定衡》，海內珍之。茲復選《舉業精華》，以為後場之助，此最便科甲捷徑，故並梓之。」[188]可知《古今文苑舉業精華》是繼《定衡》之後的一部舉業指南。其〈凡例〉說明選錄的範圍說：「茲集所選，自周秦而下至我明朝。而上凡《諸子品節》、《文海波瀾》、《古今名喻》、《古文玄髓》、《蔓金苔》、《赤水玄珠》之屬，並近時程墨、論策、館課、弘文中，最有利於舉業者，靡不編蒐，以備誦閱焉。」[189]

據上所述，知道袁黃所編撰的制舉用書主要是提供初學舉業者使用，而且都是在他被革職後居家期間編寫出版的。袁黃失意於官場，但並沒有撲滅他對舉業所懷有的熱誠，仍舊冀望子孫都能在舉業上取得成功。他居家期間潛心教子，同時也編寫了一些教材，方便教習。前文提及蘇州書坊刊行了不少袁黃編撰的制舉用書，很可能是他們獲知了袁黃編寫這些教材的消息，紛紛親自叩門要求這些教材的書稿，得到袁黃的同意將它們出版成書。袁黃曾當過官，早有文名，他所編寫的制舉用書有著一定的市場，故書坊也樂於出版他所編寫的這些圖書。袁黃的家境富裕，曾與地方富裕顯赫的家庭聯姻，[190]也曾和僧人幻予、密常一起商議出版小本藏經，並捐米數

---

[188] 轉引自酒井忠夫《增補中国善書の研究》，頁 384。

[189] 袁黃《袁了凡先生彙選古今文苑舉業精華》，〈凡例〉。轉引自酒井忠夫《增補中国善書の研究》，頁 393。

[190] Cynthia J. Brokaw, *The Ledgers of Merit and Demerit: Social Change and Moral Order in Late Imperial China* (Princeton, N.J.: Princeton University Press, 1991), pp. 74-75.

百石施捨給貧民，[191]可見他的生活是相當寬裕的，故出於經濟的原因出版他編寫的教材來賺取酬金的成分並不高。當然，出版這些圖書的好處可以使得他的聲名得以維繫，進一步也使得子孫（特別是協助編寫這些教材的兒子袁儼）的聲名也在士子圈中響亮開來，維持袁氏家族的聲望。與此同時，我們也有理由相信袁黃是為了累積善業公德才將這些舉業教材公諸於世的。袁黃在隆慶三年（1569）受教於雲谷禪師後，學習功過格，因此以積善立命之說開拓了自己的命運，自此以後致力於善行的累積。[192]而將編寫的舉業教材拿出來與士子分享也可能是他積善的一種方式。

總的來說，在當時社會變遷的大環境下，雖有不少文人對制舉用書極為不屑，遑論參與這些圖書的編寫工作，但也有不少文人為了改善經濟生活或維繫社會地位，不得不放下身段，選擇與滿身銅臭、錙銖必較，並已無法在繁重的出版業務中抽身編選圖書的書坊主合作，替他們編寫各種各樣的圖書（像本文討論的制舉用書）來滿足讀者的需要。這可說是明中葉以來士商滲透的這個社會現象的一種體現。其中一些得到幸運之神眷顧的文人，不僅改善了經濟生活，還因此維繫了社會地位甚至聲名大藻。較為不幸的，所賺可能只供糊口甚至三餐不繼，不時還得和書坊主合作進行欺騙行為，將他們編寫的制舉用書套上名人的名號，企圖偷天換日來增加銷售。

---

[191] 酒井忠夫《增補中国善書の研究》，頁 380。

[192] 酒井忠夫《增補中国善書の研究》，頁 379。

第五章　坊刻制舉用書的種類與形式特點

第一節　士子閱讀需要的全面迎合

經書坊主對制舉用書的讀者群的需要的仔細評估，並與文人的密切合作下，生產了各式各樣的制舉用書來迎合與滿足士子的閱讀需要。當時在坊間廣為流通的制舉用書有以下幾種：

一、四書類

甘鵬雲在《經學源流考》中談到明代四書學發展的方向時指出：

> 今所傳元人洎明人推演經疑一派之書尚多，如袁俊翁《四書疑節》、王充耘《四書經疑貫通》、蕭鎰《四書待問》、詹道傳《四書纂箋》皆是。明初三科猶然，後來董彝尚有《四書經疑問對》之作。至永樂中《大全》出而捷徑開，八比盛而俗學熾，科舉之文，名為發揮經義，實則發揮《注》意，不問經義何如也。且所謂《注》意者，又不甚究其理，而惟

> 揣摩其虛字語氣，以備臨文之模擬，並不問《注》意何如也。❶

據甘鵬雲的觀察，四書之學在明代的發展上由明初繼承元朝餘緒而有疑經一派，到後來八股取士，而有追隨《大全》一派，而此派主要所依循的乃是朱子的注釋。❷追隨《大全》一派的特色是「名為發揮經義，實則發揮《注》意，不問經義何如也」。如果要對明代的四書學加以概說，則大致可分為「應舉」與「窮經」兩類。❸而四書應舉一類是明代士子所重視研習誦讀的參考書。這是因為明代科舉考試重視首場，首場表現不佳就會遭到直接黜落的命運。為了避免在首場就被踢出局，故士子都非常重視首場考試的準備工作。

這類制舉用書可進一步細分為「講章」、「舉業制藝」和「考據訓詁」三種。❹所謂「講章」一類，大抵皆是為科舉而作的講義，以便於士子瞭解經書中的意旨。明代此類著作很多，除四書

---

❶ 甘鵬雲《經學源流考》（臺北：維新書局，1983），頁 265。

❷ 陳昇輝《晚明〈論語〉學之儒佛會通思想研究》（臺北：淡江大學中國文學系碩士論文，2003），頁 48。

❸ 這個概說是借用馬宗霍在《中國經學史》中對明代經學的分類。他說：「說者謂《五經大全》一出，應舉、窮經，應分為兩事，理或然歟。」（臺北：臺灣商務印書館，1968），頁 137-138。

❹ 陳昇輝將「應舉」這一類參考書細分為「講章」、「舉業制藝」、「考據訓詁」、「蒙學」、「有所得」、「更為增減修訂」等六種。見陳昇輝《晚明〈論語〉學之儒佛會通思想研究》，頁 58。我們認為這個分類過於繁瑣，且「講章」、「有所得」和「更為增減修訂」這三種參考書的重疊性頗高，故將它們統歸入「講章」類。至於「蒙學」一類並不在本文所要討論的範圍，故略不談。

外，《易經》、《書經》、《詩經》等亦多此類作品。而這些講章中最為有名的，則莫過於胡廣等人於永樂年間奉敕纂的《四書大全》，四庫館臣指出：「後來四書講章浩如煙海，皆是編（《四書大全》）為之濫觴。」❺而「舉業制藝」類的用途與「講章」相仿，前者重在經義的解釋，後者重在章法結構的討論。這兩類制舉用書，除獨立出現外，更有不少是以「二合一」的面貌出現的，即詮釋經義的同時，也討論章法結構。以上兩類再加上專考四書人物名物的「考據訓詁」之屬，可說都是專為四書義考試所作之書。

陳昇輝曾據《四庫全書總目》、《續修四庫全書提要·經部》、《經義考》、《溫州經籍志》、《美國哈佛大學哈佛燕京圖書館中文善本書志》、《新集四書注解群書提要》等整理出一份明代《論語》注疏類著作的圖表。我們在此基礎上再進行增補，修訂出一份包含 154 種四書制舉用書的圖表。❻不過，相信當時所出版的這類圖書的實際數目應當更多，像郭偉以個人力量就曾撰校過 55 種四書講章。此外，余象斗的刻書目錄也列了 7 種講章，而他的書坊所刊刻的四書講章可能還不止這些。由於絕大多數的這類圖書已佚，我們今日已無法正確的估算它們的整數，不過，以當時士子對它們的強烈需要來說，即使有上千種以上也不足為怪。

值得注意的是，四書講章的內容主旨隨時代而變遷，在一定的程度折射出學術思想的嬗變。大多數的四書講章在編纂時仍尊崇朱

---

❺ 《四庫全書總目》卷三六，經部四書類二，頁 301-302。

❻ 陳昇輝《晚明〈論語〉學之儒佛會通思想研究》，頁 59-72。參見〈附錄二：明人編撰制舉用書·四書類〉。

《注》，以配合朝廷考試的規定。如蔡清（1453-1508）的《四書蒙引》，林希元的《四書存疑》❼、陳琛的《四書淺說》❽、黃光昇的《四書紀聞》❾、許獬的《四書闡旨合喙鳴》❿、《四書崇熹注解》⓫、王守誠的《四書翼傳三義》⓬、賈如式的《新刊四書兩家粹意》⓭、徐奮鵬的《四書古今道脈》⓮、王楡的《四書就正》⓯、繆昌期的《四書九鼎》⓰等皆以朱熹為宗。

王學自嘉靖以後，風行一時，並大盛至明末。顧炎武引艾南英的〈今文待序〉云：「嘉靖中姚江之書雖盛行於世，而士子舉業尚謹守程朱，無敢以禪竄者。自興化、華亭兩執政尊王氏學，於是隆慶戊辰，《論語》程義，首開宗門。此後浸淫，無所底止，科試文字大半剽竊王氏門人之言，陰詆程朱。」⓱故王學於隆慶二年（1568）開始影響科舉考試。據周啟榮對現存四書講章的觀察，王

---

❼ 國立編譯館編《新集四書注解群書提要》（臺北：華泰文化事業公司，2000），頁38。

❽ 中國科學院圖書館《續修四庫全書總目提要·經部》（北京：中華書局，1993），頁938。

❾ 國立編譯館編《新集四書注解群書提要》，頁39。

❿ 同上，頁53。

⓫ 同上，頁54。

⓬ 同上，頁61。

⓭ 同上，頁62。

⓮ 同上，頁72。

⓯ 同上，頁89。

⓰ 同上，頁101。

⓱ 顧炎武《原抄本顧亭林日知錄》卷二十，〈舉業〉（臺北：文史哲出版社，1979），頁532。

學在隆慶二年前已影響了一些士子，並在之後與朱學形成二者互爭不讓的時期。約刻於嘉靖四十三年（1564）的徐爌《四書初問》充分顯示王陽明的良知說及格物新解已進入四書講章中。⑱此外，章潢的《圖書編》⑲、焦竑的《新鍥皇明百名家四書理解集》⑳、錢大復的《四書會解新意》㉑、《四書證義筆記合編》㉒等皆會通朱熹、王陽明二說於一書；朱長春、周延儒的《四書主意心得解》㉓、葛寅亮等著，郭偉彙輯的《新鐫六才子四書醒人語》㉔、鹿善繼的《四書說約》㉕、馬世奇的《鼎鐫三十名家彙纂四書紀》㉖、徐必登的《四書問答主意金聲》㉗、趙鳴陽的《鐫趙伯雍先生湖心亭四書丹白》㉘、楊廷麟的《新刻機部楊先生家藏四書慧解》㉙等亦頗受王學影響。這些編撰者似乎是有意圖通過這類圖書來體現他

---

⑱ 周啟榮〈從坊刻「四書」講章論明末考證學〉，見郝延平、魏秀梅主編《近世中國之傳統與蛻變：劉廣京院士七十五歲祝壽論文集》上冊（臺北：中央研究院近代史研究所，1998），頁 46；國立編譯館編《新集四書注解群書提要》，頁 46。

⑲ 國立編譯館編《新集四書注解群書提要》，頁 49。

⑳ 同上，頁 60。

㉑ 同上，頁 104。

㉒ 同上，頁 105。

㉓ 同上，頁 82。

㉔ 同上，頁 119。

㉕ 同上，頁 128。

㉖ 同上，頁 148。

㉗ 同上，頁 168。

㉘ 同上，頁 174。

㉙ 同上，頁 188。

們個人的思想，或通過它們來擴大王學的影響力。

至萬曆中葉，「俗學多創新說，背傳注」㉚。顧夢麟指出：「自萬曆中祀，則海內已分佈新說，務為苟簡。《大全》以下，斥為陳編，或為飽鼠蠹，或易餅餌矣！」㉛四書講章競出新說，標新立異，藉以招徠讀者。如王宇的《四書也足園初告》「不列經文，但標章節，其異一般講章者，在先以己意反求經旨，意有未得，再證以注疏，參以講義，但不規於朱《注》」㉜；章世純的《章子留書》「詁釋四書，往往於文字之外，標舉精義，發前人所未發，而不規規於訓詁」㉝。

萬曆中葉以後的講章不僅刪除朱熹的《集注》，且刻意攻訐，並援引佛、道之說來解釋四書。《新集四書注解群書提要》指出：「明季舉子趨捷徑，事帖括，廢朱《注》不讀。或以佛道之寂滅玄同與儒家之旨不異，遂自標門戶，附諸儒家，大率惡平易而好奇辟。」㉞張振淵在序《四書說約》時指出萬曆以來，士子「厭庸喜異，跳而越焉。初溷以諸子、雜家，究入于禪玄詭說。匪特戈矛洛、閩，且幾弁髦洙泗。如《理解》、《蠡編》之屬，甚至《刪

㉚ 趙弘恩等監修，黃之雋等編纂《江南通志》卷一六三，見《景印文淵閣四庫全書》冊 511，頁 677。

㉛ 顧夢麟《四書說約》，〈四書說約序〉，見《四庫未收書輯刊》第 5 輯冊 3，頁 16。

㉜ 國立編譯館編《新集四書注解群書提要》，頁 129。

㉝ 同上，頁 157。

㉞ 同上，頁 61。

正》、《說書》，蠱惑一世，而悖極矣。」㉟甘雲鵬指出：「至姚舜牧四書疑問、王肯堂四書義府、萬尚烈四書測、寇慎四書酌言則淪入禪機。」㊱除此之外，周汝登的《四書宗旨》㊲、來斯行的《四書小參》㊳、張嵩的《四書說乘》㊴等亦兼及佛家之言。徐邦佐的《四書宗印》中的解說不僅「不離陽明良知之說」，甚至也「雜糅釋氏之說」㊵。沈守正的《四書說叢》「專釋經義，不涉訓詁」，「所采書凡二百二十六種，雖釋道家言亦頗兼取」㊶。像這種雜糅儒佛的現象，不僅表現在和明末四書的相關著作中，甚至連科舉也有此類現象，需要明令禁止，以切斷儒佛參雜的風氣。㊷因此，透過這些四書講章，也可以窺視到明中葉以來的種種思想新潮的發展軌跡。這些思想新潮滲透入士子們廣為研習的講章，無疑的與朝廷一向信守的程朱理學發生了扺牾，並開啟了一個新的論述空間，提供民間的編撰者挑戰朝廷的標準。

㉟ 張振淵〈四書說約序〉，轉引自周啟榮〈從坊刻「四書」講章論明末考證學〉，頁 61-62。

㊱ 甘鵬雲《經學源流考》，頁 270。

㊲ 國立編譯館編《新集四書注解群書提要》，頁 65。

㊳ 同上，頁 136。

㊴ 同上，頁 150。

㊵ 同上，頁 163。

㊶ 《四庫全書總目》卷十四，經部四書類存目，頁 312。

㊷ 陳昇輝《晚明〈論語〉學之儒佛會通思想研究》，頁 75。顧炎武《原抄本顧亭林日知錄》卷二十，〈科場禁約〉載：「取佛書言心言性略相近者竄入聖言，取聖經有空字無字者強同於禪教。」「生員有引用佛書一句者，廩生停廩一月，增附不許幫補，三句以上降黜。中式墨卷引用佛書一句者，勒停一科，不許會試，多者黜革。」（頁 534）

當時在坊間流通的四書講章可分為獨立說解和集解。獨立說解的講章有成化年間蔡清的《四書蒙引》，正德年間林希元的《四書存疑》、陳琛的《四書淺說》，嘉靖年間徐爌的《四書初問》、孫應鼇的《四書近語》，萬曆年間湯賓尹（1568-?）的《四書脈》、張鼐的《四書演》，天啟年間張嵩的《四書說乘》、朱之翰的《四書理印》，以及崇禎年間辛全（1588-1636）的《四書說》、董懋策的《千古堂學庸大意》等。

自《四書大全》以後的四書講章，當以蔡清的《四書蒙引》為最早。蔡清（1453-1508），字介夫，福建晉江人。飭躬砥行，貧而樂施，少從林玭學，長於《易》。其學初主靜，後主虛，故以虛名齋，學者稱虛齋先生。除《四書蒙引》外，另著有《易經蒙引》等。《明史》有傳。[43]據考：「（蔡清）此書初有稿本，後遺失，乃追憶舊文更加綴錄，久而復得原稿，兩本相校，重復過半，前後且有異同，未暇刪正劃一，遂有兩本流傳。嘉靖中莊煦參校二稿，刊削冗復，十去三四，輯成一書而刊之，書末又別附一冊，則煦與學錄王升商榷訂定之語也，《四庫》著錄者即為此本。」[44]是書但標章目，不列經文，依章逐節說其義理。先剖析全章大旨，如〈學而第一〉解作：

> 此為書之首篇，為字不可認做是字，又不可將做作書言。蓋《論語》二十篇，而〈學而〉一篇則為之首也，亦是作字

[43] 《明史》卷二八二，蔡清本傳，頁 7234。

[44] 國立編譯館編《新集四書注解群書提要》，頁 35。

意，但不謂作書，故所記多務本之意，道有本學者之先務也，乃入道之門積德之基。入道以知言積德，以行言此在事物為道，得此道於心則為德。曰門、曰基者本之所在也，學者必先務此而後道可入，德可積。㊺

再逐節解釋〈學而〉下每節的義理，如〈巧言令色鮮矣仁〉解作：

聖門之學以求仁為要，語其所以為之者，必以孝弟為先，論其所以賊之者，必以巧言令色為甚。故記書者於首章之後繼以孝弟言者，示人以所當務也。又次之以巧言令色者，示人以所當戒也。夫容貌辭氣之間正學者致力之地，然於此卻有天理人欲之分，在學者不可以不察也。知正顏色必近信，出詞氣必遠鄙，倍是乃為己之實功，而非為他人觀聽之美設也。如使巧其言令其色徒事華藻，一以悅人為主，則本心之德雖有，存焉者寡矣。為己為人天理人欲之分也，巧言令色則全是為人，而人欲滋熾天理熄矣。本心之德即天理也。㊻

又如〈弟子入則孝〉解作：

弟子即今所謂子弟，即小學生輩也。入孝出弟，弟子之大本

㊺ 蔡清《四書蒙引》，〈學而第一〉，見《景印文淵閣四庫全書》冊 206，頁 157。

㊻ 同上，頁 160-161。

> 也。謹行信言，弟子持身之事。愛眾親仁，弟子接物之際。此數句於弟子之職盡矣。泛愛眾，弟子之愛眾，不過只是無憎嫌人底意，不自佔便宜之類。愛欲其周而親有所仁，即眾中之賢者，時文中不可講得太重，此小學之事也。㊼

四庫館臣對此書有頗高的評價，云：「此書雖為科舉而作，特以明代崇尚時文，不得不爾。至其體認真切，闡發深至，猶有宋人講經講學之遺，未可以體近講章，遂視為揣摩弋獲之書也。」㊽自它成書後，講學家多所徵引，刻本亦有多種。據沈津的考察：「按《蒙引》一書，存世現最早有《虛齋蔡先生四書蒙引》十五卷，為正德十五年李墀刻本。此為此本（即明萬曆刻本）。萬曆十五年吳同春又有《重刊蔡虛齋先生四書蒙引》十五卷。後又有《重刊增訂虛齋舊續四書蒙引》十五卷，明刻本；《蔡虛齋先生四書蒙引》十五卷，明刻本；《新刊舉業精義四書蒙引》十五卷，明刻本。」㊾這很能夠說明它在士子圈裏的經典意義。

較蔡清《四書蒙引》稍後的有林希元的《四書存疑》和陳琛的《四書淺說》。林希元，字懋貞，晉江人。《明史》有傳。㊿《四

㊼ 同上，頁 162-163。

㊽ 《四庫全書總目》卷三七，經部四書類二，頁 302。

㊾ 沈津《美國哈佛大學哈佛燕京圖書館中文善本書志》（上海：上海辭書出版社，1999），頁 53。

㊿ 《明史》卷二八二載：「林希元，字懋貞，與琛（即陳琛）同年進士。歷官雲南僉事，坐考察不謹罷歸。」（頁 7235）除《四書存疑》外，還著有《易經四書存疑》、《林次崖集》等。

書存疑》「以發明義理為主，意在推源《蒙引》之指，或取數家說而折衷之，《蒙引》所未盡，或補足其意，或出所見以酌其是非。」[51]《明史》云其所著《四書存疑》，與陳琛的所著的《四書淺說》「並為舉業所宗」[52]。陳琛，字思獻，晉江人。《明史》有傳。[53]為蔡清門人，盡得蔡清之傳。陳琛教學務求平易切實，不為窮高極遠之論。他「合蔡清之《蒙引》、林希元之《存疑》，兩取之為《淺說》」[54]。明侍御陳讓贊此書曰：「虛齋《蒙引》得聖學之精深，而有意到而言或未到。及其所獨到，可以發晦翁之所未發。紫峰《淺說》，得聖學之光大，意到則言無不到。及其所獨到，可以發虛齋之所未發云云。」陳琛撰著《四書淺說》，意欲「由場屋之學引而入聖人之道」，並進一步傳承並發揚了朱熹和其師蔡清的「聖學」。[55]

《四書蒙引》、《四書存疑》與《四書淺說》問世後，幾成明代四書講章的經典性著作，經常為明清的講章所徵引與併合，像盧

---

[51] 國立編譯館編《新集四書注解群書提要》，頁 38。

[52] 《明史》卷二八二，頁 7235。

[53] 《明史》卷二八二載：「琛，字思獻，晉江人，杜門獨學。清（即蔡清）見其文異之，曰：『吾得友此人足矣。』琛因介友人見清，清曰：『吾所發憤沉潛辛苦而僅得者，以語人常不解。子已盡得之，今且盡以付子矣。』清歿十年，琛舉進士，授刑部主事，改南京戶部，就擢考功主事，乞終養歸。嘉靖七年，有薦其恬退者，詔征之，琛辭。居一年，即家起貴州僉事，旋改江西，皆督學校，並辭不赴。家居，卻掃一室，偃臥其中，長吏莫得見其面。」（頁 7234-7235）

[54] 甘鵬雲《經學源流考》，頁 268。

[55] 中國科學院圖書館《續修四庫全書總目提要·經部》，頁 938。

一誠的《四書便蒙講述》、白翔的《四書群言折衷》、吳當的《合參四書蒙引存疑定解》、管大勳的《四書三說》、丘檹的《四書摘訓》等都大量地徵引和併合了三書之說。

所謂集解（或集釋），就是把各家的注釋彙集在一起，編刻印行，便於讀者參閱各家的注釋，進行比較。如焦竑等輯的《新鍥皇明百名家四書理解集》，「所輯自《蒙引》、《存疑》而下，及諸名公語錄，先列總論，而後逐節講解」56；徐奮鵬所撰的《纂定四書古今大全》，「輯明代諸家講義如《蒙引》、《存疑》、《說統》、《副業》，暨各家合注」57；黃士俊纂輯的《四書要解》，「各卷首引朱子之說，繼列眾說，皆標姓名，後列姚舜牧之議論」58；馬士奇的《鼎鐫三十名家彙纂四書紀》「彙纂王陽明、蔡清、袁黃……諸家之說」。59此外，還有以下要介紹的顧夢麟撰，楊彝參定的《四書說約》。

顧夢麟（1585-1653），字麟士，別號織簾，太倉之雙鳳里人。少為諸生，以高第廩於學校。中崇禎癸酉副榜，援例入太學，辟舉令下。與楊彝（1583-1661，字子常，常熟人）為應社。其文雅馴，為時所宗。著有《四書說約》、《詩經說約》、《四書十一經通考》、《織簾居文集》、《譚藝錄》、《中庵瑣錄》、《雙鳳里志》等。60

56 國立編譯館編《新集四書注解群書提要》，頁60。

57 同上，頁74。

58 同上，頁135。

59 同上，頁148。

60 黃宗羲《南雷文定後集》卷二，〈顧麟士先生墓誌銘〉，見《四庫全書存目叢書》集部冊205，頁275。

《四書說約》現存有明崇禎十三年（1640）織簾居刻本，包括《大學》一卷、《中庸》二卷、《論語》十卷、《孟子》七卷。鑒於《四書大全》、《四書蒙引》、《四書存疑》和《四書淺說》等四編都有它們的不足之處，顧夢麟乃「合此四編，令就一處」，采其精要，間出己見，成《四書說約》，以便利士子揣摩。(61)它雖貫穿諸書，而斷以朱子為正。又細分章節，加以圈點，其圈點之處，皆精義所在，以闡明義理。在實際的編輯過程中，顧夢麟除合《大全》、《蒙引》、《存疑》和《淺說》於本書外，還徵引了《四書或問》、《四書語類》等書，但還是以前四書為主。如在《大學》之「大學之道，在明明德，在親民，在止於至善」後就先後羅列《大全》、《或問》、《存疑》三書對這幾句話的詮釋，之後再列入了顧夢麟的「愚按」。〈顧麟士先生墓誌銘〉對此書有極高的評價，稱：「自《說約》出，而諸書俱廢。博士倚席而講，諸生帖坐而聽者，皆先生之說也。當時海內有文名之士，皆思立功於時藝。張天如以注疏，楊維斗以王、唐，艾千子以歐、曾，僅風尚一時。惟先生之傳，久而不衰。」(62)地方誌中也稱顧夢麟「所著《四書說約》，海內翕然宗之。」(63)據此可知它在當時引起了極大的反響。明清間人劉曰珩曾對此書進行增補，成《增補纂序四書說約》，可知此書在清初還得到士子的重視。

---

(61) 顧夢麟《四書說約》，〈四書說約序〉，見《四庫未收書輯刊》第 5 輯第 3 種，頁 16-19。

(62) 黃宗羲《南雷文定後集》卷二，〈顧麟士先生墓誌銘〉，頁 274-275。

(63) 王昶等纂修（嘉慶）《直隸太倉州志》卷二十七，〈列傳〉，見《續修四庫全書》冊 697，頁 454。

從彙集的圖書數量來說，《四書說約》合《大全》、《蒙引》、《存疑》和《淺說》等於一處，和郭偉的《皇明百方家問答》中所徵引的 147 家的四書詮釋，151 種圖書比較起來，可說是小巫見大巫。郭偉先有彙集明代各家講章而成的《明公問答》，《百方家問答》中所徵引的詮釋則是《明公問答》所未及者。[64]所謂「百方家」者，始宋溪、薛瑄，止陸南陽、徐光啟，計 147 人。百方家諸書總目，收書 151 種。它以問答方式對四書進行詮釋。答者，皆郭偉自「百方家諸書」中選出。[65]此外，郭偉尚編輯有《新鐫國朝名家四書講選》。它彙集了商輅、王守仁、丘濬、陳獻章、程敏政、羅洪先、霍韜、羅倫、李東陽等 113 明人的四書詮釋而成。

不少四書講章除在書中解說經義外，也重視章法結構的分析，像徐汧（1597-1645）的《四書剖訣》就是其中的一種。徐汧，字九一，號勿齋，長洲人。少孤貧，至孝，為諸生即以名節自任。舉崇禎元年（1628）進士，改庶吉士，官至詹事府少詹事。清兵渡江，嚴剃發令，乃投虎丘後湖橋下死。《明史》有傳。[66]三台館在明末刊有此書，題《徐九一先生纂四書剖訣》。分上下欄，下欄載錄扉頁所標示的四項重點：通章全旨，名公新意，便覽句訓，應試題旨，可知此書在於便利時文的寫作研習和揣摩。其重點在逐章提供

---

[64] 國立編譯館編《新集四書注解群書提要》，頁 94。

[65] 沈津《美國哈佛大學哈佛燕京圖書館中文善本書志》，頁 58-59。美國哈佛大學哈佛燕京圖書館存卷一《大學》、卷二至卷四《中庸》，卷五至十五俱缺。

[66] 《明史》卷二六七，徐汧本傳，頁 6887-6888。

「全旨」、「剖」析，與要「訣」，而無注釋。[67]例如《大學》「邦畿二節」[68]，其「全旨」稱：

> 全旨 通章以敬止為本體，學修為工夫，民不能離邦畿而止，鳥不能離丘隅而止，人又何能離君臣、父子、國人而止。故引文王能敬止以實之。下節教人盡學修止盡善之功，以法文王也。末又即不忘而詠歎之，總是釋止至善之意也。

接著在「剖」中逐句解說此二節。

> 剖○《詩》云《詩》是〈商頌・玄鳥〉之篇：「邦畿千里邦畿是王者之都，千里是輿面之廣，惟民所止止是居住之意。玩惟民所止口氣，若有道理，當然聽人自止之意。此以民身有所止，以況民心有所止。」•《詩》云〈小雅・緡蠻〉之詩：「緡蠻黃鳥緡蠻是鳥　聲，止於丘隅止是棲止；丘隅岑蔚之處。」子曰孔子有感而歎：「於止知其所止於止二字指丘隅；知止是鳥知所擇；所止是集止於其上，可以人而不如鳥乎人字含天子至庶人，不如是暗於抉擇，乃借鳥來提醒人之詞，非謂鳥知止而歹不如也，語意勿死煞。」[69]

最後「訣」則引黃景昉（1596-1662）[70]之語來指導作文之法：

---

[67] 國立編譯館編《新集四書注解群書提要》，頁 182。

[68] 朱熹撰，徐德明校點《四書章句集注・大學章句》：「《詩》云：『邦畿千里，惟民所止。』《詩》云：『緡蠻黃鳥，止於丘隅。』」（上海：上海古籍出版社，2001），頁 6。

[69] 徐汧《新刻徐九一先生四書剖訣・大學》，明末刊本。

[70] 黃景昉，號東厓，晉江人。天啟五年（1625）進士，歷官詹事，直日講，崇禎間升戶部尚書，文淵閣大學士，屢有建白，旋乞歸，明朝滅亡後家居十餘年卒，年六十七。見《明史》卷二五一，黃景昉本傳，頁 6503-6504。

> 訣 於止知其所止，搭下敬止，作文要上下照應融合為妙。見止心之定，及知心之靈明，物類只偏呈其靈，聖人直洞徹。其至緝熙如文，惟其不局於人，人可不師文王而智出鳥下耶！[71]

要訣一項除作者的詮釋外，還包括不少當代「名公新意」，如宋玫、謝三賓、馬世奇等。上欄有類似章旨的文字，如「邦畿二節」解釋「止至善之意」云云。[72]

與徐汧同時代的項聲國也有《四書聽月》這部經義與章法結構並重的四書講章。項聲國，字仲展，浙江秀水人。崇禎七年（1634）進士。《四書聽月》分上下兩欄，上欄首論章旨，次有講說，主要徵引前儒時賢的講說，較多地徵引明人如徐汧、陳祖綬、湯賓尹、王納諫（?-1632）、張溥等人之說。下欄錄經文以及項聲國的詮釋，每章之後有「文法」，徵引時人如馬世奇、楊廷樞（1595-1647）、汪偉的制義擬題作法，重要處還予以圈點標示，[73]整體結構和《四書剖訣》相同。

除了四書講章外，還有一些考據訓詁四書的制舉用書，其中以

---

[71] 徐汧《新刻徐九一先生四書剖訣·大學》。「邦畿二節」後的下二節為：「《詩》云：『穆穆文王，於緝熙敬止。』為人君，止於仁；為人臣，止於敬；于人子，止於孝；為人父，止于慈；與國人相交，止於信」。朱熹撰，徐德明校點《四書章句集注·大學章句》，頁7。

[72] 徐汧《新刻徐九一先生四書剖訣·大學》。

[73] 國立編譯館編《新集四書注解群書提要》，頁193。

薛應旂的《四書人物考》和陳禹謨的《四書名物考》最為重要。[74]

薛應旂（1499-1535），字仲常，號方山，武進人。嘉靖十四年（1535）進士。先後擔任過浙江慈溪縣知縣、江西九江府儒學教授、南京吏部考功司主事、本部稽勳司郎中、江西建昌府通判、刑部陝西司員外郎、禮部祠祭司員外郎、本部精膳司郎中、浙江副使、州兵備副使等職。[75]著有《宋元資治通鑑》、《憲章錄》、《甲子會記》、《考亭淵源錄》、《浙江通志》、《名公貽簡》、《四書人物考》等大量的著作。[76]其中以《四書人物考》的流傳較為廣泛。

《四書人物考》首刊於嘉靖戊午（三十七年，1588）。薛應旂督學浙江時，發現到生員對四書所載名氏，「大都不省其為何如人」的弊病，「深為此懼」，乃在致仕歸鄉後，「將平生錄古人形跡各

---

[74] 甘鵬雲《經學源流考》云：「專考四書名物人物者，元有周良佐（四書人名考），明有陳仁錫（四書備考）、薛應旂（四書人物考）、薛寀（注解四書人物）、錢受益、牛斗星。」（頁 269）

[75] 關於薛應旂的生平，可參閱《明史》卷二三一，薛敷教本傳，頁 6046-6047；朱彝尊《明詩綜》卷四七（《景印文淵閣四庫全書》冊 1460，頁 150）。按《明史》並沒有為薛應旂獨立作傳，而將其事蹟附於長孫薛敷教傳中。今人較為詳細研究薛應旂生平與學術的有向燕南〈薛應旂的史學思想〉，見《史學史研究》1999 年第 3 期，頁 39-47；王世駿〈薛應旂之生平與史學初探〉，見《史彙》第 6 期（2002），頁 23-39；Carrington Goodrich (ed.), *Dictionary of Ming Biography, 1368-1644* (New York: Columbia University Press, 1976), pp. 619-622。

[76] 關於薛應旂的理學與史學思想，可參閱向燕南〈薛應旂的史學思想〉，頁 39-47；王世駿〈薛應旂之生平與史學初探〉，頁 28-39。

注於名氏之端者」，編成是書。(77)此書卷一至三為「紀」，卷四至四十為「傳」。

此書對一些重要的人物考述甚詳，如對儒家的創始人孔子，它就利用了一卷的篇幅來考論他的生平與思想。(78)對孔子的弟子如顏淵、子貢、子路、冉有、子游、子夏等也都給以詳細的介紹。(79)此外，對孟子也不吝於筆墨，花費了相當大的篇幅來介紹這位「亞聖」。(80)也有較為簡約的，如介紹孔子的兒子孔鯉載：「孔鯉，字伯魚，孔子子也。孔子十九娶于宋之開官氏，生伯魚。魯昭公以鯉魚賜孔子榮君之貺，故因名，云鯉聞詩聞禮見《論語》。伯魚之母死期而猶哭，孔子聞之曰，誰與哭者。門人曰，鯉也。夫子曰，嘻其甚矣。伯魚聞之，遂除之。伯魚年五十，先孔子卒。」(81)簡明扼要地介紹了孔鯉與孔子的關係和生活插曲。

康人和認為此書有「羽翼聖經，開悟來學」之效。(82)何明賢也讚譽它「體備紀傳，義兼述作，誠文章之巨觀也。」(83)可是，四庫

---

(77) 薛應旂《四書人物考》，〈四書人物考序〉，見《四庫全書存目叢書》經部冊 157，頁 22-23。

(78) 同上，卷十三，〈傳十·孔子〉，頁 96-105。

(79) 同上，卷十四，〈傳十一〉，頁 105-117。

(80) 同上，卷十七，〈傳十四·孟子〉，頁 132-134。

(81) 同上，卷十五，〈傳十二·孔鯉〉，頁 124。

(82) 薛應旂《四書人物考》，康人和〈序〉，明嘉靖戊午（三十七年）原刊本。轉引自《國立中央圖書館善本序跋集錄·經部》（臺北：國立中央圖書館，1992），頁 460。

(83) 薛應旂《四書人物考》，何明賢〈序〉，明嘉靖戊午（三十七年）原刊本。轉引自《國立中央圖書館善本序跋集錄·經部》，頁 459。

館臣對它不存好感，云：是編「雜考四書名物，餖飣尤甚。明代儒生，以時文為重，時文又以四書為重，遂有此類諸書，襞積割裂，以塗飾試官之耳目，斯亦經術之極弊。」[84]四庫館臣亦在《孟子雜記》的提要中批評薛應旂「不長於考證」，故《四書人物考》的「舛漏頗多」[85]。辜不論四庫館臣對此書的批評是否允當，它在士子圈裏廣為流傳卻是個不爭的事實。[86]據沈津考證，此書「存世最早現有明嘉靖刻本；後有明萬曆七年聚慶堂徐龍池刻本，為八卷本；又有《校正注釋四書人物考》八卷，明刻本；《四書七十二朝人物考》四十卷，明刻本；《新刻七十二朝四書人物考注釋》四十卷，明萬曆書林葉近山刻本及明萬曆三十六年舒承溪刻本」。此外，還有現藏於哈佛燕京圖書館的崇禎刻本《石渠閣刪注四書人物考》和天啟刻本《四書人物考訂補》，前者由薛應旂玄孫薛采訂補，後者由許胥臣訂補。[87]從其初刻刊行後屢被翻刻、注釋和訂補等這個事實來看，很能夠印證其「盛傳」之說。

顧名思義，陳禹謨的《四書名物考》是一部考訂四書名物的制舉用書。陳禹謨（1548-1618），字錫玄，號抱沖，常熟人。萬曆十九年（1591）舉人，授獲嘉縣學教諭。累升兵部郎中，遷四川按察司僉事，備兵川南，尋遷貴州布政司參議。禹謨博聞強記，貫穿經史，尤好攟摭四部中儷事駢語，比類相從。撰有《左氏兵略》，輯

---

[84] 《四庫全書總目》卷三七，經部四書類存目，頁310。

[85] 同上，卷三六，經部四書類二，頁302。

[86] 同上，卷三六，經部四書類二，頁302。

[87] 沈津《美國哈佛大學哈佛燕京圖書館中文善本書志》，頁53-55。

有《經言枝指》、《廣滑稽志》等。[88]

此書《中國古籍善本書目》著錄有二十四卷本，為錢受益、牛斗星補，作明末牛斗星刻本。錢受益，字謙之，杭州人。[89]牛斗星，字杓司，杭州人。著有《檀弓評》。[90]它包括《大學》一卷，《中庸》三卷，《論語》七卷，《孟子》十二卷。其〈凡例〉說明此書的內容和價值說：（是書）「考談名理，參孔顏之別，解陳經述，括晁董諸儒之實諦。大則廟典朝綱，細則禽魚草木，幽則天苞地府，顯則尋常日用，該悉無遺，誠前後場應制之總持也」。[91]它羅列了各家對四書中各種名物的解釋，如對「邦畿」的解釋：

> 《詩傳》云：「畿，疆也。」
>
> 《詩疏》云：「畿者為之畿限，疆畔故為疆也。」
>
> 《白虎通》云：「京師者千里之邑號也。法日月之徑千里。」
>
> 《世紀》云：「天子畿方千里曰甸服，甸服之內曰京師。《禮書春秋傳》曰：天子一圻。《周語》曰：規方千里以為甸服。《王制》曰：千里之內曰甸，則天子寰內五百里中為王城，百里為郊，二百里為邦甸，三百里為邦削，四百里為

---

[88] 同上，頁57。

[89] 《四庫全書總目》卷三七，經部四書類存目，頁311。

[90] 同上，卷二四，經部禮類存目二，頁195。

[91] 陳禹謨撰，錢受益，牛斗星補《四書名物考》，〈四書名物考凡例〉，見《四庫全書存目叢書》經部冊160，頁346。

邦縣，五百里為邦都。」[92]

四庫館臣對牛斗星刻本的評價不高：「禹謨原本多疏舛，受益等所補，乃更蕪雜，如淇澳綠竹而引及《爾雅》會稽之竹箭，《華陽國志》哀牢之僕竹，已氾濫矣。更引及異苑竹化蛇，蛇化雉。釋肺肝而引《素問》靈樞，已旁支矣，更引及黃庭經肺神皓華字虛成，肝神龍煙字含明語，是于經義居何等也。」[93]

二、五經類

明代科舉考試的第一場考試中，除四書義為必考外，考生必須在《易》、《書》、《詩》、《春秋》和《禮記》等五經中選擇其中一經來參加考試，回答四道題目。由於考經義只需選擇其中一經來應試，故獨立一經來詮釋這些經典的制舉用書在坊間較為多見，至於在同一書中詮釋全部五經的制舉用書則較為少見。詮釋全部五經的制舉用書一般都是用來準備二、三場考試之用，以專便士子在策論中廣徵博采，引經據典。目前可見的這類參考書有許順義的《六經三注粹抄》、王安舜的《五經旁訓》、孫鑛的《孫月峰評經》、陳世濬的《經髓》，以及前述的陳際泰的《五經讀》。

此外，還有一些以類書形式出現的五經類制舉用書，如顏茂猷的《六經纂要》就是其中一種。顏茂猷，字壯其，又字仰子，平湖

[92] 同上，卷一，〈大學・邦畿〉，頁355。

[93] 《四庫全書總目》卷二四，經部四書類存目，頁311。

人。[94]《明史》載有一則關於顏茂猷的事蹟：「（崇禎）七年甲戌，知貢舉禮部侍郎林釬言，舉人顏茂猷文兼五經，作二十三義。帝念其該洽，許送內簾。茂猷中副榜，特賜進士，以其名另為一行，刻於試錄第一名之前。」[95]這則事蹟說明顏茂猷因其在五經方面的卓越成就而得到了朝廷的認可，乃特賜進士。

顏茂猷希望以《六經纂要》為管道，提供「舉業者窮經之捷徑」。[96]分君臣、人倫、修治三門。各門下再分細目。如君臣門下細分君臣、為君、君道、君德、德範、敬德、敬天、祖述、國胤、選舉、任人、阻讒、納諫、憂勤、滿謙、節用、臣職、輔導、進諫、官箴、臣範、臣鑒、治法、寬孟、時政、富教、謀斷、保泰、禮、樂、禮樂合語、刑賞、封建爵賞、等制、朝巡、刑。細目下徵引五經的相關論述，並予以眉批圈點。徐時政在序此書時指出它「條貫詳明，舉一經而六經俱在，無翻閱之勞，有引申之便。」[97]肯定了它的價值。但四庫館臣對它的評價不高，說它「無所發明，蓋即其揣摩之本也。自序謂稽古之力，食報于諸聖人，所見亦云淺矣。」[98]

據董立夫的統計，明代進士應試所選的本經以《詩經》、《易經》、《書經》人數較多，各占統計人數的 34.69%、27.23%、

---

[94] 《四庫全書總目》卷一三二，子部雜家類存目九，頁 1128。

[95] 《明史》卷七十，〈選舉二〉，頁 1707。

[96] 顏茂猷《新鐫六經纂要》，〈自序〉，見《四庫全書存目叢書》子部冊 222，頁 1-3。

[97] 同上，徐時政〈六經纂要序〉，頁 4。

[98] 《四庫全書總目》卷一三八，子部類書類存目二，頁 1175。

22.52%。以《禮記》和《春秋》為本經的進士甚少，各占統計人數的 7.2%、8.54%。據此看來，《詩經》是明代科舉考試中較為熱門且中舉人數較多的經典。[99]當時書坊也相應地出版了不少詮釋《詩經》和指導寫作《詩經》義的制舉用書，有楊於庭的《詩經主意》、葉義昂的《詩經能解》、許天增的《詩經正義》、葉向高的《葉太史參補古今大方詩經大全》、徐光啟的《毛詩六帖講意》、魏浣初的《詩經脈》、唐汝諤的《詩經微言合參》、張溥的《詩經注疏大全合纂》、陳祖綬的《詩經副墨》、詹雲程的《詩經精意》、江環輯的《詩經闡蒙衍義集注》、駱日升的《駱會魁家傳葩經講義金石節奏》、鄒之麟的《新鐫鄒臣虎先生詩經翼注講意》、瞿汝說的《詩經橋梓世業》、顧夢麟的《詩經說約》、何大掄的《詩經主意默雷》等。[100]現以徐光啟（1562-1633）的《毛詩六帖講意》為例，對這類制舉用書進行考察。

徐光啟（1562-1633），字子先，上海人。萬曆二十五年（1597）舉鄉試第一，三十二年（1604）成進士。由庶吉士歷贊善。從西洋人利瑪竇（1552-1610）學天文、曆算、火器，盡通其術。著有《幾何原本》、《泰西水利》、《測量法義》、《測量異同》、《勾股義》等書，且遍習兵機、屯田、鹽策、水利諸書。天啟間，為閹黨所劾，落職閑住。崇禎元年（1628），擢禮部尚書。五年（1632），命以本官兼東閣大學士，入參機務。時周延儒、溫體仁專政，他不

---

[99] 董立夫《明代進士之研究：社會背景的探討》（臺北：國立政治大學政治學研究所碩士論文，1990），頁 3-12。

[100] 詳參〈附錄三：明人編撰制舉用書·《詩經》類〉。

能有所建白。六年（1633）十月卒。[101]

徐光啟在二十二歲至四十二歲間，曾在里授徒，以館穀自給，下帷讀書，勤於著述，積數十種。於《詩經》尤有研究，著有《詩經傳稿》和《毛詩六帖講意》。[102]前者收徐光啟有關《詩經》經義的 47 篇制義之文，主要是對〈大雅〉和三〈頌〉章句的論述。後者是制義書，用作科舉考試的參考讀本。[103]

徐光啟的《毛詩六帖講意》成於教學授徒期間，可惜此書只是未定之稿。後來是書坊主背著徐光啟將它刊刻出版，書中訛誤較多，前後在體例上也不一致。後來徐光啟發現後將書版收回銷毀，故傳本甚少。[104]目前可見的有萬曆四十五年（1617）金陵書林廣慶堂唐振吾刻本。

「六帖」是唐代科舉考試留下的名目。唐代科考，進士、明經科都有帖經試。後來舉人積多，其法益難。一經問十義，得六者為通，故稱「六帖」，這其中含有取中之意。《毛詩六帖講意》通過

---

[101] 《明史》卷二五一，徐光啟本傳，頁 6493-6494。關於徐光啟的詳細生平，可參閱王重民著，何兆武校訂《徐光啟》（上海：上海人民出版社，1981）；羅光《徐光啟》（臺北：傳記文學出版社，1982）；梁家勉《徐光啟年譜》（上海：上海古籍出版社，1981）。

[102] 程俊英〈試論徐光啟的《詩經》研究〉，見席澤宗，吳德鐸主編《徐光啟研究論文集》（上海：學林出版社，1986），頁 193。

[103] 董治安，夏傳才主編《詩經要籍提要》（北京：學苑出版社，2003），頁 160。

[104] 徐小蠻〈徐光啟的《毛詩六帖講意》及其研究價值〉，見《徐光啟研究論文集》，頁 190-191；劉毓慶〈論徐光啟《詩》學及其貢獻〉，見《北方論壇》2001 年第 2 期，頁 71-72。

翼傳、存古、廣義、攬藻、博物、正葉等六目來對《詩經》進行闡釋。翼傳者，「依附紫陽，研尋經旨」，即以朱熹《詩集傳》為標準來探索《詩經》的主題。存古者，「毛傳鄭箋，存其雅正」，即對西漢毛亨的《毛詩故訓傳》和東漢鄭玄的《毛詩箋》等注釋中可取的部分予以輯錄。廣義者，「傳箋以外，創立新意」，即徐光啟闡發自己不同於前賢的獨特見解。攬藻者，「詩賦雜文，憲章六義」，即從作文方法、文學評論、文學史的角度來研究《詩經》。博物者，「鳥獸草木，搜緝異聞」，即對《詩經》中的名物加以訓詁。正葉者，「考求音韻，審詳訛舛」，即徐光啟以自己對詩韻的理解，列出各首詩的韻譜。[105]徐光啟就是環繞這六個方面，按照《毛詩》次序，一篇一篇地闡述下去的。篇名後首列〈毛詩序〉，然後雜引各家之說，上起秦漢，中涉唐宋，下及時賢，無所偏廢，經常還雜以徐光啟自己的論述。同時也標出白圈、黑圈及押韻字眼的形式，開列該篇的韻譜；對較長的詩，還逐章分析韻讀。綜觀全書，包羅繁富，足見徐光啟於《詩經》用力之勤，造詣之深。[106]

此書行文不拘一格，有話則長，無話則短，類似讀書劄記。序中表明，「此於明經者」「大有裨益」。這自然是書坊主刻印此書的目的，也是士子爭相閱讀的原因。《詩經要籍提要》說它「雖是

---

[105] 徐光啟《新刻徐玄扈先生纂輯毛詩六帖講意》，〈毛詩六帖〉，見《四庫全書存目叢書》經部冊 64，頁 151。

[106] 關於徐光啟《詩經》研究在經學和文學方面的成就，可參閱徐小蠻〈徐光啟的《毛詩六帖講意》及其研究價值〉，187-193；程俊英〈試論徐光啟的《詩經》研究〉，頁 193-195；劉毓慶〈論徐光啟《詩》學及其貢獻〉，頁 71-77。

科舉參考用書，其說也時有新義」。[107]

選擇以《易經》為本經的進士居於《詩經》之後，故而坊刻說解《易經》和指導寫作《易經》義的制舉用書在明中葉以後的流通數量也毫不遜色，有唐龍的《易經大旨》、陳琛的《易經淺說》、姜震陽的《易傳闡庸》、姚舜牧的《易經疑問》、蘇濬的《易經兒說》、楊廷筠的《玩易微言摘抄》、張汝霖的《易經澹窩因指》、程汝繼的《周易宗義》、孫維明的《易學統此集》、沈泓的《易憲》、顧懋樊的《桂林點易丹》、張振淵的《周易說統》、舒宏諤的《周易去疑》、沈爾嘉的《讀易鏡》、鄒元芝的《易學古經正義》，前述的陳際泰的《易經說意》、《周易翼簡捷解》以及接下來要介紹的汪邦柱、江柟的《周易會通》等等。[108]

汪邦柱，字砥之。休寧人。萬曆四十七年（1619）進士，曾任湖廣道右參議。繆昌期回憶與汪邦柱討論易學時，「如聽高禪抉秘密藏，迴不作猶人解」[109]，這說明了他在易學方面的造詣頗為深厚。

會通者，會合變通之意也。其凡例六條，於看法、全旨、解說、立意、集說、取象皆有清楚說明。[110]「立意」條說明取捨原則云：「惟取緊合經義，便於舉業。或習舊意，或主新說，一一考據名公確然不易者方敢闡發。其中博采諸說，皆宏議卓識，可佐傳

---

[107] 董治安，夏傳才主編《詩經要籍提要》，頁 377。

[108] 詳參〈附錄四：明人編撰制舉用書·《易經》類〉。

[109] 汪邦柱，江柟《周易會通》，繆昌期〈周易會通序〉，見《四庫全書存目叢書》經部冊 18，頁 536。

[110] 沈津《美國哈佛大學哈佛燕京圖書館中文善本書志》，頁 18。

義，至於無根之言毫不參入。」「集說」條云：「凡先代注疏、名儒語錄近日時說，一講一見皆錄入無遺。但其中有發人未發者，必標姓氏。其餘相沿之久漫無異同者，盡為刪潤編集，更不另標。」[111]

繆昌期說此書「網收百家，井井有條，櫛比群議，脈脈無遺，且不作一支一節解，卦卦旁通，爻爻印合，俱在全經，引申觸類，而爻象畢核其原，取象悉稽其實，蓋不徒為舉業階梯，真可作聖經羽翼耶！」[112]肯定了它對舉業的價值。但四庫館臣卻從學術的角度否定了它的價值，對它的缺點也有深刻的體認，云：「其所徵引至一百七十餘家，然大旨本為舉業而設，故皆隨文衍義，罕所發明，其所標舉，有合象合旨，有六爻合旨，有二卦合旨，有系辭合旨，亦皆不出講章窠臼。至於卷首列取象之義，分正體、互體、變體、復體、積體、移體、半體、似體、反體、伏體、對體諸例，自謂偶有巧合，錄其一二，實則橫生枝節，隨意立名，蓋繁瑣無當，徒生轇葛而已。」[113]

明代選擇以《書經》為本經的進士不少，坊間也流通著一些詮釋《書經》和指導寫作《書經》義的制舉用書，包括韓邦奇的《禹貢詳略》、王大用的《書經旨略》、沈偉的《書經說意》、王樵的《尚書日記》、《書帷別記》、王肯堂的《尚書要旨》、鄒期楨的《尚書揆一》、李楨扆的《尚書解意》等。[114]現以王樵《尚書日

[111] 汪邦柱，江柟《周易會通》，〈周易會通凡例〉，頁 539。

[112] 同上，繆昌期〈周易會通序〉，頁 536-537。

[113] 《四庫全書總目》卷八，經部易類存目二，頁 62。是書《四庫全書總目》題名《易經會通》十二卷，應為同書異名。

[114] 詳參〈附錄五：明人編撰制舉用書·《書經》類〉。

記》、《書帷別記》和王肯堂《尚書要旨》等三書為例對這類制舉用書進行考察。

王樵（1521-1599），字明遠，金壇人。嘉靖二十六年（1547）進士。官至刑部侍郎，右都御使。他恬澹誠慤，溫然長者。邃經學，《易》、《書》、《春秋》皆有纂述。[115]《四庫全書總目》介紹《尚書日記》的旨趣說：

> 茲編不載經文，惟案諸篇原第，以次詮釋。大旨仍以蔡《傳》為宗，制度名物，蔡《傳》所未詳者，則采舊說補之。又取金履祥《通鑑》前編所載，凡有關當時事蹟者，悉為采入，如微子抱器、箕子受封、周公居東復辟諸條，皆引據詳明，考據精核。前有李維楨序，稱《書》有古文、今文，今之解書者，又有古義時義。《書傳會選》以下數十家，是為古義。而經生科舉之文不盡用。《書經大全》以下主蔡氏而為之說者，坊肆所盛行亦數十家，是為時義，其言足括明一代之經術。又稱樵是書於經旨多所發明，而亦可用于科舉，尤適得是書之分量，皆確論云。[116]

四庫館臣少有地肯定了這類制舉用書對經旨和科舉的價值。

王樵還著有《書帷別記》，此書乃《尚書日記》的續作。由於有士子向他反映《尚書日記》「不近於舉業」，要求它「更約言

[115] 《明史》卷二二一，王樵本傳，頁 5817-5818。

[116] 《四庫全書總目》卷一二，經部書類二，頁 99-100。

之」，所以他「又為此編（《書帷別記》）」，以便「與《日記》相參考而熟玩」。[117]同時，他也希望士子不要單單利用此書幫助他們通過考試，也希望他們能通過此書體悟《尚書》的義理。這兩部書在當時深得士子的重視，「業家持而戶習之」[118]。

王樵之子王肯堂承家學並著有《尚書要旨》。《明史》載王肯堂「字宇泰。舉萬曆十七年進士，選庶吉士，授檢討。倭寇朝鮮，疏陳十議，願假御史銜練兵海上。疏留中，因引疾歸。京察，降調。家居久之，吏部侍郎楊時喬薦補南京行人司副。終福建參政。肯堂好讀書，尤精於醫，所著《證治準繩》該博精粹，世競傳之。」[119]張汝蘊認為《尚書要旨》「大抵紹明家學，歸之羽翼武夷（即蔡沈）者也」。「其比經附義揚榷道真，已足津梁承學。而博引口搜祟論舷議，又足為用世者羔雁」。[120]《四庫全書總目》曰：「是書承王樵所著《尚書別記》，抄撮諸言，敷衍其說，以備時文之用。其經文較講義低二格，每節惟書首尾二句，亦如時文之體然。」[121]

明代進士以《禮記》為本經應試所占的比重不高，但士子對詮釋《禮記》和指導寫作《禮記》義的制舉用書還是有一定的需求，

---

[117] 王樵《書帷別記》，〈書帷別記序〉，見《四書全書存目叢書》經部冊 51，頁 351。

[118] 王肯堂《尚書要旨》，張汝蘊〈尚書要旨序〉，見《四書全書存目叢書》經部冊 51，頁 493。四庫館臣稱「此書則為科舉而作，曰『別記』者，所以別於《日記》也。」見《四庫全書總目》卷一四，經部書類存目一，頁 111。

[119] 《明史》卷二二一，王樵本傳，頁 5818。

[120] 王肯堂《尚書要旨》，張汝蘊〈尚書要旨序〉，頁 493-494。

[121] 《四庫全書總目》卷一四，經部書類存目一，頁 111。

當時坊間可見的這類考試用書有徐養相的《禮記輯覽》、馬時敏的《禮記中說》、楊梧的《禮記說義集訂》、朱泰貞的《禮記意評》、許兆金的《說禮約》、楊鼎熙的《禮記敬業》等等。[122]

徐養相，睢陽衛籍，鳳陽人，嘉靖三十五年（1556）進士。[123]《禮記輯覽》現存有藏於中國科學院圖書館的隆慶五年（1571）刊本。徐養相在序中說明編撰目的說：

> 余幼乏師承，遵先君子庭訓，以是經與叔父諸弟自為家業。長遊都下，暨兩浙得聞賢士大夫論議，輒書之楮，以備遺忘。……十餘年，暇及門下士講習，每舉所見聞以告，亦時有發矇益，諸士子相與請曰，是經素乏正傳，諸家說且浩繁不一，先生既有所得，盍遂梓之，俾人挾一策，亦免口授之勞。余不敢私，因取諸家之條暢貫通者，集為是帙，與諸士子共之。[124]

故徐養相是希望通過此書來與士子分享他對《禮記》的義旨的體會。四庫館臣指出：此書「蓋為科舉而設，不載經文，惟以某章某節標目，循文訓釋，不出陳澔（《禮記集說》）之緒論。」[125]簡單扼要地說明了此書的性質和體例。

---

[122] 詳參〈附錄六：明人編撰制舉用書·《禮記》類〉。

[123] 《四庫全書總目》卷二四，經部禮類存目二，頁193。

[124] 徐養相《禮記輯覽》，〈刻禮記輯覽序〉，見《四庫全書存目叢書》經部冊89，頁509。

[125] 《四庫全書總目》卷二四，經部禮類存目二，頁193。

和《禮記輯覽》體例相仿的還有馬時敏的《禮記中說》、楊梧的《禮記說義集訂》和朱泰貞的《禮記意評》等。馬時敏，字晉卿，陳留人，隆慶中貢生。⑫⁶楊梧，字鳳閣，涇陽人，萬曆壬子舉人，官青州府同知。⑫⁷朱泰貞，字道子，海鹽人，萬曆丙辰進士，官至監察御史。⑫⁸這三種制舉用書都「不載經文，但如坊刻時文題目之式，標某章某節，而敷衍其語氣」⑫⁹。

據董立夫的統計，《春秋》是五經中較少為士子選擇作為本經的儒家經典。張杞在〈新刻麟經統一小引〉對這種現象進行了說明：

> 五經莫難於《春秋》。制科中命題，諸經皆以經為經淂題便可熟認。而獨《春秋》悉主胡氏《傳》，經文僅記年月事蹟，非有意義可測。且出題隨處紛搭，時令人茫然。⑬⁰

和其他四經比較起來，《春秋》的難度最高，故鮮有士子選它作為本經。不過，士子對詮釋《春秋》以及指導寫作《春秋》義的制舉用書還是有一定的需求，當時坊間可見的這類制舉用書有趙恒的《春秋錄疑》、鄒德溥的《春秋匡解》、張杞的《麟經統一篇》、

---

[126] 同上，卷二四，經部禮類存目二，頁 194。

[127] 同上，卷二四，經部禮類存目二，頁 195。

[128] 同上，卷二四，經部禮類存目二，頁 195。

[129] 同上，卷二四，經部禮類存目二，頁 194。

[130] 張杞《新刻麟經統一編》，〈新刻麟經統一小引〉，見《四庫全書存目叢書》經部冊 121，頁 183。

陳于鼎的《麟旨定》、顧懋樊的《春秋義》、夏元彬的《麟傳統宗》、梅之熉的《春秋因是》，鄧來鸞的《春秋實錄》，以及前述的馮夢龍的《麟經指月》、《春秋衡庫》、《春秋定旨參新》等。[131]

三、八股文選本

由於明代科舉考試非常重視首場的「四書」義和經義，對考生起著去留的影響，加上這場考試規定八股答卷標準形式，故士子對八股範文有非常迫切的需要，以便揣摩和研習。更為重要的是，他們需要緊緊跟上八股文風潮流，以投得考官所好。嗅覺敏銳的書坊主看準了這種普遍需求，乃與選家和文社合作出版了大量的八股文選本，來滿足士子的迫切需要。郎瑛《七修類稿》記：「成化以前世無刻本時文，杭州通判沈澄刊《京華日抄》一冊，甚獲重利。後閩省效之，漸及各省徽提學使考卷。」[132]可見，坊刻八股文選本是成化以後出現的新事物。這些選本對士子準備舉業的幫助甚大，故極受他們的歡迎，也給刊刻者帶來厚利，是以書坊主轉相效尤，使它們成為出版業中發展較快的一個分支。弘治六年（1493），會試同考官靳貴已有「自板刻時文行，學者往往記誦，鮮以講究為事」[133]之語，可見坊刻選本在當時已不鮮見。到正德時，坊刻選本已是「流布四方」，「書肆資之以賈利，士子假此以僥倖」[134]。總體看來，即嘉靖以前，「主司之所錄者，皆輿論之所推，輿論之所推

[131] 詳參〈附錄七：明人編撰制舉用書·《春秋》類〉。

[132] 郎瑛《七修類稿》卷二十四，〈時文石刻圖書起〉，頁618。

[133] 顧炎武《原抄本顧亭林日知錄》卷十九，〈十八房〉，頁471。

[134] 《明武宗實錄》卷一三二，正德十年十二月甲戌，頁2631。

者，必為主司之所錄」[135]，朝野上下對八股文的評價標準還是比較一致的，士子們最為崇奉的還是經過考官潤色的程文和取中士子所作的墨卷，書坊所刊者亦以程文墨卷為主。[136]至於「房稿坊刻」，在嘉靖以前則「絕無僅有」[137]。隆萬以來，八股文呈現新的變化，已無法維持統一的評斷標準，「甲乙可否，入主出奴，紛紛聚訟」[138]，主司常被指斥「取捨失當，是非紕繆」，「主者尺度不足以厭服天下之心，於是文章之權在下，而矜尚標榜之事乃出」[139]，人們各持己見，自視為高，「時賢之窗稿，青衿之試牘」[140]，以及各文社研習之作，多有刊刻行世者。[141]到了萬曆末年，八股文選本主要有以下幾種形式：

> 至乙卯（萬曆四十三年）以後，而坊刻有四種，曰程墨，則三場主司及士子之文。曰房稿，則十八房進士之作。曰行卷，

---

[135] 黃宗羲編《明文海》卷三一二，艾南英〈黃章邱近藝序〉，見《文淵閣四庫全書補遺》冊 13（北京：北京圖書館出版社，1997），頁 42。

[136] 高壽仙〈明代制義風格的嬗變〉，見《明清論叢》第 2 輯（2001），頁 436。

[137] 錢謙益著，錢曾箋注，錢仲聯標校《牧齋有學集》下冊，卷四十五，〈家塾論舉業雜說〉（上海：上海古籍出版社，1996），頁 1509。

[138] 沈德符《萬曆野獲編》卷十六，〈科場·進士房稿〉（北京：中華書局，1997），頁 416。

[139] 黃宗羲編《明文海》卷三一三，徐世溥〈同人合編序〉，見《文淵閣四庫全書補遺》冊 13，頁 59。

[140] 錢謙益著，錢曾箋注，錢仲聯標校《牧齋有學集》下冊，卷四十五，〈家塾論舉業雜說〉，頁 1509。

[141] 高壽仙〈明代制義風格的嬗變〉，頁 436。

則舉人之作。曰社稿，則諸生會課之作。[142]

自萬曆四十三年（1615）以後坊刻八股文可分為程墨、房稿、行卷和社稿等四種形式，包括了考官、進士和舉人的中式之文，以及士子和文社社員的平日之作，士子們都把它們作為標準研習。自此之後，「行稿社義與程墨爭道而馳」。發展到後來，「行稿社義」的權威性甚至超過了程墨，出現了「昔之程墨掩時義，今之時義敢於侮程墨」的情形。[143]

早期的八股文選本純是選文，編排方式多數以時間為序，分列各個時代的八股文，極少部分按作家編排。發展到了萬曆年間，則開始有集選與評為一體的八股文選本的出現。其評點的符號一般有圈和點兩種，據戴名世（1653-1713）的觀察，八股文選本「旁有批點」，當始於萬曆二十年（1592）王士驌（王世貞次子）的選本。[144]比較講究的評點本還有用朱筆和墨筆來區別強調重點地不同。這種評點符號的形式是繼承自真德秀《文章正宗》中的批點法。徐師曾對真德秀的批點法進行過總結：

點

句讀小點

---

[142] 顧炎武《原抄本顧亭林日知錄》卷十九，〈十八房〉，頁471-472。

[143] 黃宗羲編《明文海》卷三〇九，曾異撰〈敘庚午程墨質〉，見《文淵閣四庫全書補遺》冊12，頁763。

[144] 戴名世《南山集偶鈔》，〈庚辰會試墨卷序〉，見《續修四庫全書》冊1418，頁611。

語絕為句，句心為讀；

菁華旁點　　、

謂其言之藻麗者，字之新奇者；

字眼圈點　　○

謂以一二字為綱領，如劉更生《封事》中之和字是也。

抹　————（古書為豎排，所以此是一長豎）

主意、要語。

撇　│（一短豎）

轉換。

截　—（一短橫）

節段，如賈生《可為流涕者—》之類。[145]

這就使得八股文評點的各個符號，都有著特定意義，幾乎具備了文字的功能。有些八股文選集，就只是用以上的符號來表示特定含義，指點寫作技法。就批語的方式來看，最簡要的是在文尾提上總評。比較講究的，還在總評外在文首加上總序，文中還施以眉批和夾批。

前文已對社稿的刊行情況進行了論述，茲不贅述。現據所知，分別對程墨、房稿和行卷在坊間的刊行情況做出考述。

程墨是程文和墨卷的合稱，主司所作之文為程文，中式士子所

---

[145] 徐師曾《文體明辯》，〈文體明辯序〉，見《四庫全書存目叢書》集部冊310，頁372。

作經義為墨卷。趙翼曾對程墨的源流進行了考證，云：

> 按古時程文本系官為頒定。《五代史·李懌傳》：「張文寶知貢舉，所放進士有覆落者，乃請下學士院，作詩賦為貢舉格。學士竇夢征，張礪等所作不工，乃命懌為之。懌曰：『吾少舉進士，蓋偶然耳。後生可畏，來者正未可量。假令予再試禮部，未必不落第，安能與英俊為准格耶？』」此學士院所作程文也。明洪武初定科舉，命宋濂、詹同等撰經義式，先期行禮部頒降。此禮部所頒程文也。成化中，詹事黎淳奏科場作文定式，洪武中嘗降近年所刊程文，純粹者少，駁雜者多，乞將考官究治。此主司所作程文也。是以有明以來，皆稱主司之作為程文，舉子之作為墨卷。其實古來舉子之作亦稱程文。葉石林曰：「唐時禮部知貢舉，有得程文優者，即以已登第名次處之。」……則以舉子之作為程文，自唐、五代已然。……顧寧人（即顧炎武）謂：「宋以來多取士子所作為程文，明初亦用士子程文刻錄，後多主司所作，遂又分士子所作為墨卷云。」[146]

明代前期，尚無時文坊刻，只是沿襲宋、元以來舊制刊刻鄉、會試錄和登科錄，內錄「取中士子所作之文謂之程文」[147]。明朝開科之

---

[146] 趙翼《陔餘叢考》卷二十九，〈程文墨卷〉（石家莊：河北人民出版社，1990），頁499-500。

[147] 顧炎武《原抄本顧亭林日知錄》卷十九，〈程文〉，頁481。

初，試錄「惟列董事之官、試士之題及中選者之等第、貫籍、經業而已」，「未錄士子之文，以為程式」，至洪武二十一年（1388）戊辰科，「始刻程文，自時厥後，永為定式」[148]。士子場中所作之文，因時間緊迫，無法精雕細琢，往往不夠精純，且難免存有舛誤，考官為避免世人訾議，不得不加以潤色。到後來，考官索性將士子之文棄置不用，親自操刀代作，以致試錄所刻之程文，「多主司所作，遂又分士子所作之文，別謂之墨卷」。到明中葉以後，這種現象已成常態，遂招致人們的責備。如嘉靖初年，鄧顯麟指出：「切惟鄉試、會試有錄本，進呈上覽，傳信天下。近來往往假舉子之名刊刻試官之作，吾誰欺，欺天乎？且使草茅之葵藿，竟同魚兔之筌蹄，名雖甄錄而文已失其真矣。」[149]萬曆十三年（1585），禮部題准：「程式文字，就將試子中式試卷純正典實者，依制刊刻，不許主司代作。其後場果有學問該博，即前場稍未純，亦許甄錄，中間字句不甚妥當者，不妨稍為修飾，但不許增損過多，致掩本文。」[150]萬曆十九年（1591），又題准：「凡鄉、會試錄，前場文字多用士子原卷，量加修飾。至策題深奧，士子條答或有未暢，止許補足題意，不許全卷另作。」[151]雖然屢申禁誡，考官代作之風仍

---

[148] 丘濬《重編瓊臺稿》卷九，〈皇明歷科會試錄序〉，見《景印文淵閣四庫全書》冊 1248，頁 191。

[149] 鄧顯麟《夢虹奏議》卷下，〈條陳科舉疏〉，見《四庫全書存目叢書》史部冊 60，頁 219-220。

[150] 林堯俞等纂修，俞汝楫等編撰《禮部志稿》卷二三，〈科舉通例·凡文字格式〉，見《景印文淵閣四庫全書》冊 597，頁 424。

[151] 《明神宗實錄》卷二四三，萬曆十九年十二月壬子條，頁 4541。

無法遏止。[152]不管考官對考生的中式試卷到底進行了多少潤色，這些被定為程文的經典之作，自然是選家所不能忽視和進行選批的。目前可見的這類選集有范應賓的《程文選》（萬曆年間刊本）和張榜的《續程文選》（萬曆二十二年〔1594〕刊本）。[153]但是，每科被定為程文的數量畢竟有限，[154]對亟需這些程文進行揣摩鍛煉的士子來說無疑是杯水車薪，因此選家們就把選批的範圍擴大到鄉、會試墨卷，[155]出現了將程文和墨卷合刻在一起的選集，目前可見的程墨合集有楊廷樞、錢禧輯的《皇明歷朝四書程墨同文錄》（明末刊本，北京大學圖書館藏）、周鐘的《皇明程墨紀年四科鄉會程墨紀年》（崇禎年間刊本，日本尊經閣文庫藏）以及韓敬的《歷科程墨文寶十帙》（崇禎年間刊本，日本尊經閣文庫藏）等。

此外，也有將不少墨卷獨立開來出版的選本，如湯賓尹的《睡庵湯嘉賓先生評選歷科鄉會墨卷》就是其中一種。《歷科鄉會墨卷》成書於萬曆四十二年（1614），編者湯賓尹在〈選歷科墨卷漫書〉說：「讀千賦則善賦，觀千劍則善賦，應制之文，非必盡善，繩尺矩具在也。又發之以一時之靈心，為終身饗受之地，後先取高

---

[152] 高壽仙〈明代制義風格的嬗變〉，頁435。

[153] 潘峰《明代八股論評試探》（上海：復旦大學博士論文，2003），頁45。

[154] 據錢茂偉對明代會試錄和登科錄的考察，會試錄一般錄程文二十篇，登科錄一般只錄一甲進士的對策三篇。見錢著《明代史學的歷程：以明代為中心的考察》（北京：社會科學文獻出版社，2003），頁245，250。

[155] 待明代政府完成「闈墨」（中式答卷的彙編）的整理工作後，考生可要求發還答卷。（見 Benjamin A. Elman, *A Cultural History of Civil Examinations in Late Imperial China* [Berkeley: University of California Press, 2000, p. 400] 的討論。）故相信選家可通過徵稿的途徑向中式士子取得他們的墨卷。

第者，非必宿名盛氣，制義固可復也。操觚之子驚絕其所不能，日期之必至。於是厭薄其所易與，曰『敲門磚』。子即此亦云足矣。諺曰：『習伏眾神。』巧者不過習者之門。」[156]在他看來，時常學習八股文是掌握寫作八股文技巧的門徑。人們所以能夠靈巧地寫作八股文，不外乎是時常學習的緣故。

此書收宣德十年（1435）以至萬曆四十一年（1613）間的大約400 篇鄉、會試墨卷，遍及江西、應天、浙江、山東、福建、陝西、廣東、順天、湖廣等地的鄉、會試。其中收錄不少八股文名家，如王鏊、鄒守益（1491-1562）、王錫爵（1534-1610）、楊慎（1488-1559）、歸有光（1506-1577）、楊起元（1547-1599）、沈一貫（1537-1615）、萬國欽、孫鑛、湯顯祖（1550-1617）、馮夢禎（1548-1605）、李廷機、鄒德溥、陶望齡、李光縉（1549-1623）、郝敬（1558-1639）、吳默、曹學佺（1574-1646）、張以誠、許獬等人的鄉、會試墨卷。每題選一篇中式答卷，如甲午會試〈畏天命（三句）〉選王鏊的答卷，戌庚會試〈經正則庶民（一節）〉選錢福的答卷。也有在一題中批選六名考生的墨卷的，如丁未會試〈君子之仕也行其義也〉批選了施鳳來、陳騰鳳、楊道尹、易應昌、張瑞畚、林欲楫等六人的墨卷；戌庚會試〈所謂誠其意者（一節）〉批選了韓敬、李篤培、魏國光、喬時敏、郭滈、丘兆麟等六人的墨卷。此書在正文間附刻了墨線圈點，書眉也刻有批註小字，篇末則附有各家批語，湯賓尹就是通過了這些評點的形式來給士子指點作品的優長之處和

---

[156] 湯賓尹編《睡庵湯嘉賓先生評選歷科鄉會墨卷》，〈選歷科墨卷漫書〉，明末坊刻本，頁5下－6上。

寫作技巧。

像《歷科鄉會墨卷》的墨卷選評本，還有吳芝編的《皇明歷科四書墨卷評選》。吳芝，字采于，延陵人。[157]明萬曆刻本是此書目前可見的刊本，現藏於臺灣國家圖書館。此書開卷即正文，收萬曆癸酉（元年，1573）以至戊戌（二十七年，1598）間二十六科的鄉、會試四書義墨卷。它依年分科：癸酉科、己酉科、庚戌科、甲戌科、丙子科、丁丑科、己卯科、庚辰科、甲午科、乙未科、乙卯科、丙辰科、辛卯科、壬子科、癸丑科、己酉科、戊午科、己未科、丙午科、丁未科、丙午科、壬辰科、乙卯科、戊午科、丁酉科、戊戌科。文中有朱筆圈點，另有墨線以標明重點佳句，文末附有黃汝亨（1558-1626）、湯賓尹和張鼐（?-1629）等三人的評語。一些選文引用其中一家的評語，如萬曆己酉科河南周士林的〈子曰足食足兵〉的文末有張鼐的評語：「足字便照顧下文，信字最得大旨，而體局甚遒。」[158]又如甲戌科會試陳于效〈用下敬上〉一節的文末有黃汝亨的評語：「文有精力，敲擊乃知非才之罪。」[159]也有一些附有超過一家的評語，如萬曆丙子科順天魏允中的〈夫子循循然〉二節的文末有黃、湯、張三家的評語：

> 湯霍林評：「文非極境，長於虛清。」

---

[157] （臺灣）國家圖書館編《國家圖書館善本書志初稿·集部總集類》（臺北：國家圖書館，1999），頁199。

[158] 吳芝輯《皇明歷科四書墨卷評選》，萬曆己酉科河南周士林〈子曰足食足兵〉，明萬曆間坊刻本。

[159] 同上，甲戌科會試陳于效〈用下敬上〉。

> 黃貞父評：「看去平平無奇，而本章本色之外，絕無遊氣，清如碧澗，映若朗月，好氣質，今之高才所少。博約是眼目。歎道妙得之。清神可挹理緒雋永。」
>
> 張侗初評：「直敘本題，神韻勝絕口。玩其一往雋氣，行乎詞理之間。」[160]

除了《皇明歷科四書墨卷評選》外，《尊經閣文庫漢籍分類目錄》中還著錄了吳芝編的《墨卷選》，此書在天啟年間刊行。這可能是因為萬曆年間出版的《皇明歷科四書墨卷評選》的銷售成績不俗，故而書坊乃再接再厲，在天啟年間再推出吳芝的《墨卷選》，相信它已經增錄不少天啟以前的士子中式墨卷。

房稿的出現與明代科考採用分房審閱考卷的方式有關，顧炎武在《日知錄》記載：

> 今制，會試用考試官二員總裁，同考試官十八員，分閱五經，謂之十八房。嘉靖未年，《詩》五房，《易》、《書》各四房，《春秋》、《禮記》各二房，共十七房。萬曆庚辰（八年，1580）、癸未（十一年，1583）二科，以《易》卷多添一房，減《書》一房，仍止十七房。至丙戌（十四年，1586），《書》、《易》卷並多，仍復《書》為四房，始為十八房。至丙辰（四十四年，1616），又添《易》、《詩》各一房，為二十房。天啟乙丑（五年，1625），《易》、《詩》

[160] 同上，萬曆丙子科順天魏允中〈夫子循循然〉二節。

仍各五房，《書》三房，《春秋》、《禮記》各一房，為十五房。崇幀戊辰（元年，1628），復為二十房。辛未（四年，1631）《易》、《詩》仍各五房，為十八房。癸未（十六年，1643），復為二十房。今人概稱為十八房云。[161]

這樣一來，一種叫做「房稿」（或「房書」[162]）的形式就漸漸流行起來。沈德符在《萬曆野獲編》中說：

南宮放榜後，從無所謂房稿。丁丑（萬曆五年，1577）馮祭酒為榜首，與先人俱《尚書》首卷，且同邑同社。兩人為政，集籍中名士文，彙刻二百許篇，名《藝海元珠》，一時謂盛事，亦創事。至癸未（萬曆十年，1582）馮為房考，始刻書《一房得士錄》，於是房有專刻，嗣是漸盛。然壬辰（萬曆二十年，1592）尚少三房，乙未（萬曆二十三年，1595）少一房，俱京刻無選本。[163]

房稿的選刻始於萬曆初馮夢禎（1546-1605）的《一房得士錄》，自此其選刻就逐漸興盛起來。通過當時一些社會名流，尤其是八股文名家和選家的文集中所收錄的時文序，可以讓我們窺探到房稿在明

---

[161] 顧炎武《原抄本顧亭林日知錄》卷十九，〈十八房〉，頁471-472。

[162] 戴名世（1653-1713）說：「新進士平居之文章，書賈購得之」，「而付之雕刻，以行於世，謂之『房書』。」見戴著《南山集》卷四，〈庚辰小題文選序〉，見《續修四庫全書》冊1419，頁100。

[163] 沈德符《萬曆野獲編》卷十六，〈科場·進士房稿〉，頁416。

末坊間的流傳情況。像張溥在《七錄齋集》中著錄的《房稿遵業》、《房稿香玉》、《房稿和言言》、《房稿是正》、《房稿霜鬣》、《房稿香卻敵》、《房稿文始經》、《房稿表經》；姚希孟在《響玉集》中著錄的《乙丑詩四房同門稿》、《乙丑十五房稿垂》、《清寧居刪丙辰二十房稿》、《癸丑十八房選》、《戊午應天詩一房同門稿》；艾南英在《天傭子集》中著錄的《戊辰房書刪定》、《辛未房稿選》、《十科房選》、《甲戌房選》、《易三房同門稿》、《戊辰房選千劍集》、《易一房同門稿》等相信都曾在當時坊間流通。其中有一科各經的房選，有一科獨立一經的房選，也有歷科的房選。除馮夢禎、張溥、姚希孟、艾南英外，陳際泰、丘兆麟、鍾惺、湯賓尹、黃汝亨、顧憲成、趙南星、楊起元等都曾有過房稿之選。[164]

鄉、會試程墨和房稿的批選，提供了選家一個表達對中式試文的意見的空間，選家們基本上都附和了考官的意見。而對考官權威的衝擊力最大的，是書坊徵集了那些未被考官錄取的試文，然後交托給選家批選。選家儼然把自己當成考官給這些試文提供了他們的裁決，結集後經由書坊將它們刊行。[165]

除鄉、會試程墨和房稿外，書坊也刊行了收錄舉人之作的「行卷」，目前可見的有湯顯祖的《湯許二會元制義》和閔齊華的《九會元集》。

---

[164] Chow Kai-wing, *Publishing, Culture, and Power in Early Modern China* (Stanford: Stanford University Press, 2004), p. 212.

[165] *Ibid.* p. 215.

湯顯祖（1550-1616），字義仍，號海若、若士，江西臨川人。[166]他所留下來的八股文不多，[167]但在八股文的寫作上有著很大的成就。湯賓尹讚譽其作品「如霞宮丹篆，自是人間異書」。在他看來，「制義以來能創為奇者，湯義仍一人而已。」[168]能得到同時代的八股文名家的推崇，可見其八股文的寫作功力是非常深厚的。王夫之（1619-1692）在討論明代八股文時也將湯顯祖置在八股文名家之列，他說：「若經義正宗，在先輩則嵇川南，在後代則黃石齋、淩茗柯、羅文止，剔發精微，為經傳傳神，抑惡用鹿門、震川鋪排局陣是也？先輩中若諸理齋、孫月峰、湯若士、趙儕鶴，後起如沈去疑、倪伯屏、金道隱、杜南谷、章大力、韋孝忍、姜如須，亦各亭亭獨立，分作者一席。」[169]。湯顯祖晚年居家，許多人遠道而來求師學藝，都是為了向他學習寫作八股文。他的《玉茗堂制義》和《湯海若先生制義》二書，都是供士子揣摩研習的八股文稿本。他對八股文的評點，主要見諸於《湯許二會元制義》。

《湯許二會元制義》彙集了湯賓尹和許獬這兩個八股文名家的作品，依《論語》、《大學》、《中庸》、《孟子》順序排列。正文間附刻有批校小字，篇末另有評語。卷前的〈點閱題詞〉透露出

---

[166] 《明史》卷二三〇，湯顯祖本傳，頁 6015-6016。

[167] 徐朔方箋校的《湯顯祖全集》（北京：北京古籍出版社，1999）的第五十卷為制義卷，收有五十五篇制義，加上第五十一卷（補遺卷）的八篇，全集共收有湯氏制義六十三篇。

[168] 湯賓尹《睡庵稿》卷三，〈王觀生近義序〉，頁 60；卷四，〈四奇稿序〉，頁 75。見《四庫禁毀書叢刊》集部冊 63。

[169] 王夫之《夕堂永日緒論外編》，見船山全書編輯委員會編校《船山全書》冊 15（長沙：岳麓書社，1995），頁 851。

這部選集是湯顯祖在政治失意回老家後為課子而作，這顯示了他對科舉的熱衷和眷戀。同時，湯顯祖在〈題詞〉中也透露了他對錢福和王鏊這兩個弘治年間的八股文名家的推崇。[170]但是，誠如顧炎武指出：「時文之出，每科一變。」[171]錢、王的時代距離湯顯祖評點此書已有一段時間，他們的八股文已不符合萬曆年間的潮流。於是，他乃選錄在當時與錢、王寫作風格相近的湯賓尹和許獬的八股文來教子。湯、許兩人在八股文的寫作上也享有盛譽。閔齊華贊湯賓尹的八股文「胎結天授、神傳面壁」；褒許獬的八股文「峻立萬仞、神骨俱絕」[172]。湯、許兩人的八股文有機有法，有止有行，符合時代潮流，適合選錄來指導兒子寫作八股文，後來就將編好的教材交給向他邀稿的書坊出版。

他在這部書的正文評點中，基本上用的都是尾評。另外還有少量的夾批，多在起、承、轉之處綴以少量批語，在他認為精彩之處還有圈點。一般說來，他的夾批多短而精，只兩、三字而盡，如「頓挫」、「妙手無跡」、「承自然之體」、「題意數句總詠歎」等。他的尾評也都簡明扼要，在寥寥數語中就概括作品在章法、股法、字法、句法及其闡發聖人義理的靈俏之處。如〈三人行（一

---

[170] 湯顯祖《湯許二會元制義》，〈湯許二會元制義點閱題詞〉，明萬曆年間刊本，頁 1-3。關於王鏊與錢福的八股文寫作成就，可參閱龔篤清《明代八股文史探》（長沙：湖南人民出版社，2005），頁 242-263。

[171] 顧炎武《亭林文集》卷一，〈生員論中〉，見《續修四庫全書》冊 1402，頁 78。

[172] 閔齊華編《九會元集》，〈九會元集引〉，明天啟元年（1621）烏程閔氏刊朱墨套印本。

節）〉的尾評：「微妙。」[173]〈君子務本〉的尾評：「先提起二比本題四句，只一氣不斷了。」[174]〈君子不重〉的尾評：「正體。」[175]；〈子張學幹祿〉的尾評：「文機圓弄。」[176]

除《湯許二會元制義》外，還有閔齊華編的《九會元集》。它共九卷，現存的明天啟元年（1621）烏程閔氏刊朱墨套印本藏於臺灣國家圖書館。閔齊華，烏城人。崇禎中以歲貢任沙河知縣。[177]他是明代湖州吳興首先使用套版印刷技術刻印書籍的閔氏成員。閔氏套版印刷以閔齊華之兄閔齊伋（1575-1656）最為著名，刻有《春秋左傳》、《國語》、《韓文》、《三子音義》、《春秋穀梁傳》、《春秋公羊傳》、《三經評注》、《楚辭》等十多種套版印書。其中《春秋左傳》乃是閔氏兄弟合作刻印。[178]除《九會元集》外，閔齊華還編有《文選淪注》。[179]

《九會元集》將萬曆間九位會元的會墨和八股文稿若干，彙成一書。他們分別是壬辰（1592）的吳默、乙未（1595）的湯賓尹、戊

[173] 湯顯祖《湯許二會元制義》，〈湯藿林·二論〉，〈三人行〉一節。

[174] 同上，〈湯藿林·二論〉，〈君子務本〉一節。

[175] 同上，〈許鍾斗·上論〉，〈君子不重〉全。

[176] 同上，〈許鍾斗·上論〉，〈子張學幹祿〉全。

[177] 《四庫全書總目》卷一九一，集部類存目一，頁1734。

[178] 關於閔氏的套版印書的活動，可參閱姚伯岳〈明代吳興閔凌二氏的套版印刷〉，見上海新四軍歷史研究會印刷印鈔分會編《歷代刻書概況》（北京：印刷工業出版社，1991），頁301-308。

[179] 《四庫全書總目》卷一九一，集部類存目一，頁1734。四庫館臣介紹此書云：「是書以六臣注本刪削舊文，分系于各段之下，復采孫鑛評語，列於上格。蓋以批點制義之法施之于古人著作也。」

戍（1598）的顧起元、辛丑（1601）的許獬、甲辰（1604）的楊守勤、丁未（1607）的施鳳來、庚戌（1610）的韓敬、癸丑（1613）的周延儒和己未（1619）的莊際昌。閔齊華希望將「人人帳中自秘」的「九先生」的八股文公諸於世後，使得士子得以「步九先生」，在學習寫作八股文時不至於「迷其徑路」。[180]它依著者編次，以首卷為例，收吳默的會墨和八股文稿，先簡述其生平，次列詳目，詳目後接正文。收吳默所寫的〈知及之（全）〉、〈憲章文武〉和〈舍己從人（二句）〉等三篇會試中式試文；同時也收吳默所寫的〈喜怒哀樂（二句）〉、〈故大德（二節）〉、〈仲尼祖述（二節）〉、〈寬裕溫柔（二句）〉等十五篇平日之作。其他各卷的編次與首卷相同。

這部書所採用的評點方式，有眉批，有夾批，並在文旁附刻圈點來標示句讀和佳句，均以朱色套印。[181]由於是朱墨套印刻本，成本肯定較一般刻本為高，售價也高，故它的銷售對象應該是那些經濟比較寬裕的縉紳子弟和商賈子弟。

必須指出的是，當時的坊間還充斥著大量的八股文稿本。劉海峰說明選本和稿本的差異說：「（明清）除舉子平日所作八股文之外，大量印刷出來的主要有八股文之選本與稿本兩類。選本文非一家，志在推行廣遠，類於總集；稿本文僅一人，由於自行編訂，類

---

[180] 閔齊華編《九會元集》，〈九會元集引〉，明天啟元年（1621）烏程閔氏刊朱墨套印本。

[181] （臺灣）國家圖書館編《國家圖書館善本書志初稿·集部總集類》，頁200。筆者在臺灣國家圖書館僅見是書縮微膠捲，無緣拜見原書。

於別集。」[182]八股文稿本始於明初。商衍鎏說：「稿本明初始於于謙，繼之陳獻章等。成化間王鏊之《王守溪稿》最為風行。嘉靖唐順之有《教學文》、《吏部文》、《中丞文》，隨時編定，歸有光稿尤推時文大家，此外難以悉數。」[183]據劉祥光的觀察，稿本可分「炫耀」（進士稿）、「造勢」和「申冤」三種，都是士子刊刻來贈送給親友的。然而，在他看來，除進士稿較到士子歡迎外，其餘兩種則是乏人問津的，甚至視之為「瘟神」，避之惟恐不及。[184]

因此，和稿本比較起來，經由選家所批選出來的八股文選本更受士子的歡迎。這是因為這些選本所錄都是寫作水準很高的優秀文章，它們的技法都有與眾不同，奪人眼目之處，值得士子揣摩與效法。至於稿本則出自個人之手，寫作水準千差萬別，無法給予品質上的保證。我們也相信，選家們在編選這些選集時，也應當會把搜集的範圍擴大到這些稿本中，從中選出一些優秀文章編入他們的選集。

---

[182] 劉海峰〈科舉文獻與「科舉學」〉，見《台大歷史學報》第 32 期（2003 年 12 月），頁 284。

[183] 商衍鎏，商志潭校注《清代科舉考試述錄及有關著作》（天津：百花文藝出版社，2004），頁 257-258。

[184] 劉祥光〈時文稿：科舉時代的考生必讀〉，見《近代中國史研究通訊》第 22 期（1996），頁 59。特別是一些曾中過進士的八股文名家的稿本，如顧憲成的《顧涇陽稿》、萬國欽的《萬二愚稿》、湯顯祖的《玉茗堂稿》、吳默的《吳會元真稿》、許獬的《許鍾斗稿》、韓敬的《韓求仲稿》、金聲的《金正希稿》、羅萬藻的《羅文止稿》等，應當是士子傳閱不歇的讀物。

四、古文選本

唐宋以來，陸續有人揀選詩文並加以評點，於是出現了詩文評點這種全新的形式。詩文評點書籍的編寫目的，是為提高初學者的寫作能力。科舉以詩文取士，對詩文評點書籍的編纂與出版起了關鍵性的促成作用。例如呂祖謙的《古文關鍵》是「示學者以門徑，故謂之關鍵」[185]。樓昉的《崇古文訣》是「抽其關鍵，以惠後學」[186]。王守仁在《文章軌範》序中更明白地說：「宋謝枋得氏取古文有資於場屋者，自漢迄宋凡六十九篇，標揭其篇章句字之法，名之曰《文章軌範》。蓋古文之奧不止於是，是獨為舉業者設耳。」[187]

明中葉以後，前代所編著的古文選本不僅沒有因時代的轉換而湮沒，反而因為其經典性與權威性而仍有書坊一再版行，如真德秀的《文章正宗》和謝枋得的《文章軌範》就是最好的例子。以《文章正宗》來說，在明代就有嘉靖四十四年（1565）建陽書林楊先春歸仁齋刊本和嘉靖年間建陽書林劉志幹歸仁齋刊本。此書接下來的變化是八股文名家唐順之（1507-1560）給它加上了批點，這個批點本有萬曆四十六年（1618）仁和縣俞思沖刊本，可能還有唐順之在世時的刊本。這部書在加上了明人的批點後，無疑的給這部行世已久的古文選本注入了活力，讓它脫胎換骨，繼續其生命力和影響力。至於謝枋得的《文章軌範》，在明代至少就有戴計光刻本、王

---

[185] 呂祖謙《古文關鍵》，見《景印文淵閣四庫全書》冊 1351，頁 715。

[186] 樓昉《崇古文訣》，姚實〈序〉，《景印文淵閣四庫全書》冊 1354，頁 2。

[187] 謝枋得編《文章軌範》，王守仁〈文章軌範序〉，見《景印文淵閣四庫全書》冊 1359，頁 543。

守仁王懋明校正本、嘉靖十三年（1534）姜時和刻公文紙印本、嘉靖四十年（1561）郭邦藩常靜齋刻本等。[188]此外，還有鄒守益評點的《新刊續文章軌範》（明萬曆余氏新安堂蒼泉刻本）。[189]

更為重要的是，明代八股文發展到正德、嘉靖年間，「號為極盛」[190]。清代古文家方苞（1668-1749）說：「至正、嘉作者，始能以古文為時文，融液經史，使題之義蘊，隱顯曲暢，為明文之極盛。」[191]此期八股文最突出的特點，是文人將古文筆意融入時文之中，講求文章的開闔變化，使八股文達到了很高的程式化程度，「其文之矩矱，神明若有相傳之符節，可以剖合驗視」[192]。「以古文為時文」並非要改變時文的結構形式。時文體用排偶，分別股段。「以古文為時文」是在維持原有格式的基礎上運用古文的作法和融入古文的氣格。[193]

「以古文為時文，自唐荊川始，歸震川又恢之以閎肆。」[194]唐

---

[188] 有關《文章軌範》的版本，可參閱張智華〈謝枋得《文章軌範》版本述略〉，見《安徽師範大學學報》（人文社會科學版）第 28 卷第 1 期（2000 年 2 月），頁 97－100。

[189] 沈津《美國哈佛大學哈佛燕京圖書館中文善本書志》，頁 544。

[190] 梁章鉅著，陳居淵校點《制義叢話》卷一（上海：上海書店出版社，2001），頁 13。

[191] 方苞《方苞集集外文》卷二，〈進四書文選表〉，見《方苞集》下冊（上海：上海古籍出版社，1983），頁 580。

[192] 阮葵生《茶餘客話》卷一六，見《續修四庫全書》冊 1138，頁 122。

[193] 鄺健行〈明代唐宋派古文四大家「以古文為時文」說〉，見《香港中文大學中國文化研究所學報》第 22 期（1991），頁 223。

[194] 方苞奉敕編《欽定四書文》，〈正嘉四書文〉卷二，見《景印文淵閣四庫全書》冊 1451，頁 88。

順之、歸有光是唐宋派的主將，他們師法唐宋八大家，所作文字「直攄胸臆，信手拈出」[195]，「文從字順，不汩沒流俗」[196]，很容易與八股文相溝通。從唐宋派的立場看，八股文在內容的闡發上已符合為文的要求和理想，值得提倡。只是八股文的表達方式還不能盡如人意，至少有章法單調和氣格卑靡這兩方面的缺點，所以需要改善。以古文入時文正是糾正改善的良方。[197]故唐宋派作家有意將古文筆法引入八股文，「以八家之法為功令文，故其功令文最古」[198]，使八股文的寫作技巧得到很大提高，為八股文開闢了一個新的境界。除唐、歸外，還有茅坤、瞿景淳、薛應旂、胡友信等，文風亦大致相近，所作八股文亦受稱道。[199]

自正德、嘉靖年間開啟以古文為時文的路徑後，無數文人潛心研究古文筆法，並將它們運用於八股文之中。批註寫作方法，著眼於提高八股文寫作水準的古文選本也像八股文選本一樣大量刊行，如茅坤（1512-1601）選編的《唐宋八大家文鈔》（簡稱《文鈔》）就是其中的一種。

茅坤，字順甫，號鹿門，浙江歸安華溪人，是唐宋派的重要作家，主張文章當上繼唐宋八大家，並追溯秦漢古文的優良傳統，反

---

[195] 唐順之《唐荊川先生文集》卷七，〈答茅鹿門知縣第二書〉，見《叢書集成續編》冊 116，頁 87。

[196] 章學誠《文史通義》卷三，〈文理〉（長沙：岳麓書社，1993），頁 88。

[197] 鄺健行〈明代唐宋派古文四大家「以古文為時文」說〉，頁 231。

[198] 蔣湘南《七經樓文鈔》卷四，〈與田叔子論古文書〉，見《續修四庫全書》冊 1541，頁 308。

[199] 高壽仙〈明代制義風格的嬗變〉，頁 431。

對當時前後七子的擬古思潮和形式主義文風，主張領悟古文「神理」而「隨悟所之」，強調為文必求萬物之情而務得其至。著有《史記抄》、《浙江分署紀事本末》、《徐海本末》、《白華樓藏稿》、《白華樓續稿》、《白華樓吟稿》、《玉芝山房稿》、《耄年錄》，以及《文鈔》等等。[200]

茅坤介紹自己作文的經驗說：「吾為舉業，往往以古調行今文」，「個中風味，須於先秦兩漢書疏與韓、蘇諸大家之文涵濡磅礴於胸中，將吾所為文打得一片，湊泊處則格自高古典雅。」[201]他告誡人們，若想八股文出色，僅僅背誦現成的科舉範文往往行不通，還得學習古文。因此，他編選了《文鈔》這部專錄唐宋八大家之文的制舉用書來幫助士子誦讀和研習古文，在潛移默化中將古文的筆意融入時文之中。

《文鈔》共有一百六十四卷，其中韓愈文十六卷、柳宗元文十二卷、歐陽修文三十二卷、王安石文十六卷、曾鞏文十卷、蘇洵文十卷、蘇軾文二十八卷、蘇轍文二十卷。書前有序，每家之前各有小引，論文甚悉。四庫館臣認為《文鈔》所選「尚得繁簡之中」，其評語「雖所見未深」，然「亦足為初學之門徑」。[202]

明清兩代所編古文選本數量種類繁多，但其中廣為士子習誦並影響文壇風氣，只有少數的幾部，而茅坤編選批點的《文鈔》便是

---

[200] 關於茅坤的生平、著述與文論，可參閱張夢新《茅坤研究》（北京：中華書局，2001），頁1-62。

[201] 茅坤《茅鹿門先生文集》卷三十二，〈文訣五條訓縉兒輩〉，見《茅坤集》下冊（杭州：浙江古籍出版社，1993），頁875。

[202] 《四庫全書總目》卷一八九，集部總集類四，頁1718。

其中一部。據夏咸淳考述，此書初刻於明萬曆七年（1579），再刻於崇禎元年（1628），三刻於崇禎四年（1631）。一再翻刻，需求日增。由明入清，「一二百年以來，家弦戶誦」[203]。

除唐宋八家古文選本外，明代還編選有不少供科考用的歷代古文選本，有陳省的《歷代文粹》、穆文熙的《文浦玄珠》、徐心魯的《古文大全》、趙燿的《古文雋》、張國璽、劉一相的《彙古菁華》、屠隆（1542-1605）的《鉅文》、焦竑的《名文珠璣》、潘士達的《古文世編》、陳翼飛的《文儷》、鍾惺（1574-1625）、黃道周（1585-1646）評的《古文備體奇鈔》、陳子龍的《歷代名賢古文宗》、葛世振的《古文雷橛》、余鈺的《純師集》、汪定國的《古文褒異集記》、馬晉允的《古文定本》、張鼐的《新鐫張侗初太史永思齋評選古文必讀》以及接下來要介紹的徐師曾的《文體明辯》。[204]

徐師曾（1517-1580），字伯魯，吳江人。年十二，能為詩古文，長博學，兼通陰陽律曆醫卜篆籀之說。嘉靖三十二年（1553）進士，選庶吉士，歷吏科給事中，頻有建白。世宗方殺僇諫臣，言官緘口，師曾遂棄休。[205]

《文體明辯》為仿吳訥（1372-1457）的《文章辯體》之作。徐師曾在序中說明此書的體例、成書以及它與《文章辯體》的相異之處說：

---

[203] 夏咸淳〈《唐宋八大家文鈔》與明代唐宋派〉，頁81。

[204] 詳參〈附錄八：明人編撰制舉用書·古文選本〉。

[205] 趙弘恩等監修，黃之雋等編纂《江南通志》卷一百六十三，頁675。

> 《文體明辯》六十一卷、綱領一卷、目錄六卷、附錄十四卷、目錄二卷，通八十四卷。撰述始於嘉靖三十三年甲寅（1554）春，迄隆慶四年庚午（1586）秋，凡十有七年，而後成其書，大抵以同郡常熟吳文恪公訥所纂《文章辯體》為主而損益之。《辯體》為類五十，今《明辯》百有一；《辯體》外集為類五，今《明辯》附錄二十有六。進律賦詩於正編，賦以類相從，以近正也。[206]

吳訥的《文章辯體》的「大旨以真德秀《文章正宗》為藍本」[207]，《文體明辯》又是仿《文章辯體》之作，據此可見三者之間的淵源關係。

《文體明辯》卷首為文章綱領。卷一古歌謠辭、四言古詩、楚辭上；卷二楚辭下；卷三至五賦；卷六至十樂府；卷十一至十二五言古詩；卷十三七言古詩；卷十四至十五近體律詩；卷十六絕句詩；卷十七命、諭告、詔；卷十八敕、璽書、制；卷十九誥；卷二十冊；卷二十一批答、御劄、赦文、鐵券文、諭祭文、國書、誓、令、教；卷二十二至二十三上書；卷二十四至二十五章、表；卷二

---

[206] 徐師曾《文體明辯》，〈序〉，見《四庫全書存目叢書》集部310，頁359。

[207] 四庫館臣考論吳訥《文章辯體》指出：「是編采輯前代至明初詩文，分體編錄，各為之說。內集凡四十九體，大旨以真德秀《文章正宗》為藍本。外集凡五體，則皆駢偶之詞也。程敏政作《明文衡》，特錄其敘錄諸體，蓋意頗重之。陸深《谿山餘話》亦稱《文章辯體》一書，號為精博，自真文忠《文章正宗》以後，未有能過之者。今觀所論，大抵剿掇舊文，罕能考核源委，即文體亦未能甚辨。」見《四庫全書總目》卷一九一，集部總集類存目一，頁1739-1740。

十六至二十八奏疏；卷二十九盟、符、檄；卷三十露布、公移、判；卷三十一至三十三書記；卷三十四策問；卷三十五至三十七策；卷三十八至四十一論；卷四十二說、原、議；卷四十三辯、解、釋、問對；卷四十四至四十五序、引、題跋；卷四十六文、雜著、七、書、連珠、義、說書；卷四十七箴、規、戒、銘；卷四十八頌、贊、評；卷四十九碑文、碑陰文、記；卷五十至五十一記、志、紀事、題名；卷五十二字說、行狀、述、墓誌銘；卷五十三至五十四墓誌銘；卷五十五至五十六墓碑文、墓碣文、墓表；卷五十七諡議；卷五十八至六十傳、哀辭、誄；卷六十一祭文、吊文、祝文。附錄為卷一雜句詩、雜言詩、雜體詩、雜韻詩；卷二雜數詩、雜名詩、離合詩、詼諧詩；卷三至十一詩餘；卷十二玉牒文、符命、表本、口宣、宣答、致辭、祝辭、貼子詞；卷十三上樑文、樂語、右語、道場榜；卷十四道場疏、表、青詞、募緣疏、法堂疏。

在出版大量的古文選本的同時，當時書坊也刊行了不少「今文」選本。誠如周宗建所說：「雖謂『今文』，即古文可也，讀今文即讀古文可也」。[208]故而雖說是「今文」，實際上和「古文」還是有諸多契合之處。這些「今文」選本有袁宏道（1568-1610）的《鼎鐫諸方家彙編皇明名公文雋》、孔貞運（?-1644）的《鼎鍥百名公評林訓釋古今奇文品勝》、王乾章的《皇明百家文範》、朱國祚（1559-1624）、唐文獻、焦竑的《新刻三狀元評選名公四美士林必

[208] 袁宏道輯，丘兆麟補《鼎鐫諸方家彙編皇明名公文雋》，周宗建〈皇明諸名公文雋敘〉，見《四庫全書存目叢書》集部冊330，頁526-529。

讀第一寶》、何喬遠（1558-1632）的《皇明文徵》等等。[209]

《鼎鋟百名公評林訓釋古今奇文品勝》的編者孔貞運，字開仲，江蘇句容人。萬曆四十七年（1619）進士，殿試第二人，授編修。天啟中充經筵展書官，纂修兩朝實錄。崇禎元年（1628），擢國子監祭酒。後以艱歸服闋，起南京吏部侍郎，遷吏部左侍郎，與賀逢聖、黃士俊併入內閣。崇禎間，歸居建德山中七年，食不兼味，居無亭榭，卒年六十九。[210]

此書雖題為孔貞運所編選，但沈津懷疑它乃是「書肆託名者」。卷一詔彙、敕彙、策彙、對彙、議彙、奏彙、疏彙、諫彙、檄彙、表彙、封事彙；卷二論彙、書彙；卷三文彙、序彙、記彙；卷四辭彙、賦彙、傳彙、贊彙、頌彙、說彙；卷五箴彙、至彙、解彙、說彙、辯彙、議彙、對彙、卜彙、評彙、著彙、啟彙、銘彙、歌彙、碑彙、墓表彙、志銘彙。書口上刻評。[211]

文震孟在此書的〈序〉中肯定了它對舉業的價值，云：「惟茲孔太史先生，選所謂《奇文品勝》者，亙古亙今，奇種種備矣。」「皇明彬彬濟濟，無容枚舉，舉其尤奇者，如劉青田之渾雄、宋潛溪之浩蕩、方希古之爾雅、解大紳之豪放，其在洪弘間者，其以葆含元氣勝者乎！而嘉隆以前之奇，若李空同、王鳳洲、李滄溟、汪南溟，又如王守溪、唐荊川、瞿文懿、薛方山，各爭奇詞壇，即唐宋之王、楊、盧、駱、韓、柳、歐、蘇，更何多勝哉！且自詔誥，

---

[209] 詳參文末〈附錄九：明人編撰制舉用書・明文選本〉。

[210] 《明史》卷二五三，孔貞運本傳，頁6535。

[211] 沈津《美國哈佛大學哈佛燕京圖書館中文善本書志》，頁588。

以及歌賦，無不題題精解，語語實評。運此之奇以應世，固可為決勝前茅；即垂此之奇以經世，亦可為制勝石畫，故言之曰《奇文品勝》。」[212]疑此序是出自書坊的託名，企圖借助文震孟在當時的聲名混水摸魚，招攬更多的顧客。

不管是唐宋八大家選本，歷代古文選本，還是「今文」選本，它們所選取之文不僅有助於將古文筆法引入八股文，增加其藝術性和可讀性，對豐富策論的語言文采也有著很大的助益。

五、二、三場試墨與範文彙編

明代考生們除了要認真對待首場考試中的四書義和經義外，也不能忽略二、三場考試中的論、判語、詔、誥、表、箋、經史時務策的準備工作。當時坊間刊行的制舉用書中，有不少在書名中冠有二、三場的，如《新刻注釋二三場合刪》（崇禎刊本）、《新鍥溫陵二太史選釋卯辰科二三場司南蜚英》（明末余良史刊本）、《馮太史評選酉戌二三場程式旁訓》（明末刊本）等。

在二、三場考試的文體中，當以策論這兩種最為重要。在唐宋時代這兩種文體的區別還是很大的，策是對策，抒寫自己對時務政事的看法，論是對古今經史人事的評論，兩者各不相同。但明清以後，策題不出於現實問題，亦大多出自經史，答策也不再涉及政治，只是顯示學問，論與策遂混稱，區別不大了。[213]因此，當時坊

---

[212] 孔貞運輯《鼎鋟百名公評林訓釋古今奇文品勝》，文震孟〈序〉，轉引自沈津《美國哈佛大學哈佛燕京圖書館中文善本書志》，頁 588-589。

[213] 汪小洋，孔慶茂《科舉文體研究》（天津：天津古籍出版社，2005），頁 59。

間的制舉用書中有將策論文章彙集在一起刊行的情況，如《唐宋名賢策論文粹》、張廷鸞的《廣古今策論選》等。不過，根據明清書目的著錄，較常見的情況是它們獨立成書，涇渭分明。以供策試用的制舉用書來說，嘉靖間晁瑮（?-1560）的《寶文堂書目》中的「舉業類」就著錄有《策學總龜》、《策學蒙引》、《策學衍義》、《策場便覽》、《策學》、《策海集成》、《保齋十科策》、《翰林策要》、《漢唐事箋對策機要》、《宋名公抄選策膾》、《宋策寶》、《策學提綱》、《策學輯略》、《誠齋錦繡策》、《梁氏策要》、《群書策論》、《答策秘訣》、《橘園李先生策目》等；萬曆末年祁承㸁（1563-1628）的《澹生堂藏書目》在集部總集類的「制科藝」中有《唐制科策》、《皇明歷科狀元策》、《三狀元策》等；清康熙年間，黃虞稷（1629-1691）編的《千頃堂書目》在集部的「制舉類」則有《策程文》、《策海集略》、梁寅的《策要》、劉定之的《十科策略》、《策學衍義》、戴暨的《策學會元》、唐順之的《策海正傳》、茅維的《策衡》、《明狀元策》、《策原》、唐周的《策海備覽》等。至於供試論用的參考書，有《寶文堂書目》著錄的《古今論略》、《源流至論》、《新安論衡》等；《千頃堂書目》著錄的《論程文》、《論學淵源》、張和的《篠庵論鈔》、黃佐的《論原》、《論式》、茅維的《論衡》和《六子論》。至於專供試詔、誥、表、箋用的參考書則較少，其中《寶文堂書目》著錄有《詔誥表章機要》，《千頃堂書目》則載錄了《詔誥章表擬題事實》、《詔誥表程文》和茅維《表衡》。

在當時編選二、三場考試用書的編撰者中，茅坤的幼子茅維在這方面表現得最為突出。他曾經編選過策、論、表的試墨彙編，分別為《皇明策衡》、《皇明論衡》和《皇明表衡》三種。

茅維（1576-1644?），字孝若，浙江歸安華溪人。能詩。與同郡的臧懋循、吳稼竳、吳孟暘並稱苕中四子。[214]他的經歷頗為坎坷，錢謙益在《列朝詩集小傳》中說他「不得志於科舉」[215]。他曾參加鄉試三次，首次赴試是在萬曆三十四年（1606），但無果而歸。第二次是在萬曆四十年（1612），再次下第。第三次在萬曆四十三年（1615），終於中舉。但又因「璫禍」而「謝去」[216]。他深入荒山，過著隱居的生活。為了實現自己入仕參政的遠大抱負，茅維曾在崇禎二年（1629）「以經世自負，詣闕上書」[217]，「上治安疏、足兵足餉二議，逾三萬言」[218]，雖「幾得召見」[219]，但最終還是不用。晚年的茅維以訪友、寫詩和作劇為娛，落拓不遜。著有《嘉靖大政記》、《幽憤錄》、《藿枕錄》、《南隅書畫錄》、《迂談》、《十賚堂甲集》、《十賚堂乙集》、《十賚堂丙集》、《菰園初集》、《閩遊集》、《北闈薋言》、《淩霞閣內外編諸曲》，以及接下來要討論的《策衡》、《論衡》和《表衡》這三種試墨彙

---

[214] 《明史》卷二八七，茅坤本傳，頁 7374-7375。

[215] 錢謙益《列朝詩集小傳》丁集下（上海：古典文學出版社，1957），頁 635。

[216] （同治）《湖州縣誌》，〈藝文略四〉，轉引自孫書磊〈茅維及其淩霞閣雜劇考述〉，見《中國典籍與文化》2004 年第 2 期，頁 30。

[217] 錢謙益《列朝詩集小傳》丁集下，頁 635。

[218] 陸心源等修，丁寶書等纂《歸安縣誌》卷三十六，〈文苑〉，清光緒八年刊本，見《中國方志叢書·華中地方》第 83 種第 2 冊（臺北：成文出版社，1970），頁 370-371。

[219] 錢謙益《列朝詩集小傳》丁集下，頁 635。

編。[220]

《論衡》收錄弘治朝以至萬曆朝間鄉、會的論試程墨 89 篇，計弘治朝 3 篇、正德朝 1 篇、嘉靖朝 10 篇、隆慶朝 4 篇、萬曆朝 71 篇。《策衡》則以問答的方式，收錄弘治甲子（1504）以至萬曆間鄉、會試的策試程墨 407 篇，計弘治朝 5 篇、嘉靖朝 20 篇、隆慶朝 14 篇、萬曆朝 368 篇。觀覽二書的篇目，也體現了茅維以天下為己任的使命感，上自宮闈，下至邊塞，用人理財，修文振武，與一切利病興革的試墨多有收錄，並非泛泛之選。此二書所選，不乏著名大臣與學者的策論試墨。像《論衡》就收錄了王守仁在弘治甲子科山東鄉試的試墨〈君心惟在所養〉、[221]董份（1510-1595）與高拱（1512-1578）在嘉靖戊午科順天鄉試的試墨〈聖人有功于天下萬世〉、[222]張居正（1525-1582）與呂調陽（1516-1580）在隆慶辛未科的會試試墨〈人主保身以保民〉、[223]張四維（1526-1585）與申時行（1535-1614）在萬曆丁丑科的會試試墨〈論治者貴識體〉，[224]以及焦竑在萬曆丁酉科順天鄉試的試墨〈憂勤所以無為〉等。[225]至於《策衡》則收錄了王守仁在弘治甲子科山東鄉試的五道對策試墨（〈風俗〉、〈道術〉、〈禮樂〉、〈志學〉、〈時務〉）、[226]徐階（1494-1574）與

[220] 孫書磊〈茅維及其淩霞閣雜劇考述〉，頁 31。

[221] 茅維《皇明論衡》，見《美國哈佛燕京圖書館藏中文善本彙刊》冊 34（桂林：廣西師範大學出版社，2002），頁 12-14。

[222] 同上，頁 27-29。

[223] 同上，頁 42-44。

[224] 同上，頁 62-63。

[225] 同上，頁 129-130。

[226] 茅維《皇明策衡》上冊，見《四庫禁毀書叢刊》冊 151，頁 19-27。

敖銑在嘉靖癸丑科會試的對策試墨（〈治河〉）、[227]李春芳（1510-1584）與殷士儋（?-1581）在隆慶戊辰科會試的對策試墨（〈經學〉）、[228]李廷機（1541-1616）與周應賓在萬曆甲午科應天鄉試的四道對策試墨（〈交泰〉、〈任事議事〉、〈豪傑〉、〈性理綱目〉），[229]以及沈一貫（1531-1615）與魯朝節在萬曆戊戌科會試的兩道對策試墨（〈法祖〉、〈相度〉）等。[230]

茅維還編有《表衡》這部表試試墨彙編。李維禎在〈論表策衡序〉中說：「吳興茅孝若，裒弘治以來諸錄策為《策衡》，已而為《論衡》、《表衡》，馮開之、黃貞父、李玄白三公為序，又十年，所收日益。」[231]黃汝亨在〈論衡序〉中也說：「萬曆乙巳，孝若刻《策衡》，予實為之序。讀者曰，我輩得此，可以策當世取高名矣，而《論》、《表》秘而不宣，未厭也。又十年，而《論衡》、《表衡》成，予又序之。」[232]《表衡》頗為少見，目前藏於日本內閣文庫，作萬曆三十三年（1605）序刻本。[233]惜它在本文完成前尚無緣拜讀，猜測它應該和《策衡》、《論衡》一樣，收錄弘治朝以至萬曆朝鄉、會試的表試試墨。

據《尊經閣文庫漢籍分類目錄》著錄，陳仁錫也編選過策、

---

[227] 同上，頁 41-43。

[228] 同上，頁 93-95。

[229] 同上，頁 500-510。

[230] 同上，下冊，見《四庫禁毀書叢刊》冊 152，頁 64-69。

[231] 茅維《皇明論衡》，李維禎〈論表策衡序〉，頁 1。

[232] 同上，黃汝亨〈論衡序〉，頁 4。

[233] 同上，〈皇明論衡提要〉，不注明頁數。

論、表的試墨選集，分別是《皇明論程文選》、《皇明策程文選》和《皇明表程文選》。[234]

除《策衡》那種專收策試試墨彙編外，坊間也刊行了不少「狀元策」供士子學習寫作對策之用。這些狀元策專收狀元在殿試的中魁試策，有郝昭編的《新刊全補歷科殿試狀元策》（隆慶年間刊本）和蔣一葵編的《皇明狀元全策》（萬曆十九年刊本）。前者《尊經閣文庫漢籍分類目錄》著錄，[235]未見，猜測所收為明初以至隆慶年間的狀元策。蔣一葵，字仲舒，常州人。[236]《皇明狀元全策》凡十二卷，首卷為明代歷科狀元事略，其餘十一卷收歷科狀元策試試墨，自洪武四年（1371）吳伯宗（1334-1384）起，至萬曆十七年（1589）焦竑止。

《皇明狀元全策》在坊間流通了一段日子後，就有了增補萬曆己丑科以後的殿試中魁試墨的必要。非常湊巧的是，其中一部對狀元策進行增補的是己丑科狀元焦竑和榜眼吳道南同編的《歷科廷試狀元策》。[237]可惜的是，此書已佚。明末有無名文人對此書進行增補，這個刊本目前藏於臺灣國家圖書館。

---

[234] 尊經閣文庫編《尊經閣文庫漢籍分類目錄》（東京：秀英舍，1934），頁674；翁連溪編校《中國古籍善本總目》集部中（北京：線裝書局，2005），頁1783。

[235] 尊經閣文庫編《尊經閣文庫漢籍分類目錄》，頁675。

[236] 《四庫全書總目》卷一三二，子部雜家類存目九，頁1127。

[237] 吳道南（1547-1620），字會甫，崇仁人。萬曆十七年進士及第。授編修，進左中允。直講東宮，太子偶旁矚，道南即輟講拱俟，太子為改容。歷左諭德少詹事。擢禮部右侍郎，署部事。天啟初，以覃恩即家進太子太保。居二年卒。贈少保，謚文恪。見《明史》卷二一七，吳道南本傳，頁5741-5744。

經後人增補後的《歷科廷試狀元策》共七卷，輯錄明成化十四年（1478）以至明崇禎十年（1637）間文人策士振書上呈之科策論文。故此書所錄，和《皇明狀元全策》有重疊的地方。

清雍正年間，胡任興在此書的基礎上，又增訂了自崇禎十三年（1640）以至雍正十一年（1733）的殿試中魁試墨，[238]使得「狀元策」這種制舉用書的生命力得以延續。這同時也說明了這類參考書深受士子重視，才會有一而再，再而三的增訂需要。一個值得思考的問題是，像這類狀元策的彙編工作，由於無需在眾多的策文中進行篩選，只需全錄每科廷試狀元的策試試墨即可，並不是一項繁瑣的編選工作，只需略通文墨，就能夠在短時間內完成。這樣簡單的編輯工作即使是書坊主本身也能勝任，實在沒有必要勞動焦竑、吳道南等社會名流來編纂這些制舉用書，故以焦竑、吳道南為編者顯然的是出自書坊的偽託。

至於供表試用的制舉用書，陳塏的《名家表選》是較為重要的一種，有明嘉靖二十六年（1547）刻本。陳塏，余桃人，嘉靖十一年（1532）進士，官至廣東提學副使，[239]後因彈劾嚴嵩及其子嚴世蕃而為嵩所罷。[240]他在〈序〉中說明編撰目的說：

---

[238] 焦竑輯，胡任興增輯《歷科廷試狀元策》，見《四庫禁毀書叢刊》集部冊19-20。

[239] 《四庫全書總目》卷一九二，集部總集類存目二，頁1748。

[240] 《明史》卷三〇八嚴嵩本傳（頁7916）載：「嵩無他才略，惟一意媚上，竊權罔利。帝英察自信，果刑戮，頗護己短，嵩以故得因事激帝怒，戕害人以成其私。張經、李天寵、王忬之死，嵩皆有力焉。前後劾嵩、世蕃者，謝瑜、葉經、童漢臣、趙錦、王宗茂、何維柏、王曄、陳塏、厲汝進、沈練、徐學詩、楊繼盛、周鈇、吳時來、張翀、董傳策皆被譴。」

> 四六之體，起於六朝。時則文無非四六者，唐宋以來始尊用其體於詔、誥、表、箋、啟，而博學鴻詞科則以試士。我國家設科去詞賦聲律，而仍用詔、誥、表。蓋詞賦無用，而詔、誥、表有用也。近時士子應試，率多作表取中，然猶嫌其麗，而未則或漫而不工。表者，對君之辭，所籍以道恭遜之，實攄忠愛之情，而過為麗句漫言以相褻，毋乃不可乎！予謂表莫盛于唐宋。唐表雄渾，然有出入。至於揣摩聲律，剪裁典故，敷陳事情，語精切而意明暢。則惟宋表為然，故宋人往往以四六名家。我朝所錄程表者，不減宋人。其餘渾厚則有之，文采則不及也，故表學至宋人不可加矣。予用於校士之暇，取唐宋諸名家所為表，選其尤工者抄之，……以嶺海諸士子共之。夫斯刻也，雖似戾于敦本尚實之教，導人以雕蟲篆刻為者。然科目以此取士，士不工此不足以應主司。況今日進取之資，他日對揚之具焉，可以不習乎！[241]

在陳塏看來，凡考生都應工於表文的寫作，才能參加科舉考試。再加上表文也不像八股文，在中舉後就可以拋之腦後，而是一種在政務中經常使用到的文體，舉凡論諫、請勸、陳乞、進獻、推薦、慶賀、慰安、辭解、陳謝、訟理、彈劾等都需要用這種文體來表志陳情，是官員不可不工的文體。陳塏對重視「揣摩聲律」，講究「剪裁典故，敷陳事情，語精切而意明暢」的唐、宋表文特別推崇，而對嘉靖時士子所作的那些華而不實的表文極為不屑，故取唐、宋諸

[241] 陳塏《名家表選》，〈序〉，見《四庫全書存目叢書補編》冊 13，頁 95。

名家所為表，選其尤工者抄之，成唐表一卷，宋表七卷，「以嶺海諸士子共之」。四庫館臣將此書與體例相仿的《唐宋名表》進行比較，認為它過於「簡當」而「遠不及」所錄皆「醇雅」表文的《唐宋名表》。[242]

六、翰林館課

明代在殿試後從新科二甲和三甲進士中挑選庶吉士進入翰林院加以教養，庶吉士三年學成，審其成績高下，優者留為翰林官，再晉升為內閣大臣，成為士子入仕作官的一條最具榮譽的途徑。庶吉士經過嚴格的挑選進入翰林院後，即開始接受培訓，翰林院「乃設會簿，稽勤惰，唯以嚴聲厲色督則之。」庶吉士還必須每月交「詩、文各一篇」，由教習官員評閱，「第其高下，俱揭帖，開列名氏，發翰林院，立案，以為去留之地」[243]。由於他們都是二、三甲進士，都有一定程度的文字能力，加上他們的課業表現也會直接地影響他們的成績以至宦場前途，故他們在館課中所呈交的詩文也都具有一定的水準。在這些詩文中，以誥、奏、疏、表、箋、議、論、策等文體的文章與二、三場考試的關係最為直接。一些腦筋靈敏的書坊主覺察到這些館課詩文所潛在的商機，於是約請文人將它們彙集起來，予以評點，刊行成書。這些類同「今文」選本的制舉用書往往在書名中冠以醒目的「翰林館刻」四個大字來喚起士子的

---

[242] 《四庫全書總目》卷一九二，集部總集類存目二，頁 1748。

[243] 黃佐《翰林記》卷四，〈公署教習〉，見《景印文淵閣四庫全書》冊 596，頁 892。

注意，刺激他們的消費欲望。它們也漸漸地成為了萬曆以後士子們的新寵兒，所以刊行館課詩文彙編也就成了很賺錢的出版物。為了行文的方便，我們將以「翰林館課」來統稱彙集館課詩文的制舉用書。

王錫爵增訂，沈一貫參訂的《增定國朝館課經世宏辭》是翰林館課中較早的一種。王錫爵（1534-1610），字元馭，號荊石，太倉人。嘉靖四十一年（1562）會試第一，廷試第一，授編修。萬曆初掌翰林院，張居正奪情，將廷杖吳中行等，王錫爵要同館十余人詣張居正求解，張居正不納。王錫爵獨造喪次，切言之，張居正徑入不顧。吳中行等既受杖，錫爵持之大慟。後進禮部右侍郎，累官禮部尚書，兼文淵閣大學士。年七十七歲。[244]沈一貫（1531-1615），字肩吾，鄞人。隆慶二年（1568）進士，選庶吉士，授檢討，充日講官。萬曆間累官戶部尚書、武英殿大學士。[245]

此書有萬曆十八年（1590）金陵周曰校萬卷樓刊本。〈凡例〉云：「是編原出自秘館，非太史、鴻裁不得濫入。如前刻諡法、通紀諸篇概以入選，失檢甚矣。今悉從刪正，不敢漫錄。」[246]可知此書所收為館課詩文，強調它們的得之不易。此書是為刪正「前刻」的「失檢」而編。即有「前刻」，則此本乃為稍晚的刻本。

它共有十五卷，首十一卷收文，包括詔、冊、璽書、誥、奏、疏、表、箋、致語、韻語、檄類、露布類、議、論、策、序、傳、

---

[244] 《明史》卷二一八，王錫爵本傳，頁 5751-5754。

[245] 《明史》卷二一八，沈一貫本傳，頁 5755-5795。

[246] 王錫爵增訂，沈一貫參訂《增定國朝館課經世宏辭》，〈凡例〉，見《四庫全書存目叢書補編》冊 18，頁 153。

碑、考、評、辯、解、說、頌、賦、箴、銘、贊、跋等類；卷十二至十三收詩，包括五、七言古詩、律詩、絕句、古歌等；卷十四、十五則題以「附錄」，收疏類。所收文章，上溯洪武、永樂，下逮隆慶、萬曆。所選文章的精要處都標以圈點。《四庫全書總目》稱讚此書「搜采極富」，但又批評它「所收多課試之作，不足以盡一代之文獻。王守仁、李夢陽、楊繼盛等皆未官翰林，而並錄其章疏數十篇，亦為自亂其例也」[247]。

雖然《經世宏辭》有其瑕疵，但它推出市場後，很快的就為士子們所接受，也達到了書坊預期的銷售目標。萬卷樓就再接再厲，在三年後刊行了由王錫爵續補，焦竑參訂，陸翀之纂輯的《皇明館課經世宏辭續集》。續集在〈凡例〉強調它專錄前集所未收的館課詩文，其中又以隆、萬以後的館課詩文為主。〈凡例〉透露出它「集中所載慶、曆以前十之二三，慶、曆以後十之七八。」這是因為隆、萬以前的「文章之運精蘊不流，光奕未朗，且家傳人誦睹記已久」，所以它「特致詳於今」[248]。更為重要的，是要強調續集所收詩文與前集大不相同，希望買過前集的讀者也會購買續集。此外，《經世宏辭》在明末又出現了翻刻萬曆十八年周曰校萬卷樓的本子，清康熙二年（1663）也出現了周在浚據萬曆十八年刊本刪定後刊行的本子。這很能說明《經世宏辭》在明末清初的圖書市場上還有它的影響力，否則書坊就不會有重刊和刪定之舉了。

---

[247] 《四庫全書總目》卷一百九十二，集部總集類存目二，頁1753。

[248] 王錫爵續補，焦竑參訂，陸翀之纂輯《皇明館課經世宏辭續集》，〈凡例〉，見《四庫禁燬書叢刊》集部冊92，頁536。

像《經世宏辭》這類收錄歷科館課詩文的翰林館課，還有沈一貫的《新刊國朝歷科翰林文選經濟宏猷》（萬曆年間刊本）以及陳經邦的《皇明館課》（明萬曆施可大刊本）等。此外，書坊刊行得更多的是單科翰林館刻，像劉孔當的《新刻壬辰館課纂》（萬曆年間刊本）、劉元震、劉楚先的《新刻乙未翰林館課東觀弘文》（明萬曆年間刊本）、《萬曆二十三年乙未科館閣試草》（萬曆二十五年金台越人王氏刊本）、曾朝節、敖文禎輯的《新刻辛丑科翰林館課》（萬曆三十一年金陵周氏博古堂刊本）、李廷機、楊道賓輯的《新科甲辰科翰林館課》（明萬曆刊本）、金陵唐振吾廣慶堂所出版的《重校定丁未科翰林館課全編》（萬曆三十七年刊本）、顧秉謙的《新鐫癸丑科翰林館課》（萬曆四十三年刊本）、周如磐、汪輝輯的《新刻壬戌科翰林館課》（明天啟金陵唐國達廣陵堂刊本）、鄭以偉輯的《新刻己未科翰林館課》（明天啟金陵唐國達廣陵堂刊本）、楊景辰輯的《新刻乙丑科翰林館課》（明天啟七年金陵唐振吾廣慶堂刊本）等。這些單科翰林館課，幾乎都是在散館之年出版的，像《萬曆二十三年乙未科館閣試草》在萬曆二十五年（1597）散館之年出版，《新刻辛丑科翰林館課》在萬曆三十一年（1603）散館之年出版。有的甚至在同一年就有初刻本和重校本並存於世，如萬曆三十七年出版的《重校定丁未科翰林館課全編》。除此之外，這些翰林館課在南京刊行得特別多，像周氏博古堂、唐振吾廣慶堂、唐國達廣陵堂等都出版過這類圖書。這相信是因為這些書坊都地處南京館課的所在，使得它們有近水樓臺先得月的優勢。

七、通史類

由於策論二試的考核內容非常廣泛，如果士子在準備這兩項考試時僅滿足於坊刻策論試墨和範文的揣摩與研習，而不去閱覽其他經、史、子部的參考書時，就很可能會影響他們在這兩項考試的成績，以致無法名列前茅。倘若士子對古今的歷史沒有一定程度的掌握，就可能被策論試題難倒，答卷可能就會文不對題，直接遭到淘汰了；又或者在論證時無法引用史實來加強議論，使得論點單薄，無法吸引考官的注意。可是，如果要士子正襟危坐，熟讀古今的史籍，除非有超強的記憶力和消化力，否則將無法在短時間內釐清古今成千上萬、大大小小的歷史事件。再加上不少史籍的卷帙浩繁，「窮鄉下邑，有志博古者，恒病於勢之弗能盡致也」[249]。雖說當時出版業發達，要購買這些史籍並非不可能的事，但卻不是每個士子都能負擔得起的。即使在經濟上允許他們齊備這些史籍，但要他們將它們從頭啃到尾，相信也不是多數士子願意進行的工作。這是因為他們把科舉考試看成是獲得高官厚祿的途徑，而不是取得高深學問的管道，他們更希望的是早日達到這個目的，享受榮華富貴。因此，若能對古今史籍進行披沙揀金的工作，編寫出擷取重要歷史事件，而又能做到貫通古今歷史的通史類制舉用書，來幫助士子掌握古今歷史來應付考試，對他們而言顯得分外重要。

其中，綱鑑是明中葉以後頗為流行的一種通史類制舉用書。綱鑑是司馬光的《資治通鑑》和朱熹的《資治通鑑綱目》兩書妥協後

---

[249] 呂祖謙《十七史詳節》卷首，李堅〈十七史詳節序〉，轉引自錢茂偉《明代史學的歷程》，頁60。

的產物。早在嘉靖初年，綱鑑編纂已經萌芽。如嘉靖三年（1524）刊行的嚴時泰《新刊通鑑綱目策論摘題》，嘉靖十五年（1536）刊行的戴璟《新刊通鑑漢唐綱目經史品藻》、《宋元綱目經史品藻》等。到了萬曆後期，綱鑑的出版達到高峰。這類圖書出版的發達，其背景是科舉的興盛。科舉考試背後有一個巨大利潤潛力的教材與相關參考書市場。為了瓜分其利潤，書商們八仙過海，各顯神通，組織編纂出版了各種綱鑑圖書。[250]自嘉靖以來出版的綱鑑圖書有唐順之的《新刊古本大字合併綱鑑大成》、袁黃的《鼎鍥趙田了凡先生編纂古歷史大方綱鑑補》、王世貞的《綱鑑大全》、《鳳洲綱鑑》、《鐫王鳳洲先生會纂綱鑑歷朝正史全編》、《重訂王鳳洲先生綱鑑會纂》、王錫爵的《新刊史學備要綱鑑會編》、李廷機的《新刻九我李太史編纂古本歷史大方綱鑑》、葉向高的《鼎鍥葉太史彙纂玉堂綱鑑》、焦竑的《新鍥國朝三元品節標題綱鑑大觀纂要》、湯賓尹的《湯睡庵先生歷朝綱鑑全史》、《綱鑑標題一覽》、張鼐的《新鍥張太史注釋標題綱鑑白眉》以及我們接下來要介紹的馮夢龍的《綱鑑統一》。[251]

馮夢龍的《綱鑑統一》，共三十九卷，附前卷一至三，後附《歷朝捷錄》上下卷，合共四十四卷。有明金閶舒瀛溪刊本。馮夢龍對歷史早有研究，故王挺挽詩有「上下數千年，瀾翻廿一史」[252]之句。馮夢龍在序中說明它的成書過程時透露他在少年讀書時即已

---

[250] 錢茂偉《明代史學的歷程》，頁 405-409。

[251] 關於明嘉靖以後刊行的綱鑑類制舉用書，可參閱〈附錄十〉。

[252] 王挺《挽馮夢龍》，見橘君輯注《馮夢龍詩文》（上海：海峽文藝出版社，1985），頁 147。

「沉酣二十一史，尚論溫文諸公」，「其間得一疑義，或佐一辯說，折衷諸家，搜及稗野，坐日忘餐，挑燈夜雨，商榷于名公君子之前，流覽於霜氈星旅之次者，凡幾何年，而遂訂成帙」。書稿完成後的幾十年以來，他都沒有將它公諸於世。一直到他「宦遊閩海」，「於拂弦放鶴之餘，復與兒子裒輯舊文，驅繁治闕，損益詳略」，希望它刊行後「一準於廟堂之牖，翼儒生之帖括，為紫陽諸先輩奉匜執鞬而不敢辭。」[253]

嘉靖以來的綱鑑圖書的出版發達，惜它們或卷帙繁密，或篇幅簡疏，常令讀者無所適從，漫無頭緒。馮夢龍在《綱鑑統一》中遂「以《綱目》、《通鑑》二書為主，遍參先輩纂輯，酌其異同。一代之綱紀必詳，一事之始終必具。而刪削去冗，務極簡要。」[254]同時，他也糾正了「前哲之訛謬」，包括失實之處、筆誤、刪文之誤、紀事之誤以及杜撰之處等。[255]對先輩注釋的不足之處，馮夢龍或對它們進行修改，或在上欄注明。他的原則是：「語，易明者不注；字，易識者不音。」將沒有必要的注釋減到最低，以避免注釋滿紙，令讀者眼花繚亂的情況出現。他也理解到「古地與今不同」，為了方便讀者，乃「查《一統志》注明，令讀者曉然」。此外，為了避免犯上「近刻圈點滿紙」的毛病，他在編輯此書時嚴格地「擇佳言每句圈點之，佳事則用空點」，以免掉入前人的「惡

---

[253] 馮夢龍《綱鑑統一》，馮夢龍〈綱鑑統一自序〉，見《馮夢龍全集》冊 8（上海：上海古籍出版社，1993），頁 6-9。

[254] 同上，〈綱鑑統一發凡〉，頁 1。

[255] 同上，〈綱鑑統一發凡〉，頁 10-17。

套」。[256]他也別出心裁，附以輿地圖、譜系表、職官沿革等等，尤便於士子的記憶和使用。

《資治通鑑》凡二百九十四卷，《資治通鑑綱目》共五十九卷，馮夢龍在編撰《綱鑑統一》時悉心擷取二書的精華，將它們濃縮成三十九卷。此書言簡意賅，深入淺出，化繁為簡，以專便舉業。例如《資治通鑑》在卷十七以至卷二十二記載漢武帝在位五十四年間的事蹟，《綱鑑統一》則於卷八敘述漢武帝和漢昭帝的行止，後者的篇幅已被濃縮為前者的七分之一。以建元二年（西元前139）春，「衛青為大中大夫」一事為例，《資治通鑑》對這段歷史的記事有 340 多字，《資治通鑑綱目》則約有 100 字，《綱鑑統一》參補二書後刪削為：

> 春，以衛青為大中大夫。陳皇后驕妒擅寵而無子，寵浸衰。帝嘗過姐平陽公主，悅謳婦衛子夫，主因奉送入宮，恩寵日隆。子夫同母弟青，冒姓衛氏；青之父鄭季，為縣吏，給事平陽侯家，與侯妾衛媼通，而生青，故冒姓衛。為侯家騎奴，既而子夫為夫人，青為大中大夫。[257]

此段文字，條理清晰，語意淺顯，首尾一貫，雅俗共賞，的確有助於讀者對於歷史發展之來龍去脈有通盤的認知及充分的領略。[258]

---

[256] 同上，〈綱鑑統一發凡〉，頁 18-20。

[257] 同上，卷八，見《馮夢龍全集》冊 9，頁 531-532。

[258] 關於《綱鑑統一》的詳細考論，可參閱蔣美華《馮夢龍史籍著作考述》，見《國立彰化師範大學國文系集刊》第一集（1996），頁 146-151。

除綱鑑著作外，當時書坊還大量的出版了《綱鑑統一》後所附的《歷朝捷錄》系列圖書。這是因為顧充所撰的「《歷朝捷錄》甚便後學記誦」，馮夢龍於是將它「附刻於後」[259]。

顧充，字仲達，一字回瀾。「好古績學，尤邃于史」。隆慶元年（1567）「薦于鄉，任鎮海教諭，兼攝定海，弟子多樂其教」。萬曆二十六年（1598），「大司寇蕭大亨攝樞筦，以充總司廳務」，其「聲望愈蔚，名流推服。終南京都水司郎中。」著有《字義總略》、《古雋考略》、《歷朝捷錄大成》行世。[260]

《歷朝捷錄》曾在清代被列為禁書。沈津說它乃「為習舉業者而設」[261]。它模仿《資治通鑑綱目》的體例而在文字上更為簡練。呂坤說明其內容云：

> 上虞顧子《歷朝捷錄大成》，始于姬周，終於趙宋，以興衰之判者分篇，以關鍵之大者論世，以孅慝之較著概人，以經史子集、山川物志綴語，以玉篇國韻考字釋，為篇二十有一，引用諸書凡二百八十五種，校注名公凡五十余人，計才

---

[259] 馮夢龍《綱鑑統一》，〈綱鑑統一發凡〉，頁19。

[260] 儲家藻修，徐致靖纂《上虞縣誌校續》卷十，見《中國方志叢書·華中地方》第201種第3冊（臺北：成文出版社，1975），頁817-818。

[261] 沈津《美國哈佛大學哈佛燕京圖書館中文善本書志》，頁267。明末刻本《新鐫歷朝捷錄增定全編大成》四卷第五則凡例稱：「錄中有字法、句法、章法，可資舉業者則標出以便熟讀。」此則之語印證了沈津對此書的內容作用的看法。見《四庫禁毀書叢刊》史部冊73，頁369。

三萬餘言，上下二千載間，略舉之矣。[262]

由於它僅有二卷，三萬多字，可說是極為簡要地記錄了從東周到南宋這一千多年的歷史，對初學舉子業的士子尤其便利。士子將它從頭到尾閱讀一遍，就能在短時間內大致掌握這一千多年的歷史。對這段歷史有了一定的掌握後，進而更深入地研習其他卷帙較為龐大的通史類制舉用書。由於它頗具實用價值，故它問世後「一時膾炙人口」[263]。當時市場對此書的需求很高，不斷翻印，以至「字板磨滅」。[264]它除了有重刻本、新刻本外，還有以湯賓尹、顧憲成、陳繼儒、李廷機、茅坤、王世貞等名人為號召的音釋本、批點本、重訂本刊行於世。由於對東周以前、宋代以後的的史事在此書中沒有得到反映，因此就有了增補這段歷史的需要。明末刻本《新鐫歷朝捷錄增定全編大成》凡例云：

是錄先生原本始于東周，承紫陽作《綱目》之意也。然初學未涉全史，三皇五帝之略不可不明，況昭代列聖仁心仁政，為法萬世存而不彰，尤為缺典。茲特搜采備，名為《大

[262] 明萬曆間定海學宮刊清康熙間修補本《歷朝捷錄大成》二卷，呂坤〈序〉，見《國立中央圖書館善本序跋集錄·史部》（臺北：國立中央圖書館，1993），頁 408。

[263] 明崇禎吳門王公元刻本《新鐫歷朝捷錄增定全編大成》四卷扉頁刊辭，轉引自沈津《美國哈佛大學哈佛燕京圖書館中文善本書志》，頁 268。

[264] 轉引自沈津《美國哈佛大學哈佛燕京圖書館中文善本書志》，頁 268。

成》，庶為古今事蹟無餘憾云。[265]

因此，坊間也開始出現了一些在顧充《歷朝捷錄》二卷本的基礎上擴而充之的增訂本。除了增補東周以前的史事外，還有張四知的《元朝捷錄》一卷和李良翰的《皇明捷錄》一卷，分別記錄了元明的史事。更有坊商將這幾部書合印出版，使三代至明代的史事能夠得到完全的反映。在不斷的增補的情況下，此書在原來的二卷本的基礎上出現了四卷本、五卷本、八卷本和十卷本。[266]

除通史類制舉用書外，當時坊間還出版了一些解說個別史籍的制舉用書，像《史記》有《史記評林》、《史記萃寶評林》、《史記綜芬評林》、《新鍥侗初張先生評選史記雋》、《鼎鐫金陵三元合選評注史記狐白》、《新鋟朱狀元芸窗彙輯百大家評注史記品粹》等；《漢書》則有《漢書評林》、《漢書萃寶評林》、《漢書評林品粹》、《鼎鐫金陵湯會元評釋漢書狐白》、《纂評注漢書奇編》等。這些制舉用書，都是用來幫助士子更加深入地掌握古代歷史。

八、類書

據前文的討論，我們知道供科舉考試參考用的類書在唐代已開始出現。經歷宋元的發展以後，類書的編纂與出版到了明代更加興

[265] 顧充撰，鍾惺等補《新鐫歷朝捷錄增定全編大成》，〈凡例〉，見《四庫禁毀書叢刊》冊 73，頁 369。

[266] 關於明代所刊行的《歷朝捷錄》系列的細目，可參閱〈附錄十一〉。

旺發達。張滌華指出：「類書之盛，要推明代及清初為造其極。」[267]在明代出版的眾多類書中，有為詩文取材的，有供啟蒙之用的，有備家常日用的，還有不少是為科舉設的類書。裘開明在〈四庫失收明代類書考〉一文中指出：

> 朱明一代，推重科舉，對經義考證，無大發明。士子赴考，須撰時文，於是可供科舉之類書應運而生。其規模之巨集，超越各朝。……中國類書至清乾隆朝共計二百八十二種，內明代一百三十九種，其他朝代合計一百四十三種，是朱明一代幾等於漢、唐、宋、元、清之總數。[268]

在明代出版的類書中，有不少是供科舉用的類書。這些類書，都是編輯來幫助士子在短時間內掌握古今百科事物，以便在答卷時引經據典，突出自己的「學通古今」、「博學多才」，借此得到考官的青睞而中式。這類制舉用書，除前述的顏茂猷的《六經纂要》、袁黃的《群書備考》外，還有鄧志謨（1559-?）的《鍥旁注事類捷錄》。

地方誌說鄧志謨「好學沉思，不求聞達」，「其人弱不勝衣，而胸藏萬卷，眾稱『兩腳書櫃』」。從「兩腳書櫃」這個譽稱可見他的博學多識。著有《古事苑》、《事類捷錄》、《黃眉故事》、

---

[267] 張滌華《類書流別》（北京：商務印書館，1985），頁30。

[268] 裘開明〈四庫失收明代類書考〉，見劉家璧編訂《中國圖書史資料集》（香港：龍門書店，1974），頁655-656。

《白眉故事》等。[269]鄧志謨的族兄鄧士龍在《鍥旁注事類捷錄》的序稱：「維余族際明甫，幼稱穎敏，長擅博物」。「丁年屈首，暫戢翼于雲程。」[270]由此可見。鄧志謨是個困於場屋、科場上不得意的書生，此後無意科場，才從事編纂和創作以謀生。而像鄧志謨這樣的際遇可以說是晚明從事編纂和創作的文人的一個典型。[271]

《鍥旁注事類捷錄》應當是鄧志謨在萬曆年間為建陽余氏塾師時所編，書成後交給余彰德的萃慶堂刊行。此書的扉頁刊：「茲編窮古今天地民物而總之，名曰《事類捷錄》。披卻導窾，有庖丁之技；走線穿珠，多天孫之巧。繁而能約，簡而能工，誠後學晬盤，舉業捷徑也。」[272]這則刊語，不僅說明了此書的特點，也強調了它對士子準備科舉考試的用處。它按內容性質分類編排，先分成若干個大部類，分天文、地輿、君道、官品、人品、性情、女子、法教、歲時、宮室、倫道、身體、德器、人事、百花、百木、飛禽、走獸、昆蟲、水族、文具、武具、音樂、雜具、飲食、果實、珍寶、衣服、吉事、凶事。部類下再細分若干小類。此書引用書目，包括經傳、諸子、正史、別史、圖注、志乘、傳記、詩話、別集、類書等 183 種。它分上下兩欄，下欄為正文，大字隔行排序，行間

---

[269] 朱潼修（同治）《安仁縣誌》卷二十六，〈人物·處士〉，見《中國地方誌集成·江西縣府志輯》冊 32（南京：江蘇古籍出版社，1996），頁 772。

[270] 鄧志謨《鍥旁注事類捷錄》十五卷，鄧士龍〈事類捷錄引〉，見《故宮珍本叢刊》冊 491（海口：海南出版社，2001），頁 341。

[271] 金文京〈晚明小說、類書作家鄧志謨生平初探〉，見《明代小說面面觀：明代小說國際學術研討會論文集》（上海：學林出版社，2002），頁 326。

[272] 鄧志謨撰《鍥旁注事類捷錄》十五卷，扉頁刊語，轉引自《美國哈佛大學哈佛燕京圖書館中文善本書志》，頁 460-461。

有小字解釋名詞或概念，上欄也有小字解釋名詞或概念。如天文部起始部分云：

> 粵自太極肇分，兩儀定位。㊝也，得一以清，高焉，明焉，乃域中稱最大者，豈區區之管而可以窺也乎！

在上欄解釋「得一以清」云：

> 得一以清 老子云：「天得一以清，地得一以寧，神得一以靈，穀得一以盈，侯王得一以為天下貞。」

又解釋「管窺」云：

> 管窺 東方朔《答客難》云：「以管窺天，以蠡測海。」

下欄旁有小字解釋「域中最大」云：

> 域中最大 老子云：「域中四大謂天大、地大、道大、王亦大也。」[273]

鄧志謨在這裏分別引用了老子和東方朔的話來解釋「得一以清」、

[273] 鄧志謨撰《鍥旁注事類捷錄》卷一，〈天文部·天〉，見《故宮珍本叢刊》冊 491，頁 349。

「管窺」和「域中最大」三個概念。故「此類小類書，乃為未步入仕途之舉子所需」，將它從頭到尾徹底研讀一番後，對各事各物也算得上是略知一二了。此書除了有萬曆間的萃慶堂刊本外，還有德聚堂刊本及名山堂刊本。[274]

此外，當時書坊還刊行了提供準備策論這兩場考試使用的類書，其中有林德謀的《古今議論參》和呂一經的《古今好議論》。

林德謀，字采公。閩人。曾從學曹學佺遊。《古今議論參》所選以古今時務文字為主，且多名人所寫，如班固、賈誼、董仲舒，牛僧孺、孔穎達、韓愈，歐陽修、蘇軾、真德秀，張居正、方孝孺、王世貞等。[275]卷一至三天官、卷四至五輿地、卷六至八國本、卷九至十八國勢、卷十九至二十五經籍、卷二十六至二十七職官、卷二十八至二十九吏部、卷三十至三十五戶部、卷三十六至四十五禮部、卷四十六至五十五兵部、卷五十一至五十二刑部、卷五十三至五十五工部。它在清代被列為禁書，《清代禁毀書目》稱它「乃當時策科之書，摭拾舊文，語皆習見，本無可取，其第四十八卷中，悖謬字句甚多，應請銷毀」。[276]

呂一經，字子傳，號非庵，吳縣人。崇禎四年（1631）進士，官至河南提學副使。[277]鄧嗣禹介紹《古今好議論》的內容和作用

---

[274] 沈津《美國哈佛大學哈佛燕京圖書館中文善本書志》，頁 461。

[275] 同上，頁 257。

[276] 《清代禁毀書目》補遺一，見《書目類編》冊 14（臺北：成文出版社，1978），頁 5992。清初，滿漢文化衝突。故而清初禁止明代編撰的制舉用書的刊行，其實質是禁止反滿以及肅清文人對故國的懷念。

[277] 《四庫全書總目》卷一三八，子部類書類存目二，頁 1175。

說：「是書采諸儒議論，上起兩漢，下迄明季，凡有關國謨，有裨學術者，皆因類編入。分經學、經濟二門：經學之下，分總論六經、易、詩、書……諸經、諸子百家等二十二類；經濟門分君道、臣道、任事、英雄、人物、才品等二十四類；每類摘錄議論若干則，全書共五百五十六則；每則示出某人某文集及某篇，書上有眉批；蓋為備場屋，便觀覽之用也。」[278]它在部類或小類下徵引各家論文。如卷一「總論經學」引用了邵雍〈皇極經世書內篇〉、王守仁〈六經論〉、湯顯祖〈尊經閣碑〉、鄭樵〈讀詩易法〉等對經學總體評述的論文；卷七「治道・聽言用人」徵引了屠隆〈救荒議序〉、劉晝〈知人篇〉、劉邵〈人物志〉、《李空同集》、歐陽修〈公為君難論・論用人之難〉、〈五代史傳論〉、晁補之《雞肋集》、李德裕、蘇洵〈論御將〉、〈論任相〉和何景明〈論任將〉等的相關論文。[279]

除上述的類書外，供科舉用的類書還有唐順之的《新刊唐荊川先生稗編》、瞿景淳、朱大韶的《新刊文場助捷經濟時務表箋》、浦南金的《修辭指南》、陳興郊的《廣修辭指南》、施仁的《左粹類纂》、王三聘的《事物考》、秦汴的《三才通考》、何應彪的《彙考策林》、江旭奇的《朱翼》、馮琦的《經濟類編》、邵景堯的《新刻邵太史評釋舉業古今摘粹玉圃珠淵》、陳繼儒的《舉業日用秘典》、劉葉的《新鐫歷代名賢事類通考》、施澤深的《急覽類

---

[278] 鄧嗣禹編《燕京大學圖書館目錄初稿・類書之部》（北京：燕京大學圖書館，1935），頁 89。

[279] 《古今好議論》見收於《四庫全書存目叢書》子部冊 221。

編》、陳子壯的《新鐫陳太史子史經濟言》、葉向高的《說類全書》、查繼佐的《諸子類纂》、顏茂猷的《經史類纂》、張九韶的《群書拾唾》、袁均哲的《群書纂類》、王世貞的《異物類考》、《彙苑詳注》、余時行的《群書纂粹》、徐鑒的《諸書考錄》、《諸經紀數》、周儒礪的《藝圃萃盤錄》、張元忭的《翰林諸書選粹》、徐常吉的《六經類聚》、《事詞類奇》、卓有見的《策統綱目》、徐炬的《古今事物原始》、韓孔贊的《古史彙編》、馮廷章的《子史彙纂》等等。[280]從種數來看，這些供科場之用的類書絕不遜於四書五經講章和八股文選本。有名人所編輯的，也有一些較不為人知的文人所編輯的。必須指出的是，前朝編纂的類書並沒有因為時代的久遠而被湮沒，像《事文類聚》、《古今合璧事類備要》和《源流至論》等在明代也屢有書坊將它們翻刊。在翻刊這些前代的類書時，書坊主也不忘在書名中冠以「新編」、「新箋」等來強調它們在出版前已經過修訂，如《新編古今事文類聚》和《新箋決科古今源流至論》等，以表示它們已經注入了切合時代的內容，仍具有參考價值。

九、諸子彙編

明中葉以後的書坊也出版了不少彙集子書篇章的制舉用書。為敘述的方便，我們在這裏稱它們為諸子彙編。這類制舉用書的「體例略如類書，但不分門目，與經義絕不相涉」[281]。自先秦以來，子

---

[280] 詳參〈附錄十二：明人編撰制舉用書·類書〉。

[281] 《四庫全書總目》卷一三一，子部雜家類存目八，頁 1116。

書名目眾多，卷帙浩繁，要士子讀遍並消化這些子書的內容，以便在科場上臨文引用，可想而知必須花費相當份量的時間。即使有心要遍覽子書一遍，限於當時的種種條件，可能也無法做到。同時，一些子書也因社會動亂而散佚，其片斷被收錄於各種類書之中，要閱讀起來也甚為不便。因此，彙集子書中的重要篇章，並予以評釋與圈點的諸子彙編便應運而生。顯而易見，它們的好處是能夠幫助士子在極短的時間內掌握與理解眾多子書中的重要篇章的意蘊，以配備他們在征戰科場時引經據典，顯示他們的博識，也表示他們跟得上潮流。[282]

這類制舉用書始於宋代洪邁的《經子法語》。它「摘經子新穎字句以備程式之用。凡《易》一卷，《書》二卷，《詩》三卷，《周禮》二卷，《禮記》四卷，《儀禮》、《公羊傳》、《穀梁傳》、《孟子》、《荀子》、《列子》、《國語》、《太玄經》各一卷，《莊子》四卷。」[283]在明代刊行的這類參考書則有黎曉卿的《諸子纂要》、沈津的《百家類纂》、胡效臣的《百子嘴華》、焦竑校正、翁正春參閱、朱之蕃圈點的《新鍥翰林三狀元彙選二十九子品彙釋評》、歸有光輯的《諸子彙函》、楊起元的《諸經品節》、陳深的《諸子品節》、湯賓尹的《再廣歷子品粹》、胡尚洪

[282] 明中葉以後的士子在寫作八股文時有如萬曆十五年（1587）禮部上奏的傾向：「國初舉業有用六經語者，其後引《左傳》、《國語》矣，又引《史記》、《漢書》矣。《史記》窮而用六子，六子窮而用百家，甚至佛經、《道藏》摘而用之，流弊安窮。」（見《明史》卷六九，〈選舉一〉，頁1689。）故這些諸子彙編便利了士子對百家的引用。

[283] 《四庫全書總目》卷一三一，子部雜家類存目八，頁1116。

的《子史碎語》、李雲翔的《諸子拔萃》等。和《經子法語》比較起來，明代刊行的諸子彙編的內容更加豐富多姿。我們現通過託名歸有光輯的《諸子彙函》來視察這類圖書的一些特點。

歸有光（1507-1571），字熙甫，又字震川，徙居嘉定。他八、九歲就能讀書作文，十四歲開始應童子試，二十歲考了第一，補蘇州府學生員，同年到南京鄉試，未中，一直到嘉靖十九年（1540）三十五歲舉應天鄉試第二名，聲名大噪。以他的實學與聲望，考中進士原本應該易如反掌，卻偏偏「八上公車不遇」，一直到嘉靖四十年（1565）才以六十五歲的高齡考中了三甲進士。歷任長興縣知縣、順德府馬政通判，隆慶四年（1570）升任南京太僕寺丞。制舉業湛深，為嘉靖大家，力挽頹風，使天下人復見宋人經義之舊。[284]

歸有光雖然在仕途上蹭蹬終生，但卻博極群書，不像一般舉子只攻宋、元經注和研習八股而已。他的著作有《易經淵旨》、《尚書別解》、《讀史記纂言》、《兩漢詔令》、《三吳水利錄》、《道德南華經評注》、《震川文集》等，涉及經史子集各部，可謂著作等身。他曾取「近科《會試錄》及鄉試墨卷」數十篇編成供舉子研習的《程論》，[285]也曾編纂「起自壬午，至癸卯」的《（鄉試）程策》[286]。此外，還有以下的《諸子彙函》。

歸有光在〈凡例〉透露此書的旨趣說：「諸子各集浩繁，窮年難竟，選句摘段，則氣脈全斷，古人之意亦失。茲彙成篇，以標奇

---

[284] 《明史》卷二八七，歸有光本傳，頁 7382-7383。

[285] 歸有光《震川先生集》卷五，〈跋程論後〉（上海：上海古籍出版社，1981），頁 121-122。

[286] 同上，頁 122。

勝。」又說明收錄範圍說：「自周初，洎春秋戰國，以逮兩漢，固稱子。若晉唐我明，自為一家，言者獨非子乎，可置諸。」[287]共收有以下九十四種子書的篇章：

周	鬻子、子牙子、關尹子、子華子、老子
春秋	莊子、列子、墨子、管子、亢倉子、晏子、鄧析子、鬼谷子、文子
戰國	公孫龍、商子、鶡冠子、司馬子、吳子、尹文子、孫武子、尉繚子、玉虛子、鹿谿子、慎子、汗子、屍子、鬻囂子、荀子、韓非子、波弄子、惠子、胡非子、子家子、希子、薛子、胡風子、三柱子、歲寒子
秦	首山子、呂子、潼山子、雲晃子、隨巢子、孔叢子
西漢	黃石子、雲陽子、金門子、淮南子、桂嚴子、封龍子、吉雲子、青藜子、揚子、符子、金樓子
東漢	荊山子、委婉子、白虎通、風俗通、慎陽子、釁山子、回中子、君山子、天隱子
蜀漢	嵖岈子、徐子、小荀子
魏	鏡機子
晉	抱朴子、白雲子、靈源子、雲門子、於山子、石匏子

[287] 歸有光《諸子彙函》，〈諸子彙函凡例〉，見《四庫全書存目叢書》子部冊126，頁5。

隋	無能子、譚子（即齊丘子）、文中子
唐	天隨子、鹿門子、玄真子、靈壁子、來子、文泉子、李子
宋	橫渠子、長春子
元	草廬子、道園子
明	郁離子、龍門子[288]

它分上、下兩欄。上欄眉批，下欄正文，選錄每部子書的幾種篇章，間有雙行小字注文，精要處有圈點和抹畫，正文後援引諸家對是篇的評論。其所援引諸家包括宋人邵雍、胡寅、呂祖謙、朱熹、真德秀等 12 家，元人吳澄、楊維楨、虞集等 3 家，明人宋濂、方孝孺、楊士奇、丘濬、王守仁、楊慎、蔡清、唐順之、李春芳、茅坤等 175 家，總共 190 家。如卷一《鬻子》的〈撰吏五帝三王傳政〉、〈貴道五帝三王周政〉、〈數使五帝治天下〉、〈道符五帝三王傳政〉、〈治理〉等篇的文末都援引了楊慎對這些篇章的評語。

四庫館臣批評它說：「多有本非子書而摘錄他書數語稱以子書者。且改易名目，詭怪不經。如屈原謂之玉虛子，宋玉謂之鹿谿子，江乙謂之囂囂子，魯仲連謂之三柱子」，「皆荒唐鄙誕，莫可究詰，有光亦何至於是也。」[289]屈萬里認為「此書題歸、文二氏，

---

[288] 歸有光《諸子彙函》，〈諸子總目〉，頁 6-7。

[289] 《四庫全書總目》卷一三一，子部雜家類存目八，頁 1121。

蓋皆書賈所偽託；文序殆亦贗鼎也」[290]。由於歸有光在當時的文名甚高，故被書賈盯上，出版偽託其名之作也是意料中事。

上文所述的制舉用書的種類，主要是根據明政府所規定的考試內容和形式所進行的調查而整理得出，是當時坊間較為常見的幾個種類，當時坊間流通的制舉用書可能還不止以上幾種。

通過本節的考察，我們發現明中葉以後所出版的坊刻制舉用書既有與前代相承之處，又有其獨創之處。與前代相承的包括四書五經講章、古文選本、論表策試試墨彙編、類書、通史類和諸子彙編等幾類制舉用書，其獨創的則有八股文選本和翰林館課兩大類。過去學者們對明代制舉用書的零星討論中，往往讓人們誤解在明代通行的制舉用書僅有四書五經講章、八股文選本和稿本等幾種。這可能與明代科舉考試只重首場的傳統看法有關，而以為書坊所出版的只是和這場考試有關的制舉用書。實際上，明政府除重視首場的經義和四書義外，也並沒有忽視第二場的「論」和第三場的「經史時務策」，因為唯有通過這兩場考試，才能選取到有見識、有才能的治國人才。由於朝廷希望通過科舉考試物色到「全材」，因此，士子倘若在首場考試中跌了筋斗，他們的才識也無形中被打了折扣，已不符合「全材」的標準。更何況首場表現不佳，也意味著這些士子對朝廷信守的程朱學說的認識不夠精深，還沒有完全被牢籠在程朱學說的思想框框。故對朝廷和考官而言，利用這場考試先淘汰那些表現不佳的士子也是合情合理的，更何況這種做法也可以減輕考

[290] 屈萬里《普林斯頓大學葛思德東方圖書館中文善本書志》，見《屈萬里全集》冊 12（臺北：聯經出版事業公司，1984），頁 133。

官接下來的工作負擔。至於士子若要在考試中脫穎而出，也不能滿足於四書義和經義的準備工作。如果他們要名列前茅，爭取較好的排名，也必須花費相當的精力準備第二、三場考試。尤其是科舉考試的最後一道關口——殿試也僅試策。所以當時的圖書市場上除了有大量的四書五經講章、八股文選本和稿本通行外，也充斥著大量的古文選本、明文選本、翰林館課、類書、通史、諸子彙編、論表策試試墨彙編和範文選本等各式各樣的制舉用書，來滿足士子全方位的備考需要。

本文以成化年間杭州通判沈澄刊行的《京華日抄》這部時文集為明代制舉用書肇始的年代，但並非說在成化以前全無制舉用書的出版，像在洪武年間就有鄧林的《四書補注備旨》、張九韶的《群書拾唾》等，但在沒有相應的社會條件的配合下，使得制舉用書的出版活動在成化以前沒有形成一種氣候。反觀成化以後，在相應的社會條件的配合下，《京華日抄》這部時文集就成了啟動制舉用書生產線的按鈕，前代編撰的制舉用書以及明代編撰的四書五經講章、八股文選集、類書等開始在坊間出現，在江南與建陽等各書坊的推波助瀾下，逐漸形成一股勢頭，內容齊備與形式多樣的制舉用書接踵而來，至遲在萬曆末年給士子們提供了種類齊備的制舉用書，全面地滿足他們備考的需要。

必須指出的是，不少制舉用書在備戰三場考試時都可以互為參用，像古文選本、明文選本、翰林館課、諸子彙編等，不僅可供學習八股文揣摩使用，也可以利用在策論的寫作學習上。四書五經講章也不僅可用於首場的四書義和經義考試的備考，也可用於後場的經史策的備考。

如果以學科性質來給這些制舉用書進行歸類的話，經、史、子、集四部均都俱在。經部有四書五經的講章、舉業制藝和考據訓詁；史部有綱鑑和《歷朝捷錄》系列的通史類制舉用書；子部有類書和諸子彙編等；集部則包括八股文選本、古文選本、明文選本、翰林館課，以及論表策試試墨彙編等。和士子們朝夕相對的就是這些四部俱在的制舉用書，士子們希望通過對它們的鑽研而成為「全材」，在科舉考試中名列前茅。

從這些制舉用書的選題來看，有幾個值得注意的現象。首先，在當時的制舉用書市場中，書坊主特別留意重點書籍的爭奪，像四書五經講章與八股文選本是書坊主力爭的重心，這顯然與當時考試重視首場息息相關。其次，書坊主和文人也非常注意給老選題注入新的血液，如書坊主在顧充的《歷朝捷錄》原刻本的基礎上，又陸續邀約「名人」給它進行了重訂、音釋或批點等增值的工作，改頭換面一番後再刊行於世。像郭偉也是一個翻新高手，一部四書到了他的手裏，竟然可以搞出五十多種名目來。其中《明公答問》、《百方家問答》、《國朝名家四書講選》等都是一些彙集諸家詮釋四書的講章，但經過他翻炒一番後，又再以新的名目面世。除此之外，一些四書講章也往往在坊間流傳一段日子後，經由後人予以修訂、增補的工作，如湯賓尹的《四書脈》在後來就曾經由徐奮鵬的增訂和余應虯的參補後，成《增補四書脈講意》；陳祖綬的《四書燃犀解》也曾經由夏允彝等人的參補，成《近聖居三刻參補四書燃犀解》。最後，書坊主和文人更留心這個圖書市場中的新熱點，並注意跟進。像金陵萬卷樓在推出《經世宏辭》，並從中嘗到甜頭後，乘勝追擊，很快地就在三年後推出續集。其他書坊也很快地東施效顰，陸續出版了不少各科的翰林館課。又如子書的出版在萬曆年間喧囂一時，書坊主也重視這個出版熱點的跟進。[291]據《新鍥朱狀元芸窗彙輯百大家評注史記品粹》卷首的刻書目錄所示，余象斗刻了《歷子品粹》和《廣歷子品粹》後，再刻《再廣歷子品粹》，共收四十八家，形成了較大的規模，造成了頗大的聲勢。這也說明《歷子品粹》和《廣歷子品粹》極為暢銷，余象斗才會打鐵趁熱，隨即跟進，推出《再廣歷子品粹》。[292]

從這些制舉用書的深度來說，它們不僅全面地照顧到三場考試的需要，也同時周到地照顧到各種級別的士子的需要。大體來說，像《唐宋八大家文鈔》、《歷朝捷錄》、《鍥旁注事類捷錄》以及

---

[291] 王建《明代出版思想史》（蘇州：蘇州大學博士論文，2001），頁 124。子書成為出版熱點，與明代文人喜自冠「子」有很大的關係。這種風尚自明初開其端，像劉基（1311-1375）的著作以《郁離子》為書名、葉子奇（約1327-1390）以《草木子》為書名等。萬曆間自稱某某子的文人更眾，連湯顯祖也「常欲作子書自見。復自循省，必參極天人微窈，世故物情，變化無遺，乃可精洞弘麗，成一家言。貧病早衰，終不能爾」。（見徐朔方箋校《湯顯祖全集》冊二，卷四十七，〈答張夢澤〉，頁 1121。）

[292] 《四庫全書總目》卷一三二（頁 1124）考論此書云：「舊本題湯賓尹編」。「考《明史藝文志》及《江南通志》皆無此書名。卷前題為『百大家批評、會元湯賓尹輯，諸名筆錄注，書林余象斗梓』。前有賓尹序，稱雙峰堂余君，鋟《正歷子》行矣，爰授以《廣歷子》云云。端稱《再廣歷子》，中縫又稱《續歷子》，已參錯無緒。而所列二十四家子書，又多杜撰名目，如《六韜》謂之《尚父子》，《詩外傳》謂之《韓詩子》，《潛夫論》謂之《王符子》，《忠經》謂之《馬融子》，劉晝《新論》謂之《孔昭子》，《論衡》謂之《王充子》，《前後出師表》謂之《孔明子》，陸贄《奏議》謂之《陸宣子》，《駱賓王集》謂之《賓王子》，殆於一字不通。賓尹雖僅工時文，原非讀書稽古之士，亦不荒謬至此，疑或託名歟。」

一些載錄經文的四書五經講章，針對的是那些尚未在鄉試中式的士子的需要。至於狀元策、會試程墨，以及一些不錄經文的四書五經講章，著眼的則是那些正朝向會試衝刺的舉人的需要。當然，初學者如果覺得他們的程度已夠，也不會有人去阻止他們購買並研讀那些供資深士子使用的制舉用書。事實上，當時的書坊通行著不少可供任何程度的士子使用的制舉用書，像一些八股文選本、古文選本、翰林館課、類書、諸子彙編等。初學者可從中挑選出適合他們程度的篇章來研讀，實際上就算讀了一些較他們程度為高的篇章也是有益無害的。較資深的士子也可以從中選擇一些符合他們需要的篇章來閱讀，像類書、諸子彙編等也都可置於案頭以備不時之需。通過前文的討論，我們大約可斷定在明代這個有計劃的淘汰性的考試制度中，當以尚未在鄉試中式的士子占絕大部分。這麼一來，出版專供迎戰會試的制舉用書的贏利肯定較少，這是因為購買專用於會試的制舉用書的讀者較少。折衷的辦法就是出版一些適合任何程度的士子都能參考的制舉用書，初學者大多也不會介意購買一些部分內容超越他們的程度的制舉用書。更何況除了那些有時效性的八股文選本和部分講章外，其他「普及本」制舉用書在士子「晉級」後還可以繼續使用。對出版適合任何程度的士子的制舉用書的書坊來說，也可以「一網打盡」這類圖書的全部讀者，增加圖書的銷售。

第二節　士子閱讀習慣的周全照顧

通過對明中葉以後坊間通行的制舉用書的考察，我們可歸納出這類圖書在形式上的幾個特色。

首先，這些圖書主要採用雕版印刷術來製作。明中葉以後，隨著出版業的興盛，印刷術也在不斷的嘗試中漸趨成熟。自萬曆以來，以活字印刷、套色印刷和插圖這三種印刷技術的發展和創新最值得重視。據我們的觀察，活字印刷術鮮少為書坊採用來製作制舉用書。從經濟成本方面考量，活字印刷投入的成本高，也不能提供品質的保證。基於上述原因，使得那些打算投入小資本來牟取厚利的書坊望活字印刷技術而卻步。由於版式製作方面的限制，也使得書坊捨棄活字印刷而採用雕版印刷。不少制舉用書為了配合士子的閱讀習慣，而在內文採用雙節板的形式，下欄往往為正文，或者在正文以外，加上諸家的說解；至於上欄或者為參補者的批語，或者為諸儒訓解，或者依章節論其旨趣等等。[293]這樣的一種形式，顯然

---

[293] 周啟榮認為晚明出版的四書講章的版面將四書原文和朱《注》安排於下欄，而將評注者的注釋作為「章旨」或「新意」安排在上欄的做法，顯示了時人評注在版面上的提升；而評注完全從經典文本獨立出來，則是此一轉變的更進一步的發展，這種轉變也代表了文人權威的提升。見Chow Kai-wing, *Publishing, Culture, and Power in Early Modern China*, pp. 157, 174-175。書坊主將評注者的注釋安排在上欄確實是有突出評注者的注釋目的，但這是否也意味著書坊主在考量了讀者的閱讀習慣和程度後所做的安排。這是因為他們出版的制舉用書所面向的不僅是「資深」的士子，也包括了資歷較淺的讀者。資深士子由於已掌握了經典文本的內容，故閱讀時可省略下欄經典文本的原文而直接閱讀上欄的注釋（當然偶爾也參照經典文本的原文）。資歷較淺的士子在閱讀注釋時還需不斷的參照經典文本的原文，為了照顧這些資歷較淺的士子，故而書坊主也不能捨棄經典文本的原文，將它們安排在下欄是兩全其美的辦法。至於將評注完全從經典文本獨立出來，除了是為了突出評注者的注釋外，是不是因為這些圖書的銷售對象主要是資深士子的緣故而沒有必要提供

較易在雕版印刷術中展開。同樣的，除《四書翼經圖解》、《歷朝捷錄》以及類書等需要圖解的制舉用書外，一般的制舉用書都沒有在書中加入插圖。這不僅是基於經濟方面因素的考量，還是因為絕大多數的士子都有較高的知識層面而使得他們只需要文字解釋，不適當地加入插圖反而是畫蛇添足。和活字印刷以及版畫比較起來，套色印技術可說是制舉用書中較為常用的技術。它們一般都是朱墨雙色的印本，墨色用於正文，朱色用於批點、圈點等，如前述的《皇明歷科四書墨卷評選》、《九會元集》等。

此外，不像活字版在製版後必須進行大量的印刷，印刷後即拆版以便將字粒使用在其他的書版上，雕版印刷的優越性不僅在於書版可以較長時期的儲存，書坊主也可以根據市場對選題的需求來控制印刷數量。對於那些資本有限的書坊主來說，雕版印刷更凸顯其優越性。他們可利用這個方式刊印少量的圖書到市場銷售，一方面可利用這些圖書來給市場探溫，看看市場對所出版的圖書反應。另一方面也可避免出現因圖書滯銷而返倉的情況，影響資金的周轉。如果市場對所出版的圖書有正面的反應，他們可在收回成本後購買更多的紙張再將它重版。這個優越性使得那些有意涉足出版業的商人能夠利用有限的資源來進行投資，也使得從事出版業成為一個風險較低的行業。[291]

其次，這些圖書的版式安排都周全地照顧到士子的閱讀習慣。

經典文本的原文，還是書坊主為了容易雕刻，以便在最快的速度完成生產的工作，儘快將圖書推向圖書市場，賺取盈利。這都是一些值得探討的問題。

[291] Chow Kai-wing, *Publishing, Culture, and Power in Early Modern China*, pp. 61-62.

據我們對這時期出版的制舉用書的版式所進行的考察，[295]發現當時所出版的制舉用書的版框面積存在差異，面積最小的是明萬曆書林熊沖宇刻本《鐫重訂補注歷朝捷錄史鑑提衡》，框高 17.7 公分，寬 12.4 公分；最大的是明崇禎刻本《四書湖南講》，框高 23.4 公分，寬 14.3 公分。一般的制舉用書的版框面積都介於兩者之間。至於字數方面，每半頁中字數最少的同樣是上述的《鐫重訂補注歷朝捷錄史鑑提衡》，僅 119 字；字數最多的是明崇禎大業堂刻本《歷科廷試狀元策》，共 300 字。前者字數少，其版框亦小，其框高 17.7 公分，寬 12.4 公分。後者字數多，其版框稍大，其框高 19.5 公分，寬 12.5 公分，面積不算很大，版式安排得相當密集。此外，根據附錄十三圖表所列的制舉用書來估算，發現這些圖書的平均框高在 20 公分左右，平均寬度在 13 公分左右，平均字數為 206 字。那麼，這樣的版式安排算是密集嗎？

和明代小說的版式安排比較起來，平均每半頁 206 字的版式安排應該說是疏朗的。以《三國演義》為例，它在萬曆以後的版式安排有越來越密集的趨勢。[296]

---

[295] 所考察的圖書主要是據沈津《美國哈佛大學哈佛燕京圖書館中文善本書志》和王重民《中國善本書提要》所著錄的制舉用書，見文末〈附錄十三：明代制舉用書的版式安排〉。

[296] 藺文銳〈商業媒介與明代小說文本的大眾化傳播〉，見《中國戲曲學院學報》第 26 卷第 2 期（2005 年 5 月），頁 80。

表 5.1　明中葉以後《三國演義》版式的變化

書名	刊行時期	行數/字數	半頁字數
《三國演義》	嘉靖元年（1522）刊本	9 X 17	153
	萬曆蘇州舒載陽刊本	10 X 20	200
	萬曆余氏雙峰堂刊本	16 X 27	432
	萬曆誠德堂熊清波刊本	14 X 28	392
	天啟黃正甫刊本上圖下文	15 X 34	510
		15 X 26	390

雙峰堂在萬曆年間刊行的《三國演義》的半頁字數竟可達 432 字，版式安排可說是非常密集。這樣的安排無非是要容納更多的字數，從而減少紙張而節約成本。[297]因此，和小說比較起來，制舉用書的版式還是比較疏朗的。究其原因，是因為大多數小說的讀者純粹是抱著娛樂性和消閒性的目的來閱讀小說，閱讀小說時的態度是輕鬆的，一般都不會字斟句酌，反復推敲小說中的文字。他們更關心的小說的情節發展，有些讀者甚至為了知道一些情節的結局而省略了一些無關緊要的文字敘述，故他們都不會介意安排得比較密集的版式。可是，制舉用書的讀者就不同了，他們購買這些圖書的最主要目的就是要揣摩和研習它們，以便吸取有關的知識和掌握答卷的竅門。因此，他們都是字斟句酌地細讀這些圖書的文字。可以肯定地說，比較疏朗的版式安排肯定使得閱讀更加容易快速，也就更容易吸收有關的知識。更何況比較疏朗的版式也允許讀者有較多的空間

---

[297] 同上。

加上圈點和批語，這在版式安排得比較密集，「寸土如金」的圖書也就比較難辦得到。哈佛燕京圖書館和臺灣國家圖書館中就藏有不少由讀者加上圈點或批語的制舉用書，其中有用墨筆圈點的明萬曆刻本《重訂易經疑問》、明萬曆江氏生生館刻本《周易會通》、明閩芝城書林余氏刻本《葉太史參補古今大方詩經大全》、明萬曆閩芝城書林余氏刻本《張翰林校正禮記大全》、明刻本《周會魁校正四書大全》和明末刻本《四書徵》等；有用朱筆圈點的明崇禎太倉顧氏織簾居刻本《詩經說約》、明崇禎刻本《四書湖南講》、明萬曆大來山房刻本《四書眼》、明末坊刻本《四書折衷》、明崇禎元年（1628）刻本《四書經學考》和明崇禎十三年《新鍥錢太史四書尊古》等；也有用藍筆圈點的明萬曆金陵書林廣慶堂唐振吾刻本《新刻徐玄扈先生纂輯毛詩六帖講意》等；有用朱、墨筆圈點的明崇禎七年（1634）陳氏刻本《四書考》等；亦有用朱、藍筆圈點的明萬曆二十四年（1596）繡谷唐廷仁刻本《新鐫國朝名家四書講選》等；也有圈點與批註並用的，如明末坊刻本《皇明文准》等。這完全是因為它們的版式安排得比較疏朗，才允許讀者有較多的空間加上圈點和批語。

除了將版式安排得比較疏朗之外，書坊主在刊印制舉用書時，似乎也有意識地將天頭（指版心上方的白邊）安排得比較高，以便於士子在這些空間加上評點。如明萬曆刻本《五經集注》的「天頭極高」，沈津認為是「坊賈為士人學子易於批點計也」[298]。明萬曆刻

---

[298] 沈津《美國哈佛大學哈佛燕京圖書館中文善本書志》，頁9。

本《新刻易測》的天頭也甚高，在天頭裏「有缺名圈點」。[299]

因此，書坊主可說是深切地瞭解到士子的閱讀習慣（這可能是得自於讀者或編者的意見回饋），故而有意的將制舉用書的版式安排得比較疏朗，以方便士子閱讀和加上圈點、批語，這說明了書坊主不會為了刻意節約成本（特別是板材和紙張）而忽視讀者的閱讀習慣。實際上，他們也意識到忽視讀者要求而出版版式密集的制舉用書，就可能面對所出版的圖書無人問津，投資失敗的惡果。同時，較疏朗的版式安排也比較容易雕刻，使得刻板的工作早日完成，縮短圖書的製作時間，較快的將圖書推到市場，這對分秒必爭的制舉用書市場而言是至關緊要的。尤其是科舉考試初畢，書坊主們皆蠢蠢欲動，要在最快的時間將程文墨卷推到市場。稍遲一步，就會被對手捷足先登而損失了豐厚的利潤。

再者，在考量士子的閱讀習慣的前提下，書坊主在他們所出版的一些制舉用書中也附加了注釋（句讀、注文、音注）和評點的成分來滿足士子在這方面的需求。不少制舉用書在這方面做到了「句讀有圈點，難字有音注，地裏有釋義，典故有考證，缺略有增補」[300]。當然，給科舉考試規定的教材、輔助讀物以及範文等施以注釋和評點的復雜程度很高，並非一般書坊主所能勝任，都是由書坊主約請的文人來完成，書坊主再將這些文人的成果轉化為商品。

古書一般都是不加標點的，沒有斷句的。一卷一篇、一章一節

---

[299] 同上，頁 16。

[300] 萬卷樓《三國志通俗演義》「識語」。轉引自范軍〈略論古代小說序跋中的出版史料〉，見《華中師範大學學報（人文社會科學版）》2004 年第 6 期，頁 145。

或是一段的文字，往往從頭直落到底；由起至訖，一氣呵成，中間沒有休止、停頓。因而古人讀書時，必須得自行斷句。[301]而印書之有句讀，也是從宋朝才開始的事。[302]但是斷句並非易事。普通讀書人不論，縱或是古代的博學鴻儒，經學大師，時而也不免有誤讀之處。[303]因此，若能在印書中添加句讀，不僅減少了讀者自行進行斷句的麻煩，也加快讀者的閱讀速度，更能將誤讀的情況減到最低點，幫助他們理解經史典籍所要傳達的意旨。一些書坊主深切地意識到句讀對士子所提供的便利，故乃配合士子的閱讀習慣和需要在他們所刊刻的制舉用書中添加了句讀的成份，如明末刻本《詮次四書翼考》、明末刻本《章子留書》、明末刻朱墨套印本《四書參存》、明末刊本《舉業真珠船》、明崇禎十三年刻本《新鍥錢太史四書尊古》、明末刻本《易經說意》、明末小樊堂刻本《幾社壬申合稿》、明末坊刻本《皇明文准》、明末光啟堂刻本《詩經副墨》等皆附刻句讀。

除注入句讀的成分外，一些書坊主也在制舉用書中增添注文來解釋字義、交代歷史背景或糾正誤說等，如萬曆二十二年（1594）明雅堂刻本《新鐫詳訂注釋捷錄評林》的「凡例」稱：「錄中句義

[301] 翁世華〈訓詁與句讀〉，見《新加坡國立大學中文系學術論文》第 74 種（1989），頁 2-3。

[302] 王力〈古書的標點問題〉，見郭錫良，唐作藩等編，王力校訂《古代漢語》（北京：北京出版社，1982），頁 661-672。

[303] 翁世華〈訓詁與句讀〉，頁 2-3。

有傳習之訛者，今皆注釋。」[304]這就使得士子無需查閱相關的工具書或進行深入的考證就能答疑解惑，節省了他們寶貴的時間。

在正文中的重要字句下夾雙行小字注文是比較常見的附刻注文方式，如明刻本《重訂四書輯釋章圖通義大成》、明末坊刻本《四書折衷》、明崇禎二年（1629）鄭重耀刻本《四書宗旨》、明刻本《重刻歷朝捷錄》、明末古吳陳長卿刻本《歷朝捷錄大全》、明萬曆三十三年（1605）刻本《皇明策衡》、明萬曆三十八年（1610）雙峰堂余氏刻本《鼎鐫趙田了凡袁先生編纂古本歷史大方綱鑑補》等都附刻有注文小字雙行。也有在書眉附刻注文的，如明崇禎七年（1634）陳氏刻本《四書考》、明末刻朱墨套印本《四書參存》、明崇禎元年（1628）刻本《四書經學考》等。

不少制舉用書也附加音注給難解文字標音注解，如明萬曆二十二年（1594）明雅堂刻本《新鐫詳訂注釋捷錄評林》的書眉上給「從來歷少、疑難或釋或音間有與俗不同」的字附刻注音。[305]此外，明萬曆書林熊沖宇刻本《鋟王趙二先生校閱音義天梯春秋正文》、嘉靖陳氏積善堂刻本和明書林蔡瑞陽文峰堂刻本《四書集注》、明隆慶余氏敬賢堂刻本《新刊翰林考證綱目批點音釋少微節要通鑑大全》等也都附刻音注。

如果說句讀、注文、音注等成分是著眼於注釋性質的，那麼，一些制舉用書像八股文選集、古文選集、翰林館課等，在正文中添

---

[304] 顧充《新鐫詳訂注釋捷錄評林》，〈捷錄評林歷代凡例〉，見《四庫禁毀書叢刊》史部冊22，頁552。

[305] 顧充《新鐫詳訂注釋捷錄評林》，〈捷錄評林歷代凡例〉，頁552。

加了評點的成分則是著眼於鑒賞性的。被收入選集中的作品都有一定的水準，值得借鑒與效仿。但是，如果沒有「仙人指路」，清楚地給讀者交待作品的優長之處，讀者也無從借鑒與效仿。因此，在正文中加入評點也是符合士子的閱讀需要的。評點包括了批評和圈點兩個部分。所謂圈點，是指給書或文章的正文部分中特別精彩的字句描寫以及重要字句加上點線或圓圈等。[306]其形式多種多樣，常用的有圈（或圈點），點（或旁點）和抹等。「圈點」是在字的旁邊加上小圓圈；「點」是在字的旁邊加上小圓點；「抹」則是指線：這諸種符號統稱「圈點」。與「圈點」並用的「批評」就是對選文的各有關部分加以簡短的評論。根據它在書頁中的位置，可分為眉批、夾批、旁批和總批；也稱眉評、夾評、旁評及總評。「圈點」和「批評」合在一起，稱為「評點」，或「批點」。總之，不論「圈點」還是「批評」都是對正文進行批評的一種行為。[307]自南宋

[306] 葉德輝在《書林清話》中對刻書有圈點之源流有頗為精簡的論述：「刻書本之有圈點，始於宋中葉以後。岳珂《九經三傳沿革例》，有圈點必校之語，此其明證也。孫《記》宋版《西山先生真文忠公文章正宗》二十四卷，旁有句讀圈點。瞿《目》明刊本謝枋得《文章軌範》七卷，目錄後有門人王淵濟跋，謂此集惟〈送孟東野序〉、〈前赤壁賦〉係先生親筆批點，其他篇僅有圈點而無批註，若〈歸去來辭〉、〈出師表〉並圈點亦無之。森《志》、丁《志》、楊《志》宋刻呂祖謙《古文關鍵》二卷，元刻謝枋得《文章軌範》七卷，又孫《記》元版《增刊校正王狀元集注分類東坡先生詩》二十五卷，廬陵須溪劉辰翁批點，皆有墨圈點注。」見《書林清話》卷二，〈刻書有圈點之始〉（長沙：岳麓書社，1999），頁 29。

[307] 高津孝〈明代評點考〉，見章培恒，王靖宇主編《中國文學評點研究》（上海：上海古籍出版社，2002），頁 87-88。

以降，評點流行於世，甚至無書不施評點。[308]士子就是通過這些評點來掌握經史典籍所要傳達的思想精髓和歷史資訊，以及吸收八股文選集、古文選集、翰林館課等收錄的作品的優長之處。

不少制舉用書都是「批評」和「圈點」兼而有之的，如前述的《睡庵湯嘉賓先生評選歷科鄉會墨卷》、《湯許二會元制義》、《九會元集》、《鼎鐫諸方家彙編皇明名公文雋》等在正文間的重要字句都附刻圈點，書眉另刻有小字，各篇篇末也刻有各家批語。不少四書講章的正文也附刻批點，如黃焜的《舉業真珠船》，「就各書摘取章句，徵引經史，加以圈點解說，間有眉批」[309]；丘兆麟的《四書剖》，「行間有圈點，欄上有眉批。每節後復有批語」[310]；張自烈的《四書諸家辨》，「上欄為古今校詁，捃摭漢、唐、宋、元、明諸儒訓解，下欄首列正文，次述章旨，精要處皆有圈點，正文各有旁注」[311]。此外，明萬曆十八年（1590）金陵周氏萬卷樓刻本《增定國朝館課經世宏辭》、明萬曆間坊刻本《皇明歷科四書墨卷評選》、明萬曆十八年書林自新齋余紹崖刻本《史記萃寶評林》、明萬曆二十年萬卷樓周對峰刻本《漢書萃寶評林》等都有評點。其中一些在卷前的〈凡例〉清楚地解釋了圈點符號的意義，像《史記萃寶評林》在〈凡例〉對書中圈點符號的意義做了這樣的說明：「批如○者精華；、者文采；◎者眼目照

[308] 張伯偉〈評點溯源〉，見章培恒，王靖宇主編《中國文學評點研究》，頁2。

[309] 國立編譯館編《新集四書注解群書提要》，頁146。

[310] 同上，頁131。

[311] 同上，頁107。

應；◎者關鍵主意；●者點綴；▯者掇提；↘者字法；|者事之綱；－者一段小截；——者一篇大截；∟者一人總截也。」[312]

但「評」和「點」也並非孿生關係。一些制舉用書在正文旁有勾畫符號的時候，確實沒有評語，而只是以這些符號來表示特定的含義。如徐奮鵬的《四書補編便蒙解注》，「遇重要字句則標以單圈、雙圈，釋詞則標以黑圈」[313]；其《四書近見錄》「於重要字句處，有單圈、雙圈標示」[314]。由於圈點符號在當時的制舉用書中已用得十分固定，「資深」的士子在長期的耳濡目染下，都已經具備了辨識這些「專業符號」的能力，故而一些制舉用書也省略了說明這些符號的安排。

也有僅附刻批語而無圈點的制舉用書，如明萬曆二十八年（1600）刻本《近科衡文錄》、明書林詹霖宇刻本《新刻李太史選釋國策三注旁訓評林》、明萬曆四十二年（1614）應城張之厚刻本《名物考》，明末天益山刻本《孫月峰先生批評詩經》等。

總的來說，至遲在萬曆末年，在坊間流通的制舉用書除了在圖書的內容和種類上全面的滿足士子的閱讀需要外，在形式上也悉心的照顧士子的閱讀習慣。綜合前文所論，到了此時，制舉用書不僅在消費市場的發展已經完全成熟，其刊行也已具規模。

---

[312] 焦竑選輯，李廷機注釋，李光縉彙評《史記萃寶評林》，〈史記萃寶評林凡例〉，見《四庫未收書輯刊》貳輯 29 冊，頁 12-13。

[313] 國立編譯館編《新集四書注解群書提要》，頁 70。

[314] 同上，頁 71。

第六章
坊刻制舉用書的流通傳佈

明中葉以後林林總總的制舉用書由編撰者完成，再經書坊主將它們生產成商品後，這些「商品」就在編撰者與讀者之間架起了溝通的橋樑。書坊主接下來的工作就是通過一些宣傳推介的手段和流通傳佈的管道將它們介紹和傳送到讀者手裏，這些制舉用書只有在和讀者結合後才能生成其意義，完成其便利士子備考的最初目的。當然最重要的，是實現這些圖書給書坊主帶來的利潤。

第一節　引人矚目的宣傳手段

書坊主將制舉用書的編撰者的辛勤結晶製作成商品後，接下來要考量的是如何在時間意識極為強烈，以及種類繁多的制舉用書市場上脫穎而出，在最短的時間內將所生產的制舉用書銷售出去，一來可賺取盈利，二來可避免存貨囤積，影響資金的周轉。

長期的商業經營使書坊主產生了自發的宣傳促銷意識，儘管當時的傳播媒介少且傳播的管道和範圍有限，遠不能與今天的廣播、電視、報刊、互聯網的發達繁盛相比，但他們還是有自己的辦法來進行圖書行銷。

書商們宣傳促銷圖書的其中一種方式是在店裏張貼顯眼的新書通告或封面，來吸引讀者的目光。《儒林外史》中對這種宣傳推介方式有著具體的描寫。如第十三回對嘉興的書店有這樣的描寫：

> 那日打從街上走過，見一個新書店裏貼著一張整紅紙的報帖，上寫道：「本坊敦請處州馬純上先生精選《三科鄉會墨程》。凡有同門錄，及朱卷賜顧者，幸認嘉興府大街文海樓書坊不誤。」❶

第十四回對杭州的書店有這樣的描繪：

> 過了城隍廟，又是一個彎。又是一條小街，街上酒樓、面店都有。還有幾個簇新的書店，店裏貼著報單，上寫：「處州馬純上先生精選《三科程墨持運》於此發賣」。❷

第三十三回中對南京狀元境的書店的描寫道：

> 走到狀元境，只見書店裏帖了多少新封面，內有一個寫道：「《歷科程墨持運》。處州馬純上、嘉興蘧駪夫同選。」❸

---

❶ 吳敬梓《儒林外史》第十三回，〈蘧駪夫求賢問業，馬純上仗義疏財〉，（北京：人民文學出版社，1977），頁165。

❷ 同上，第十四回，〈蘧公孫書坊送良友，馬秀才山洞遇神仙〉，頁183。

❸ 同上，第三十三回，〈杜少卿夫婦游山，遲衡山朋友議禮〉，頁385。

這種圖書促銷方式，讓讀者一踏進店裏一眼就能看到所售賣的新書，這種做法至今仍為書店所廣泛採用。

另一種宣傳促銷的方式則是在所出版的制舉用書的裏裏外外動腦筋，其形式繁多，內容複雜，主要有書名頁、牌記、扉頁、凡例、新書目錄等幾個形式。

書名頁。利用書名頁來進行圖書的自我宣傳促銷的最大益處就是醒目，其字體一般比較大。醒目的大字能引起讀者或購買者的注意，一眼就看到這是什麼書。若編排與使用得當，加上一些動聽的字眼，也很能夠打動那些猶疑不決的買主。

比較簡單和常用的做法是在制舉用書的書名中加上諸如「精鐫」、「新刻」、「新刊」、「新鍥」、「鼎鍥」、「精摘」之類的搶眼冠詞以示與眾不同。以《歷朝捷錄》為例，就有《重刻顧迴瀾增改歷朝捷錄大成》、《新刻顧迴瀾先生歷朝捷錄正文》、《新鋟歷朝評林捷錄》、《新鐫歷朝捷錄增定全編原本》、《新鐫顧迴瀾先生歷朝捷錄大成原本》等，在書名中冠以「重刻」、「新刻」、「新鋟」、「增改」、「新鐫」等字眼來表明版本與原刊本不同。還有如《校刻歷朝捷錄百家評林》、《六訂歷朝捷錄百家評林》、《重刻音注歷朝捷錄》、《重刻全補標題音注歷朝捷錄》、《重刻增改標題音注歷朝捷錄大成》、《新鍥評林注釋列朝捷錄》、《新鐫詳訂注釋捷錄評林》、《新刻校正歷朝捷錄旁訓評林》等冠以「評林」、「增改」、「標題」、「全補」、「注釋」、「音注」等字眼來說明對原書曾進行的「增值」工作。此外，也有冠以名人姓名或字號的手法來加強號召力的，如《鼎雕陳眉公先生批點歷朝捷錄》、《新鐫湯睡庵先生批評歷朝捷錄》等，分別冠上了陳繼儒和湯賓尹的名號，說明它們曾經過陳、湯兩人的批點。除此之外，坊刻制舉用書也經常在書名中冠以「翰林」、「太史」、「學士」、「狀元」、「會元」來表明編著者的官銜和科舉名銜，以及諸如「翰林館課」這類高級學府課程之名來加強說服力。

也有一些比較複雜的做法的，如萬曆二十五年（1597）刊本《新刻乙未翰林館課東觀弘文》的書名頁中間以四個大型字體題書名《東觀弘文》，左右兩行分別以中型字體鐫「乙未翰林親授館課」和「丁酉夏月嘉賓堂勒」。❹簡單的二十個字，沒有加以渲染，但其中卻透露出了許多資訊。它說明此書所收為翰林院庶吉士在館閣接受培訓期間平日習作的詩文，所選皆為萬曆二十三年至萬曆二十五年（1595-1597）庶吉士的館課習作。由於所收作品都是翰林院庶吉士所作，自然讓人們聯想到它們當屬上乘之作。它是在萬曆二十五年由嘉賓堂所出版，出版時間即是散館的同一年，說明所收都是新作，皆符合時代的風氣和潮流，是值得拿來參考、揣摩和研習的。

再如袁黃的《遊藝塾文規》的書名頁有大型字體題《新刻袁了凡先生遊藝塾文規》，在書名上端有中型字體鐫「舉業定衡」四字。書名旁有三行小型字體，稱「了凡先生舊有《談文錄》、《舉業彀》及《心鵠》等書，刊佈海內，舊為藝林所傳誦。近杜門教子，復將新科墨卷，自破而承而小講、大講，分類評定。如何而元，如何而魁，如何而中式，口口燎然。凡前原板所評過者，一字

---

❹ 劉元震，劉楚先選輯《新刻乙未翰林館課東觀弘文》，明萬曆嘉賓堂刻本。

不載，買者須認澹仰山原板」❺。書名《新刻袁了凡先生遊藝塾文規》傳遞了版次、撰者姓名、書的性質（文規，即寫文章的法度、準則）；「舉業定衡」四字傳遞了此書為舉業的標準之意。三行小字首先告訴讀者此書並非袁黃的孤立之作，在它之前已有其他盛行於海內的舉業之作，暗示袁黃乃是這類制舉用書的一個資深編撰者。至於清清楚楚標明《談文錄》、《舉業穀》及《心鵠》等書的書名，可能是想借此喚醒讀者對這幾部書的注意而前去購買。同時強調它所選來分類評定的作品皆是「新科墨卷」，都符合時代的風氣和潮流，是值得參考閱讀的。再者，此書對於所選程墨能夠在眾多的答卷中脫穎而出的原因，也進行了詳細的分析。同時也保證了此書所著錄的墨卷，沒有重復前此原版的選文，讀者可放心購買。短短的幾句話，所傳達的資訊是多麼的豐富。

牌記。牌記一般鐫印書名、作者或評者、訂者、刊刻年份、鐫版、藏版人、地等。❻一些牌記也談刻書緣起、所用底本、校本，甚至帶有推銷性質的宣傳。❼它們大多為誇耀、宣揚之詞，往往自我標榜其書內容新奇，版本可靠，名家評點等。❽試舉以下的幾個

---

❺ 袁黃《遊藝塾文規》，見《續修四庫全書》冊1718，頁1。

❻ 葉德輝云：「宋人刻書，於書之首尾或序後、目錄後，往往刻一墨圖記及牌記。其牌記亦謂之墨圍，以其墨闌環之也，又謂之碑牌，以其形式如碑也。元明以後書坊刻書多效之。」見葉著《書林清話》卷六，〈宋刻書之牌記〉（長沙：岳麓書社，1999），頁127。

❼ 李致忠《古籍版本知識500問》（北京：北京圖書館出版社，2004），頁40-41。

❽ 李詠梅〈明代私人刻書業經營思想成熟的五個表現〉，見《四川圖書館學報》1996年第4期，頁78。

例子：

1.明弘治八年（1495）建陽熊氏種德堂刻《中庸章句大全》卷二末有牌記云：「《四書大全》，舊板漫滅，翻刻訛謬。本堂敬求頒降原本，命善書者鈔謄繡梓，印行天下，視他本大不侔矣，幸相與寶之。弘治八年卯秋菊月種德堂謹識。」❾

2.明正統五年（1440）余惠雙桂書堂刻《周易傳義大全》的總目後有牌記，刊「正統庚申余氏雙桂書堂新刊」。《易》序後又有牌記，云：「書林程、朱《易傳本義》等書行之久矣，我朝復旁搜諸家之說而詳釋焉，斯謂《大全》，頒降學校。惠慮山林之子艱於觀覽，乃謄原本，捐貲命工鋟梓，庶山林士子皆得鑒焉。正統五年月日書林余惠識。」❿

3.明萬曆二年（1574）葉皖星泉南書社刻本《新刊六子全文注釋摘錦》書末有荷蓋蓮座牌記，云：「古今評百家者，惟六子為勝。但全書浩瀚，本堂懇求名公精選校閱，凡切舉業者，全段不遺，或只摘三四行，或只取數十餘句，務致血脈融貫，顛末俱在，要約不繁。百家之書，不出範圍，一展卷，精意便燦然矣。買者幸認余氏正板，庶無差誤。近山梓行。」⓫

4.明萬曆熊氏種德堂刻本《歷朝紀要綱鑑》，書前牌記云：

---

❾ 轉引自沈津《美國哈佛大學哈佛燕京圖書館中文善本書志》（上海：上海辭書出版社，1999），頁71。

❿ 轉引自沈津《美國哈佛大學哈佛燕京圖書館中文善本書志》，頁12。

⓫ 轉引自張傳峰〈明代刻書廣告述略〉，見《湖州師範學院學報》第22卷第1期（2000年2月），頁75。

「《綱鑑》一書，坊間混刻多矣。其間綱目不備，旨意不詳，實乃發蒙之病也。今紫溪先生留意刪補，《綱鑑》全備，標題旨意精詳，以為舉業一助云。命本堂楷書精梓，一字無訛，四方君子買者玉石辨焉。」⓬

第一則牌記強調舊板漫滅，而新刻品質為佳，與別的刻本有所不同，希望讀者注意購買；第二則牌記強調該書在市面的流通管道甚小，顧慮到「山林之子艱於觀覽」該書，乃刊印該書，以惠「山林士子」；最後兩則牌記側重於書的內容，並強調適應讀者的需要。「顛末俱在，要約不繁。百家之書，不出範圍，一展卷，精意便燦然矣」等語，其宣傳促銷的味道是很強的。⓭通過最後一則牌記，也讓我們看到書坊主為求得所刊書的好賣，不惜攻擊性地貶低他人之刻來抬高自己。

扉頁。扉頁為書衣內空白的一頁，亦稱護頁、副頁，是用來保護書頁，使之不受破損。書坊主除了利用扉頁來申明版權外，也充分地利用其刊語來實現圖書的自我宣傳促銷。它們可以是三言兩語，如明天啟刻本《增定春秋衡庫》扉頁刊「《增定春秋衡庫》。輯諸家音注。馮猶龍先生手授。己任堂藏板」。鈐有「如有翻刻，千里必究」⓮。又如明金陵書林張少吾刻本《新刻乙丑科華會元四書主意金玉髓》扉頁刊「新刻會元華芳侯先生四書主意金玉髓，房師楊太史（楊慕垣）訂正，翻刻者千里必究，金陵書林張少吾梓

⓬ 轉引自王重民《中國善本書提要》（上海：上海古籍出版社，1983），頁99。

⓭ 張傳峰〈明代刻書廣告述略〉，頁75。

⓮ 轉引自沈津《美國哈佛大學哈佛燕京圖書館中文善本書志》，頁47。

行」⓯。這些刊語，除了要防範其他書坊翻刻外，還有突出書坊字號的功能，雖無宣傳促銷之實卻能收到宣傳促銷的效果。

還有一些篇幅較長的扉頁刊語，例如明種德堂刻本《新鐫歷代名賢事類通考》扉頁刊：

> 《事類通考》。鍾、王二先生重訂。茲集古今分門析類，舉其大概，其間或一人具眾美，一事兼數長，可以通移引用者實多，又未可以專門泥也。閱之幸鑒之。種德主人識。種德堂梓。⓰

此則刊語除申明書坊字號外，還突出此書是由鍾惺（1574-1624）和王思任（1576-?）這兩位名人所重訂，以及其在形式上的優長之處。又如明末刻本《古文定本》扉頁刊：

> 《旁訓古文定本》。合諸名家選定，彙集歷代名文，音釋六書訛字。陳明卿先生摘古《周禮》、孫月峰先生《左》、《國》、張賓王先生《公》、《穀》、《國策》、鈡敬伯先生《史記》、孫、陳二先生《前後漢》、茅鹿門先生八大家、真西山先生《文章正宗》、焦弱侯先生《名文珠璣》、張侗初先生《必讀古文》。⓱

⓯ 轉引自沈津《美國哈佛大學哈佛燕京圖書館中文善本書志》，頁 65。

⓰ 轉引自沈津《美國哈佛大學哈佛燕京圖書館中文善本書志》，頁 462。

⓱ 轉引自沈津《美國哈佛大學哈佛燕京圖書館中文善本書志》，頁 566。

「合諸名家選定，彙集歷代名文，音釋六書訛字」是這則扉頁刊語中最醒目的語句。雖然這幾句刊語已足以吸引潛在的讀者的目光，但書坊主還是不放心，在它們之後更清楚明白地羅列此書所選之文的出處，讓讀者一眼就看到所彙集的文章都是由陳仁錫、孫鑛、張榜、鍾惺等名家所選之文，給讀者造成很有權威的印象。再如明末長庚館刊本《新鐫繆當時先生四書九鼎》的扉頁刊：

> 《四書九鼎》。金篦在手，開萬古迷蒙；寶筏橫川，濟四來跋涉。一言定鼎，片字明心。本堂原刻宋儒大全，已見珍於宇內；次鐫《增補微言》，更騰價於坊間。今繆先生是刻，上集熙賢妙旨，下纂宋儒真詮，重貲聘梓，以廣流通，誠明宋之合璧也，惟智眼識之。長庚館主人識。⓲

金篦，精美的鋤土工具；寶筏，裝滿珍寶的船。將是書喻為「金篦」和「寶筏」，表明了其珍貴價值。更強調其「上集熙賢妙旨，下纂宋儒真詮」，「明宋之合璧」等有別於它書之處。

以上幾則扉頁刊語的目的不外是向潛在的讀者承諾品質的保證，讓他們放心購買。這種心理策略在現代行銷中經常使用，可見明代書坊主已具有很強的宣傳促銷的手段。

序跋。制舉用書的卷首前往往有編撰者的親朋、師友和名人的序跋文字，藉此可以瞭解編撰者的生平經歷、創作心態等情況。實際上，序跋也是書坊主促銷所刊圖書的一個有機組成部分。否則，

⓲ 轉引自沈津《美國哈佛大學哈佛燕京圖書館中文善本書志》，頁60。

對書坊主來講，他們實在沒有必要鄭重其事地請人寫這類文字，增加印刷成本，浪費版面。當然，並不是所有的序跋都帶有宣傳促銷的味道，這裏是就總體普遍情況來說的。

一般來講，序跋的作者或為書坊主所請，或受制舉用書的編著者所托，⓳又或是出自書坊主的偽託，所言大多是作品的優長之處，多講好話。如明末長庚館刻本《新鐫繆當時先生四書九鼎》的卷前有陳繼儒序，云：

> 甚至老學究燈下尋條摘句，杜撰成書，射利坊間，壟斷一時，以朦初學。聖賢命脈，支分節解，不意大明隆盛，書毒之慘，一至是哉！繆先生痛焉，振起士林，為紫陽氏樹赤幟，著《四書九鼎》。下集宋儒大全切中肯綮者纂錄之，上以我明諸公言之粹而理者集錄之，以垂後學。文而不浮，質而不野，其衛翊道統，功何偉哉！一言定鼎，眾說紛紜於茲息矣。⓴

該序針對自朱熹作《四書集注》後，對風起雲湧的四書講章那種眾說紛紜的不健康情況表示憂慮，認為《四書九鼎》可「一言定鼎」，「眾說紛紜」即可平息。

又如貢日葵在序明末刻本《四書徵》稱閱覽該書時，「躍然見

⓳ 翻開當時一些名人，如鍾惺、艾南英、陳際泰、張溥、湯賓尹、馮夢禎、黃汝亨、陳仁錫、方應祥、羅萬藻、沈守正等的文集，我們驚訝地發現他們曾受人所托，替他人編撰的制舉用書所寫的序文的數量之多。

⓴ 轉引自沈津《美國哈佛大學哈佛燕京圖書館中文善本書志》，頁60。

聖賢之道、帝王之治、詩書禮樂、兵刑政事、衣冠爵秩、人物品格、宮室器用、制度文為，以迄于日星河嶽、動植飛潛，凡四書所具載者，罔不次第臚列」㉑，讚譽了該書內容之豐富充實。

實際上，這些「名人」所寫的序跋，也並非都是一些言過其實，昧著良心的謊言。一些序跋對作品的創作、價值等尚能做出了實事求是的評價。如明崇禎太倉顧氏織簾居刻本《詩經說約》，內有徐文衡序稱它「以《集注大全》為宗，旁及百氏，為之訂其疑誤，補其缺失，詳其原委，其精蘊，使學者閱其一字一義頤解色飛，不啻被于弦管，一唱三歎，而入人深也」㉒。《續修四庫全書總目提要》評該書時說：「核其所取，雖僅采《集傳》及《大全》合纂成書，然別擇調和，頗具苦心，故其持論類皆和平，能無區分門戶之見，且又時時自出新論。」㉓

有時，書坊主無法請到知名人士做序，就會請無名文人操刀做序，然後將署名硬套給那些可以招攬顧客的名人，企圖偷天換日。儘管這樣做不怎麼光彩，容易招人非議，但總的來看，這種假託名人的做法在明中葉以後刊行的制舉用書是屢見不鮮的。像前文所舉的明萬曆刻本《續名文珠璣》、明末刻本《正續名世文宗》、明萬曆刻本《新刻李九我先生編纂大方萬文一統內外集》等的序言都有託名之嫌。此外，還有如明末金閶擁萬堂刻本《四書圖史合考》中的鍾惺序：

㉑　轉引自沈津《美國哈佛大學哈佛燕京圖書館中文善本書志》，頁 66。

㉒　轉引自沈津《美國哈佛大學哈佛燕京圖書館中文善本書志》，頁 26。

㉓　中國科學院圖書館整理《續修四庫全書總目提要（稿本）》冊 19（濟南：齊魯書社，1996），頁 421。

> 四書人物、名物，近俱有，然或漏而不詳，或蔓而不要，或依樣葫蘆而可否無所適從，或今古異制而名實不可辨，故觀之者茫然猶未觀也。惟蔡虛清先生《四書圖史合考》一書，事采其正，物考其詳，經不載者史備之，言不傳者圖繪之，一展卷而兵農禮樂井田學校等事宛然在目，了若指掌。㉔

王重民疑此書及鍾惺序為坊賈所托，並指出此書乃節縮陳禹謨《四書名物考》而成。㉕沈津比較此書和陳禹謨《四書名物考》後，也贊同王重民的看法，指出此書「條目間有多出陳書者。」㉖

又如明萬曆余氏雙峰堂刻本《鼎鐫趙田了凡袁先生編纂古本歷史大方綱鑑補》中的韓敬序，王重民認為該序乃是坊賈所托。㉗此外，據沈津考察，明萬曆寶善堂刻本《新鍥翰林三狀元彙選二十九品彙釋評》中的李廷機序「亦當託名者所為」㉘。書坊主如此煞費苦心，動機在於用名人的名號牟利，這是毫無疑問的。

凡例。書之凡例（或發凡），通常是用來說明書的內容和編纂體例。在明代刊刻的書籍中，特別是制舉用書，絕大多數的凡例都是關於這方面的內容的，其中有不少凡例明顯地帶有宣傳促銷的意味。限於篇幅，牌記或扉頁中往往無法凸顯出所出版的書在內容上和體例上的特別之處。凡例在篇幅上則比較自由，書坊主和作者可

㉔ 轉引自沈津《美國哈佛大學哈佛燕京圖書館中文善本書志》，頁53。
㉕ 王重民《中國善本書提要》，頁46。
㉖ 沈津《美國哈佛大學哈佛燕京圖書館中文善本書志》，頁53。
㉗ 王重民《中國善本書提要》，頁98。
㉘ 沈津《美國哈佛大學哈佛燕京圖書館中文善本書志》，頁274。

充分利用它來說明其書在內容上和體例上的優越之處。以四書來說，當時充斥於坊間的四書講章汗牛充棟，難以估量。面對著那麼多的競爭對手，書坊主和作者除利用醒人眼目的牌記和扉頁來宣傳外，還可加上凡例來渲染其書在內容上和體例上異於他書的地方，吸引人們購買。如《鼎鐫睡庵湯太史四書脈》中有余應虬所撰寫的凡例：

——書以脈名，傳正諦也。然一章有一章之脈，要看從何遞接，從何轉折。一句有一句之脈，要看此句應某句，此句重某字。是集出自湯太史手授，雞窗滴露，嗣及木署聽漏，乃成斯編，旨意分明，脈理條貫，真孔孟之寄靈，信無家之傳缽。

——離經叛注，名曰發塚。是集一稟紫陽之傳注，奉天朝之令甲，間有所闡發，期以羽翼訓詁，鼓吹休明，非是族者，語雖玄不錄。

——師心索解，只成井窺。是集博采宋儒大全及國朝諸大家手錄，仍馳檄遍搜秘笥袖珍，間與木館名公設難辯證，一卷之中，備輯五車之秘。

——丘索無鏡，幾鄰捉影。是集遍輯《七十二朝人物考》，兼參天文山海諸書，辨質仍采六經訓注，以便證訂。摛辭則無非典故，展卷則恍如實錄。

——講意參辰，是謂矛盾。是集幹上扶枝，肌裏生肉，一切脂膏，盡行洗刷，辭不亂疊，旨無參駁，茍或與之矛盾，意甚工亦不敢入。

——坊刻模糊，總成聚訟。是集先提全章總意，後乃逐節諸句分解。其用大圈者何，便識認也；其密圈者何，系文家意柱也；其密點者何，乃關要眼目也。字字比櫛，段段參核，誠學士之津梁，亦後生之寶筏。

——杕杜弗嚴，弊流用網。是集極力校讎，鬚眉必燭，義不以聲蒙，字不以畫借，豈但不易垔以為垢，庶幾無以魚而為魯。㉙

第一則凡例說明命題之原由；第二則說明它以朱熹之傳注為正；第三、四則強調其博采眾說；第五則說明去舍原則；第六則說明圈點意義；第七則強調編纂的精審。花費那麼多唇舌且昂貴的版面來說明書的內容和體例，無非是要說服讀者它是一部編纂嚴謹，內容充實並符合考試規定的參考書，是值得買來準備考試的。

再如《近聖居三刻四書燃犀解》的其中一則凡例云：「邇來標奇樹異，孰清妖祟之氛；叛正離經，誰衍聖賢之脈？是編也，雖以約為主，實以詳為要，融脈貫旨，考證今古，悉依傳注，不敢摭拾詖淫以幹功令。真通天一犀，離照當空，彼畔妖淵孽，無疑於斯集矣。」㉚這段話批評以往標奇樹異、叛正離經的四書著作，這肯定給那些沒有意識到這些著作的短處的讀者起到當頭棒喝的作用。在聲張了前此四書類著作之短後，然後張揚此書之長。強調其書悉依

㉙ 轉引自沈津《美國哈佛大學哈佛燕京圖書館中文善本書志》，頁58。

㉚ 陳祖綬撰，夏允彝等參補《近聖居三刻參補四書燃犀解》，〈凡例〉，見《美國哈佛大學哈佛燕京圖書館藏中文善本彙刊》冊4，頁11。

傳注，透過融脈貫旨，考證今古，以「孰清妖祟之氛」，「衍聖賢之脈」。這種慣用的手法無非是要給讀者承諾所刊書的品質保證。當然，它們的品質是否就如凡例中所言那麼可靠，則就要「識者辨之」了。

新書預告。宋代刻書中已經出現了新書預告，[31]明代的書坊主也在出版的書籍中列出所刊書目來進行宣傳促銷。如余象斗在《新鍥朱狀元芸窗彙輯百大家評注史記品粹》的卷首所附的刻書目錄就是一個很好的例子。這則刻書目錄所列，是余象斗打算刊刻的制舉用書。這個刻書目錄已不是純粹的書目，而已像今日的廣告，很注意宣傳的技巧與描述的清晰，從中可看出不少經營策略。首先，他在目錄中回顧自己「輟儒家業」，也是為了表明自己乃是一個業儒的讀書人，並非純粹的商人，暗示他雖沒有中舉，但瞭解士子的閱讀需要，他所出版的制舉用書也理所當然地提供了品質的保證，士子可放心購買。其次，他的目錄分講說、文笈、品粹三大類，它們的種類頗多，都是當時士子注意使用的制舉用書，這顯示余象斗的書坊在出版制舉用書方面相當專業。且宣稱都是由名家如湯賓尹、朱之蕃等評注、選輯，並將他們的名銜，像會元、殿元、解元冠於書前，給讀者留下很有權威的印象。再者，他在《二續諸文品粹》後強調此書「俱系精選，一字不同」，不僅告訴讀者此書與同目錄中所列的《諸文品粹》的內容完全不同，讀者可放心購買。鑒於當時出版物多抄襲、多改換名目來欺騙讀者，故通過這些宣傳文字來強調這種偷雞摸狗的行為並非是他的作風。至於《皇明國朝群英品

---

[31] 張傳峰〈明代刻書廣告述略〉，頁 80。

粹》則強調「字字句句注釋分明」，也是為了強調它便於學習。最後，雖說和舉業無關，但他也不忘利用機會在這份目錄中順便也提了一下自己曾「重刻金陵等板及讀書雜傳」，來回溯一下之前所出版的圖書的種類，借此喚醒人們購買。《史記品粹》是當時的熱門書，其發行量大。將這則刻書目錄刊於此書卷前，很容易吸引讀者的目光，使其宣傳效果發揮到極致，增加這份刻書目中所列圖書的銷售。㉜

除此，張自烈的《四書諸家辯》、吳當的《合纂四書蒙引存疑定解》也在書中安插了新書預告。㉝除此之外，還有一些回溯書目，像書坊主在郭偉的《皇明百方家問答》中安插了「郭洙源先生歷來纂著四書講意書目」，回溯他所纂撰的五十多種四書講章，一方面透露出郭偉是編撰這類圖書的佼佼者，另一方面藉以喚醒讀者注意購買這些講章。

以上我們從牌記、扉頁、凡例、書名頁、新書預告等幾個方面就明代圖書的宣傳促銷的手法作了較為詳細的考察和分析，它們或許還不是明代宣傳促銷圖書的手法的全部。但是，通過以上的考察和分析，發現這些宣傳促銷的手段不僅形式多樣，且內容豐富，簡直令人驚歎。書坊主就是通過以上的這些直接的和間接的宣傳推銷手法來引起潛在讀者對他們的所刊書的矚目，進而購買它們來研習揣摩，實現他們盈利的最終目的。

㉜ 王建《明代出版思想史》（蘇州：蘇州大學博士論文，2001），頁123-124。

㉝ Chow Kai-Wing, *Publishing, Culture, and Power in Early Modern China* (Stanford: Stanford University Press, 2004), p. 73.

第二節　通天鑽地的流通管道

明代制舉用書的流通管道多種多樣，類型十分複雜，有固定在某一個地區的，如書坊、書市、考市等；有流動於某一個地區的，如商販和書船等。

圖書流通最基本的形式是開設書店，當時稱書坊、書林、書堂、書鋪、書肆、書棚、書籍鋪、經籍鋪等。[34]書坊的作業方式是將刻書和賣書結合在一起的，刻印者兼營銷售，刻書集中的地方，往往也就是書店集中的地方，店主即刻書者。[35]書坊在選擇具體的開設地點時，通常從有利於書籍流通出發。宋代書坊的開設往往以繁華的鬧市區為首選。[36]相國寺是當時的瓦市，熱鬧非凡。[37]宋王栐《燕翼詒謀錄》謂：「東京相國寺，乃瓦市也，僧房散處而中庭兩廡可容萬人。凡商旅交易，皆萃其中。四方趨京師以貨物求售轉售他物者，必由於此。」[38]可見相國寺周圍的交易市場非常繁榮。當時不少書坊主也選擇將書肆開設在相國寺的「殿後資聖門前」和

---

[34] 沈津〈明代坊刻之流通與價格〉，見《國家圖書館館刊》民國 85 年第 1 期（1996 年 6 月），頁 102。

[35] 繆咏禾《明代出版史稿》（南京：江蘇人民出版社，2000），頁 387。

[36] 宋莉華《明清時期的小說傳播》（北京：中國社會科學出版社，2004），頁 129。

[37] 瓦市是宋、元、明都市中娛樂和買賣雜貨的集中場所。孟元老《東京夢華錄》載：「大抵諸酒肆瓦市，不以風雨寒暑，白晝通夜，駢闐如此。」見《景印文淵閣四庫全書》冊 589，頁 134-135。

[38] 王栐《燕翼詒謀錄》卷二，見《景印文淵閣四庫全書》冊 407，頁 728。

「東門大街」㊴，與其他商鋪錯雜相間，無非是看中其龐大的市場潛力。㊵宋南渡之後，書坊仍集中在臨安的瓦舍勾欄附近。㊶

據錢杭、承載的觀察：「明代中國的商業性書坊，基本上全集中在江南幾個商業性大都市里，其中尤以南京、杭州、蘇州、徽州為主要聚集地。其他地區，除了福建建陽具有相當的規模以外，幾乎沒有能與江南書坊業相比的。」㊷明代書坊主在選擇開設書坊的位置時顯然考慮到人流密集的鬧市有利於書籍的銷售，與此同時，又充分意識到士子乃是制舉用書極為重要的讀者群和消費者，故書坊亦將縣學、府學、書院等周圍的地段視為開設的理想場所，並形成專業刻售圖書的書坊。這些書坊，有的集中在「一條街」，有的集中在一個小地區，分別形成書坊街和書坊區。㊸

胡應麟在《經籍會通》詳細記載了北京、南京、蘇州、杭州四個地方書坊發展的情形。北京的書肆「多在大明門之右及禮部門之外，及拱宸門之西。」㊹正陽門至大明門前為棋盤街，是東西城往來的要衝。《長安客話》載：「大明門前棋盤天街，乃向離之象也。府部對列街之左右。天下士民工賈以牒至，雲集於斯，肩摩轂

㊴ 孟元老《東京夢華錄》卷三（頁 138）載相國寺「殿後資聖門前皆書籍、玩好、圖畫」；「東門大街皆是襆頭、腰帶、書籍鋪、冠朵鋪席、丁家素茶。」

㊵ 關於宋代相國寺的民間出版情況，可參閱周寶榮〈論北宋時期的相國寺書肆〉，見《編輯之友》2008 年第 2 期，頁 75-77。

㊶ 宋莉華《明清時期的小說傳播》，頁 130。

㊷ 錢杭、承載《十七世紀江南社會生活》（杭州：浙江人民出版社，1996），頁 148。

㊸ 繆咏禾《明代出版史稿》，頁 387；宋莉華《明清時期的小說傳播》，頁 130。

㊹ 胡應麟《經籍會通》卷四（北京：北京燕山出版社，1999），頁 49。

擊，竟日喧囂，此亦見國門豐豫之景。」㊺早在元代，正陽門一帶已是民居稠密，市井繁華了，到了明代，更幾乎發展為全城的商業、服務業作坊及娛樂場所的集中地。㊻北京是明代的京城所在，文武百官雲集。明中葉以來，在北京國子監學習的監生至少有二、三千人，再加上三年一次的會試和殿試，吸引著成千上萬的考生雲集於京城。可以想像，面對這樣多的知識份子，各種圖書尤其是制舉用書的需求量必定很大，加上交通發達，各地刻印的書籍，也經由長途販運的書商匯聚於京城。

據胡應麟觀察，南京、蘇州「擅名文獻，刻本至多，巨帙類書咸薈萃焉」。「凡金陵書肆，多在三山街及太學前。凡姑蘇書肆，多在閶門外及吳縣前。」㊼《桃花扇》描繪三山街書肆之盛云：

> 在下金陵三山街書客蔡益所的便是。天下書籍之富，無過俺金陵；這金陵書鋪之多，無過俺三山街；這三山街書客之大，無過俺蔡益所。（指介）你看十三經、廿一史、九流三教、諸子百家、腐爛時文、新奇小說，上下充箱盈架，高低列肆連樓。不但興南販北，積古堆今，而且嚴批妙選，精刻善印。俺蔡益所既射了貿易詩書之利，又收了流傳文字之功；憑他進士舉人，見俺作揖拱手，好不體面。（笑介）今乃乙酉鄉試之年，大布恩綸，開科取士。准了禮部尚書錢謙

㊺ 蔣一葵《長安客話》卷一，〈皇都雜記·棋盤街〉（北京：北京古籍出版社，1980），頁 11。

㊻ 宋莉華《明清時期的小說傳播》，頁 131。

㊼ 胡應麟《經籍會通》卷四，頁 48-49。

益的條陳，要亟正文體，以光新治。[48]

三山街一帶在明代為百貨聚集之地，「客多主少，市魁駔儈，千百嘈卉其中，故其小人多攫攘而浮競。」[49]是當時一個不容忽視的商業區。距三山街不遠即為府學，乃文人士子出入之所。富春堂、世德堂、繼志齋等著名書坊也集中在三山街。福建建陽的一些資金雄厚的書坊，如四德堂、近山書舍等也在這裏設立了分號。南京的另一條書肆街在秦淮河畔的「太學前」。太學即國子監學，既刊刻書籍，又是規模宏大的最高學府，僅學生宿舍就有二千餘間。學生眾多，需要的書也必然多，因而書坊、書肆、書攤多會聚於「太學前」一帶。

蘇州書坊街集中在閶門外及吳縣前。閶門緊臨大運河，其東南不遠處為縣學，西北則銜接青樓林立的山塘街，水陸交通甚為便利。這一帶不僅是姑蘇花柳繁華之地，亦是富室聚居之所。（崇禎）《吳縣誌》卷十「風俗」云姑蘇「城中與長洲東西分治，西較東為喧鬧。居民大半工技。金閶一帶比戶貿易，負郭則牙儈輳集，胥、盤之內密邇府縣治，多衙役廝養，而詩書之族聚廬錯處，近閶尤多」[50]。鄭若曾在《江南經略》中稱：「天下財貨莫聚於蘇州，

---

[48] 孔尚任《桃花扇》第二十九齣〈逮社〉，見《國學基本叢書簡編》（上海：商務印書館，1935），頁136。

[49] 顧起元《客座贅語》卷一，〈風俗〉，見《四庫全書存目叢書》子部冊243，頁267。

[50] 牛若麟，王煥如纂修（崇禎）《吳縣誌》卷十，〈風俗〉，見《天一閣藏明代方志選刊續編》冊15，頁892。

蘇州財貨莫聚於閶門。」[51]可見閶門一帶的繁華。杭州的書肆「多在鎮海樓之外及湧金門之內，及弼教坊、及清河坊，皆四達衢也。」[52]五方商賈輻輳雲集，又兼詩書之族聚廬錯處，出入其間，這種環境對書籍的流通最為有利，故金陵、蘇州、杭州三地書坊經營非常成功。[53]

一些書攤也設在書坊的廊下，明人馬佶人《荷花蕩》傳奇有「不免在書館廊下，擺個書攤，賺他幾貫如何？」[54]就是這種情況的真實寫照。因為書坊經營的規模大，圖書品種多，讀者流量大，路過的讀者偶爾也順便眷顧也這些書攤，書攤也因此「借地生財」。

制舉用書的另一個流通管道是集市，或稱為市集，是人們貿遷有無和商賈湊集的處所，是城市店鋪貿易的補充。[55]和書籍交易有關的定期集市分為兩種，一種是專門售書的書市。這種集市一般帶有批發性質，其地點多在刻書發達的地區，購書者多是書商。[56]如（嘉靖）《建陽縣誌》卷三載建陽有專門進行書籍交易的墟市：「書市在崇化里，比屋皆鬻書籍，天下客商販者如織，每月以一、

---

[51] 鄭若曾《江南經略》卷二下，見《景印文淵閣四庫全書》冊 728，頁 104。

[52] 胡應麟《經籍會通》卷四，頁 49。

[53] 宋莉華《明清時期的小說傳播》，頁 133。

[54] 馬佶人《荷花蕩》卷上，見《全明傳奇》（臺北：天一出版社，1990），頁 15 上。

[55] 韓大成《明代城市研究》（北京：中國人民出版社，1991），頁 126。

[56] 藺文銳〈商業媒介與明代小說文本的大眾化傳播〉，見《中國戲曲學院學報》第 26 卷第 2 期（2005 年 5 月），頁 81；劉大軍、喻爽爽〈明清時期的圖書發行概覽〉，見《中國典籍與文化》1996 年第 1 期，頁 116。

六日集」[57]。這種每月規定數日售書的集市，吸引了全國各地的書商前來交易，足見其刻書業的繁榮程度以及來往交通之便利了。建陽圖書的外銷，有水陸兩路，水路用木筏，沿建溪到下游，陸路向西，可以到江西，再北上到全國各地方。

除建陽外，北京、南京、蘇州和杭州等的書市也極為發達。胡應麟記其與友人在北京逛書市的情景：

> 里中友人祝鳴皋，束發與余同志，書無弗窺。每燕中朔望日，拉余往書市，竟錄所無，賣文錢悉輸賈人。[58]

北京書市的圖書種類想必繁多，這也就難怪胡應麟每每於初一、十五逛書市時，就把辛辛苦苦賺來的「賣文錢悉輸賈人」了。對北京、南京、蘇州和杭州四地的書市，胡應麟在《經籍會通》中也有記載：

> 燕中刻本自稀，然海內舟車輻輳、筐篚走趨，巨賈所攜，故家之蓄，錯出其間，故特盛於他處。第其值至重，諸所集者每一當吳中二，道遠故也。輦下所雕者每一當越中三，紙貴故也。
>
> 越中刻本亦稀，而其地適東南之會、文獻之衷，三吳七閩典

---

[57] 馮繼科纂修，韋應詔補遺，胡子器編次（嘉靖）《（嘉靖）建陽縣誌》卷四，見《天一閣藏明代方志叢刊》冊 10（臺北：新文豐出版公司，1985），頁 347。

[58] 胡應麟《經籍會通》卷四，頁 57。

> 籍萃焉。諸賈多武林龍丘，巧於壟斷，每瞯故家有儲蓄而子姓不才者，以術鉤致，或就其家獵取之。楚、蜀、交、廣，便道所攜，間得新異；關、洛、燕、秦，仕宦橐裝所挾，往往寄鬻市中。省試之歲，甚可觀也。
> 吳會、金陵擅名文獻，刻本至多，巨帙類書咸薈萃焉。海內商賈所資，二方十七，閩中十三，燕、趙弗與也。然自本方所梓外，他省至者絕寡，雖連楹麗棟，搜其奇秘，百不二三。蓋書之所出，而非所聚也。[59]

刻書業發達地區，由於圖書的大量生產，書源充足，加上當時交通四通八達，各地書賈通過水陸兩路前來販賣圖書，使它們形成大規模的書市中心。

除書市外，另一種為兼售圖書的綜合性商業集市。《經籍會通》載：

> 凡燕中書肆，多在大明門之右及禮部門之外，及拱宸門之西。每會試舉子，則書肆列於場前。每花朝後三日，則移於燈市。每朔望並下浣五日，則徙於城隍廟中。燈市極東，城隍廟極西，皆日中貿易所也。燈市歲三日，城隍廟三日，至期百貨萃焉，書其一也。凡徙，非徙其書肆也，輦肆中所有，稅地張幕，列架而書置焉，若棋秀錯也。日昃，復輦歸肆中。惟會試，則稅民舍於場前。月余，試畢賈歸，地可羅

---

[59] 胡應麟《經籍會通》卷四，頁 48-49。

雀矣。

凡武林書肆，多在鎮海樓之外及湧金門之內，及弼教坊、及清河坊，皆四達衢也。省試，則間徙于貢院前。花朝後數日，則徙於天竺，大士誕辰也。上巳後月餘，則徙于岳墳，遊人漸眾也。[60]

據上所引，可知北京和杭州的書賈除了有固定的店鋪售賣圖書外，也採用流動的方式在綜合性商業集市出售圖書。流動的辦法因時令節日而定，或因地點對象而異，目的是希望士子或遊人乘便購買圖書。

和圖書交易有關的集市的存在與發展，便利了人們的買賣，是城市書鋪貿易的重要補充。

除書坊和集市外，制舉用書也通過考市大量地將這些圖書流布到士子手中。每逢鄉試、會試時，都有大量的書商雲集考場附近，形成一個繁榮的圖書市場。這些書商或「稅民舍於場前」，或搭一個簡單書棚，或在空地上擺一個書攤。[61]胡應麟記載了北京的考市在會試期間，「書肆列於場前」的情形。杭州的考市則在鄉試期間「徙于貢院前」。南京也是如此，在鄉試期間「一路打從淮清橋過，那趕搶攤的擺著紅紅綠綠的封面，都是蕭金鉉、諸葛天申、季恬逸、匡超人、馬純上、蘧駪夫選的時文。」[62]考市在當時圖書發

---

[60] 同上，頁49。

[61] 同上。

[62] 吳敬梓《儒林外史》第四十二回，〈公子妓院說科場，家人苗疆報信息〉，頁491。

行管道中佔有相當重要的地位。陸費逵在《六十年來中國之出版業與印刷業》中曾對此加以介紹：「平時生意不多，大家都注意『趕考』，即某省鄉試、某府院考時，各書賈趕去做臨時商店，做兩三個月生意。應考的人不必說了，當然多少買點書；就是不應考的人，因為平時買書不易，也趁此時買點書。」[63]

除了以上的管道外，足跡遍佈全國各地的商販在制舉用書的流通上也佔有舉足輕重的作用。當時四通八達的水路交通線使得商販將書籍從出版地帶到另一地區發行售賣成為可能，這些商販基本上沿著已開通的商路和驛道來運送圖書。[64]根據目的地的遠近來決定，陸路運輸或依靠車馬，或靠馬馱人挑運客貨，水運的主要運輸工具是船或木筏，[65]書籍應當也是採用這些通行的方式運送到目的地。它一般有兩種情況，一種是出版者托商販順路將書籍運送到其他地區的發行店鋪。[66]《儒林外史》中載文瀚樓店主人請匡超人趕批考卷之事：

> 次日清晨，文瀚樓店主人走上樓來，坐下道：「先生，而今有一件事相商。」匡超人問是何事。主人道：「日今我和一個朋友合本，要刻一部考卷賣，要費先生的心，替我批一批，又要批的好，又要批的快。合共三百多篇文章，不知要

[63] 陸費逵《六十年來中國之出版業與印刷業》，見張靜廬輯注《中國出版史料補編》（北京：中華書局，1957），頁275。

[64] Chow Kai-Wing, *Publishing, Culture, and Power in Early Modern China*, p. 77.

[65] 韓大成《明代城市研究》，頁250-264。

[66] 劉大軍，喻爽爽〈明清時期的圖書發行概覽〉，頁116。

> 多少日子就可以批得出來？我如今扣著日子，好發與山東、河南客人帶去賣，若出的遲，山東、河南客人起了身，就誤了一覺睡。……不知先生可趕的來？」[67]

文瀚樓店主請匡超人儘快將考卷批出來，以便「發與山東、河南客人帶去賣」。謝興堯《書林逸話》：「按昔日刻書習慣」，「刊成後，先以紅色印刷，次乃用墨。以紅印本分贈師友，墨印本送各地出售。」[68]紅印本當為樣書，究竟這些樣本是否只是單純贈送給編撰者的師友，還是編撰者將它們通過私人管道銷售，或寄託書商銷售，也是一個值得探討的問題。

另一種情況為商販自己買下書籍再負販於其他地區。[69]明中葉以後足跡遍佈全國的商幫中也有以販書為經營行業的，像江右商人和龍游商人中有不少是經營書業的。龍游商人足跡遍及全國各地，不辭艱辛，無遠不屆，「賈挾資以出守為恒業，即秦晉滇蜀萬里視若比舍」[70]，「龍遊之民，多向天涯海角，遠行商賈」[71]。龍游商

[67] 吳敬梓《儒林外史》第十八回〈約詩會名士攜匡二，訪朋友書店會潘三〉，頁 218。

[68] 謝興堯〈書林逸話〉，見謝著《堪隱齋隨筆》（瀋陽：遼寧教育出版社，1995），頁 39。

[69] 劉大軍，喻爽爽〈明清時期的圖書發行概覽〉，頁 116。

[70] 萬廷謙，曹聞禮纂修（萬曆）《龍遊縣誌》卷五，〈風俗〉，明萬曆刊本，頁 1-2。

[71] 林應翔，葉秉敬纂修（天啟）《衢州府志》卷十六，〈政事志〉，明天啟刊本，頁 17。

人把觸角伸向各行業，其中書業占著重要地位。[72]王世貞替龍游書商童珮寫傳時說：「龍游地呰薄，無積聚，不能無賈遊，然亦善以書賈。」[73]江右商人的主要活動地區是湖廣，其次是雲南、貴州、四川，再就是福建、兩廣、北方各省、河南、北京、南直隸、浙江等地。遼東、甘肅、西藏乃至外邦地區也都有江右商人的足跡。江右商人除經營糧食業、茶業、布業等行業外，也從事書籍的販賣。臨川商人戴珩，有親戚向他借了六千兩銀到廣東經商，數年不返，戴珩親往廣東索債，六千兩銀全部買了書，雇船而歸。船到贛州章江水關時，稅官以為是貨船，登舟徵稅，結果發現全是書畫。戴珩實際上是個老謀深算的商人，以索回的資金全部購書，可以躲避關稅，然後將送返臨川的書售賣給當地的消費者。[74]

此外，萬曆年間在南方一些水道發達的地區，不少商販將船舶改裝為書船（又稱書舶），船上載滿圖書，沿水路到各地售賣。[75]其中以湖州織裏書船最為著名。據光緒《烏程縣誌》卷二九引《湖錄》載：「書船出（湖州）烏程織裏及鄭港、談港諸村落。吾湖藏書之富，起于宋南渡後直齋陳氏著《（直齋）書錄解題》」。「明中葉，如花林茅氏，晟舍淩氏、閔氏，匯沮潘氏，雉城臧氏，皆廣

---

[72] 張海鵬，張海瀛主編《中國十大商幫》（合肥：黃山書社，1993），頁428。

[73] 王世貞《弇州山人續稿》卷七十二，〈童子鳴傳〉，見《景印文淵閣四庫全書》冊1283，頁68。

[74] 張海鵬，張海瀛主編《中國十大商幫》，頁368-372、388-389、430。

[75] 劉大軍，喻爽爽〈明清時期的圖書發行概覽〉，頁116；繆咏禾《明代出版史稿》，頁391。

儲簽帙。舊家子弟好事者，往往以秘冊鏤刻流傳。於是織裏諸村民以此網利，購書于船，南至錢塘，東抵松江，北達京口，走士大夫之門，出書目袖中，低昂其價，所至每以禮接之，客之末座，號為書客。二十年來，間有奇僻之書，收藏家往往資其搜訪。」[76]錢塘，今杭州；京口，今江蘇鎮江。故織裏書船經營的範圍，大抵相當於今天的江、浙一帶。織裏書船的書商們向書坊主購買書籍，裝貨出運，由兩名船夫輪流搖槽，一路沿埠相售。書船置船棚，棚下兩側置書架，陳設各種書籍，中間設書桌和木椅，供選書者翻閱時享用。書船是方便文人求知識購書的所在，船一到河埠繫好纜繩後，就任人上船選擇書籍。同時將預備好的書目傳單放在衣袖筒內，隨時出入官宦、生員，舉子之家。所到之處必受到熱情的接待，讓他們叨陪末座。於是書商從袖筒內取出書目單，任由主家流覽選擇。[77]

胡應麟說：「吳會、金陵擅名文獻，刻本至多，巨帙類書咸薈

---

[76] （光緒）《烏程縣誌》卷二九，轉引自宋莉華《明清時期的小說傳播》，頁136。據滎陽悔道人〈汲古閣主人小傳〉記載，明毛晉為搜求善本，在門外貼上告示，以高價收購圖書，云：「有以宋槧本至者，門內主人計葉酬錢，每葉出二百；有以舊鈔本至者，每葉出四十；有以時下善本至者，別家出一千，主人出一千二百。」「於是湖州書舶，雲集於七星橋毛氏之門矣。」見毛晉撰，潘景鄭校訂《汲古閣書跋》（上海：古典文學出版社，1958），頁3。

[77] 嵇發根〈「湖商」源流考：兼論「湖商」的地域特徵與士商現象〉，見《浙江通志》〈http://tz.zjol.com.cn/gb/node2/node87411/node102165/node113241/userobject15ai3651766.html〉，2007年4月17日；〈織裏書船〉，見《四海論壇》〈http://bbs.zjhyt.com/redirect.php?tid=38437&goto=lastpost〉，2007年4月17日。

萃焉！」「然自本方所梓外，他省至者絕寡，雖連楹麗棟，搜其奇秘，百不二三。蓋書之所出，而非所聚也」[78]這說明了南京、蘇州等江南地區的刻書中心只售賣當地出版的圖書。實際上，江南地區的出版物不僅自給自足，暢銷本地，而且還大量運售外地。這種情況在一些小說的情節中也有描述，像《儒林外史》第十八回中文瀚樓店主告訴匡超人說他的選本將「發與山東、河南客人帶去賣」；第二十回中匡超人向人炫耀說：「弟選的文章，每一回出，書店定要賣掉一萬部，山東、山西、河南、陝西、北直的客人，都爭著買，只愁買不到手。」[79]就說明了江南地區地區刊行的八股文選集的外銷情況。在明清的筆記中也不乏同樣的記載。像顧炎武的《日知錄》就曾指出：「至一科房稿之刻有數百部，皆出於蘇、杭，而中原北方之賈人市買以去。」[80]說明了在江南地區刊行的房稿很受其他地區的士子的重視，常為北方商人買回去當地銷售。據明末人徐弘祖的親見，其家鄉江陰「所刻村塾中物及時文數種」也可見於雲南的市集，[81]這都很能說明制舉用書在當時的流通層面之廣。

據以上的分析可見，明中葉以後的坊刻制舉用書通過各種各樣的固定的或流動的，定期的或不定期的管道流通在產書地區乃至全

---

[78] 胡應麟《經籍會通》卷四，頁 49。

[79] 吳敬梓《儒林外史》第二十回〈匡超人高興長安道　牛布衣客死蕪湖關〉，頁 246。

[80] 顧炎武《原抄本顧亭林日知錄》卷十九，〈十八房〉（臺北：文史哲出版社，1979），頁 472。

[81] 徐弘祖《徐霞客遊記》卷八上，〈滇遊日記八〉（上海：上海古籍出版社，1993），頁 932。

國各地的士子手中，從而實現了書坊主盈利的目的。

第三節　隨機應變的價格策略

在我們看來，除要通過各種管道來保證圖書流通的暢達，圖書定價的高低對圖書流通量的大小亦起著一定的影響。這是因為常識告訴我們，一種商品的價格定的太高，消費得起的僅是一小撮經濟能力優越的人。市場小，流通領域自然就小。定價大眾化，不論貴賤，人人都負擔的起，買的人自然也多。市場大，流通領域自然就大。當然，生產商把商品的價格定得高，是因為他們對產品的品質要求高，故而導致成本的提高，自然就把產品的價格定得高些，以維持一定的盈利。但是，對於一些經濟能力一般，講究實際用途的消費者來說，最理想的當然是能購買負擔得起且品質又高的商品。若市場上有其他生產商供應用途大同小異，但品質較低，價格相對便宜的同樣商品，也是能夠吸引一大批講求實際用途而不計較品質的消費者，而這群消費者的數目可能大於講究品質的消費者群。值得注意的是，制舉用書並非收藏品，它們是考生在漫長的科舉道路上提高他們在科舉考試中取得成功機率的一些輔助工具。而這些輔助工具，也往往在他們科舉考試取得成功後，或三番五次落第而絕望科場後，或將它們束之高閣，讓它們封塵於櫥櫃的某個角落，或將它們轉贈、變賣給他人，甚至將他們丟棄。把它們當成是收藏品，妥善保護它們的人簡直是鳳毛麟角，這也是制舉用書存世較少的原因。再加上制舉用書的時效力極強，在某一段時期流行於士子間的參考書，尤其是八股文選本，經過一段時間後，或因內容與形式已不符合新的時期的流行風格，失去了生命力，很快的就為同樣性質的新參考書所取代。既然它們僅是輔助考生達到中式目標的過渡性工具，對絕大多數經濟能力一般的考生而言，他們會傾向於把縮衣節食省下來的錢購買價格較為便宜，卻又同樣能夠幫助他們掌握答卷要訣與技巧的制舉用書。更加上制舉用書的這個圖書市場的競爭激烈，書坊主若要分得這個市場的一塊大餅，它們的定價就起著舉足輕重的作用。

那麼，明中葉以後所出版的制舉用書的價格貴嗎？這類圖書的讀者都能負擔得起嗎？明代圖書定價的資料，並不多見，至於制舉用書的書價更是少之又少。據筆者所見，唯一能反映它的價格的是熊氏宏遠堂所刊的《史記評林》一百三十卷，此書定價「白銀一兩八錢七分」。[82]那麼，用「白銀一兩八錢七分」來買一部共一百三十卷的制舉用書是合理的價格嗎？是一般的士子都能負擔得起的嗎？

關於明代的書價便宜與否的問題，學術界對這個問題仍存在分歧的觀點。一些學者認為明代的書價昂貴，一些則認為廉宜。前者以沈津和繆咏禾為代表，後者以大木康和周啟榮為代表。沈津據當時的米價和明代各秩官員的俸祿來和書價比較得出明代書價「貴極」的結論。據他觀察，明代的米價「每石多在一兩以上，故平均價格當以此為準」。胡正言十竹齋鈐本《印存初集》二卷鈐有「每部定價紋銀貳兩」木記，意即一冊一兩，在沈津看來，「每本壹兩可謂高矣」。他接著以明代的俸祿制度來和書價作一比較，來看書

[82] 沈津〈明代坊刻之流通與價格〉，頁 114。

價在當時的昂貴情況。他說：「嘉靖以後，白銀在貨幣系統中成了主要的支付和流通工具，各種銅錢都和白銀發生關係，規定比價，大數用銀，小數用錢。對於買書來說，就是做官人家，也要量力而行。一位七品芝麻官的每月俸祿，僅能買幾部平常之書而已。由此可見，要成為一位藏書家，也是不容易的事。」[83]

繆咏禾同樣用當時的米價和書價比較得出明代書價「貴極」的結論。他據所查得的四種標有書價的明代圖書指出：「這四種書的價格，不知是否實價。如果和當時物價比照一下，就可以知道書本的價錢是不小的。據當時記載，明洪武時銀一兩可買白米 4 石，明後期 4 錢銀買白米 1 石。災荒或動亂年份則 2 兩買白米 1 石。比照下來看出，一部《列國志》要一二石白米的價錢，一本小曲唱詞要四五斗白米的價錢，書價還是比較貴的。」[84]

與沈津和繆咏禾持相反意見的是日本學者大木康和美國學者周啟榮。大木康曾與另一個日本學者磯部彰有過書籍價格的辯論。磯部彰根據搜集到的一些古典小說的價格資料，再與當時的工價比較後，判定當時的書價非常高。但大木康卻不表苟同，認為這些零星的書價資料可能都是最高的價格，不能反映當時書籍的實際售價。同時，考慮到書籍的印刷有大小、精粗的差異，書價當然也有所不同。若將明末印刷技術的革新也一併納入考量的話，則當時的書價

---

[83] 同上，頁 115-117。

[84] 這四種圖書及其價格分別是《新鐫陳眉公先生批評春秋列國志傳》「每部紋銀壹兩」、《新刻艾先生天祿閣彙編采精便覽萬寶全書》「每部價銀一錢」、《新調萬曲長春》「每部價銀壹錢貳分」和《月露音》「每部紋銀八錢」。見繆咏禾《明代出版史稿》，頁 318。

應當很低才對。[85]

周啟榮也認為當時的書價極為低廉。儘管關於晚明的書價的存世資料非常稀少，但周啟榮認為仍有可能對這時期的書價進行估計，並指出晚明的商品經濟的發展是評估當時書價的恰當語境。周啟榮指出留存下來的關於明代書價的例子基本上都是來自於經濟寬裕的藏書家的收藏物，故他認為這些書價不能看成是為一般閱讀群眾出版和批售的書籍的平均書價的代表。他認為這些藏書的品質較晚明出版的一般書籍高出許多。在周啟榮看來，出版商會根據所鎖定的顧客而出版在品質上有所差別的書籍，即出版品質高的書籍給鎖定的士商消費者，出版品質低的書籍給鎖定的一般消費者。品質的高低基本上由所用的材料（如紙張的質地）以及其藝術價值（策劃的精粗、段落的疏密、插圖的多寡等）等所決定。當然，士商消費群可以選擇購買品質低的書籍，一般消費群若能力允許，也可選擇購買品質高的書籍。周啟榮特別提到一些非收藏品，如制舉用書和日用類書，一般都定價在一兩以下，也發現了不少定價在 0.1 兩到 0.5 兩的制舉用書和日用類書。他非常有把握的認為除了那些鎖定上層讀者為主要消費群而在書中安插精美的插圖，或者是多冊數的書籍，出版商一般會把所出版的書籍定價在一兩以下。[86]

對於一些學者認為一般官員所領取的俸祿無法負擔得起昂貴的書籍，周啟榮對這種看法也不表苟同。他指出當時的官員除了領取

---

[85] 詳參大木康在《明末江南出版文化》（東京：研文出版，2004），頁 121-128。

[86] Chow Kai-Wing, *Publishing, Culture, and Power in Early Modern China*, pp. 38-48.

俸祿之外，還有政府提供的住所以及各式各樣的津貼，如購置傢俱的津貼，加上其他的不明文的收入和「賣文」的收入，這些俸祿以外的收入大約是他們的俸祿的三、四倍，相等於好幾百兩。至於收入的多寡，則視其官位和文名的高低。因此，在周啟榮看來，官員可以輕而易舉地負擔定價一到三兩的書籍。準備應試的考生由於需要購買各式各樣的制舉用書，故他們是十六和十七世紀最大的圖書消費群，他們必須維持一定的收入來購買參考書。至於擁有至少生員學銜的塾師，除了有大約四十兩的年俸外，一般都能獲得膳食供應以及每逢佳節的「禮物」。大多數學銜較高的考生和塾師都會通過不同的管道取得額外的收入，如提供寫信、寫書法、寫墓誌銘等「賣文」的服務，或替出版商評點和編選圖書等。至於收費的多寡，則就必須視考生和塾師的文名的高低了。由於有這些來自不同管道的收入，故周啟榮認為定價一兩以下的圖書都是一般知識份子所能負擔的。至於一般從事藍領工作的勞動群眾，他們的收入一般都在二兩以下，和士商以及一般知識份子的收入比較起來相形微薄，但在當時購買那些定價一兩以下的書籍對他們來說也並非完全是高不可攀的一件事。若他們節衣縮食的話，也還是能夠在一年內購買五、六部定價在 0.5 兩以下的書籍。[87]周啟榮最後總結說：

> 我們可以有把握地總結，在和其他商品比較下，明代的書價並不高。……在十六與十七世紀的中國，大多數的人可以負擔那些專為不同收入的讀者出版的圖書。這些書籍對非常貧

---

[87] *Ibid*. pp. 48-55.

困的人而言可能仍是昂貴的，但它們絕不是富裕的人們所享有的特權。……我們可以相當合理的提出有相當數目的書籍是為較大的讀者群而出版的，而這些書價較低的書籍是建立在它們的生產成本的降低上。當一個人由於財政狀況的限制而去購買一部 0.2 兩的圖書，那他只需要放棄購買一張新的椅子，一隻鵝或一把摺扇。[88]

周啟榮對這個問題的新看法是相當有見地的。

在我們對明中葉以後的坊刻制舉用書的書價做進一步的探討前，我們先來看看影響書價的因素。胡應麟總結影響書價的原因時指出：

凡書之值之等差，視其本、視其刻、視其裝、視其刷、視其緩急、視其有無。本視其鈔刻、鈔視其訛正、刻視其精粗、紙視其美惡、裝視其工拙、印視其初終、緩急視其時，又視其用，遠近視其代，又視其方，合此七者，參伍而錯綜之，天下之書之值之等定矣！[89]

可見，影響圖書定價的因素主要是：物質工本，如雕刻、手抄、用紙等；形式，如精粗、美惡、工拙等；內容，如真偽、時代的遠近等；發行，如刻印地的遠近等。沈津亦曾對這個問題進行了補充：

---

[88] *Ibid.*, pp. 55-56.

[89] 胡應麟《經籍會通》卷四，頁 50。

> 明代的書價，是研究明代經濟，特別是商品貨幣經濟發展狀況的一個重要課題，但也是一個比較複雜的問題。因為，一部書刻於何地，所用木板之優劣、紙張的選擇、寫工、雕工、印工、裝訂工以及發行量，都有核算。書印成後的價格，又受到多種因素的影響，如不同地區、不同時期、政治局勢、交通狀況、年成豐歉等等，都會對書價的形成及變化發生直接或間接的影響。[90]

必須承認的是，給一本圖書定價，即確定買者將為圖書付出的零售價格，是書坊主在圖書銷售過程中需要做出的最為關鍵、最有難度的決定之一。為了確定圖書價格，書坊主需要對出版決策過程中出現的各種因素進行統籌考慮。這些因素影響著圖書的感性價值，其中包括圖書的面積大小、裝訂形式、頁數，當然也包括所採用的印製技術，是雕板印刷，還是活字印刷，是否附加插圖，是否注入彩色等等。與此同時，同行是否出版同類的圖書也是書坊主決定圖書定價時的一個重要考量。

一方面，書坊主希望從出版活動中獲取最大的利潤，因此往往將圖書的價格制定在市場所能承受的最大限度。前文指出，明中葉以後生員的組成成分中，有不少是經濟相當寬裕的官宦、商賈與庶民子弟，他們自然是出版制舉用書的書坊主鎖定的銷售目標。但同時，書坊主又不希望過高的書價嚇跑潛在買者，特別是那些經濟能力較差的士子，使銷售額減少。如果書價過高，書坊主的圖書銷量

---

[90] 沈津〈明代坊刻之流通與價格〉，頁 117。

將低於其應該達到的目標，代價是書坊主喪失應該得到的利潤。同樣，如果書價過低，書坊主將不能從成功運作的圖書中獲得足夠的收入。盡力找到定價偏高和定價偏低之間的平衡點是書坊主必須慎重考慮的問題。

在我們看來，一些外在的因素，譬如政治局勢、年成豐歉等，是書坊主所不能控制的，但圖書製作過程中的物資和形式成本卻是他們所能掌控的。因此，書坊主是否能有效地控制圖書的生產成本是影響圖書定價的最重要的原因。

降低成本，以便在所出版的刊物取得最合理，甚至最高的利潤，是一般書坊主所企求的。雖然明中葉以後踏上科舉道路的士子中有不少是經濟能力相當寬裕的士子，他們自然是書坊主鎖定的主要消費群體。但我們相信，書坊主在經營他們的書坊時，都冀望所刊書籍能夠銷售給每個階層的消費者，而不僅僅是某一個階層的消費者，尤其是那些經濟能力較差的消費者是他們希望能夠開拓的銷售對象，以賺取更豐厚的盈利。這是因為這些消費者的經濟能力雖差，但他們的數量並不會比經濟寬裕的消費者來得少。因此，若要打開這個具有潛力的市場而又不須蝕本地將所刊圖書銷售給這群消費者，書坊主的算盤就須打得響亮些，而走節約成本這條路應該是比較實際的途徑。要使得運作成本降低，首先必須具備這些條件：政府政策的支持、原料供給的充裕和刻印效率的提升。[91]

前文指出，明王朝立國之初，採取了一些重要的，有利於書業

---

[91] 蘭文銳〈商業媒介與明代小說文本的大眾化傳播〉，頁81。

發展的舉措，如「詔除書籍稅」[92]，免去筆、墨等圖書生產物料的稅收，[93]在洪武十九年（1386）改革工匠服役制度，允許工匠納銀代役；成化時，納代役銀可以不再輪班服役；嘉靖八年（1529）廢除輪班役。政府的這些舉措，為書業的運作節省了可觀的成本。

除政府的扶持外，還有紙、墨、板材等印刷原料的價格和刻工的成本在當時已顯著降低。對書坊主來說，用來印刷制舉用書的紙和墨，價格是關鍵。由於書坊主所鎖定的讀者群不僅是富裕的士子，也包括了經濟上較不寬裕的士子。對大多數的士子來說，他們購買制舉用書的目的不是要將它們當成收藏物，而是要利用它們來對科舉考試所規定的內容和形式進行充分的準備，從中掌握考試必須知道的知識和領會答卷的要訣，幫助他們順利走完舉業的道路。因此，對一個實事求是的士子來說，他重視的是制舉用書所提供的內容而並非制書的原料（只要能夠達到基本的要求就行）。兩全其美的辦法就是書坊主使用當時產量最大且價格低廉的竹紙和次等炭墨來刊印制舉用書。[94]

---

[92] 龍文彬撰《明會要》卷二十六，見《續修四庫全書》冊 793，頁 199。

[93] 傅鳳翔《皇明詔令》卷一：「書籍、筆、墨、農器等物，勿得收取商稅。」（臺北：成文出版社，1967），頁 36。

[94] 賈晉珠指出自北宋初年以來，建陽書坊就已開始大量使用竹紙來印製圖書。詳參 Lucille Chia, *Printing for Profit: The Commercial Publishers of Jianyang, Fujian (11th-17th Century)*, pp. 25-29。紙張價格在帝制中國晚期的低廉是當時歐洲所企慕的。Evelyn S Rawski 在 “Economic and Social Foundation of Late Imperial Culture” 一文中就指出了歐洲在這方面的劣勢。見 David Johnson, Andrew Nathan, and Evelyn Rawski (ed.), *Popular Culture in Late Imperial China* (Taipei: SMC Publication Inc., 1985), p. 18。

前文指出，明中葉以後出版的制舉用書多數採用雕版印刷來製作。在圖書製作的過程中，雕版這個環節是最耗時費力的。在當時競爭激烈的圖書市場中，如何縮短雕板時間以求在最快的時間將圖書推到市場上，是影響利潤多寡的關鍵。因此，書坊主必須慎重選擇刻雕板用的適用板材，以求達到縮短雕板時間的目的。同時，板材的成本也必須在書坊的估算之中。潘吉星指出，印刷板的理想木材是粗壯而挺拔的喬木，這樣可以得到足夠的板面。對木料的硬度要求適中，既易下刀雕刻，又有足夠的硬度和強度。同時，木質要求細密均勻，紋理規則。經刨平後，表面平滑，受墨性好。由於印刷業需要消耗大量雕版，所以製版用的樹木還應當分佈較廣，能夠充分供應，而且還不能過於昂貴，以免增加製作成本。考慮到所有的技術經濟條件後，書坊主通常選梓木、梨木和棗木等製版。[95]這幾種木材皆為喬木，由於它們資源豐富，價格低廉，各處均可就地取材，故自宋以來在印刷業中用得非常普遍。[96]據胡應麟所見，萬曆年間也有使用柔木、白楊木和烏桕木雕板的。這三種木材皆為喬木，分佈廣、價廉易得，且木質鬆軟，易下刀雕刻。[97]以上所舉板材具有價廉、易刻的優越性，故皆喜為書坊主所採用。

除板材外，刻字工價對書價的高低也起著一定的影響。明代刻

[95] 潘吉星《中國科學技術史・造紙與印刷卷》（北京：科學出版社，1998），頁 309。

[96] 同上，頁 309-310；錢存訓著，鄭如斯編訂《中國紙和印刷文化史》（桂林：廣西師範大學出版社，2004），頁 176-177。

[97] 胡應麟《經籍會通》卷四（頁 51）載：「閩本多用柔木，故易就而不精。今杭本雕刻時亦用白楊木，他方或以烏桕板，皆易就之故也。」

字工價相當低廉。葉德輝在《書林清話》指出：「前明書皆可私刻，刻工極廉。」[98]繆咏禾總結明代刻工工價說：「明代後期，刻字工價低的是每百字三分銀（約二十文），甚至還有略低一點的，高一點的是每百字五分銀。到了清順治年間則約為六分銀。查有關史料知道，明末米價為每石五、六錢，動亂、災荒時則漲至二、三兩甚至更高。如果一個刻工一天刻字 200 個，他一個月的工資大約是 3 石米，僅夠三、四口之家糊口，是中等偏低的生活水準。」[99]由於刻工工價的低廉，使得書坊主能直接利用這些廉價的勞動力來降低圖書的生產成本。

必須說明的是，刻工往往是地區性的、同姓的、世代相傳的，如著名的徽州歙縣虬村的黃姓刻工。[100]他們常常離開家鄉外出承擔一項任務，完成之後再到另外一個書坊或另外一個地方承擔另一項任務。[101]故而一些規模較小的書坊一般無需聘請大量的全職刻工，只需在有新書開雕無法應付時才聘請這些流動刻工，完成整部圖書的刻板後，書坊主和刻工就完成了雇傭關係，刻工也可自由地到另一個書坊承接其他的任務。和長期性地聘用刻工的方式比較起來，通過這種短期性質雇傭刻工的方式，書坊主可從中節省了不少運作

---

[98] 葉德輝《書林清話》卷七，〈明時刻書工價之廉〉，頁 154-155。

[99] 繆咏禾《明代出版史稿》，頁 312-313。

[100] 關於徽州歙縣虬村黃姓刻工的詳細情況，可參閱瞿屯建〈虬村黃氏刻工考述〉，見《江淮論壇》1996 年第 1 期，頁 65-70；曹之〈明代新安黃氏刻書考略〉，見《出版科學》2002 年第 4 期，頁 63-65。

[101] 繆咏禾《明代出版史稿》，頁 313-315。

成本。[102]我們相信，除刻工外，書坊主也是採用短期性質的方式來雇傭如繕寫、校對、刷印和裝訂等圖書生產人員來節約開支，降低圖書製作的成本。

在效率方面，主要是版式、刊印技術和字體等的採用和改進。前文的討論交待了明中葉以後所出版的制舉用書，一般上都採用雕版印刷技術，絕大多數的版面頗為單調，整個版面幾乎都是文字，鮮少有插圖的附加。一些比較講究的制舉用書在正文間附刻有批校小字，或用朱筆和墨筆來區別和強調圈點的重點，更講究的則採用雙節版，或三節版。採用這種簡單的製作圖書的方式，即使是非熟練的刻工，甚至是婦女或小孩也能擔當，這也是明代刻字工價所以低廉的其中一個原因。這麼一來，就能將製作圖書過程中最費時的一個環節的成本壓得最低，書坊主也可據此制定出更具競爭力的書價，以便在最短的時間內收回成本，取得利潤。

據楊繩信的考證，宋、元刻工工價相當。但明末刻工工價比宋、元降低了一倍。其原因是：中國印刷業自嘉靖初年後發生了深刻的變化，即其字型由原來的寫體變為「匠體」。所謂「匠」指工匠，這裏指寫、刻版工人。「匠體」就是寫刻書版工匠專用的書體。既是「匠體」，就是工匠寫刻的，所以刻工比以前多了，技術要求不嚴格了，工價也就低了。[103]李清志指出匠體字的優越性說：

---

[102] Chow Kai-Wing, *Publishing, Culture, and Power in Early Modern China*, pp. 60-61.

[103] 楊繩信〈歷代刻工工價初探〉，見上海新四軍歷史研究會印刷印鈔分會編《中國印刷史料選輯之三：歷代刻書概況》（北京：印刷工業出版社，1991），頁 559-560。

> 此種硬體宋字，僅需由專業書工繕寫工版，因字形方整，可密植版面而不顯得擁擠，能節省紙張，縮小圖書之體積，從而降低成本，故為書坊所歡迎，成為明中葉以來迄今之主要印刷體。此外，硬體宋字之刻法，各筆劃均極平直硬挺，直刻而入，刻工可左手按尺，右手持刀，先直線後橫線，易刻速成，可應付出版事業爭奪市場、謀取利潤的快速化要求，此亦為硬體宋字所以能流行久遠之主因。[104]

匠體字成為刻書用字的主流，是一個重大的里程碑。寫工、刻工只需掌握這種標準字體橫輕豎重的筆劃特點，就可以寫刻書版，不必花錢禮聘書法高手，比較方便，工效大大提高，也符合經濟效益。

通過以上的分析，我們知道明代出版業在當時政府政策的扶持下，除了延續宋元的出版業採用低廉的紙、墨、板材來控制生產圖書的成本外，還創造性地發明並大量地採用更為簡單，更能提高效率的匠體字來製作圖書，加上工價的低廉，使得製作圖書的成本進一步地降低。若書坊主善於利用以上的優勢，是很可能生產出成本低，並保證基本品質的圖書的。在有效地控制製作圖書的成本後，書坊主接下來的工作就是審時度勢，同時衡量目標銷售對象的承擔能力，給所生產的圖書制定出最具競爭力的價格，以在最短的時間內取得利潤。

儘管書坊可以在能力掌握的範圍內控制成本，不過，在不同的地域，書價還是會存在差異。胡應麟比較了蘇州和建陽的書價後指

---

[104] 李清志《古書版本鑒定研究》（臺北：文史哲出版社，1986），頁 74。

出：「其直重，吳為重；其直輕，閩為最。」又強調：「閩中紙短窄黧脆，刻又舛偽，品最下而直最廉。」[105]這除了是因為蘇州的生活水準高於建陽才出現書價的差異外，最主要的一個原因是江南出版地區的製書原料，如紙張、木材等都要依賴外地，特別是長江中上游和福建地區的供應，[106]長途運輸的費用自然加重了製書成本，這些地區生產的圖書的價格也就高。反觀建陽地區的書坊，在當地就可以取得這些製書原料的供應，減省了長途運輸原料的這個環節，圖書價格也自然「最廉」。

前文指出，明中葉以後的託名和盜版之風頗熾。照理說來，託名出版的制舉用書，所支付給「捉刀」的無名文人的酬金肯定較聘請名人編纂少得多，書坊主無形中減省了不少成本。書坊主在給這些託名的制舉用書定價時是否會手下留情一些，把價格定得較正牌名人編纂的制舉用書低得些，若資料允許的話，也是一個值得探討的問題。如果說託名之書還需要支付酬金給無名文人，那麼，盜版既有的暢銷書可說是撿現成的便宜，因為這樣做根本就不需支付酬金給編撰者，省下的成本肯定更多。據一些史料記載，這些盜版書，往往「一部止貨半部之價」。由於價格較正版書便宜了一半，故「人爭購之。」[107]我們相信，當時那些託名和盜版的制舉用書，價格應該是相當便宜的。

---

[105] 胡應麟《經籍會通》卷四，頁 50。

[106] 龍登高《江南市場史：十一至十九世紀的變遷》（北京：清華大學出版社，2003），頁 86-88；李伯重〈明清江南的出版印刷業〉，見《中國經濟史研究》2001 年第 3 期，頁 14-15。

[107] 郎瑛《七修類稿》卷四十五，〈事物類・書冊〉，頁 750。

圖書生產成本的降低，加上託名與盜版之風的熾烈，在當時的圖書市場中，極有可能有不少書價低於一兩的制舉用書，這樣的價格是一般人都能負擔得起的。

必須指出的是，我們對明代書價所知甚少，最主要的原因是當時的圖書都沒有清楚地標明書價。我們認為，這是書坊主有意識的一種做法。因為沒有標價，圖書價格的隨意性就很大。由於充斥在市面上的制舉用書過於繁多，競爭激烈，要在這類圖書的市場上分得一塊大餅，除了要在品質上勝於他人外，在價格方面也要有競爭力。圖書沒有標明書價，就給書坊主或零售商提供了伸縮性，在售賣圖書時允許他們根據市場的變動，或據地域的差別來增減書價，以儘快地將書架上的圖書銷售出去，以免滯銷。換言之，當世道好時，市場上又沒有其他同樣內容的制舉用書，加上銷售的地點是富庶地區，書價就會定的比較高。反過來說，當世道蕭條時，市場上又有一種以上的同樣內容的制舉用書，加上銷售的地點是偏遠貧困地區，書價就會定得比較低。沒有標價也給書商或書販「視各其人為之」[108]提供了伸縮性，書商可根據顧客的貧富來叫價。若在圖書上標明書價，隨意增減書價的伸縮性就小得多。當圖書賣得比標價高，自然引起買者的不快。當圖書賣得比標價低，又可能讓買者認為圖書的內容已「過時」，賣者調低書價以清倉。因此，沒有標明

---

[108] 王維泰在汴梁買書時問店主「交易有無定價」，店主回答「視各其人為之」。見王維泰《汴梁賣書記》上卷，〈記買書〉，見張靜廬輯注《中國近現代出版史料》冊 3（上海：上海書店出版社，2003），頁 403。

書價就減省了這些問題。[109]

對買者而言，對書價高低的承受力不僅是因人而異，且是有地域差別的。熊氏宏遠堂所刊《史記評林》定價白銀一兩八錢七分，對經濟能力強或富庶地區的士子而言可能是可接受的，甚至是便宜的，因為這部書共一百三十卷，是大部頭的圖書。也由於其卷帙的浩繁，書坊主定價一兩八錢七分，對他們而言是合理的。若將它定得更低，而銷售量達不到預期的目標，書坊主可能就蝕本了。但對經濟能力弱或偏遠地區的士子來說，一部書一兩八錢七分，不管其卷帙的多寡，不管定價是否是合理的，在他們的眼裏都是貴極的。然而，這裏牽涉到一個值得思考的問題是，經濟能力弱或偏遠地區的士子是否會因制舉用書的定價在他們眼裏過高而卻步呢？我們認為這就牽涉到士子對制舉用書的急需程度了。對一些士子來說，若他們覺得制舉用書能夠幫助他們在短時間內在科舉考試取得成功，進而入仕，取得高官厚祿，光耀門楣，我們想不論要犧牲他們或家人其他方面的生活需求，他們都很願意掏出腰包來購買制舉用書，畢竟他們也深明沒有付出，也就沒有收穫的道理（若沒有付出，即使最終會有收穫，也可能非常崎嶇）。他們希望通過研讀這些制舉用書，幫助他們更快地達到目的，避免困守科場或晚達的情況出現。因此，我們不能排除經濟能力弱或偏遠地區的士子會因制舉用書的定

---

[109] 由於圖書定價在明代的隨意性很大，還出現過政府干預的事情。如萬曆年間，政府曾懲處一些高價售賣《永樂南藏》的人，並給藏經定了價格。（見葛寅亮《金陵梵剎志》卷四九，見《續修四庫全書》冊 719，頁 47）通過給《永樂南藏》定價之例，很能反映當時書價的隨意性。

價過高而對它們望而卻步，只是買的數量方面可能會較少。[110]

最後，必須一再強調的是，制舉用書不過是士子的「敲門磚」，用過即棄若敝履，加上其時效性很強，使其收藏的價值大打折扣。對於這些沒有收藏價值的圖書，士子重視的是它們的內容而非形式和質地，畢竟他們購買這些制舉用書的目的是用來研習而並非是用來點綴書架的。故書坊主實際上也沒有必要在形式和質地上下功夫，再將附加的成本轉嫁到士子身上。由於坊刻片面地追求銷量，強調價格上的競爭，「節縮紙板」，降低成本，「求其易售」[111]就是必然趨勢。因此，只要具備基本的經濟能力，明中葉以後所出版的制舉用書應當是一般士子都能負擔得起的物品。

總的來說，這些價格合理且隨意性很高的制舉用書，配合各種行之有效的宣傳推介手段和多種形態的流通管道，使得它們在明中葉以後鋪天蓋地在坊間傳佈開來，與通俗文學和日用類書在當時的圖書市場上形成了鼎足而立的局面。

---

[110] 《荷花蕩》卷上記「飯不充口」的徐州窮秀才徐國寶蒙恩師助他三十金趕考，在「試期漸迫，不免往書鋪廊下，看有什麼新出文字，買些來選玩。」他這麼做的目的，無非是要避免落第，「又有三年，其間寒寒暑暑，怎生受得」的那種困守科場的情況發生在他身上。這很能說明不管貧寒士子如何貧困，為了儘快的走完科舉的道路，享受高官厚祿，他們還是會掏出腰包買制舉用書來鑽研。（頁 15 上）

[111] 周亮工《書影》（上海：上海古籍出版社，1981），頁 8。

第七章　結　論

明中葉以後蓬勃發達的坊刻制舉用書的出版活動是在一個擁有龐大的有關讀者群體，陣容強大的創作隊伍和嗅覺敏銳的書坊老闆的三者之間的互動，以及適宜制舉用書出版的社會環境的緊密配合、聯繫和支撐下所建構起來的。

自明中葉以來，隨著帝王掌控力的下降、商品經濟的繁榮、思想新潮的湧現，以及社會風氣的變遷等都給坊刻圖書，像本文所討論的制舉用書，提供了發展的契機。科舉制度是古代讀書人踏入仕途的唯一方法。儘管躋身仕途道路的狹隘，但在仕途利益的強烈誘惑下，不少青少年仍紛紛踏上征戰科場的道路。隨著考生人數的日益增多以及其組成成分的更為擴大，伴隨著上述社會環境的變化、學校教育的失效、科舉競爭的激烈，以及士子對待科舉的心態上的轉變，乃促使了一個以學校生員和書院生徒為主體的制舉用書的讀者群的逐漸形成。當時那些在江南和建陽等刻書中心對市場觸覺極為敏銳的書坊主察覺到了士子的普遍需要，並評估了這個圖書市場的潛在商機後，乃邀約、聘請當時一個以生員為主體所組成的創作隊伍來編撰，或接受他們自行編撰的制舉用書。這些編撰者或基於名，或基於利的原因給聘請他們或向他們邀稿的書坊提供制舉用書。在這支陣容強大的創作隊伍中，除了不少失意或無名的文人外，還有不少擁有科舉名銜和官銜的社會名流，以及在科舉考試規定的某方面的內容或形式為士子所公認的權威和行家。在他們與書坊主的密切合作下，乃大量地生產了林林總總諸如四書五經講章、八股文選本、古文選本、翰林館課、類書、諸子彙編、論表策試墨彙編等符合士子閱讀習慣的制舉用書來滿足他們全方位的備考需要。書坊主更通過了各種行之有效的行銷手法，以及多種多樣的流通管道來促銷這些價格合理且隨意性很高的圖書給全國各地的讀者群，幫助他們在最快最短的時間內掌握參加考試所需要通曉的知識和答卷竅門。在讀者群、作者群與書坊主三者間的互動下，乃將明中葉以後的坊刻制舉用書的出版活動推向一個高峰，並與通俗文學和日用類書在當時的圖書市場上形成了鼎足而立的局面。加上其他種類的出版物，使得當時的民間出版業呈現出一個百花齊放的格局。

通過前文的討論，我們知道明中葉以後在坊間流通面甚廣的制舉用書，像四書五經講章和八股文選本，提供了民間的編撰者一個挑戰朝廷標準的空間，在一定的程度上分別動搖了經典和考官的權威性。除此之外，它們的風行也給當時的社會起著正面的和負面的影響。必須指出的是，在梳理史料的過程中，我們會發現時人關於這類圖書對當時社會所起的正面影響的聲音和討論是微乎其微的，幾乎已完全為反對它們的呼聲所掩蓋。實際上，若我們平心靜氣地把這類圖書的出版活動置放入當時的社會環境中仔細考察，會發現這些圖書的出版除了為打造明中葉以後蓬勃發達的民間出版業貢獻了其舉足輕重的力量外，還在不少方面起著不可漠視的正面影響。

首先，這些制舉用書便利了士子們的備考工作。必須承認的是，由於編纂動機、學術視角的差異，在清代的學者看來，明代不少制舉用書的學術價值並不高。像前述的薛應旂的《四書人物考》、陳禹謨的《四書名物考》、顏茂猷的《六經纂要》、汪邦柱、江柟的《周易會通》、楊鼎熙的《禮記敬業》、託名歸有光輯的《諸子彙函》等，四庫館臣對它們的評價並不高。此外，徐邦佐的《四書經學考》「雜鈔故實，疏漏實甚」。是書後有陳鵬霄的《四書經學續考》，「又皆時文評語，講章瑣說，而題曰《經考》，未詳其義」❶；孫維明《易學統此集》「多取宋元以來諸說，不甚考究古義。每節之下皆敷衍語氣，如坊刻講章之式。越（孫維明之子）所補入各條集及引述其父之言，皆別為標識，亦無奧旨」❷；姚舜牧《易經疑問》「率敷衍舊說，實無可取」❸。其《書經疑問》「於經義罕所考定，惟推尋文句，以意說之，往往穿鑿杜撰」❹；託名焦竑的《新鍥翰林三狀元彙選二十九子品彙釋評》「雜錄諸子，毫無倫次。評語亦皆託名，繆漏不可言狀」❺；李雲翔的《諸子拔萃》「取坊本《諸子彙函》，割裂其文，分為二十六類。其杜撰諸子名目，則一仍其久。古今荒誕鄙陋之書，至《諸子彙函》而極」❻；陳繼儒的《古論大觀》「不但漫無持擇，亦且體例龐雜，罅漏百出。雖以古論為名，而實多非論體，往往雜

---

❶ 《四庫全書總目》，經部四書類存目，頁 313。
❷ 同上，卷八，經部易類存目二，頁 65。
❸ 同上，卷八，經部易類存目二，頁 59。
❹ 同上，卷八，經部書類存目二，頁 111。
❺ 同上，卷一三二，子部雜家類存目九，頁 1123。
❻ 同上，卷一三二，子部雜家類存目九，頁 1127。

掇諸書，妄更名目」❼；陳其愫的《經濟文輯》「編選明代議論之文」，「大抵剽諸類書策略，空談多而實際少」❽。這些負面的評語，有些可能是出自評論者對這些制舉用書的偏見，但在很大的程度上也反映了一些事實。

實際上，制舉用書中也有不少嚴謹的作品，像前述的蔡清的《四書蒙引》、林希元的《四書存疑》、陳際泰的《周易翼簡捷解》、徐光啟《毛詩六帖講意》等，都得到後人頗高的評價。此外，鄧林的《新訂四書補注備旨意》「頗簡明，且頗能闡述經義」❾；鄒元標的《仁文講義》「主在闡說章旨而疏經解，每章末加詳，言簡意賅，多有新論」❿；周延儒的《諸說綱目辨斷》「搜羅百家之語，刪繁去簡，裁剪成編，文意淺白易懂，頗適初學者習讀」⓫；程汝繼的《周易宗義》「羅列諸家之說，不泥古執今，句櫛字比，必求其可安於吾心，以契諸人心之所其安而後錄之」⓬；顧夢麟的《詩經說約》雖為「舉子菟園冊」，「然於經義頗有發明」⓭。「核其所取，雖僅採《集傳》及《大全》合纂成書，然別擇調和，頗具苦心，故其持論類皆和平，能無區分門戶之見，且又

---

❼ 同上，卷一九三，集部總集類存目三，頁1762。

❽ 同上，卷一九三，集部總集類存目三，頁1763。

❾ 國立編譯館編《新集四書注解群書提要》（臺北：華泰文化事業公司，2000），頁32。

❿ 同上，頁79。

⓫ 同上，頁84。

⓬ 《四庫全書總目》卷八，經部易類存目二，頁62。

⓭ 朱彝尊著，許維萍、馮曉庭、江永川點校《點校補正經義考》冊4（臺北：中央研究院中國文哲研究所籌備處，1999），頁264-265。

時時自出新論。」⓮

眾多的八股文選本中也難免有魚目混珠的瑕疵。崇禎年間，為了對抗那些把廣大士人引入歧途的八股文選本，當時的八股文壇掀起了一個聲勢浩大的八股文振興運動。這場八股文振興運動的主將，如金聲、陳際泰、艾南英、章世純、羅萬藻、黃淳耀、陳子龍、張溥等都是八股文寫作的名家。他們除刊刻自己的八股文，給廣大士人提供學習的範文外，一些宣導者還選刊自成化以來各大家的優秀八股文，並細加評點，借此把人人都讀的八股文選本引入正途。他們欲通過這些思想醇正，足以闡發微言，羽翼大義，為後學津梁，且文風質樸，語言雅潔，體式標準的名家作品，以及他們的評點所揭示的方法來導引八股文歸於雅正的傳統之路。⓯從積極方面來說，優秀的八股文選本的流傳，對明代士子在為文之法及個人修養方面也起著促進的作用。畢竟只囿於自己的狹小圈子裏苦讀經書，不讀名家時文，想提高自己的識見是非常困難的。

面對著素質參差不齊的制舉用書，士子們在使用它們時就必須進行嚴格的篩選。對於那些能夠靜心學習、明辨是非的士子，制舉用書可以說是有益無害的。阮葵生（1727-1789）記載：

> 任香谷宗伯（蘭枝）常言，其鄉有老宿丙先生者專心制義，自總角至白首，凡六十年不停批，皆褒譏得失之語。老不應

⓮ 中國科學院圖書館整理《續修四庫全書總目提要（稿本）》冊 19（濟南：齊魯書社，1996），頁 421。

⓯ 龔篤清《明代八股文史探》（長沙：湖南人民出版社，2005），頁 570-572。

> 舉，乃舉生平評騭之文分為八大箱，按八卦名排次。其乾字箱則王、唐正宗也；坤字箱則歸、胡大家，降而瞿、薛、湯、楊以及隆、萬諸名家連次及之，金、陳、章、羅諸變體又次及之；其坎、離二箱則小醇大疵，褒貶相半；其艮、兌二箱則皆歷來傳誦之行卷、社稿及歲科試文，所深惡也而醜詆之者也。書成後，自謂不朽盛業，將傳之其人，舉以示客，無一肯閱終卷首，數年後，益無人過問焉。一日有後生叩門請業，願假其書，先生大喜，欣然出八大箱，後生檢點竟日，乃獨假其艮、兌二箱而去，先生太息流涕者累日。任宗伯猶及見其人。⓰

通過以上的記載，我們可以看到，像丙先生那樣的評點者，確實把八股文的評點作為一項事業來進行的，而像後生那樣有主見的士子，是以一種謹慎的態度來對待前人的評點，即沒有棄之不用，也沒有一味的盲從，這正是利用制舉用書來準備考試的士子所應該具有的正確態度。唯有這樣的正確態度，才能發揮制舉用書的功能。

此外，從正面的角度來看，素質高的制舉用書能夠幫助那些在

⓰ 梁章鉅著，陳居淵校點《制義叢話》卷二（上海：上海書店出版社，2001），頁 92。《清史稿》卷二九七載：「任蘭枝，字香谷，江蘇溧陽人。康熙五十二年一甲二名進士，授編修。雍正元年，命直南書房。累遷內閣學士。五年，與安南定界，偕左副都御史杭奕祿齎詔宣諭，語詳杭奕祿傳。使還，遷兵部侍郎。命如江西按南昌總兵陳玉章侵餉。調吏部。高宗即位，命充世宗實錄總裁。擢禮部尚書，歷戶、兵、工部，復調禮部。十年，以老致仕。十一年，卒。」見（臺灣）國史館編著《清史稿校注》冊 11（臺北：國史館，1986），頁 8842。

學生員在課堂上接受教官的耳提面命之餘，利用它們來加深對課業的理解和印象，又或者是利用它們來答疑解惑，探求課堂上教官講解得不甚清楚的地方。通過前文的討論，我們知道明中葉以後的教官的素質普遍下降，士氣不振，導致教育品質的嚴重下滑。這麼一來，也就無法給予準備應試的生員予以正確的督導。生員覺察到無法從這些素質低劣和熱忱不振的教官身上學習到應考的要訣，故只得另闢蹊徑，通過研習坊間出版的制舉用書，希望從中能得到應考之要。至於對那些在家修習課業，而又沒有能力延聘名師督導或在私塾求學的士子，立意宏遠、編纂嚴謹的制舉用書無疑有裨於他們的舉業之途。在它們的引導下，從一定程度上可拉近那些無法在學修習課業的士子和在學生員的應考能力的距離。不管怎樣，儘管教官的素質普遍低劣，多少還能提供在學生員一些指導，其優勢較在家修習課業的士子顯著。因此，若沒有制舉用書的從旁輔導，我們很難想像在家修習課業的士子能夠單憑鑽研經史原典就能和在學生員平起平坐，維持某種程度上的中舉機會。

事實上，我們也發現的確有士子利用了制舉用書而取得舉業成功的例子。像萬曆間的禮部儀制司主事陳立甫就曾通過對坊間出版的制舉用書的「鑽研」而取得了舉業的成功：

> 立甫瞻矚甚高，意不可一世。……于二三兄弟獨若駸駸浮慕余者。常謂不佞：「子操業與人同，而下筆不休，抑何醞藉弘深也？」不佞謂：「子文微傷簡古耳。譬以蝌蚪治爰書，趨時謂何？吾文若芻狗，第取說主司目，終當覆瓿耳。」立甫悅其言，為易弦轍，盡棄古文詞，日市坊間舉子藝，讀之

三年，足不出戶，目不窺園。……比試，督學使者今錢塘金公、昆山陳公並賞其文，置高等。壬午舉於鄉，癸未成進士。⑰

像陳立甫這種通過研習制舉用書而取得舉業的成功，在當時應當不是孤立的例子。前述的袁黃也曾在學習舉子業期間誦讀了蔡清的《四書蒙引》及林希元的《四書存疑》。實際上，若這些制舉用書無法幫助至少一部分的士子取得舉業上的成功，贏得士子對它們的信賴的話，那在當時也就不可能會有如此之多的制舉用書風行於坊間，與通俗文學和日用類書在圖書市場中呈三強鼎立之勢了。

此外，制舉用書的蓬勃發達也給時人製造了不少參與圖書生產的機會，其中尤以對失意於科場的士子的意義最大。權力干預、人情賄買等科場情弊的泛生，以及取仕規定的過於嚴苛所造成的科場競爭的激烈，也使得不少在科場上屢遭挫折的士子最終放棄了舉業。不少既不能教學，又不能入幕的士子往往為書坊所吸納，替這些書坊進行圖書，其中包括本文討論的制舉用書的編撰工作。

在當時競爭頗為激烈的圖書市場，書坊若要在制舉用書這塊市場大餅中爭取到一塊更大的份額，就不能單單滿足於翻版現有的書版或盜印其他書坊所出版的制舉用書，亦或是利用各種欺詐手段，如改換書名或作者來達到銷售的目的，這是因為這些圖書可能已失去了它們的時效性，也已到了市場所能承受的瓶頸，繼續翻印或盜

---

⑰ 費尚伊《費太史市隱園集選》卷二十，〈行狀〉，〈故禮部儀制司主事陳立甫行狀〉，見《四庫未收書輯刊》第 5 輯冊 23，頁 779。

印這些圖書，盈利已不多。若繼續採用這種策略來經營書坊，恐怕也無法長久維持，很快就被市場所淘汰。因此，唯有不斷推出與眾不同的制舉用書，才能夠在這個競爭激烈的圖書市場站穩陣腳。若要達到這個目標，就必須尋求新的書源，以便推出一些在內容上與眾不同，答卷技巧更加有效的制舉用書，以立足於當時的制舉用書市場。書坊的這個需要就給那些失意於科場的士子、退休的官員，以及在任的官員提供了就職或副業的機會，通過替書坊編纂、評閱、參訂制舉用書來賺取或增加收入。這些文人利用他們本身的優勢，即是對科舉考試的內容和形式的熟絡，加上自己的親身經驗來編撰制舉用書。一些士子、退休和在任官員雖有收入，但因過於微薄以至無法應付社會風氣的轉變而帶來的日益沉重的開支。通過編撰制舉用書所賺取的額外收入，大大地疏解了他們的經濟壓力。書坊所提供的這個機會尤其對那些手無縛雞之力的失意士子的意義更加重大，讓他們在編撰制舉用書，賺取生活開支的同時，也利用這個機會擦拳摩掌，準備來臨的科舉考試，一舉兩得。一些文社也通過結集出版的社稿來維持文社的開支，晚明文社的發展所以能夠達到極盛，通過出版社稿所賺取的收入而建立起來的經濟力量應計一功。唯有強大的經濟力量，才能應付少則數人，多則數千人的經常社會開支。

制舉用書的風行不僅給文人提供了編撰這類圖書的機會，也同時給自雇的或受雇於書坊的繕寫人員、校對人員、刻工、印工、裝訂工提供了大量的工作機會，從中取得報酬，使得他們至少能夠得到三餐的溫飽。與此同時，造紙業、製墨業、製筆業、運輸業等與出版業息息相關的行業和人員也因制舉用書出版活動的繁盛而進一步增加了對製書材料和相關服務的需求，增加了更多的商業和就業機會，共同成為了贏家。尤其值得注意的是，由於雕版印刷技術的採用凌駕於活字印刷之上，不僅使得相關的人員，如繕寫人員、刻工、伐木工人、木材加工工人等的工作得到保障，也使得相關行業，如伐木業、木材加工業等得到扶持。

除此之外，制舉用書對知識傳播方面也起著正面作用。由於制舉用書能夠幫助士子掌握科舉考試所需通曉的知識和答卷的竅門，因而深受他們的歡迎，一些士子對坊刻制舉用書的熟諳程度甚至比考試所規定的經史典籍來得深入。無可否認的是，一些素質較高的制舉用書，像綱鑑和《歷朝捷錄》系列的通史類制舉用書、諸子彙編、類書等也分別普及了一些歷史、哲學和常識性知識。前述馮夢龍的《綱鑑統一》就是一個很好的例子。馮夢龍在編撰《綱鑑統一》時悉心擷取了《資治通鑑》和《資治通鑑綱目》二書的精華，將它們濃縮成三十九卷，這有助於讀者對歷史發展的來龍去脈有通盤的認識及充分的領略。袁黃的《群書備考》「參據經史百家之言，摘其要旨，述其沿流變遷」，「而於明代事蹟，皆較詳細，書中有句讀，有注釋，又有輿圖」，「觀其所論，多屬簡賅之作。如謂某事起於某年，多精審可據。又如〈聖制篇〉，於明代敕撰書籍，原始要終，陳述了然；且其書不傳於今者，得知其涯略；頗堪珍貴，不能以原書為備帖括之用，而視若蔽屣也。」⓲明代相當多職業讀書人和非職業讀書人的很多知識，可能就是從這些素質較高

⓲ 鄧嗣禹編《燕京大學圖書館目錄初稿·類書之部》（北京：燕京大學圖書館，1935），頁38。

的制舉用書獲得的，並分別成為他們進行文學創作和在社交場合上運用和談話的材料。⓳

然而，自制舉用書在明中葉以後重現以來，儘管它們深受不少士子歡迎，廣為習誦，對當時的出版業和知識傳播等方面也起著正面影響，但它們也同時遭到不少朝野人士的批評，其中以俗陋的八股文選本最為人們詬病。而它們所遭受到的最大非難，是它們造成了士子為求仕進而在舉業之途上浮躁競進的狀態的出現，對明中葉以後的文風、士風和學風造成了負面的影響，甚至有人指斥八股文選本乃禍國殃民之幫兇。

丘濬（1421-1495）可說是較早對制舉用書提出批評的官員。成化前後，各種小題不斷出現，士人們為作好這種語意不連貫，甚至是上下節文意完全相反的文題，只得生拉硬扯，甚至違背經旨傳注去瞎湊，這樣各種奇謬險怪的言論和見解都出現了。⓴丘濬對這種文風極為不滿，一直嘗試以其考官和國子監祭酒的影響力來整頓當時的文風。㉑他認為文章應是依時而作，並遵循古書經典的真理來闡發，文藻措辭則不是首要考量。寫文章絕非是嘩眾取寵以愉悅他

⓳ 像不少文學創作者從綱鑑類史書中獲得靈感，於是明代一大批「按鑑」通俗歷史演義作品就應運而生了，成為一般民眾喜愛的歷史讀物，推動了史學通俗化的活動。詳參紀德君〈明代「通鑑」類史書之普及與通俗歷史教育之風行〉的討論，見《中國文化研究》2004年春之卷，頁114。

⓴ 龔篤清《明代八股文史探》（長沙：湖南人民出版社，2005），頁216。

㉑ 《明史》丘濬傳記載「時經生文尚險怪，濬主南畿鄉試，分考會試皆痛抑之。及是，課國學生尤諄切告誡，返文體於正。」見《明史》卷一八一，丘濬本傳，頁4808。

人，或儘是無謂之論。[22]從丘濬在國子監內部考試時給監生所出的試題，可以看出他為矯正文風所付出的努力。在其中一道試題中，丘濬闡明了「文章關乎氣運之盛衰」的想法。他指出一個人如果要瞭解一個國家或時代，不需要去看它的吏治或行政管理，只要觀察當時的文風就可以略知一二。丘濬認為，歪風的出現，暗示著一個朝代的逐漸衰亡，同時也是對天子和朝廷百官的一個警戒。[23]他在另一個道試題中向考生提出了以下的一個問題：

> 近年以來，書肆無故刻出晚宋《論範》等書，學者靡然效之，科舉之文遂為一變。說者謂宋南渡以後無文章，氣勢因之不振，殆謂此等文字歟？伊欲正人心作士氣，以復祖宗之舊，使明經者潛心玩理，無穿冗空疏之失；修辭者順理達意，無險怪新奇之作；命題者隨文取義，無偏主立異之非；二三子試策之，其轉移之機安在？[24]

《論範》等書應當是南宋流行的制舉範文選集。丘濬認為這些圖書與當時宋朝的衰頹密切相關，其時書肆又無緣無故刊行這些圖書，「學者靡然效之，科舉之文遂為一變」，文風也因而逐漸走向沒落，故他在這道問題要求考生提出防範和矯正文風衰微的建議。雖然我們無法肯定丘濬對於扭轉文風所作出的影響有多深遠，然而，

---

[22] 李焯然《丘濬評傳》（南京：南京大學出版社，2005），頁 39-40。

[23] 丘濬《重編瓊臺稿》卷八，〈大學私試策問〉，見《景印文淵閣四庫全書》冊 1248，頁 166。

[24] 同上。

像上引的試題應當會引起監生對制舉用書的負面影響的思考。

如果說丘濬對制舉用書影響文風的看法只是在科舉和國子監中取得成效，還未直接打擊當時刊行制舉用書的書坊，弘治年間的國子監祭酒謝鐸（1435-1510）和河南按察司副使車璽先後奏革坊刻制舉用書，可說是啟開了打擊出版這類圖書的書坊的端緒。謝鐸（1435-1510），字鳴治，浙江太平人。天順八年（1464）進士。「性介特，力學慕古，講求經世務」，「經術湛深」。[25]他對制舉用書給士子治學態度所引起的負面影響極為不滿，上疏要求禁絕。他說：「今之科舉者，雖可以得豪傑非常之士，而虛浮競躁之習亦多。蓋科舉必本於讀書，今而不讀《京華日抄》，則讀《主意》；不讀《源流至論》，則讀《提綱》；甚至不知經史為何書。」他建議：「凡此《日抄》等書，其版在書坊者，必聚而焚之，以永絕其根；抵其書在民間者，必禁而絕之，以悉校於水火。」[26]但是，謝鐸的奏疏似乎沒有取得預期的效果。車璽在弘治十一年（1498）的奏摺中指出，謝鐸所奏革的《京華日抄》、《主意》、《提綱》等不僅在當時沒有革去，「令行未久」即「夙弊滋甚」，反而增加了「《定規》、《模範》、《拔萃》、《文髓》、《文機》、《文衡》、《青錢》、《錦囊》、《存錄》、《活套》、《選玉》、《貫義》」等十三種名目的制舉用書。車璽建議搜查福建書坊的這類圖書的書板並將它們「盡燒之」，對販賣這類圖書的書賈和沒有

---

[25] 《明史》卷一六三，謝鐸本傳，頁 4431-4432。

[26] 張萱《西園聞見錄》卷四五，〈禮部四．國學〉，見《明代傳記叢刊》冊 110（臺北：明文書局，1991），頁 368-369。

執行禁約的官員也都予以懲治。禮部接受了車璽的建議，同時也向士子重申所作文章的文字必須「純雅通暢，毋得浮華險怪、艱澀」，「也不許引用謬誤雜書」。[27]

弘治十二年（1499），吏科給事中許天錫（1461-1508）[28]也上奏請求禁絕坊刻八股文選本。他持的理由是：

> 自頃師儒失職，正教不修。上之所尚者，浮華靡豔之體；下之所習者，枝葉蕪蔓之詞。俗士陋儒，妄相裒集，巧立名目，殆且百家。梓者以易售因圖利，讀者覬僥倖而決科。由是廢精思實體之功，罷師友討論之會；損德蕩心，蠹文害道。一旦科甲致身，利祿入手，只謂終身溫飽，便是平昔事功，安望其身體躬行以濟世澤民哉？[29]

這就是說，當時世風不正，連「代聖人立言」的八股文也流行著「浮華靡豔之體」、「枝葉蕪蔓之詞」，而此類八股文選本竟有百家之多。這樣，士人就一頭鑽入八股文選本中，以為研習這些東西就能考取功名，而對於聖人的經書反而不好好學習，自然不能領會其精神，身體力行了。一旦考中而做了官，自然也不會根據聖賢的教導來「濟世澤民」。所以，他建議將建陽書坊中的「晚宋文字及

---

[27] 黃佐《南雍志》卷四，見《續修四庫全書》冊 749，頁 170。

[28] 許天錫，字啟衷，閩縣人。弘治六年（1493）進士。改庶吉士。思親成疾，陳情乞假。孝宗賜傳以行。還朝，授吏科給事中。見《明史》卷一八八，許天錫本傳，頁 4986-4988。

[29] 《明孝宗實錄》卷一五七，弘治十二年十二月乙巳，頁 2825-2827。

《京華日抄》、《論範》、《論草》、《策略》、《策海》、《文衡》、《文髓》、《主意》、《講章》之類，凡得於煨燼之餘者，悉皆斷絕根本，不許似前混雜刊行。仍令兩京國子監及天下提學等官」，「遇有前項不正書板，悉用燒除」。❸⓪禮部接受了許天錫的建議，令「《京華日抄》等書板已經燒毀者，不許書坊再行翻刻」❸①。這也就意味著，此類書籍的書板已經燒毀的雖不準再翻刻，但書板仍然完好的，卻未禁止其再印行。而且，即使對《京華日抄》等書，如在書板燒毀以前已經印好的，也並未禁止發售。與許天錫的意見相比較，這是一個折衷的方案。朝廷所以沒有全面銷毀書版，可能是考慮到一般版片的生命力最多也僅止於印刷兩千部圖書。❸②印完兩千部之後，不能替該書重新刻板，也意味著它們從此以後就銷聲匿跡了。至於《京華日抄》等書也成了半禁書，在存書賣完以後，就不能再重印。連續兩年都有官員上書奏請禁絕《京華

❸⓪ 《明史》在許天錫的本傳中亦載有此事，曰：十二年，建安書林火。天錫言：「去歲闕里孔廟災，今茲建安又火，古今書版蕩為灰燼。闕里，道所從出；書林，文章所萃聚也。《春秋》書宣榭火，說者曰：『榭所以藏樂器也。天意若曰不能行政令，何以禮樂為？禮樂不行，天故火其藏以戒也。』頃師儒失職，正教不修。上之所尚者浮華，下之所習者枝葉。此番災變，似欲為儒林一掃積垢。宜因此遣官臨視，刊定經史有益之書。其餘晚宋陳言，如《論範》、《論草》、《策略》、《策海》、《文衡》、《文髓》、《主意》、《講章》之類，悉行禁刻。其于培養人才，實非淺鮮。」所司議從其言，就令提學官校勘。見《明史》卷一八八，許天錫本傳，頁 4986-4987。

❸① 《明孝宗實錄》卷一五七，弘治十二年十二月乙巳，頁 2827。

❸② 據繆咏禾調查，一幅版片如果印刷時及時歇版，保存在通風乾燥的地方，印一、二千次是沒有問題的。繆咏禾《明代出版史稿》（南京：江蘇人民出版社，2000），頁 308。

日抄》等制舉用書，可知其刊刻之盛，也可想見其流弊日廣，引起了一些官員的擔憂。

但是，這個禁令似乎沒有維持長久。正德十年（1515），南京禮科給事中徐文溥（1480-1525）㉝又上疏奏革八股文選本：

> 近時時文流布四方，書肆資之以貿利，士子假此以僥倖，宜加痛革。凡場屋文字，句語雷同，即系竊盜，不許謄錄。其書坊刊刻一應時文，悉宜燒毀，不得鬻販。各處提學官尤當變革。如或私藏誦習不悛者，即行黜退。㉞

可是，這道奏疏上傳到明武宗這個不負責任的皇帝後，只是批「下所司知之」㉟，也就是提供有關部門的參考。而顯然的，這道奏疏對坊刻八股文選本的打擊和士風的矯正並沒有起多大作用。

嘉靖年間，以博學著稱的楊慎（1488-1559）對制舉用書所造成的士習的鄙陋也極為痛心，他說：

> 本朝以經學取人，士子自一經之外，罕所通貫。近日稍知務博，以譁名苟進，而不究本原，徒事末節。五經、諸子，則

㉝ 徐文溥，字可大，開化人。正德六年（1511）進士。授南京禮科給事中。亢直敢言，屢上疏言事，但不為武宗所接受，遂引疾去。世宗繼位，起河南參議。在嘉靖初年「上言十事，多涉權要，恐貽母憂，復引疾歸」。見《明史》卷一八八，徐文溥本傳，頁4986-4987。

㉞ 《明武宗實錄》卷一三二，正德十年十二月甲戌，頁2631。

㉟ 同上。

> 割取其碎語而誦之，謂之「蠡測」。歷代諸史，則抄節其碎事而綴之，謂之「策套」。其割取抄節之人已不通經涉史，而章句血脈皆失其真。有以漢人為唐人，唐事為宋事者；有以一人析為二人，二事合為一事者。余曾見考官程文引「制氏論樂」，而以「制氏」為「致仕」。又士子墨卷引《漢書・律曆志》「先其筭命」作「先筭其命」。近日書坊刊佈，其書士子珍之以為秘寶，轉相差訛，殆同無目人說詞話。噫！士習至此，卑下極矣。[36]

當時為士子視為秘寶的粗陋坊刻經史節本和八股程墨往往將馮京當馬涼，錯誤百出，它們的謬誤很容易就被以考證見長的楊慎洞穿。他更不能忍受士子們「自一經以外，罕所通貫」，「不究本原，徒事末節」，所讀的也僅是坊刻的庸俗經史節本，憑藉如此淺薄的知識怎麼能夠透徹地瞭解古代經史的真正含義呢？

嘉靖末年，著名學者何良俊（1506-1573）對那些於經傳無所體認，單憑記誦坊刻「千篇舊文」，即可「榮身顯親，揚名當世」的情況極為痛恨。他擔任南京翰林院孔目時曾向南直隸督學使者趙方泉建議將上元、江寧、建陽等「書坊刊行時義盡數燒出」。「方泉雖以為是，然竟不能行，徒付之空言而已」。[37]他的建議最終也沒有得到落實，可能是官微言輕的緣故。

---

[36] 楊慎《丹鉛總錄》卷一〇，〈舉業之陋〉，見《景印文淵閣四庫全書》冊855，頁428。

[37] 何良俊《四友齋叢說》卷之三，〈經〉三（北京：中華書局，1997），頁24。

學風的敗壞到了晚明呈惡化之勢。據王祖嫡（1531-1592）觀察，其時（約萬曆年間）「俗皆以書坊所刊時文競相傳誦，師弟朋友自為捷徑，經傳注疏不復假目」。㊳袁宗道（1560-1600）亦親見士人「自蒙學，以至白首，篋中惟蓄經書一部，煙薰《指南》、《淺說》數帙而已。其能誦《十科策》幾段，及程墨後場數篇，則已高視闊步，自誇曰奧博。」㊴一些士人甚至連「本經業」亦「多鹵莽」，「他經尤不寓目」，「朝以誦讀，惟是坊肆濫刻。」㊵顧炎武（1613-1682）也揭露：當時八股文選本已取代四書五經，「天下之人惟知此物可以取科名、享富貴，此之謂學問，此之謂士人，而他書一切不觀」㊶。而鼓勵士子鑽研制舉用書的，竟然是他們的父兄和師長。他們以子弟讀書為戒，祁承㸁（1563-1628）親見老師「每見弟子於四股八比之外略有旁窺」，「便恐妨正業，視為怪物。」㊷顧炎武回憶其少年時所見說：「余少時見有一、二好學者，欲通旁經籍而涉古，則父師交相譙呵，以為必不得顓業於帖括，而將為坎坷不利之人。」㊸父兄、師長擔心士子「分心」，所

㊳ 王祖嫡《師竹堂集》卷二十二，〈明郡學生陳惟功墓誌銘〉，見《四庫未收書輯刊》第5輯第23冊，頁250。

㊴ 袁宗道《白蘇齋類集》卷一〇，〈送夾山母舅之任太原序〉，見《四庫禁毀書叢刊》集部冊48，頁590-591。

㊵ 孫承澤《春明夢餘錄》卷四十，見《景印文淵閣四庫全書》冊868，頁656。

㊶ 顧炎武《原抄本顧亭林日知錄》卷十九，〈十八房〉（臺北：文史哲出版社，1979），頁472。

㊷ 祁承㸁《藏書訓略》，〈購書〉，見袁詠秋、曾季光主編《中國歷代圖書著錄文選》（北京：北京大學出版社，1995），頁309。

㊸ 顧炎武《原抄本顧亭林日知錄》卷十九，〈十八房〉，頁472-473。

以都不鼓勵子弟讀制舉用書以外，甚至正經正史的書籍。在他們對制舉用書的極力推崇下，乃直接地鼓勵了士子「不究心經傳，惟誦習前輩程文以覬僥倖」㊹的虛浮之風，導致「不知曾有漢、晉」的固陋士人比比皆是。㊺一些士人雖通過研習制舉用書而躋身科第、名列前茅，卻往往「不知史冊名目，朝代先後，字書偏旁」。面對著這種情況，也就難怪顧炎武要大聲疾呼「八股盛而六經微，十八房興而廿一史廢」了。㊻

面對著由八股文選本所帶來的惡劣的學風，不少學者也一再呼籲士子不要去學令人作嘔的坊刻制藝，並認為文運有關於國家氣運。張慎言（1577-1646）在《泊水齋詩文鈔》卷三〈家書七首〉中說：

㊹ 徐紘編《明名臣琬琰錄》卷二三，楊士奇〈國子司業吳先生墓誌銘〉，見《景印文淵閣四庫全書》冊第453，頁256。

㊺ 李鄴嗣《杲堂文鈔》卷五，〈戒庵先生生藏銘〉（杭州：浙江古籍出版社，1988），頁512。

㊻ 顧炎武《原抄本顧亭林日知錄》卷十九，〈十八房〉，頁472。清代士子的不學寡聞，也不遑多讓。乾隆四十四年（1779）諭：「大抵近來習制義者，止圖速化，而不循正軌，每以經籍束之高閣，即先正名作，亦不暇究心。惟取庸陋墨卷，剿襲閒扯，效其浮詞，而全無精義。師以是教，弟以是學，舉子以是為揣摩，試官即以是為去取。且今日之舉子，即異日之試官，不知翻然悔悟，豈獨文風日敝，即士習亦不可問矣。」（見昆岡等修《欽定大清會典事例》卷三八八，〈禮部·學校〉，〈釐正文體〉條，乾隆四十四年諭，見《續修四庫全書》冊804，頁196）清人陳澧（1810-1882）、薛福成（1838-1894）等對這種惡風都曾予以揭露。（詳參王德昭《清代科舉制度研究》〔香港：中文大學出版社，1982〕，頁141-143。）

> 閱坊刻數首，令人欲嘔，文章之壞以至於此！氣運為之可歎也。……聞又有《五經對語》一書，頗為少年所喜，未讀，然稟報此書當付秦火。所謂「析言破律，託名該作」，其斯之謂與？爾當從原用功。[47]

崇禎年間，內憂四起，外患紛亂，民生凋敝。以經邦濟世為懷的張慎言在國家存亡危在旦夕之際，目睹到了那些無用於振興國勢，重振王綱的靡麗頹廢、空疏淫巧的八股文後，自然引起了他的強烈不滿。張慎言囑咐自己子弟要從本源即經學用功，不要去學令人反胃的坊刻制藝，並認為文運影響國家氣運，而這是許多親歷明亡清興的學人的共識。

除張慎言外，顧炎武也痛心士子「舍聖人之經典、先儒之注疏與前代之史不讀」，專以投機取巧，誦習坊刻時文為務，使得科舉考試不能選拔到真正的人才。他在〈生員論〉中說：

> 國家之所以取生員而考之以經義、論、策、表、判者，欲其明六經之旨，通當今之務也。今之書坊所刻之義，謂之時文。……時文之出，每科一變。五尺小童能誦數十篇而小變其文，即可以考功名，而鈍者至白首而不得遇。老成之士，既以有用之歲月，銷磨之場屋之中，而少年捷得之者，又易視天下國家之事，以為人生之所以為功名者，惟此而已。故

[47] 張慎言《洎水齋詩文鈔》卷三，〈家書七首〉（太原：山西人民出版社，1991），頁 150。

> 敗壞天下之人材，而至於士不成士，官不成官，兵不成兵，將不成將，夫然後寇賊奸宄得而乘之，敵國外侮得而勝之。㊽

在顧炎武看來，由於科舉考試所選拔到的都是一些剽竊剿襲舊文的庸才，他們多數沒有濟世安民的能力替國家效力，使敵寇得以乘虛而入，明廷忙於招架而無還手之力。

通過以上的討論，說明了明代朝野人士對制舉用書有頗多指責。那麼，制舉用書是否需要對明代文風、士風、學風乃至於國家氣運出現的逆轉，甚至對國祚興亡負起責任呢？㊾

誠然，制舉用書對明代文風、士風、學風乃至於國家氣運所造成的負面影響難辭其咎。但必須說明的是，制舉用書是果不是因。通過前文的討論，我們知道制舉用書是明代科舉制度的產物。當「科舉之學，驅一世於利祿之中」㊿的時候，作為「舉業津梁」的制舉用書自然成為士子趨之若鶩的對象。而當人們不願花費太多精力去沉潛經史，轉而以揣摩房稿為學術時尚的時候，其對文風、學風等的敗壞自不待言。不過，由於這些制舉用書都作為形體站在舞

㊽ 顧炎武《亭林文集》卷一，〈生員論中〉，見《續修四庫全書》冊 1402，頁 78。

㊾ 實際上，因制舉用書帶來的學風的敗壞也並非是自明代開始才出現的現象，前文指出，早在宋代，就已有官員揭露士子在科舉考試中剿襲剽竊制舉用書中的文字的情況。

㊿ 歸有光《震川先生集》卷七，〈與潘子實書〉（上海：上海古籍出版社，1981），頁 149。

臺前，它們的一舉一動都在人們的視野範圍，故而人們在抨擊這些制舉用書所帶來的負面影響時，習慣性地將批判的矛頭指向站在科舉舞臺前列的制舉用書，而往往忽略了對藏身於舞臺後方，主導它們的生產的科舉制度的責任追究。

從明廷頒定科舉制度的意圖來說，它是希望通過這個與任官緊密結合的制度，從全國各地公正地選拔到「經明行修，博古通今，文質得中，名實相稱」的全方位人才來加入當時的文官系統，幫助帝王治理國家，使國家繁榮富足，人民安居樂業。其三場考試有它們各自的作用，張中曉指出：「科制，就其好處而言，夫先之以經義，經觀其理學；繼之以論，經觀其器識；繼之以判，以觀其斷讞；繼之以表，以觀其才華；而終之以策，以觀其通達乎事務。」[51]因此，其三場考試的規定是對士子的一種全面性的測試，不僅要求士子們對四書和本經有透徹的瞭解，也希望更進一步從中選取能夠反映士子在學問、德行和實際能力兼具的人才，減低僥倖取勝的可能性。

但是，這個制度在實際執行的過程中，出現了朝廷意想不到的偏差。科舉與任官的緊密結合，使得尋求科舉出身成為了不少士子終身追求的目的。但是，朝廷官員數額是有限的，官僚隊伍膨脹的有限性與社會考取功名期望的無限性必然形成巨大的張力。為了選拔德才兼備的官吏，科舉制度自其誕生之日起，就試圖找出公平、公正的科舉錄取途徑。而框定考試內容和評判標準往往成為判定公

[51] 張中曉《無夢樓文史雜抄》，見路莘整理《無夢樓隨筆》（上海：上海遠東出版社，1996），頁51。

允與否的準則之一。但是，從朝廷所制定的人才選拔標準來看，士子們要達到這個目的也非易事。顧炎武指出：「夫昔之所謂三場，非下帷十年，讀書千卷，不能有此三場也。」[52]在顧炎武看來，要達到這個選拔標準，並取得科舉出身，則士子就非得下工夫十年寒窗苦讀千卷圖書不可。這樣高的標準雖非高不可攀，但對不少士子來說是一種能力上的考驗。這裏所謂的能力就包括才力和財力兩個方面。理想的情況是才力與財力兼具，先天與後天能力的相得益彰，肯定使得這些士子在舉子業的路途中占盡優勢。但是，實際的情況是不少士子或限於後天財力的制約，或礙於先天才力的不足。財力的制約使得一些士子即使有先天的才力，限於後天條件的不足，也導致他們在起跑點上吃了虧。才力的不足，使得一些士子縱使有財力購買千卷圖書，限於先天條件的匱乏，使得他們無法靈活地駕馭所吸收的知識，將它們拓展成為引起考官注目的考試文字。

實際上，單就首場考試規定的八股文這個程式化的考試文體來說，要完全掌握這種文體的寫作技巧並寫出突出的文章也不是易事。八股文是一種命題作文，它的題目必須從四書五經中摘取，且要模仿古人語氣，根據程頤、朱熹的傳注來闡發題旨。如果士子對程朱的傳注領會得深，能發掘出題旨中的精義奧旨，且完完全全符合程朱理學，能起到替聖賢立言的效果，這樣心得體會才算是出采的文章，才有中選的可能。不過，這種心得體會有著特殊的程式，須先破題、承題，再起講。其標準的正文部分，必須用聲律要求的四個有著邏輯關聯的對偶段落來層層深入地闡發題旨，寫出心得；

---

[52] 顧炎武《原抄本顧亭林日知錄》卷十九，〈三場〉，頁475。

要在規定的正、反、起、承、轉、合的邏輯程式中將自己的心得體會闡發無遺。[53]沒有一定的聰明才智，確實也無法寫作出這種心得體會的八股文。

個人能力與國家人才選拔政策脫節，使得一些士子不得不尋求其他的捷徑，來幫助他們順利地完成舉子業。而制舉用書就是在這個需求下產生的一個怪胎。這個怪胎表面上與科舉制度所規定的內容亦趨亦隨，實際上它的實質內容又與科舉制度的規定存在著差異。它大大地簡化了考試的內容和準備的工作，以輔助那些能力欠缺的士子，在最短的時間內掌握考試所必須知道的一切知識和答卷技巧，來取得考試的成功。

國家選拔人才制度在執行時出現的紕漏，使得原本繁複的備考工作的走向簡化成為可能。首先，首場考試的出題範圍都出自四書五經，但它們可出題的範圍畢竟有限，而各級考試繁多，行之既久，必然出現了雷同題目。它們的每句話幾乎都可以找到多篇現成範文，它們在書坊和選家的共同合作下製作成一部部的選本，在坊間可輕易找到，這就使得浮躁競進的士子的剽竊剿襲成為可能。再者，顧炎武指出：「明初三場之制，雖有先後而無輕重。」若是三場並重，誦習八股文選本的士子也僅能在首場占了些優勢。若他們冀望高中的話，也必須花費一些精力在二、三場考試的準備上。但是，隨著士子人數的激增、考生答卷的冗長，評卷時間的緊促，加上三場考試衡文標準的模糊多元，難以掌握，使得考官的工作量非常繁重和緊迫，而日趨程式化的八股文易於把握標準，便於衡文。

---

[53] 龔篤清《八股文鑒賞》（長沙：岳麓書社，2006），頁4。

雖然朝廷一再重申三場並重，但考官陽奉陰違，閱卷時為求簡便，往往「護所中之卷，而不深求其二、三場。」單純以首場考試成績的優劣來決定考生的命運，使得一些能力欠缺的士子就把大部分的精力集中在首場考試的閱讀範圍和答卷技巧的掌握上。不少「務求捷得」的士子乾脆誦讀坊刻「數十篇而小變其文」，就踏進考場考功名。甚者直接「竊取他人之文記之。入場之日，抄謄一過」，希望得以「僥倖中式」[54]。不少士子也不再將精力花費在二、三場考試的準備上，而將閱讀的範圍集中在二、三場考試的試墨範文、經史節本和類書等制舉用書上。當這種情況成為了為數眾多的士人的共同行為時，其結果就是恰如當時朝野人士所描述的種種負面影響的出現。

因此，追根究底，若要肅清制舉用書所帶來的負面影響的話，則非得對科舉制度進行一番整頓。可是，儘管不少有識之士對科舉制度尤其是八股文的弊端有極其清楚的認識，也提出了他們對這個制度進行改革的設想。然而三場之制不僅在明代行而不廢，又為繼之者所延續。從這一點來看，說明三場之制對朝廷而言自有其可取之處。八股文一度在康熙初年廢止，改試策、論、表、判，但也僅行於甲辰（康熙三年，1664）、丁未（康熙六年，1667）二科。康熙四年（1665），禮部右侍郎黃機疏言：「今甲辰科止用策論，減去一場，似太簡易，恐將來士子剿襲浮詞，反開捷徑；且不用經書為文，則人將置聖賢之學于不講，恐非朝廷設科取士之深意。」奏請

[54] 顧炎武《原抄本顧亭林日知錄》卷十九，〈三場〉，頁475。

恢復三場舊制。朝廷准其所請，康熙七年命復三場舊制。[55]乾隆三年（1738），兵部侍郎舒赫泰奏請改科舉、廢八股。當時鄂爾泰承認當時的取士制度的確存在弊病，但仍力主維持舊制，其理由是：取士之法每代不同，而莫不有弊。「九品中正之弊，毀譽出於一人之口，至於賢愚不辨，閥閱相高，劉毅所云『下品無高門，上品無寒士』者是也。科舉之弊，詩賦則只尚浮華而全無實用，明經則徒是記誦而文義不通，唐趙匡所謂『習非所用，用非所習，當官少稱職吏』者是也。」他最後的答復是：「時藝取士，自明至今，殆四百年，人知其弊而守之不變者，非不欲變，誠以變之而未有良法美意以善其後」。既然沒有更好的方式取代，則不如不變。更況且「時藝所論，皆孔、孟之緒余、精微之奧旨，未有不深明書理，而得稱為佳文者。今徒見世之腐爛抄襲以爲無用，不知明之大家如王鏊、唐順之、瞿景淳、薛應旂等，以及國初諸名人，皆寢食夢寐於經書之中，冥搜幽討，殫智畢精，始於聖賢之義理心領神會，融液貫通，參之經、史、子、集，以發其光華，範其規矩準繩，以密其法律，而后可稱為文。雖曰小技，而文武幹濟、英偉特達之才，未嘗不出乎其中」。換言之，八股文雖有弊病，但卻也不失為一個在理論上既能灌輸政治思想、穩定社會秩序，又能選拔人才的一種辦法。至於士子空疏不學、剿襲舊文，則乃其「末流之失」，非作法

---

[55] 《清聖祖實錄》卷一四，康熙四年三月條，見《清實錄》冊 4（北京：中華書局，1987），頁 221。

的本意。[56]在很大的程度上，清廷對三場舊制的護持所提供的理由，也很能代表明廷維護這個制度的看法。

既然沒有整頓科舉制度的決心，欲杜絕制舉用書的橫行所帶來的負面影響，最直截了當的做法就是頒佈嚴厲的禁令來遏止這些圖書的流通。無可否認，明代文禍的嚴厲較之前的朝代有過之而無不及。[57]但是，明代對制舉用書的禁絕似乎沒有那麼強硬。只要這些圖書不要傷害到君權的絕對權威和王朝的穩固根基，在可以容忍的情況下，朝廷對於大臣的有關奏疏和學者的有關警戒，或漠然置之，或敷衍了事。即使頒佈了禁書命令，也往往只是影響一時，無法維持長久。同時，對觸犯禁令的書坊也往往僅是命令燒毀書板，使得書坊主不能再利用同樣書板翻印，鮮少有書坊主因刊行這些圖書而被治罪。如此輕微的懲罰自然無法起到有效的阻遏作用。只要國家法令稍為鬆弛，就給書坊充足的呼吸空間讓這些制舉用書重現在坊間。

入清以後，沿襲明朝的科舉制度，與科舉制度相依相存的制舉用書也延續到清朝。以四書講章來說，《四庫全書總目》就著錄了清初刊行的《麗奇軒四書講義》、《聖學心傳》、《三魚堂四書大全》、《四書鈔》、《五華纂訂四書大全》、《四書纂言》、《四書約旨》、《四書說注卮詞》、《四書就正錄》、《虹舟講義》、

---

[56] 賀長齡、魏源輯《皇朝經世文編》卷五七，〈禮政四〉，〈議時文取士疏〉（乾隆三年禮部議復），見《魏源全集》冊 16（長沙：岳麓書社，2004），頁 207-208。

[57] 明代文禍的詳細情況，可參閱胡奇光《中國文禍史》（上海：上海人民出版社，1993），頁 83-116。

《四書講義尊聞錄》等。八股文選本方面，龔篤清在《明代八股文史探》附錄了他所搜集到的清代八股文選本，包括康熙朝 5 種，雍正朝 5 種，乾隆朝 33 種，嘉慶朝 8 種，道光朝 51 種，咸豐朝 12 種，光緒朝 34 種，同治朝 17 種。其中不乏坊刻選本，有《家課小題正風》、《向太史小題文稿注釋》、《近科房書菁華》、《十科鄉會墨卷秀髮集》、《分課小題引機》、《小題有學集》、《三科鄉會墨錄》、《小題拾芥》、《經義選腴》、《歷科墨選質言》、《小題采風》、《墨選清腴》、《張太史續選四書義》等。[58]清代所修類書的數量雖遜於明代，[59]但其中也有不少供科舉用的類書，有《經世篇》、《五經類編》、《策學淵萃》、《經史新義錄》、《策府統宗》、《四書五經類典集成》、《論海》、《古學捷錄》等。乾隆五十二年（1787），清廷在明代科舉考試的基礎上，在首場考試中增加了五言八韻詩一項，並成為定制。書坊也如影隨形般地做出了反應，出版了不少供這項考試使用的輔助讀物，其中有《唐詩試體分韻》、《詩苑天生》、《國朝試律霏玉集》、《本朝

---

[58] 龔篤清《明代八股文史探》，頁 687-693。日本一些圖書館也收藏了一些清代八股文選本，詳參國立國會圖書館圖書部《國立國會圖書館漢籍目錄》（東京：紀伊國屋書店，1987），頁 623-625；內閣文庫編《內閣文庫漢籍分類目錄》（東京：內閣文庫，1956），頁 405；內閣書記官室記錄課編纂《內閣文庫圖書第二部漢書目錄》（東京：帝國地方行政學會，1914），頁 435-436。

[59] 據趙含坤的統計，明代編纂類書 597 種，清代則有 400 餘種。見趙著《中國類書》（石家莊：河北人民出版社，2005），頁 366。

館閣詩》、《歷朝制帖詩選同聲集》、《庚辰集》等等。[60]嘉、道間人龔自珍（1792-1841）曾用「如山如海」來形容當時坊刻制舉用書的刊印之盛。[61]

自鴉片戰爭後，外患相繼而至，國家面臨「數千年來未有之變局」[62]，洋務、海防、路礦、製造，迫切要求新式人才來應付新時代降臨的需要，而新式人才皆非八股文和科舉所能輸送。於是光緒二十八年（1902）先廢止八股文體；光緒三十二年開始，所有鄉、

---

[60] 關於試帖詩選本在清代的出版情況，可參閱商衍鎏著，商志潭校注《清代科舉考試述錄及有關著作》（天津：百花文藝出版社，2004），頁 261-264。

[61] 龔自珍《龔自珍全集》，〈與人箋〉（上海：上海人民出版社，1975），頁 344。必須說明的是，清代的出版環境不如明代寬鬆。從順治到乾隆長達 150 年時間，朝廷大興文字獄，對圖書進行苛禁，不少制舉用書也都被列為禁書，其中在順治五年（1648）有著名的毛重倬等坊刻制藝序案。（參閱鄭敷教《鄭桐庵筆記補逸》，見《叢書集成》冊 95〔上海：上海書店，1994〕，頁 907）此外，在順治九年（1652），朝廷頒佈了「禁刻瑣語淫詞」的命令，題准「坊間書賈，止許刊行理學政治有益文業諸書；其他瑣語淫詞，及一切濫刻窗藝社稿，通行嚴禁，違者從重究治。」（昆岡等修《欽定大清會典事例》卷三三二，〈禮部·貢舉·試藝體裁〉，康熙九年，見《續修四庫全書》冊 803，頁 296）除窗藝社稿外，清廷也禁止坊間刊行表策試墨與經史節本。順治十七年（1660）禮部議准：「二、三場原以覘士子經濟，凡坊間有時務表策名冊，概行嚴禁。」（同上，順治十七年，頁 296）清初，滿漢文化衝突，一些制舉用書，尤其是選本也往往成為文人寄託故國之思的手段。故而清初禁止制舉用書，其實質是禁止反滿以及肅清文人對故國的懷念。不過，伴隨著清代統治的穩固，以及清代文化政策向稽古右文的轉移，清廷在乾隆元年開始放鬆對坊刻制舉用書的印售。（昆岡等修《欽定大清會典事例》卷三三二，〈禮部·貢舉·試藝體裁〉，乾隆元年，頁 298。）

[62] 吳汝綸編《李鴻章全集》冊 2，〈奏稿〉卷二四，〈籌議海防折〉（海口：海南出版社，1997），頁 825。

會試，各省歲試、科試，也一律停罷。於是行之一千多年的科舉制度終於進入了歷史的記憶。商衍鎏說：「自明至清，汗牛充棟之文，不可以數計。但藏書家不重，目錄學不講，圖書館不收。停科舉、廢八股後，零落散失，覆瓿燒薪，將來欲求如策論詩賦之尚在人間，入于學者之口，恐不可得矣。」[63]所以「零落散失，覆瓿燒薪」，就是因為八股文賴以產生的科舉制度已不存在，八股文選本自然就失去存在的價值了。不僅八股文選本如此，像四書五經講章、試帖詩選本、策論選本等也大多隨著科舉制度廢止後，時代需求消失而煙消雲散。

---

[63] 商衍鎏著，商志潭校注《清代科舉考試述錄及有關著作》，頁244。

附　錄

附錄一：
署名擁有科舉名銜者與官員編撰的制舉用書

（據中舉年排列）

姓名	科名／官銜	書名
楊慎（1488-1559）	正德六年殿試狀元；授修撰	《新鐫楊狀元彙選藝林伐山》
唐順之（1507-1560）	嘉靖八年會試會元；授兵部主事、編修、郎中、右都御史	《新刊古本大字合併綱鑑大成》、《文編》、《唐會元精選諸儒文要》
申時行（1535-1614）	嘉靖四十一年殿試狀元；授修撰、吏部尚書、首輔；萬曆五年會試、萬曆八年考官	《新鍥書經講義會編》、《鐫彙附百名家帷中棨論書經講義會編》、《重訂申文定公書經講義會編》
王錫爵（1534-1610）	嘉靖四十一年會試會元、殿試榜眼；授編修、禮部右侍郎、禮部尚書兼文淵閣大學士	《新刊史學備要綱鑑會編》、《新刊史學備要史綱統會》、《增定國朝館課經世宏辭》（與沈一貫合撰）
許國（1527-1596）	嘉靖四十四年進士，選庶吉士；授檢討、禮部尚書，兼東閣大學士；萬曆十一年會試考官	《許海岳精選三蘇文粹》、《海岳精選分類秦漢文粹》、《新鐫焦太史彙選中原文獻》（與焦竑合撰）、《新刊論策標題古今三十三朝史綱紀要》
陳經邦	嘉靖四十四年進士，選	《皇明館課》

（1537-1615）	庶吉士；授編修，累進侍讀學士、禮部尚書	
沈一貫（1531-1615）	隆慶二年進士；任戶部尚書、武英殿大學士；萬曆二十六年會試考官	《新鐫國朝名儒文選百家評林》、《五經纂注》、《新雋沈學士評選聖世諸大家明文品萃》、《新刻李太史選輯戰國策三注旁訓評林》、《新刻沈相國續選百家舉業奇珍》、《增定國朝館課經世宏辭》（與王錫爵合撰）、《新刊國朝歷科翰林文選經濟宏猷》
黃鳳翔（1545-?）	隆慶二年進士；授修撰、禮部右侍郎、南京禮部尚書	《續刻溫陵四太史評選古今名文珠璣》
張位	隆慶二年進士；官至吏部尚書、武英殿大學士	《新鍥二太史彙選老莊評林》（與趙志皋合撰）、《皇明館課標奇》
趙志皋（1524-1601）	隆慶二年進士；任侍讀、禮部尚書	《新鍥二太史彙選老莊評林》（與張位合撰）
劉元震（1540-1620）	隆慶五年進士，選庶吉士；授修撰、國子監祭酒、吏部侍郎；萬曆二十三年會試考官	《新刻乙未科翰林館課東觀弘文》（與劉楚先合選）
劉楚先	隆慶五年進士，選庶吉士；授檢討，累官禮部侍郎	《新刻乙未科翰林館課東觀弘文》（與劉元震合選）
孫鑛（1542-1613）	萬曆二年會試會元；任郎中、兵部侍郎、右都御史、兵部尚書	《孫月峰先生批評詩經》、《孫月峰先生批評禮記》、《關尹子注》、《春秋左傳》、《歷朝綱鑑輯要》
馮琦（1558-1603）	萬曆五年進士，選庶吉士；授編修、禮部尚書；萬曆二十九年會試考官	《經濟類編》、《鼎鍥纂補標題論策綱鑑正要精抄》

敖文禎（1545-1602）	萬曆五年進士，選庶吉士；授編修，累官禮部尚書	《新刻辛丑科翰林館課》（與曾朝節合選）
曾朝節（1535-1604）	萬曆五年進士；任禮部尚書、東宮侍講；萬曆二十六年和萬曆二十九年會試考官	《新刻辛丑科翰林館課》（與敖文禎合選）
葉向高（1559-1627）	萬曆十一年進士，選庶吉士；累吏部尚書，兼東閣大學士；萬曆四十一年會試考官	《新刻翰林評選注釋程策會要》、《歷朝紀要綱鑑》、《新刻顧會元精選左傳傳奇珍纂注評苑》、《鼎鍥葉太史彙纂玉堂綱鑑》
朱國祚	萬曆十一年會試會元、殿試狀元；任禮部尚書兼文淵閣大學士、首輔、太子太保；天啟二年考官	《新刻三狀元評選名公四美士必讀第一寶》（與唐文獻、焦竑合選）、《皇明翰閣文宗》
李廷機	萬曆十一年會試會元；授編修、祭酒、吏部右侍郎、禮部尚書	《新鐫翰林李九我先生家傳四書文林貫旨》、《四書大注參考》、《鐫重訂補歷朝捷錄史鑑提衡》、《重刻類編草堂詩余評林》、《新鐫翰林考正歷朝故事統宗》、《新鐫十翰林評選注釋名家程墨策纂》、《歷朝故事統宗》、《常郡新刻李會元先生性理書抄》、《新刊李九我先生編纂大方萬文一統內外集》、《新刻九我李太史編纂古本歷史大方綱鑑》、《新鐫李閣老評注左胡纂要》、《漢書萃寶評林》、《春秋左傳綱目定注》、《新鐫翰林評選注釋二場表學司南》、《四書正義心得解》、《四書垂世宗憲》、《四書臆說》、《李太史參補

		古今大方四書大全》、《刻九我李先生評選丙丁二三場群芳一覽》、《新鐫李九我先生纂輯科甲文式文魁真鐸》
唐文獻	萬曆十四年會試會元、殿試狀元；任禮部右侍候郎；萬曆三十二年會試考官	《新刻三狀元評選名公四美士必讀第一寶》（朱國祚、焦竑合選）
楊道賓（1552-1609）	萬曆十四年進士；授編修、禮部侍郎。	《新科甲辰科翰林館課》
陶望齡（1562-?）	萬曆十七年會試會元、殿試探花；授編修、祭酒	《精選舉業切要書史粹言評林諸子狐白》、《精選舉業切要諸子粹言分類評林文源宗海》、《新鐫焦太史彙選中原文獻》（與焦竑合撰）
焦竑（1541-1620）	萬曆十七年殿試狀元；授修撰、福寧州同知	《史記萃寶評林》、《兩漢萃寶評林》、《史漢合鈔》、《新鐫焦太史彙選中原文獻》、《皇明人物考》、《新刊焦太史彙選百家評林明文珠璣》、《新鍥焦太史彙選百家評林名文珠璣》、《皇明館課經世宏辭續集》、《增纂評注文章軌範》、《新鐫選釋歷科程墨二三場藝府群玉》、《新鍥翰林標律判學詳釋》、《新鍥二太史彙選注釋九子全書評林》、《新鍥翰林三狀元彙選二十九子品匯釋評》、《新鍥皇明百名家四書理解集十四卷》、《新刻三狀元評選名公四美士必讀第一寶》（與朱國祚唐文獻合選）
吳道南（1550-1623）	萬曆十七年進士、殿試榜眼；授編修、禮部右	《歷科廷試狀元策》

	侍郎；萬曆四十四年會試考官	
劉曰寧	萬曆十七年進士；授編修、右中丞、南京國子監祭酒	《刻劉太史彙選古今舉業文韜注釋評林》、《新刻劉太史評釋舉業續古今文韜錦繡詞林》
翁正春（1553-1626）	萬曆二十年會試會元、殿試狀元；授修撰、禮部侍郎、禮部尚書	《編輯名家評林史學指南綱鑑纂要》、《注釋九子全書》、《新鍥二太史彙選注釋老莊評林》、《鋟兩狀元編次皇明要考》、《新劂青陽翁狀元精選四續名世文宗》
朱之蕃（?-1624）	萬曆二十三年殿試狀元；授修撰，諭德、庶子、少詹事、禮部侍郎	《鼎鐫金陵三元合選評注史記狐白》、《新鐫焦太史彙選中原文獻》（與焦竑合撰）、《刻劉太史彙選古今舉業文瑨注釋評林》（劉曰寧輯、朱之蕃注）
湯賓尹（1568-?）	萬曆二十三年會試會元、殿試榜眼；授編修、侍讀、祭酒；萬曆三十五年會試考官	《四書衍明集注》、《新鋟湯會元遴輯百家評林左傳藝型》、《新刊湯會元精遴國語藝型》、《湯會元注釋四大家文選評林》、《新鐫翰林評選歷科四書傳世輝珍程文墨卷》、《鼎鐫金陵三元合選評注史記狐白》、《重鐫增補湯會元遴輯百家評林左傳狐白》、《性理標題一覽》、《綱鑑標題一覽》、《鼎鐫徐筆峒增補睡庵太史四書脈講意》、《湯睡庵先生歷朝綱鑑全史》、《鼎鐫纂補標題論表策綱鑑紀玉精要》、《新鋟朱狀元芸窗彙輯百大家評注史記品粹》、《新鐫百大家評注歷子品粹》、《九會元集》、《湯睡庵先生鑑定易經翼注》、《湯睡庵太史論定一見能

		文》、《鼎鐫睡庵湯太史易經脈》、《新鐫湯會元四書合旨》、《再廣歷子品粹》
顧秉謙	萬曆二十三年進士；授編修、禮部尚書	《新鐫癸丑科翰林館課》
邵景堯	萬曆二十六年進士，殿試榜眼；授編修	《新刻邵太史評釋舉業古今摘粹玉圃珠淵》、《新刊邵翰林選評舉業捷學宇宙文芒》
顧起元（1565-1628）	萬曆二十六年進士；官至吏部左侍郎	《新刻顧會元注釋古今捷學舉業天衢》、《鋟顧太史續選諸子史漢國策舉業玄珠》
許獬	萬曆二十九年會試會元、殿試榜眼；萬曆辛丑會試會元；授編修	《四書闡旨合喙鳴》、《四書崇熹注解》、《八經類集》
張以誠（1576-?）	萬曆二十九年殿試狀元；授修撰	《新鋟張狀元遴選評林秦漢狐白》、《新鍥太史許先生精選助捷輝珍論鈔注釋評林》、《馨兒浚發四書集注》、《新刻七翰林纂定四書主意定本》
鄭以偉	萬曆二十九年進士；授檢討、禮部左侍郎、禮部尚書	《新刻己未科翰林館課》
楊守勤	萬曆三十二年殿試狀元和會試會元；任右春坊右庶子	《新刻楊會元真傳詩經講義懸鑑》、《孔子家語注》
施鳳來（1563-1642）	萬曆三十二年榜眼；授編修、少詹事兼禮部侍郎、禮部尚書；崇禎元年會試考官	《新鐫施會元評注選輯唐駱賓王狐白》、《施會元輯注國朝名文英華》、《新鋟施會元精選旁訓皇明鴻烈》、《四書玉堂秘旨》、《施會元彙選歷代名文通考便讀評林》、《新刻內閣校正當朝鳳藻經國鴻謨》、

		《新刻施太史評釋舉業古今摘粹玉圃龍淵》
梅之煥（1575-1641）	萬曆三十二年進士，選庶吉士；授吏科給事中、廣東副使、右僉都御史。	《梅太史訂選史記神駒》
張鼐	萬曆三十二年進士；任南京吏部右侍郎、詹事府詹事	《新鐫張侗初太史永思齋評選古文必讀》
黃士俊（1583-?）	萬曆三十五年殿試狀元；授修撰、宮諭少詹、禮部侍郎、禮部尚書	《四書要解》
韓敬	萬曆三十八年殿試狀元與會試會元；授修撰	《莊子南華真經狐白》
周延儒	萬曆四十一年會試會元、殿試狀元；授修撰、禮部右侍郎、禮部大學士兼東閣大學士；崇禎四年會試考官	《四書主意心得解》、《四書周莊合解》、《諸說綱目辨斷》
楊景辰	萬曆四十一年進士，選庶吉士；授吏部右侍郎	《新刻乙丑科翰林館課》
陳子壯	萬曆四十七年進士；授編修、禮部右侍郎、兵部尚書、東閣大學士	《陳太史昭代經濟言》、《新鐫陳太史子史經濟言》
華琪芳	天啟五年會試會元；任少詹事	《四書主意金玉髓》

附錄二：
明人編撰制舉用書·四書類❶

據《四庫全書總目》（總目）、《中國古籍善本總目》（善目）、《中國善本書提要》（王要）、《續修四庫全書總目提要·經部》（續修）、（臺灣）國立編譯館編《新集四書注解群書提要附古今四書總目》（新集）、沈津《美國哈佛大學哈佛燕京圖書館善本書志》（哈佛）、屈萬里《普林斯頓大學葛思德東方圖書館中文善本書志》（普志）、朱彝尊《經義考》（經義考）整理。

朝代	書名	作者	生卒年／中舉年	知見刊本	提要／資料來源
洪武	四書補注備旨題竅匯參	明鄧林撰 清鄒汝達參補	1396 年舉人 嘉慶間人	清嘉慶間翰文堂書局石印本	新集：全書細分章節單句，引句題之時文，以為行文之楷模，本為科舉而作，故主《集注》之說。（頁 31）
	新訂四書補注備旨	明鄧林撰 清杜定基增訂	1396 年舉人 乾隆間人	清末上海帳福記書局石印本	新集：鄧林《四書補注備旨》一書刊行即久，坊間遂多增刪之本，是編乃杜氏就林書增訂而成，於舊本上欄中增人物典故及章

❶ 筆者在附錄一至十二中注明疑為偽託者，除據被依託的編著者（如焦竑、王世貞等）的相關研究外，主要據著錄有明一朝著述的目錄書如黃虞稷原編，王鴻緒，張廷玉刪定《明史藝文志》、傅維麟編《明書經籍志》、王圻編《續文獻通考經籍考》、清乾隆官修《欽定續文獻通考經籍考》、焦竑編《國史經籍志》等以及被托者的學行所進行的考辨後得出的初步的結論。

					旨節旨，雖為帖括制藝之屬，然頗簡明，且頗能闡述經義。（頁 32）
建文					
永樂	四書大全	胡廣等	1310-1418 1415 年成書	明刻大字本；明天順二年（1458）黃氏仁和堂刊本；明映旭齋刊本；明嘉靖八年（1529）余氏雙桂堂重刊本；明內府刊本	總目：蓋頗講科舉之學者。其作《輯釋》，殆亦為經義而設，故廣等以夙所誦習，剽剟成編歟？初與《五經大全》並頒，然當時程式，以四書義為重，故五經率皆庋閣，所研究者惟四書，所辨訂者亦惟四書。後來四書講章，浩如煙海，皆是編為之濫觴。蓋由漢至宋之經術，於是始盡變矣。（頁 301-302）
洪熙					
宣德					
正統					
景泰					
天順					
成化	四書圖史合考	蔡清	1435-1508	明金閶擁萬堂刊本；明	續修：彼專供作時文者獺祭之用。（頁 938）王要：

				末刊本	不但書為坊賈所偽託，鍾惺序亦偽託也。（頁46）
	四書蒙引	蔡清	1453-1508	明正德十五年（1520）李樨刊本；明嘉靖六年（1527）刊本；明萬曆十五年（1587）吳同春刊本；明大業堂刊本；明末刊本	總目：此書雖為科舉而作，特以明代崇尚時文，不得不爾。至其體認真切，闡發深至，猶有宋人講經講學之遺，未可以體近講章，遂視為揣摩弋獲之書也。（頁302）
弘治					
正德	四書淺說	陳琛	1477-1545	明崇禎十年(1637)刊本	續修：語淺顯而理甚純正。……按是書及《蒙引》皆舉業之作。（頁938）
	四書存疑	林希元	1517 年進士	初刊嘉靖間，有彭時濟序；又有萬曆初王守誠合《蒙引》、《淺說》刊本。崇禎乙亥(1635)方文重訂是書，	新集：以發明義理為主，意在推原《蒙引》之旨，……雖與《蒙引》同係舉業之書，然皆欲由場屋之學引入聖道。（頁38）

				又有范景文及方文序。	
嘉靖	四書人物考	薛應旂	1535 年進士	明嘉靖三十七年(1558)原刊本	總目：是編於《四書》所載人物，援引諸書，詳其事蹟。……明代儒生，以時文為重，時文以《四書》為重，遂有此類諸書，襞積割裂，以塗飾試官之耳目。（頁 310）
	四書初問	徐爌	1553 年進士	明嘉靖四十二年(1563)刊本	新集：多主陽明良知之說，而不涉考證，為講章之屬。（頁 46）
	李翰林批點四書初問講意	徐爌	1553 年進士	明書林夏慶、徐憲成刊本	善目（經部）（頁 130）
	四書近語	孫應鼇	1553 年進士	清光緒六年（1880）莫氏刻孫文恭公遺書本	續修：是書泛論大義，不為章解句釋，與朱注互有詳略，不肯苟同，已不染講章習套。（頁 939）
	論孟語錄	黃汝亨	1558-1626	明黃氏碧筠軒刊本	新集：明人制藝，多能發揮書義，講家每引之以詁經。是編解說精粹，……於本旨無發揮。（頁 97）
	四書三說	管大勳	1565 年進士	待考	經義考冊七：輯《蒙引》、《存疑》、《淺說》而加以折衷。（頁 645）
	四書摘訓	丘橓	1550 進士	清嘉慶間翰文堂書局石印本	經義考冊七：取蔡氏《蒙引》、林氏《存疑》二書，而折衷以己意，名曰

					《摘訓》。（頁644）
	四書翼傳三義	王守誠	1571年進士	明萬曆十六年太原官刊本	新集：守城以欲挽救士風、明儒術，莫如蔡清《蒙引》、陳琛《淺說》、林希元《存疑》等三書，皆不背閩洛之說，乃翼傳之三義。（頁61）
	新刊四書兩家粹意	賈如式	1571年進士	明萬曆十一年（1583）刊本	新集：《蒙引》、《存疑》不免浩繁枝蔓，賈氏乃纂集《兩家粹意》，摘其簡明切要者，以示諸生，遂成是書，實亦為舉業之作。（頁62）
隆慶	四書折衷（全名為《新鐫四書七進士講意折衷》）	鄒泉	隆慶間人	明萬曆九年（1581）刊本；明萬曆十年書林翁見川刊本	新集：大都以朱子《傳注》為主，以《大全》、《蒙引》、經筵講義為宗。（頁63）
	四書說略	趙應元	1531-?	明隆慶五年（1571）陳大賓刊本	新集：所言不涉考據，但疏通義理而實講章之屬。（頁55）
萬曆	四書直解指南	張居正 楊文奎	1525-1582 不詳	明萬曆三十九年(1611)刊本	新集：所說不脫講章習套，論文說旨，皆所以便舉子應舉（頁48）
	圖書編	章潢	1527-1608	文淵閣四庫全書本	新集：書中不列經文，但言大旨，其中兼采朱熹、王守仁二說以會通之，……以義理為主，亦不脫講章之習。（頁49）
	二刻禮部增	范謙	1534-1597	明萬曆三十	續修：其書遵守朱

	補證正四書合注篇主義	劉處先 余繼登	不詳 1577 年進士	年（1602）金陵書坊吳氏刊本	《注》，辟眾說之紛紜，一以朱《注》為準。所爭者大抵在一句一字之虛實輕重之間。殆為舉業家認題起見，故不得絲毫假借也。（頁 940）
	四書大魁兒說	蘇濬撰 王衡參補	1541-1599 1564-1607	明刊本	新集：不外解釋講說以利士子應舉。（頁 59）
	焦氏四書講錄	焦竑	1541-1620	明萬曆二十一年（1593）鄭望雲刊本	筆者按：當為坊賈託名焦竑之作。
	新鍥皇明百名家四書理解集	焦竑等輯	1541-1620	明萬曆刊本	新集：雖稱尊朱《注》，為制舉義，然亦兼采王學，實欲備集當時名家之言，以續《大全》。（頁 60）筆者按：當為坊賈託名焦竑等人之作。
	四書宗旨	周汝登	1547-1629	明崇禎己巳年（1629）刊本	新集：是書係講章之屬，……所采有先儒、語類之語，亦兼及禪家之言。（頁 65）
	四書眼評	楊起元	1547-1599	明末刊本	新集：實講章兼制藝之屬。（頁 66）
	仁文講義	鄒元標	1551-1624	明萬曆間刊本	新集：主在闡說章旨而疏解，每章未加詳，言簡意賅，多有新論，屬講章類。（頁 79）
	水田講義	鄒元標	1551-1624	明萬曆間刊本	新集：通篇各章闡抒章義，乃講章之屬。（頁 80）

	學庸正說	趙南星	1574 年進士	文淵閣四庫全書本	總目：是編凡《大學》一卷、《中庸》二卷。每節衍為口義，逐句闡發，而又以不盡之意附載於後。雖體例近乎講章，然詞旨醇正，詮釋詳明。（頁302）
	四書九鼎	繆昌期	1562-1626	明萬曆、天啟年間長庚館刊本	新集：要皆為闡述義理，不涉考據，實為講章之屬。（頁 101）
	四書大全辯	張自烈	1564-1650	明崇禎十三年（1640）刊本；清順治八年（1651）序刊本	經義考冊七：以《大全》成于明初，督促而成，擇之不詳，故辯之。（頁688）
	四書諸家辯	張自烈	1564-1650	清順治十二年（1655）刊本	新集：章旨引前儒及己意講說，兼論作文之法，蓋為制藝而作。（頁 107）
	四書諸家辯辯略	張自烈	1564-1650	清順治刊本	新集：是書上議趙岐韓愈朱熹，下及明人注疏說解，……皆錄其說，辯而正之，雖未必儘是，當有正與剪裁浮放，隨意成說之風氣。（頁 108）
	論語駁異	王衡	1564-1607	明末刊本	新集：是書乃就諸家之言，將或得其解而世未必知者揭行之，或妄為解而眾且同眩者剔絕之，……書不脫明人講章習氣。

					（頁 680）
	新刻顧鄰初先生批點四書文	顧起元批點	1565-1638	明天啟王鳳翔光啟堂刊本	善目（經部）（頁 130）
	四書讀	陳際泰	1567-1641	乾隆仁和黃氏刻文藻四種本	總目：是編詮發《四書》大義，亦略如制藝散行之體。（頁 313）
	新鐫湯藿林先生秘笥四書金繩	湯賓尹	1568-?	明刻本	善目（經部）（頁 132）
	四書合旨	湯賓尹	1568-?	明末仙源堂刊本	新集：大要在講說章節之旨，間亦闡釋句意，總不脫講章之屬。（頁 112）
	四書脈	湯賓尹	1568-?	明萬曆乙卯四十三年（1615）刊本	新集：是編……說解不標經文，每章先提總意，後逐節逐句分解，文旁並有圈點，以為習時文者津梁。內容不脫講章之屬，然較其所著諸書簡潔。（頁 113）
	增補四書脈講意	湯賓尹撰徐奮鵬增余應虬補	1568-?萬曆間人不詳	明萬曆四十七年(1619)書林余應虬刊本	新集：賓尹之說大要與其《四書合旨》類同，仍不脫講章之體也。（頁 115）
	天香閣說	湯賓尹	1568-?	明萬曆四十二年(1614)刊本	新集：是書為制藝八股擬題，……說解其題旨並破題之法。（頁 114）
	四書衍明集注	湯賓尹	1568-?	明萬曆二十三年(1595)光裕堂刊本	新集：是書分三欄，下欄全錄朱《注》，上欄批語，中欄錄賓尹《四書解

					頤鼇頭》，首有凡例，次有制義類題辨異，以下分章講說，應舉講章之書也。（頁 116）
	四書說叢	沈守正	1572-1623	明萬曆四十七年（1619）刊本；明天啟七年（1627）章炫然刊本	新集：採擷《性理大全》，名家著述，……於去取間，頗見剪裁之力。（頁 121）
	四書指月	馮夢龍	1574-1646	明末刻本	善目（經部）（頁 135）
	磬兒濬發四書集注	張以誠	1576-?	明書林克勤齋余明台刊本	新集：引諸家之說，實不脫講章習氣，蓋制藝之屬。（頁 130）
	新刻七翰林纂定四書主意定本	張以誠等	1576-?	明萬曆三十九年（1611）金陵書林王荊岑光啟堂刊本	善目（經部）（頁 132）
	四書心缽	方應龍	1580-?	明末刊本	新集：且求聖賢之志，亦講章之屬。（頁 138）
	艾千子先生手著四書發慧捷解	艾南英	1583-1646	友花居楊道卿刻本	新集：是編分三欄：《四書章句》，以淺近文字解說經文；新增備考，依其字義訓詁、考證訂訛；名公新破則引房窗破題。審其內容，殆為啟蒙及初學制舉文字而作。（頁 142）
	新刻北雍二大司成先生	陸可教	1577 年進士	明末與城書林余彰德刊	新集：所言不涉考據，以朱《注》為宗。……仍不

	課大學多士四書諸說品節	葉向高	1559-1627	本	脫講章習氣。（頁 99）。筆者按：當為坊賈託名葉向高之作。
	四書删正	袁黃	1586 年進士	明刊本	新集：删正朱《注》冗繁之處，用其意而稍變其文，以立作文之法，以便於初習制藝之屬。（頁92）
	四書訓兒俗說	袁黃	1586 年進士	萬曆三十五年（1607）刊本	新集：是編分篇章節而為之句解，分上下欄，上欄有「全意」以釋全章大意，若別有所聞，于下欄中立「參考」一目，或引諸家之言以闡發義理，或引他書以明經義。字句間加字以貫串經文，兼具訓說之功，經文旁間加批語以說明文章結構。名《訓兒俗說》，乃謙言一家之私訓，供初學者之參考。（頁 91）
	四書主意心得解	朱長春 周延儒	1583 年進士 ?-1643	明萬曆間金陵周氏萬卷樓刻本	新集：內容以解經為主，說解頗受心學影響。……亦講章制義之屬。（頁 82）
	四書周莊合解	周延儒 莊奇顯 黃汝亨訂補	?-1643 1583 年進士 1588-1622	明萬曆長虹閣刊本	新集：雖不脫舉業家說法，然於發揮經義處，則不乏精粹之語。（頁 83）
	諸說綱目辨	周延儒	?-1643	明刊本	新集：書屬講章之類，搜

	斷				羅百家之語、刪繁去簡，裁剪成編，文意淺白易懂，頗適初學者習讀。（頁 84）
	新刊四書兩家粹意大學	曹樓輯 李廷機續訂 程德良續訂	嘉萬間人 1583 年進士 1597 年進士	明萬曆十二年（1584）刊本	善目（經部）（頁 126）
	四書文林貫旨	李廷機	1583 年進士	明萬曆二十八年(1600)萃慶堂刊本	新集：是編分三欄：下欄以大字經文及小字串解，各章後有結旨，總結此章大意。中欄節旨，分說段落脈絡。上欄新修旨破要覽，先全旨，述全章大旨；次析論各句結構。審其內容，乃為啟蒙及初學制舉文字而作。（頁 86）
	周會魁校正四書大全、讀法、論語集注序說、孟子集注序說	李廷機撰 周士顯校	1583 年進士	明映旭齋刊本	善目（經部）（頁 132）
	李太史參補古今大方四書大全	李廷機	1583 年進士	明建邑書林余氏刊本	善目（經部）（頁 132）
	四書質言（全名為《新鍥侍御	牛應元	1583 年進士	明萬曆二十年（1592）刊本	續修：其書為諸生講肄而作，亦當時講章一流。（頁 939）

	牛先生授四書質言》）			
	四書便蒙講述	盧一誠	1583 年進士	明萬曆刊本；日本慶安辛卯（1651）書林道伴刊本	哈佛：參考三氏（《蒙引》、《存疑》、《淺說》），各究旨歸，多者摘其要，寡者補其遺，……著為講述。（頁 56-57）
	論語義府	王肯堂	1589 進士	明刻本	總目：是編不列經文，但標章目，曆引宋、元、明諸家講義。其唐人以前舊說，偶亦採錄，然所取無多。或與《集注》兩歧者則低一格錄之。觀其體例，似尊朱子，然其說頗雜於禪。（頁 311）
	四書名物考	陳禹謨	1591 年舉人	萬曆間《經言枝指》本	總目：《名物考》摭拾舊文，亦罕能精核。蓋浮慕漢儒之名，而不能得其專門授受之奧者也。（頁 311）
	別本四書名物考	陳禹謨撰 錢受益 牛斗星補訂	1591 年舉人	明末牛斗星刻本	總目：禹謨原本多疏舛，受益等所補乃更蕪雜。（頁 311）
	四書就正	王榆	1594 年任郡司理	明末刊本	新集：其說以朱熹為宗，而兼采有明諸家說法中足以互發者，……亦講章之屬。（頁 89）
	四書聞	姚文蔚	1592 年進	明刊本	新集：是書就《四書通》

			士		删易而成，並增入先儒說數十種，……書蓋講章之屬。（頁 103）
	中庸點綴	方時化	1594 舉人	待考	總目：是書首為中庸總提，次全載《中庸》之文。每段或總批，或旁批，其體例略如時文，其宗旨則純乎佛氏。（頁 311）
	四書會解新意	錢大復	萬曆間人	萬曆四十一年重刊本	新集：全書不錄經文，專講章節之旨，時文講章之屬。（頁 104）
	四書證義筆記合編	錢大復	萬曆間人	明末刊本	新集：所言在闡述經義而不主一家之說，實講章之屬。（頁 105）
	四書剖訣	徐汧	1597-1645	明三台館刊本	新集：本書首頁標示四事：通章全旨，名公新意，便覽句訓，應試題旨，可知其意在便利當時時文寫作研習。（頁 182）
	四書闡旨合喙鳴	許獬	1601 年進士	明抄本	續修：是書以朱《注》為宗，……不脫時下講章習套。（頁 940）
	四書崇熹注解	許獬	1601 年進士	明萬曆壬寅（1602）聯輝堂鄭聚垣刊本	新集：以為揣摩之用，亦講章之屬。（頁 54）
	黃進士槐芝堂四書解	黃景星	1601 年進士	明末刊本	新集：行間有圈點，每節後有評語，蓋制藝之屬。

					（頁 118）
	新鐫六才子四書醒人語	葛寅亮等著 郭偉彙輯	1601 年進士 明末人	明末金陵吳繼武刊本	是編為郭偉就葛寅亮、張鼐、鄒之麟、丘兆麟、周宗建、趙銘陽等六人數十種著述刪芟而成。但標章目，不列經文。諸家所言，旨在發揮義理，而主心性之說。……文旁並有圈點，蓋講章屬。（頁 119）
	四書湖南講	葛寅亮	1601 年進士	崇禎間近聖居刻本	新集：是書分標三例，凡剖析本章大旨者曰「測」；就經文語氣順演者曰「演」；及門人答辯難者曰「商」。間有引證他書及選儒之論，則細書於後，大抵皆其口授于門弟子者也，蓋講章之屬。（頁 120）
	四書演	張鼐	1604 年進士	明刊本	新集：一纂翰苑新意，一擬鄉會密旨，一集應試捷訣，一附通考實錄。不外舉業講章類。（頁 127）
	四書會解	毛尚忠	1604 進士	待考	總目：其書分章立說，不錄經文，頗似書塾講義，而議論則務與朱子相左。（頁 312）
	四書翼注	王納諫	?-1632 1607 年進士	明崇禎十六年（1643）序刊本	新集：雖為講章之屬，然其說簡要，偶有可觀。（頁 132）

	四書翼翼解	王納諫	?-1632 1607 年進士	明余氏三台館刊本	新集：《翼解》者著重義理闡發，故多長論。《翼翼解》則為短文。然為制舉文字而作，其意則一。（頁 134）
	四書解縛編	鍾天元	書有 1614 年自序	明萬曆刊本	新集：近代宗朱、非朱皆過矣。……遵令甲，便舉業者什之七，存臆見，備參訂者什之三。（頁 124）
	四書說剩	林散撰 張鼐校	1607 年殿試第一 1604 年進士	明萬曆四十三年(1615)刊本	新集：節取諸儒《大全》之說，次第列於前，而以《疑問》所說序列於後，……以朱子是宗，不脫講章習氣。（頁 135）
	四書也足園初告	王宇	1615 年自序	明萬曆丙辰（1616）金陵書坊葉均宇刊本	新集：並不規矩于朱《注》，詳說反約，雖不無心得，終不脫明人講章習氣。（頁 129）
	四書趨庭講義會編	申紹芳	1616 年會元	明萬曆四十五年(1617)金陵書林清白堂楊日際刊本	新集：下依《四書章句》，逐章說其義理，上彙輯名公要論，明章節字句之旨，故名之曰《講義會編》，實則講章之屬。（頁 155）
	四書翼箋	洪啟初	1613 年進士，1617 年自序	明萬曆四十五年序刊本	新集：書雖為功令而設，係講章之屬，然頗明白曉暢，以義理發揮為主。（頁 143）
	四書要解	黃士俊	1607 年殿	明萬曆四十	新集：以朱子為宗，不脫

			試	七年（1619）序刊本	講章習氣。（頁 135）
	四書醒言	余文縉	1619 年進士	明崇禎十四年（1641）刊本	新集：雖為制藝作，然頗能發明經義，有益初學。（頁 164）
	四書近見錄	徐奮鵬	萬曆間人	明萬曆間刊本	新集：以發明四書中義理為主，……惟不脫明人講章習氣。（頁 71）
	知新錄	徐奮鵬	萬曆間人	明刊本	新集：是編本無意為舉業設，惟習舉業者每引為參考之書，文頗明白易曉，實不脫講章習氣。（頁 73）
	纂定四書古今大全	徐奮鵬	萬曆間人	明崇禎壬申年（1632）刊本	新集：是書首輯漢宋以來諸家說解，……繼輯明代諸家講義，……雖沿襲多，創見少，然去取間，頗見剪裁之功。（頁 74）
	筆洞生新悟	徐奮鵬	萬曆間人	明萬曆壬子（1612）刊本	新集：是書雖不脫明人講章習氣，然頗有多得之語。（頁 75）
	新刊四書八進士釋疑講意	張大本	萬曆間人	明萬曆十七年（1589）潭城楊鳴鵾刊本	新集：所言不涉考據，唯述義理，而實不脫制藝之習氣。（頁 76）
	新刻注釋四書人物備考	薛應旂輯 朱埠注釋	1535 年進士	明末刊本	新集：是不離餖飣之學，乃為舉業計。（頁 41）
泰昌					

天啟	四書鼎臠	馬世奇	1584-1644	明天啟丙寅（1626）項煜序刊本	新集：是書係講章之屬，書分上下欄，上欄列諸名家講語，下欄列經注，凡遇本句大旨所在，則標以白點，遇本題切要字眼，則標以密圈，經文旁列詁訓，並於名句下指示作文之法，書眉目清晰，頗便於習舉業者。（頁147）
	鼎鐫三十名家彙纂四書紀	馬世奇	1584-1644	明萬曆間蕭世熙刊本	新集：是書彙集……諸家之說，……所言多主王學，亦兼采朱《注》，為闡發義而不詭於制藝。（頁148）
	新刻黃石齋先生編著四書瑯玕	黃道周	1585-1646	明崇禎十七年（1644）刊本	新集：雖為制藝作，然道周學有根底，說理明白易曉。（頁151）
	四書說約	顧夢麟	1585-1653	明崇禎十三年（1640）張叔籟刊本；明刊本	新集：斷以朱子為正，屬講章類。（頁152）
	四書十一經通考	顧夢麟	1585-1653	明崇禎刊本	新集：所考不免斷章取義，而於經義所無所發明。（頁154）
	增補纂序四書說約	楊彝 顧夢麟	不詳 1585-1653	清順治十八（1661）刊本	新集：大抵刪多增少，頗去《說約》之繁蕪。（頁153）
	四書說乘	張嵩	1624年自序	明刊本	新集：有以禪理發明者，間有按語、附論、附解，泛論義理，不外講章而

					作。（頁 150）
	四書六便講意一貫大成	項煜	1625 年進士	清金陵書鋪刊本	新集：是書每章分全旨以統挈要領，……謂能兼總悉備，成一家言，實則為便利舉業而已。（頁 177）
	四書嫏嬛集注	項煜	1625 年進士	明刊本	新集：析講義理，解析制藝作法，實不過一齋頭講章耳。（頁 178）
	三太史彙四書人物類函	項煜	1625 年進士	明崇禎六年（1633）刊本	新集：本書為類書體，所釋人物最多，次為名物，亦涉及人事。頗為枝蔓，不知剪裁。（頁 179）
	四書主意金玉髓	華琪芳	1625 年進士	明天啟五年（1625）金陵書林張少吾刊本	新集：不錄經注，全係講說，旨在明經而不詭於制，……亦為舉子制義參考之書。（頁 180）
	新鐫四書理印	朱之翰	天啟間人	明天啟刊本	新集：雖不脫講章之屬，然實有一己所得。（頁 144）
崇禎	四書說	辛全	1588-1636	明末刊本	新集：是編乃講章之屬。（頁 160）
	求己齋說書	李竑	1590-? 1619 年自序	明天啟二年（1624）刊本	新集：內容詳于義理，……蓋講章之屬。（頁 165）
	張天如先生彙訂四書人物名物經文合考	張溥	1602-1641	明雄飛館刊本；明崇禎五年（1632）刊本	新集：分上下欄，上欄彙集名物典故，下欄彙集人物經義。……自謂：「據孔曾思孟書中，若人物、若名物、若經文，廣稽博

					考，撮合成編，聊以佐都人士制舉義之高深焉。」（頁 189）；善目（經部）（頁 133）。筆者按：是書未見於著錄明代著述之目錄書，疑為偽託。
	四書考備	張溥	1602-1641	明崇禎刊本	新集：是書與《彙訂四書人物名物經文合考》實無大異，……乃就《彙訂》稍事增補刪定而已。（頁191）。筆者按：是書未見於著錄明代著述之目錄書，疑為偽託。
	四書注疏大全合纂	張溥	1602-1641	明崇禎吳門寶翰樓刊本	善目（經部）（頁 133）
	四書尊注大全	張溥	1602-1641	明醉耕堂刊本	新集：本書乃就明永樂十三年詔修之《四書大全》擴增圈點而成。（頁190）筆者按：是書未見於著錄明代著述之目錄書，疑為偽託。
	新鍥錢太史四書尊古	錢肅樂	1606-1648	明崇禎庚辰（十三年，1640）刊本	新集：所言不涉考據，旨在闡明義理，文旁有圈點，以為時文揣摩之用，實不脫講章習氣。（頁198）
	說書文箋	陳子龍	1608-1647	明崇禎十年（1637）序刊本	新集：是書固係講章之屬，而文辭與義理兼重，……亦有功於舉業

					者。（頁 202）
	四書答問	衛蒿	1612-1693	清康熙五十四年(1715)金陵顧麟趾刊本	新集：凡《學》、《庸》、《論》、《孟》之所指說，《章句集注》之所引用，皆詳其來歷，並附其中。（頁 204）
	舉業真珠船	黃焜	不詳	明末刊本	新集：就各經摘取章句，徵引經史，加以圈點解說，間有眉批，以備習舉業者擷取。（頁 146）
	經言廣翼	黃焜	不詳	明天啟三年（1623）菱永武宜中刊本	新集：凡可以發明經義者蒐而薈聚之。旁引曲證，……然失剪裁。（頁 145）
	四書綱鑑	黃起有	1628 年進士	明刊本	新集：天頭一欄講說章旨，……總說全章文章結構及作文之法，……實科舉制義參考之書。（頁 186）
	四書經學考、補遺	徐邦佐	1628 年成書	明崇禎刻本	總目：雜鈔故實，疏漏實甚。（頁 313）
	四書經學續考	陳鵬霄	1628 成書	明崇禎刻本	總目：皆時文評語，講章瑣說。（頁 313）
	新刻機部楊先生家藏四書慧解	楊廷麟	1631 年進士	明末太倉張溥刊本	新集：不脫講章習氣，然語尚平實，不似明季空談心性者。（頁 188）
	四書問答主意金聲	徐必登		明末金陵李氏聚奎樓刊本	新集：所言義理偏于王陽明心學，亦偶涉及作文之法。乃講章之屬。（頁 168）

	四書則	桑拱陽	1633 年進士	明崇禎松風書院刊本	總目：其書取諸家講章立說不同者，刪定歸一，間以己意參之。（頁 313）
	四書聽月	項聲國	1634 年進士	明刊本	新集：每章後有「文法」，引時人制義擬題作法，重要處有圈點標識，全書不過為便舉子應試而作。（頁 193）
	四書人物備考（全名為《陳明卿先生訂證四書人物備考》）	薛應旂輯 陳仁錫訂證	1535 年進士 ?-1634	明末刻本；清康熙五十四年(1715)吳郡綠蔭堂刊本	續修：是書依四書編次，逐條援引故實，頗為詳備。……向來為舉業家視為枕秘。（頁 939）
	四書考	陳仁錫	?-1634	明崇禎七年（1634）自刻本	總目：是書因薛應旂《四書人物考》而廣之，仍餖飣之學。（頁 313）
	諸太史評先生家藏四書講意明珠庫	宋枚等輯	1625 年進士	明天啟六年（1626）刊本	善目（經部）（頁 133）
	四書燃犀解	陳祖綬撰 夏允彝等參補	1634 年進士 1637 年進士	明刊本	新集：以文津講說制義題旨殿於帳末。（頁 194）
	四書尊注講意（全名為《尺木居輯諸名公四書尊注講意》）	張明弼	崇禎間人	明崇禎十三年（1640）刊本	新集：全書大旨在尊崇朱熹《傳注》，以朱熹《傳注》為主，輔以《大全》、《蒙引》。（頁 200）

	參補鄒魯心印集	張明弼撰夏允彝等參補	崇禎間人1637 年進士	明刊本	新集：所講大抵與明弼《尊注講義》類同，不脫講章之體。（頁 201）
	四書集說	徐養元	1643 年進士	清順治十五年（1658）刊本	總目：是編採集朱子《或問》、《存疑》、《大全》諸書及諸家之說而成，不出流俗講章之派。（頁 313）
	圖書衍	喬中和	崇禎中由拔貢生官至太原府通判	待考	總目：是編為《四書》講義。而名之為《圖書衍》者，凡四書所言皆以五行八卦配合之也。如說《大學》「明德」為火，「新民」為水，「至善」為土之類，皆穿鑿無理，不足與辨。（頁 314）
	四書廣炬訂	楊松齡	明末人	待考	續修：是書專論相題為文之法……書中取近代說書諸家，刪其繁冗，采其精要，間出己見以相引證。（頁 943）
	四書體義	沈幾	明末人	明刊本	新集：取古人所已言者，設身處地參其旨趣精神，……以冀同體四書之大義，實亦講章之屬。（頁 167）
	皇明百方家問答	郭偉	明末人	明萬曆四十五年（1617）金陵李潮刊本	善目（經部）（頁 133）

	新鐫國朝名家四書講選	郭偉彙選	明末人	明萬曆二十四年(1596)繡谷唐廷仁刊本	新集：舉業入門之書。（頁 93）
	四書主意寶藏（全名為《增補郭洙源先生輯十太史四書主意寶藏》）	郭偉	明末人	明天啟間刊本	新集：所言但發揮義理，不涉考據，係講章之屬。（頁 95）
	新刻伯雝趙鳴陽先生四書狐白解	趙鳴陽	明末人	明末刊本	新集：不涉考據，所引諸說，以楊起元《四書眼評》、李贄之說為多，乃講章之屬。（頁 173）
	鐫趙伯雝先生湖心亭四書丹白	趙鳴陽	明末人	明清躍劍山房（三台館）刊本	新集：篇中徵引時人講章甚多，重在發揮義理，不涉考據，主於心性之說。（頁 174）
	四書鞭影	劉鳳翔	明末人	待考	續修：著書之旨，為作制藝者說法，且每引制藝以佐其說。（頁 943）
	四書千百年眼	余應科	明末人	明崇禎六年（1633）序刊本	新集：是編先標全文，次列宋明諸家論次會心傳神者。……係講章、制藝之屬。（頁 172）
	千古堂學庸大意	董懋策	明末人	待考	新集：是書不列經文，但標章目，只在闡述經義，語尚平實，蓋講學之屬。（頁 247）
待	四書京華	王安國	不詳	待考	新集：是講章帖括之屬。

考					（頁 260）
	四書群言折衷	白翔	不詳	待考	經義考冊七：《大全》、《蒙引》、《存疑》皆有功於後學，然或彼是而此非，……白子漢公取而折衷之，必以紫陽為依歸。（頁 689）
	合參四書蒙引存疑定解	吳當	不詳	明末刻本；清金閶池白水刊本	新集：作者蓋有感於當時講義之書，汗牛充棟，……故取二書（《蒙引》、《存疑》），撮其精要，以合于朱《注》。……然仍不脫講義窠臼。（頁 196）
	四書講意存是	周文德	不詳	明崇禎四年（1631）刊本	新集：是書係講章之屬。……是書剪裁之功多，創發之見少，蓋是書特為舉業功令而設。（頁 254）
	四明居刪補四書聖賢心訣	周文德	不詳	明末刊本	新集：書重義理發揮而不及名物訓詁，惟不脫講章之氣。（頁 255）
	四書火傳	李京	不詳	明萬曆間書林熊體忠刊本	新集：內容依《四書章句》，逐章說其義理。……實則講章之屬。（頁 96）
	四書僊說評	李長華	不詳	待考	新集：要不外為講章及舉業計。（頁 251）
	鐫會狀楊昆阜發明朱程	楊昆阜	不詳	待考	新集：書不脫講章習氣。（頁 253）

	集注				
	新鐫陳先生家選評訂四書人鑑	陳琯	不詳	待考	新集：以釋四書中人物為主，多引史傳諸子之言……蓋制藝之作也。（頁 246）
	四書彙征	陳智錫 劉庚 沈愈昌 劉逢吉	不詳	待考	新集：或訓解名物制度，或講說義理，重要處有圈點標識。蓋當時坊刻讀本。（頁 250）
	四書通義	劉剡	不詳	待考	總目：是書因倪士毅《四書輯釋》重為訂正，……實則轉相剽襲，改換其面貌，更易其名目而已。（頁 309）
	新鐫南雍會選古今名儒四書說苑	張汝霖等輯	不詳	明閩建書林余仙源永慶堂刊本	善目（經部）（頁 132）
	鐫張蘇兩大家四書講義合參	蔣方馨輯	不詳	明崇禎六年（1633）刊本	善目（經部）（頁 134）
	四書弓冶	不著撰人		待考	新集：或采諸家講語，或獨抒己見，皆以朱義為宗。雖不脫講章之體，而頗明白易曉。（頁 257）
	四書合注篇	不著撰人		待考	新集：是書係講章之屬，特為舉業設。……書以朱《注》為宗，凡悖諸說，雖工弗取。（頁 262）

附錄三：
明人編撰制舉用書·《詩經》類

據《四庫全書總目》（總目）、《中國古籍善本總目》（善目）、《中國善本書提要》（王要）、《續修四庫全書總目提要·經部》（續修）、沈津《美國哈佛大學哈佛燕京圖書館善本書志》（哈佛）、《詩經要籍提要》（詩籍）整理。

書名	作者	年卒年／中舉年	知見刊本	提要
詩經大全（又名《詩傳大全》）	胡廣等	1310-1418	明永樂十三年（1415）內府刊本；明正德十三年(1518)刊本；明嘉靖元年（1522）建寧書戶劉輝刊本；明嘉靖二十七年（1548）書林寶文堂刊本；明萬曆三十三年（1605）書林余氏刊本；明詩瘦閣刊本；明內府抄本；明末刊本	總目：亦永樂中所修《五經大全》之一也。自北宋以前，說《詩》者無異學。歐陽修、蘇轍以後，別解漸生。鄭樵、周孚以後，爭端大起。紹興、紹熙之間，左右佩劍，相笑不休。迄宋末年，乃古義黜而新學立。故有元一代之說《詩》者，無非朱《傳》之箋疏。至延祐行科舉法，遂定為功令，而明制因之。廣等是書，亦主於羽翼朱《傳》，遵憲典也。然元人篤守師傳，有所闡明，皆由心得。明則靖難以後，耆儒宿學，略已喪亡。廣等無可與謀，乃剽竊舊文以應詔。

				（頁128）
新編詩義集說	孫鼎	永樂間人	明刊本	續修：蓋採取《解頤》、《指要》、《發揮》、《矜式》等書，擇其新義，彙為一編。不盡釋全經，每篇仍分總論、章旨、節旨、名類。……惟其所纂輯皆明人說《詩》之書，往往敷衍語氣，為時文之用。（頁318）
詩經宗義	張瑞	1499-?	明隆慶三年（1569）刊本	詩籍：本書與上書（即《詩經橋梓世業》）性質相同。（頁392）
陳太史訂閱詩經旁訓	不著撰人陳仁錫重訂	1581-1636	明崇禎二年（1629）《五經旁訓》刊本	詩集：雖亦間采諸家之說，但大體因襲胡廣《詩經大全》，不加辯正。……蓋鄉塾課讀之本。（頁393）
詩經正義	許天贈	1565年進士	明萬曆刊本	總目：是書不載經文，但標章名節目，附以己說，頗為弇陋。……蓋全為時文言之也。經學至是而弊極矣。（頁140）
詩經闡蒙衍義集注	江環	1557-1616? 1586年進士	明萬曆四十四年（1616）刊本	詩籍：本書是高頭講章式科舉參考書。（頁390）
詩經存固	葉朝榮	1515-1586	明萬曆四十四年（1616）重刊本	詩集：本書是未仕前教授生徒時，酌取《詩經大全》，參以己意而成。

				（頁 377）
葉太史參補古今大方詩經大全	葉向高	1559-1627	明萬曆芝城建邑書林余氏刊本	詩集：此書亦題名參補《詩經大全》，當與其父（葉朝榮）有密切關係。（頁 377）筆者按：是書未見於著錄明代著述之目錄書，疑坊賈託名葉向高之作。
新刻楊會元真傳詩經講意懸鑑	楊守勤	1604 年進士	明萬曆書林熊成治刊本	善目（經部）（頁 52）
鐫楊會元真傳詩經主意冠玉	楊守勤	1604 年進士	明萬曆三十三年（1605）金陵博古堂刊本	善目（經部）（頁 52）
毛詩六帖講意（全名為《新刻徐玄扈先生纂輯毛詩六帖講意》）	徐光啟	1562-1633 萬曆進士	明萬曆四十五年（1617）金陵書林廣慶堂刊本	詩籍：本書雖是科舉參考用書，其說也時有新義。（頁 377）
詩經橋梓世業	瞿汝說	1565-1623	明刊本	詩籍：本書是科舉考試的參考書……以《詩》中的某篇、某章或某題為題，進行解說。（頁 391）
新鐫鄒臣虎先生詩經翼注講意	鄒之麟	1574-1646	明刊本	詩籍：這部高頭講章，是模仿朱善《詩解頤》的串講形式，刪節抄錄江環《闡蒙衍義集注》講章撮合而成。（頁 391）
詩經脈	魏浣初	1580-1638	明萬曆四十五	總目：浣初引以證朱

		1616年進士	年（1617）刊本	《傳》衡笄一物之誤，尚小有考證。惟大致拘文牽義，鉤剔字句，摹仿語氣，不脫時文之習。（頁141）
鼎鐫鄒臣虎增補魏仲雪先生詩經脈講意	魏浣初輯 鄒之麟增補	1580-1638	明末刊本	善目（經部）（頁53）
毛詩發微	宋景雲	1619年進士	明刊本	總目：其說《詩》以朱子《集傳》為主，亦間采毛《傳》及他說以參之。……然大抵以批點時文之法推求《經》義耳。（頁141-142）
詩經說約	顧夢麟纂述 楊彝參訂	1585-1653 不詳	明崇禎十五年（1642）織簾居刊本	善目（經部）（頁54）
詩經狐白	馮元揚 馮元飆	1586-1644 ?-1645	明天啟三年（1623）躍進山房刊本	詩籍：分兩欄，下欄是《詩集傳》，上欄解說自江環的《闇蒙衍義集注》抄錄，再抄錄他書的批語合併組成。（頁390）
詩經百方家問答	徐奮鵬	萬曆間人	明書林李潮刊本	善目（經部）（頁53）
新鐫筆洞山房批點詩經捷渡大文	徐奮鵬	萬曆間人	明天啟王荊岑刊本	善目（經部）（頁53）
詩經注疏大全合纂	張溥	1602-1641 1631年進	明崇禎刻本	總目：溥是書雜取《注》、《疏》及《大

		士		全》，合纂成書，差愈於科舉之士株守殘匱者。然亦鈔撮之學，無所考證也。（頁 143）
毛詩蒙引	唐士雅撰 陳子龍訂	1608-1647	日本寬文十二年（1672）刊本	詩籍：本書以朱熹《詩集傳》為本，又采多家之說補朱《傳》之未及，或正朱《傳》之失……亦當時科舉參考用書。（頁 392）
毛詩振雅	張元芳 魏浣初	不詳 1616 年進士	明天啟四年（1624）朱墨本	續修：其書分上中下三格，如高頭講章之式。……惟上格詮釋篇章大旨，下格批評文法，大率拘文牽義，鉤剔字句，不脫時文之習。（頁 323）
詩經主意	楊於庭	萬曆進士	明萬曆刊本	續修：是編推闡《詩》旨，終不脫時文積習，蓋意在為程式制藝之計。（頁 320）
駱會魁家傳葩經講義金石節奏	駱日升	刊於萬曆二十五年（1595）	明萬曆二十五年（1597）刊本	詩籍：也是對江環書的抄襲，並且將歷年各地鄉試及各科會試的考題附在上欄。（頁 391）
詩經心鉢	方應龍		明萬曆三十七年（1609）刊本；明末刊本	詩籍：本書與上書（即《詩經橋梓世業》）性質相同。（頁 391）
詩牖	錢天錫	1622 年進士	明天啟五年（1625）刊本	總目：是編大抵推敲字義，尋求語脈，為程式制藝之計。（頁 142）
詩經副墨	陳組綬	?-1637	明末光啟堂刊	總目：其每章詮解，則循

			本	文敷衍而已。卷首《凡例》有曰：「諸說雖精，或於制義未當者，吾從宋。」是其著書之大旨矣。（頁143）
詩經主意默雷	何大掄	明末間人	明崇禎四年(1631)刊本；明末友石居刊本	續修：統觀其書，蓋所以為程式制義之用。詮釋經文，不過循文敷衍。大旨皆宗紫陽，雖間采序說，然類皆發明《集傳》，所以為科舉科舉揣摩之本。（頁326）
詩經心訣	何大掄	明末間人	明天啟七年（1627）刊本	善目（經部）（頁53）
詩經琅玕	黃道周	1585-1646 天啟進士	明崇禎醉耕堂刊本	續修：全書分上下二格，如高頭講章之式。……今核其書，大旨在折衷《詩傳》及紫陽《集傳》，間或參以己意，而詮釋《詩》旨。……往往拘文牽義，鉤剔字句，不脫時文之習。（頁324）
詩經微言合參	唐汝諤	天啟中以歲貢生官常熟縣教諭	待考	總目：汝諤初著《毛詩微言》二十卷，繼復刪汰贅詞，標以今名。《自序》謂「溯源毛、鄭，參以《讀詩記》及嚴氏《詩緝》，而折衷於朱子。」今核其書，實不過科舉之學也。（頁142）

朱氏訓蒙詩門	朱日浚	生當明清交替之際	清初刊本	詩籍：此書亦科舉考試參考讀物，故仍以法定的朱熹《詩集傳》為本……也採取多家注解，折衷眾說。（頁396-397）
詩志	范王孫	不詳	待考	總目：皆雜采諸說而成。於同時人中多取沈守正《說通》及陳際泰《五經讀》、顧夢麟《說約》，不甚研求古義也。（頁143）
鑒湖詩說	陳元亮	不詳	待考	總目：是書乃鄉塾講章。其凡例有十：曰尊經、曰從注、曰存《序》、曰辨俗、曰標新、曰考古、曰博物、曰章旨、曰節解、曰集說。其所取裁，不出永樂《大全》諸書。（頁143）
詩經精意	詹雲程	不詳	待考	總目：是編詮釋《經》文，皆敷衍語氣，為時文之用。（頁144）
詩意	劉敬純	不詳	明鈔本	總目：是書大旨宗朱子《集傳》。雖間采諸家，然其發明《集傳》者亦科舉揣摹之本也。（頁144）
詩經能解	葉羲昂	不詳	待考	續修：大抵采掇眾說，而融貫之。上方則載顧麟士《說約》，鍾伯敬總批，而又增以《辨疑》，參以

				《大全》，其體全仿四書講義。（頁 321）
詩志度興	施澤深	不詳	明天啟四年（1624）刊本	續修：是編說《詩》，正坐其蔽，發揮詩旨，類皆依文詮釋，尋味於詞氣之間。推敲字義，探求語脈，往往恍惚而無著，不過為程式制義之計而已。（頁 323）

附錄四：
明人編撰制舉用書·《易經》類

據《四庫全書總目》（總目）、《中國古籍善本總目》（善目）、《中國善本書提要》（王要）、《續修四庫全書總目提要·經部》（續修）、沈津《美國哈佛大學哈佛燕京圖書館善本書志》（哈佛）整理。

書名	作者	生卒年／中舉年	知見刊本	提要
周易大全	胡廣等	1310-1418	明永樂十三年（1415）內府刊本；明天順八年（1464）書林龔氏明實堂刊本；明弘治四年（1491）羅氏竹坪書堂刊本；明弘治九年（1496）余氏雙桂書堂刊本；明嘉靖十五年（1536）劉氏安正堂刊本；明嘉靖十五年作德堂刊本	總目：此其五經之首也。朱彝尊《經義考》謂廣等「就前儒成編，雜為鈔錄，而去其姓名。《易》則取諸天臺、鄱陽二董氏，雙湖、雲峰二胡氏，於諸書外未寓目者至多」云云。天臺董氏者，董楷之《周易傳義附錄》。鄱陽董氏者，董真卿之《周易會通》。雙湖胡氏者，胡一桂之《周易本義附錄纂疏》。雲峰胡氏者，胡炳文之《周易本義通釋》也。今勘驗舊文，一一符合。彝尊所論，未可謂之苛求。然董楷、胡一桂、胡炳文篤守朱子，其說頗謹嚴。董真卿則以程、朱

				為主而博采諸家以翼之，其說頗為賅備。取材於四家之書，而刊除重復，勒為一編，雖不免守匱抱殘，要其宗旨則尚可謂不失其正。且二百餘年以此取士，一代之令甲在焉。（頁 28）
易經蒙引	蔡清	1435-1508	明萬曆三十八年（1610）刊本；明萬曆刻本；明林希元刊本；明末重訂本；明末敦古齋刊本	總目：是書專以發明朱子《本義》為主，故其體例以《本義》與經文並書。但於《本義》每條之首加一圈以示別，蓋尊之亞於經也。然實多與《本義》異同。（頁 28）
易經大旨	唐龍	1477-1546	待考	總目：所作專為舉業而設，故皆擇科場擬題試之，凡九百八十五條。（頁 52）
易經存疑	林希元	1517 年進士	明萬曆二年(1574)書林林氏鳴沙增訂本；清康熙十七年(1678)仇兆鼇等刊本；清乾隆十年（1745）林廷珪刊本	總目：其書本為科舉之學，故主於祧漢而尊宋。（頁 29）
易經淺說	陳琛	1477-1545	清乾隆五十四年(1789)刊本	總目：琛易學出蔡清，故大旨主于義理，兼為科舉

				之計。（頁53）
補齋口授易說	不著撰人		待考	總目：所言皆科舉之學。（頁53）
易經闡庸（全名《新鐫十名家批評易傳闡庸》）	姜震陽	字復亨，生卒年不詳	明刊本	總目：其書以朱子《本義》為主，附綴諸說其下……其說皆循文衍義，冗沓頗甚，不出坊刻講章之習。（頁58）
易經疑問	姚舜牧	1543-?	明萬曆三十八年（1610）重訂刊本	總目：此書率敷衍舊說，實無可取……蓋其學從坊刻講章而入門徑一左，遂終身勞苦而無功耳。（頁59）
易經兒說	蘇濬	1541-1599	清乾隆五十六年（1791）師儉堂活字印本	總目：是書乃墨守朱子《本義》，尺寸不逾……蓋專為科舉之學而設。（頁59）
玩易微言摘鈔	楊廷筠	1592年進士	待考	總目：是編采諸家說《易》之言，彙集成帙，故曰「摘鈔」。……廷筠此書，特撮錄近代講義而已。（頁60）
易經澹窩因指（又名《周易澹窩因指》）	張汝霖	1595年進士	明萬曆三十七年（1609）史繼辰刊本；明萬曆范淶刊本	總目：其書隨文訓釋，蓋專為科舉制藝而作。（頁61）
周易宗義	程汝繼	1601年進士	明萬曆三十七年（1609）自刻本	總目：是書前有《自述凡例》云：「以朱子《本義》為宗，故名曰宗義。」然亦往往與朱子

				異。……蓋其初本從舉業而入，後乃以意推求，稍參別見，非能原原本本究《易》學之根柢者，故終不出講章門徑云。（頁62）
易學講義（全名為《新刻浙江余姚進士白川先生秘傳易學講意》）	諸大倫	1601年進士	明萬曆二年（1574）書林饒仁卿刊本	續修：大旨恪守功令，不敢背《大全》之說。按節逐句解義，以備科場之用。（頁37）
易經會通（有名《周易會通》）	王邦柱 江柟	1606年舉人	明萬曆四十五年（1617）休寧梅田江氏生生館刊本	總目：其所徵引至一百七十餘家，然大旨本為舉業而設。故皆隨文衍義，罕所發明。（頁62）
易學統此集	孫維明	萬曆、天啟間人	待考	總目：其書多取宋元以來諸說，不甚考究古義。每節之下皆敷衍語氣，如坊刻講章之式。越（孫維明之子）所補入各條及引述其父之言，皆別為標識，亦無奧旨。（頁65）
易經說意	陳際泰	1567-1641	明末刻本	總目：際泰本以時文名，故其說《經》亦即用時文之法，中間或有竟作兩比者。自有訓詁以來，一二千年無此體例也。（頁66）

周易翼簡捷解	陳際泰	1567-1641	明崇禎四年（1631）刊本	總目：大旨謂《大學》、《中庸》諸書皆所以明《易》，而西方之教獨與之背。蓋明末心學横流，大抵以狂禪解《易》，故為此論以救之。所見特為篤實。其八比高出一時，亦由其根柢之正也。（頁66）
新刻七名家合纂易經講意千百年眼	陳際泰等	1567-1641	明金陵廣慶堂刊本	善目（經部）（頁22）
易憲	沈泓	1643年進士	待考	總目：是編隨文詮義，不載《本義》原文，而全書宗旨一一與《本義》合。在舉業家則可謂之簡而有要矣。（頁67）
桂林點易丹	顧懋樊	崇禎中副榜貢生	待考	總目：其所訓解，大都順文敷衍，不出講章門徑。（頁67）
周易去疑	舒宏諤	老於授徒	待考	總目：鈔撮講章，纂而成帙，以便課誦。（頁68）
讀易鏡	沈爾嘉	字公亨，常熟人	待考	總目：是書悉依今本次序，每一卦一節，列《經》文於前，列講義於後，而講義高《經》文一格，全為繕寫時文之式。（頁69）
易學古經正義	鄒元芝	字立人，竟陵人，生卒年不	待考	總目：元芝是書，欲駕出朱子之上，謂孔子《十翼》與《經》並尊，不得

		詳		抑之稱《傳》，遂臆為分別。……其《十翼》則仿制藝之體。（頁 69）
易說醒	洪守美	不詳	明末刊本	續修：遣詞造句，尤與八比制義相近。……疑是舉業講章之流。（頁 40）
鍥會元纂著句意句訓易經翰林家說	李廷機	1583 年進士	明萬曆十三年（1585）閩建書林余氏克勤齋刊本	善目（經部）（頁 19）
新刻占魁高頭分章分節易經	李廷機	1583 年進士	明書林張斐刊本	善目（經部）（頁 19）
鼎鍥李先生易經火傳新講	李京	不詳	明萬曆二十五年（1597）熊體忠刻本	善目（經部）（頁 20）
鼎鐫睡庵湯太史易經脈	湯賓尹	1568-?	明萬曆四十五年(1617)刊本	善目（經部）（頁 20）
易經全題窺會編	容宇光	不詳	明萬曆二十七年（1599）李之祥等刊本	善目（經部）（頁 20）
丘方二太史朱訂秘笥易經講意綱目集注	李光祚	不詳	明天啟五年（1625）吳郡周鳴岐新齋刻三色套印本	善目（經部）（頁 21）
新鐫繆當時先生周易九鼎	繆昌期	1562-1626	明末仙源堂刊本	善目（經部）（頁 21）
新刊精備講意易鯨音本義	諸大圭	不詳	明萬曆五年（1577）宏遠書堂刊本	善目（經部）（頁 19）

附錄五：
明人編撰制舉用書·《書經》類

據《四庫全書總目》（總目）、《中國古籍善本總目》（善目）、《中國善本書提要》（王要）、《續修四庫全書總目提要·經部》（續修）整理。

書名	作者	生卒年／中舉年	知見刊本	提要
書經大全	胡廣等	1310-1418	明初書林刊本；明嘉靖七年(1528)書林楊氏清江書堂刊本；明嘉靖十一年(1532)書林劉氏明德堂刊本；明萬曆三十三年(1605)書林余氏刻本；明書林余氏興文書堂刊本	善目（經部）（頁38）
禹貢詳略	韓邦奇	1479-1555	明末刊本	總目：此書訓釋淺近，惟言擬題揣摩之法。所附歌訣、圖考，亦極鄙陋。（頁109）
書義群英	張泰	成化進士	待考	續修：此冊為輯時人所為《書》義。（頁217）
書經旨略	王大用	1508年進士	待考	總目：是編不載經文，惟推闡傳注之意，載某段某

				句宜對看，某段某句宜串看，不出科舉之學。（頁109）
書經說意	沈偉	1552年舉人	待考	總目：是書分節總論，大旨不出講章之習。（頁110）
尚書主義傳心錄（全名為《刻嘉禾鍾先生尚書主義傳心錄》）	鍾庚陽	1568年進士	明崇禎刻本	續修：分節為說，節又分段分截，全類講章。……蓋為舉業家而作。（頁218）
尚書日記	王樵	1521-1599	明萬曆十年(1582)于明照刊本；明萬曆二十五年(1597)蔡立身刊本；明崇禎五年(1632)壯繼光刊本	總目：茲編不載經文，惟案諸篇原第，以次詮釋。大旨仍以蔡《傳》為宗，制度名物蔡《傳》所未詳者，則采舊說補之。……樵是書於經旨多所發明，而亦可用於科舉。（頁99）
書帷別記	王樵	1521-1599	明萬曆王啟疆、王肯堂刊本	總目：此書則為科舉而作，曰《別記》者，所以別於《日記》也。（頁111）
書經講義會編	申時行	1535-1614	明萬曆二十五年(1597)刊本	善目（經部）（頁39）
鐫彙附百名家帷中棨論書經講義會編	申時行	1535-1614	明萬曆書林王啟後刊本；明萬曆王振華刊本	善目（經部）（頁39）
重訂申文定	申時行	1535-1614	明王氏三桂堂	善目（經部）（頁39）

公書經講義會編			刊本；明崇禎書林王應後刊本	
尚書要旨	王肯堂	1549-1613	明刊本	總目：是書承樵（即王樵）所著《尚書別記》，鈔撮緒言，敷衍其說，以備時文之用。（頁111）
書經彙解	秦繼宗	萬曆間人	明萬曆四十二年(1614)刊本	善目（經部）（頁40）
尚書揆一	鄒期楨	萬曆中諸生	待考	總目：是書專主蔡《傳》，而雜引諸儒之說以發明之，蓋為科舉而作。（頁112）
尚書刪補	汪康謠	1673年進士	待考	續修：凡涉考證者，俱所不取。所補者，無非浮談空義，一如四書講章之例，便舉業家誦習而已。（頁218）
尚書解意	李楨扆	字華麓，任邱人，生卒年不詳，疑為明末間人	待考	總目：是編不甚訓詁名物，亦不甚闡發義理，惟尋繹語意，標舉章旨、節旨，務使明白易曉而止。蓋專為初學而設，故名以《解意》云。（頁113）
新鐫何榜眼彙輯諸名家書經主意寶珠	何瑞征	不詳	明崇禎元年（1628）刊本	善目（經部）（頁40）
尚書百家彙解	俞鯤	不詳	明刊本	善目（經部）（頁40）

附錄六：
明人編撰制舉用書・《禮記》類

據《四庫全書總目》（總目）、《中國古籍善本總目》（善目）、《續修四庫全書總目提要・經部》（續修）、屈萬里《普林斯頓大學葛思德東方圖書館中文善本書志》（普志）整理。

書名	作者	生卒年／中舉年	知見刻本	提要
禮記大全	胡廣等	1310-1418	明初刊本；明嘉靖九年（1530）安正堂刊本；明嘉靖三十九年（1560）安正堂刊本；明萬曆三十三年（1554）書林余氏刊本；明司禮監刊本；明趙敬山德壽堂刊本	善目（經部）（頁 73）；總目：以陳澔《集說》為宗，所采掇諸儒之說，凡四十二家。（頁 170）
禮記輯覽	徐養相	1556 進士	明隆慶五年（1571）刻本	總目：其書蓋為科舉而設，不載經文，惟以某章某節標目，循文訓釋，不出陳澔之緒論。（頁 193）
禮記中說	馬時敏	隆慶中貢生	明萬曆十一年（1583）刻本	總目：是編不載經文，但如坊刻時文題目之式，標某章某節，而敷衍其語氣。其名

				「中說」者，謂折衆說而得其中也。然大旨株守陳澔《集說》，未見其折中者安在。（頁 194）
禮經搜義	余心純	1592 年進士	待考	續修：(黃)洪憲序……(是書)為博士制義作。……黃序所謂缺而不錄者，則「喪服」、「喪禮」為多。（頁 549）
禮記說義纂訂	楊梧	1612 年舉人	清康熙十四年（1675）刊本	總目：是書不載經文，但如時文題目之式，標其首句，而下注曰幾節。大旨以陳澔《禮記集說》、胡廣《禮記大全》為藍本，不甚研求古義。（頁 195）
禮記集抄	董承業	1613 年進士	明末刊本	普志：是書抄集陳說而成，蓋為習舉業者而設。（頁 32）
禮記意評	朱泰禎	1616 年進士	明天啟五年（1625）刊本	總目：漢儒說《禮》，考禮之制。宋儒說《禮》，明禮之義，而亦未敢盡略其制。蓋名物度數，不可以空談測也。泰貞此書，乃棄置一切，惟事推求語氣。某字應某字，某句承某句，如場屋之講試題，非說經之道也。（頁 195）
禮記敬業	楊鼎熙	1630 年舉人	明崇禎三年（1630）刊本	總目：是書專為舉業而作，徑以時文之法詁經。（頁 195）

附錄七：明人編撰制舉用書·《春秋》類

據《四庫全書總目》（總目）、《中國古籍善本總目》（善目）、《續修四庫全書總目提要·經部》（續修）整理。

書名	作者	生卒年／中舉年	知見刊本	提要
春秋集傳大全	胡廣等	1310-1418	明永樂內府刊本；明刊本；明嘉靖十一年(1532)劉仕中安正堂刊本；明隆慶三年(1570)刊本；明萬曆三十三年(1605)余氏刊本；明崇禎四年(1631)刊本；明末刊本；明德壽堂刊本	善目（經部）（頁109）
春秋錄疑	趙恒	1538年進士	明鈔本；清鈔本	總目：是書本胡氏《傳》而敷衍其意，專為科舉而設。故經文可為試題者，每條各於講義之末總括二語，如制藝之破題。其合題亦附於後，標所以互勘對舉之意。（頁247）。

春秋匡解	鄒德溥	1583年進士	明藍格鈔本	總目：是書專擬《春秋》合題，每題擬一破題，下引胡《傳》作注，又講究作文之法。蓋鄉塾揣摩科舉之本。德溥陋必不至是，疑或坊刻偽託耶？（頁248）
新鐫鄒翰林麟經真傳	鄒德溥	1583年進士	明沈演、沈湑等刊本	善目（經部）（頁110）
春秋質疑	魏時應	1595年進士	明萬曆二十八年(1600)刊本	續修：核其大旨，蓋專為場屋揣摩而作。（頁745）
麟經統一篇	張杞	1597年舉人	明萬曆三十三年(1605)刊本	總目：其書不載經文，惟以經文之可作試題者截其中二三字為目，各以一破題括其意，即注胡《傳》於下。後列合題數條，亦各擬一破題，並詮注作文之要。其體又在講章下矣。（頁248）
左氏新語	郝敬	1558-1639	山草堂集外編本	續修：是書取《左傳》之文，割截題評，以時文之法，點論而去取之。（頁744）
春秋衡庫	馮夢龍	1574-1646	明天啟五年(1625)刊本；明末刊本；明己任堂增定本	總目：其書為科舉而作，故惟以胡《傳》為主，雜引諸說發明之。所列《春秋前事》、《後事》，欲於《經》所未書、《傳》所未盡者，原其始末，亦殊沓雜。（頁249）

別本春秋大全（即《春秋衡庫》）	馮夢龍	1574-1646		總目：其體例，惟胡安國《傳》全錄，亦間附《左傳》事蹟，以備時文捃摭之用。諸家之說，則僅略存數條。（頁 249）
麟經指月	馮夢龍	1574-1646	明泰昌元年（1620）刊本	續修：大旨本胡氏《傳》而敷衍其意，傳為科舉制義而作。（頁 746）
春秋定旨參新	馮夢龍	1574-1646	明刻本	《馮夢龍全集》冊 5
陳太史訂閱春秋旁訓四卷	不著撰人； 陳仁錫重訂	 1581-1636	明崇禎二年（1629）刻本	續修：全書皆因襲胡《傳》，于胡氏懸揣臆斷之處，皆不加辯證，尤嫌其疏略，蓋鄉塾課讀之本。（頁 748）
春秋胡傳翼	錢時俊	萬曆間人	萬曆三十九年（1611）刊本	續修：其書大旨以明季科舉之例，多宗胡《傳》。（頁 746）
春秋實錄	鄧來鸞	1622 年進士	明崇禎刊本	總目：是編專為科舉而作，故其《凡例》曰：「《春秋》從胡，凡左與胡觭者必削，定是非也。」又曰：「《春秋左傳》，惟有關經題者載之，從簡便也。」其書可不必問矣。（頁 249）
桂林春秋義	顧懋樊	崇禎中副榜貢生	明顧景祚刊本	總目：前有懋樊《自序》，稱以胡《傳》為宗，參之《左氏》、《公》、《穀》三家，佐

				以諸儒之說。今觀其書，直敷衍胡《傳》為舉業計耳，未嘗訂正以三《傳》，亦未訂正以諸儒之說也。（頁 250）
麟旨定	陳於鼎	字爾新，宜興人，明末間人	明崇禎刊本	總目：以「麟」字代「春秋」字，命名已陋。又但標擬題，各以一破題為式，而略為詮釋於下。即在舉業之中亦為下乘矣。（頁 249）
左藻	惺知主人	明末間人	海豐吳氏藏傳抄本	續修：其書蓋擷取左氏《傳》之菁英。附以評識。……批點不脫評選時文之習。然博取約存，含英咀華，亦足以資循覽。（頁 681）
麟旨明微	吳希哲	明末間人	明崇禎刻本	續修：蓋鄉塾揣摩科舉之本。（頁 748）
麟旨	吳應辰	明末間人	明刊本	續修：其書不分卷，亦不全載經文，但標擬題，各以一破題為式，而略為詮釋於下。（頁 748）
春秋三發	馮士驊	明末間人	明能遠居刊本；明崇禎刻本	續修：為科舉揣摩而作，非通經者之所尚也。（頁 747）
麟傳統宗	夏元彬	本名彪，字仲弢，德清人，生卒年不	明崇禎刊本	總目：其書餖飣成編，漫無體例。……蓋仿馮夢龍《春秋衡庫》為之，而疏略尤甚。（頁 250）

		詳		
春秋因是	梅之熉	之熉字惠連，麻城人，嘉萬間人	清初金閶孝友堂刊本	總目：是編專為《春秋》制義比題、傳題而作，每題必載一破題而詳列作文之法。（頁 251）
春秋序題	陳其猷	字勇石，河南杞人，生卒年不詳	國立北京圖書館藏傳抄本	續修：蓋其書之作，本為場屋而設，非有意於詁經。（頁 748）

附錄八：
明人編撰制舉用書·古文選本

據《四庫全書總目》（總目）、《中國古籍善本總目》（善目）、《中國善本書提要》（王要）、沈津《美國哈佛大學哈佛燕京圖書館善本書志》（哈佛）、屈萬里《普林斯頓大學葛思德東方圖書館中文善本書志》（普志）整理。

書名	編撰者	生卒年／中舉年	知見刊本	提要／資料來源
何大復先生學約古文	何景明	1484-1521	明萬曆三十六年（1608）晉陵謝氏寶樹堂刊本	普志：此乃何景明督學關中時用以課士之古文選本。（頁 515）
學約古文	何景明原輯 陳善重訂	1484-1521	明嘉靖三十五年(1556)刊本	普志（頁 515）
新刊續文章軌範	鄒守益評點	1491-1562	明萬曆六年(1578)余氏新安堂倉泉刊本	哈佛（頁 544）
續文章軌範百家評注	鄒守益輯 王世貞評	1491-1562 1526-1590	明萬曆十九年(1591)三建書林喬山堂刊本	善目(集部)(頁 1733)。筆者按：王世貞評當為書賈託名。
續文章軌範百家批評注釋	鄒守益輯 焦竑評	1491-1562 1541-1620	明萬曆二十七年(1599)余紹崖自新齋刊本；明萬曆三十四年(1606)陳氏存德堂刊	善目(集部)(頁 1733)。筆者按：當為托焦竑之作。

			本	
羅念庵精選十二家文粹	羅洪先	1504-1564	明隆慶刊本	善目（集部）（頁 1733）
新刊批釋舉業切要古今文則	歸有光輯評	1506-1571	明隆慶六年（1572）書林鄭子明刊本	善目(集部)(頁 1742)；筆者按：當為託名歸有光之作。
文編	唐順之	1507-1560	明嘉靖胡帛刊本；明天啟刊本	善目(集部)(頁 1733)；哈佛：卷一制策；卷二對；卷三諫疏；卷四論疏；……卷六十三墓表、傳；卷六十四行狀、祭文。是集取由周迄宋之文，分體排纂。（頁 547）
唐會元精選諸儒文要	唐順之	1507-1560	明刊本	善目(集部)(頁 1733)。筆者按：疑為託名唐順之之作。
古文選要	張舜臣	正嘉間人	明嘉靖三十三年（1554）黎堯勳刊本	善目（集部）（頁 1733）
唐宋八大家文鈔	茅坤	1512-1601	明萬曆七年(1579)刊本；崇禎元年(1628)刊本；崇禎四年(1631)刊本	總目：順之所著《文編》，唐、宋人自韓、柳、歐、三蘇、曾、王八家外無所取。故坤選八大家文鈔。……然八家全集浩博，學者遍讀為難，書肆選本，又漏略過甚，坤所選錄，尚得煩簡之中。集中評語，雖所見未深，而亦足為初學之門徑。一二百年以來，家弦戶誦，

				固亦有由矣。（頁 1718-1719）
文體明辯	徐師曾	1517-1580	明萬曆十九年(1591)刊本；明萬曆建陽遊榕銅活字刊本；明崇禎十三年(1640)刊本	哈佛：卷首為文章綱領。卷一古歌謠辭、四言古詩、楚辭上；卷二楚辭下；卷三至五賦；卷六至十樂府；卷十一至十二五言古詩；卷十三七言古詩；卷十四至十五近體律詩；卷十六絕句詩；卷十七命、諭告、詔；卷十八敕、璽書、制；卷十九誥；卷二十冊；卷二十一批答、御劄、赦文、鐵券文、論祭文、國書、誓、令、教；卷二十二至二十三上書；卷二十四至二十五章、表；卷二十六至二十八奏疏；卷二十九盟、符、檄；卷三十露布、公移、判；卷三十一至三十三書記；卷三十四策問；卷三十五至三十七策；卷三十八支四十一論；卷四十二說、原、議；卷四十三辯、解、釋、問對；卷四十四至四十五序、引、題跋；卷四十六文、雜著、七、書、連珠、義、說書；卷四十七箴、規、

				戒、銘；卷四十八頌、贊、評；卷四十九碑文、碑陰文、記；卷五十至五十一記、志、紀事、題名；卷五十二字說、行狀、述、墓誌銘；卷五十三至五十四墓誌銘；卷五十五至五十六墓碑文、墓碣文、墓表；卷五十七謚議；卷五十八至六十傳、哀辭、誄；卷六十一祭文、吊文、祝文。附錄為卷一雜句詩、雜言詩、雜體詩、雜韻詩；卷二雜數詩、雜名詩、離合詩、詼諧詩；卷三至十一詩餘；卷十二玉牒文、符命、表本、口宣、宣答、致辭、祝辭、貼子詞；卷十三上樑文、樂語、右語、道場榜；卷十四道場疏、表、青詞、募緣疏、法堂疏。（頁 548）
集古文英	顧祖武	字爾繩，號纑塘，無錫人，嘉萬間人	明嘉靖四十一年（1562）自刻本	總目：是書裒集古文賦表奏疏之類。其師錢鍾義序曰：「湘離之騷，非不油然忠愛，而聱牙沉晦之詞，非應時制科所急，將別冊另存。至如古詩歌行，選律近體，李、杜、

				高、王、岑、孟諸賢，誠可繼三百篇遺響，而佔畢之士，猶當舍旃」云云。是此書特為場屋而作，可無庸深論矣。（頁 1765）
新刊名世文宗	胡時化	1571 年進士	明萬曆四年(1576)刊本；明萬曆七年(1579)李充實刊本；明萬曆八年(1580)刊本；明唐廷仁刊本	善目(集部)(頁 1734)；王要：序云：「余承乏合肥，越五載，未能優仕，然不敢廢學。因搜集戰國至宋之文，為之音釋，以訓多釋。」（頁 447）
刻續名世文宗評林	胡時化	1571 年進士	明唐廷仁刊本	善目（集部）（頁 1734）
正續名世文宗	王世貞輯 錢允治續輯 陳繼儒校注	1526-1590 1541-? 1558-1639	明萬曆四十五年(1617)金陵唐玉予刊本；明萬曆四十五年(1617)南城翁少麓刊本	哈佛：卷一《左傳》、《國語》；卷二《公》、《穀》、《春秋》、列國；卷三列國、後秦、《戰國策》；卷四《戰國策》、《呂氏春秋》、《楚辭》；卷五至卷九西漢文；卷十席漢文、東漢文；卷十一三國文、六朝文；卷十二六朝文、唐文；卷十三唐文；卷十四唐文、宋文；卷十五宋文；卷十六元文、明文。……是書乃托王世貞名，據序，知為胡時化所

				輯，錢允治又為之補。（頁 553）筆者按：陳繼儒校注疑為依託。
陳眉公先生批點名世文宗拔擢	王世貞輯陳繼儒批點	1526-1590 1558-1639	明刊本	善目(集部)(頁 1735)。筆者按：王、陳當為書賈偽託。
新刊鳳洲王先生精選歷代文宗	王世貞	1526-1590	明萬曆十三年（1585）金陵周玉堂刊本	善目(集部)(頁 1733)。筆者按：當為書賈託名王世貞之作。
新刻沈相國續選百家舉業奇珍	沈一貫	1531-1615	明周曰校萬卷樓刊本	善目（集部）（頁 1742）
新刻八代文宗評注	袁黃	1533-1606	明作德堂葉儀廷刊本	總目：是編取《文選》中之近於舉業者，掇拾成書。有全刪者，有節取數段者。舛謬百出，不能縷舉。在坊刻中亦至陋之本。黃雖不以文章名，亦未必紕繆至是也。（頁 1765）
新鐫焦太史彙選百家評林歷代古文珠璣	焦竑	1541-1620	明萬曆刊本	善目(集部)(頁 1735)；筆者按：當為託名焦竑之作。
新鐫重訂增補名文珠璣	焦竑	1541-1620	明刊本	哈佛：是書收《左傳》、《國語》、《檀弓》、《公》、《穀》、《管子》、《荀子》、《淮南子》、《楊子》、《莊子》、《列子》、《晏

				子》、《孫子》、《戰國策》、《楚辭》、秦文、《呂氏春秋》、西漢文、《史記》、西漢、東漢、三國、晉魏、六朝、唐文、宋文、元文、明文若干篇。（頁 557-558）；筆者按：當為託名焦竑之作。
新鐫焦太史彙選中原文獻	焦竑輯 陶望齡評	1541-1620 1562-?	明萬曆二十四年（1596）汪元湛刊本	總目：是書分經集六卷，史集六卷，子集七卷，文集四卷，末附通考一卷。其自序云：「一切典故無當於制科者，概置弗錄。」識見已陋。至首列《六經》，妄為刪改。以為全書難窮，只揭大要，其謬更甚！竑雖耽於禪學，敢為異論。然在明人中尚屬賅博，何至顛舛如是。殆書賈所偽託也。（頁 1765）
鉅文	屠隆	1542-1605	明刊本；明刻曼山館刊本	哈佛：是書雜選經傳及古文詞，分宏放、奇古、悲壯、莊嚴、閒適、綺麗，總計文八十首。《四庫全書總目提要》云：「以《考工記》、《檀弓》諸賢經典之文，與稗官小說，如《柳毅傳》、《飛

				燕外傳》等，雜然並選，殊為謬誕，疑亦坊賈託名也。」（頁 556）
彙古菁華	張國璽 劉一相	1577 年進士 1542-1624	明萬曆二十四年（1596）刊本	哈佛：卷一《易經》；卷二《書經》；卷三《詩經》；卷四《禮記》；卷五《周禮》；卷六《孔子家語》；卷七《左傳》；卷八《國語》；卷九《戰國策》；卷十周秦文；卷十一至十二前漢文；卷十三後漢文；卷十四三國文；卷十五兩晉文；卷十六六朝文；卷十七唐文；卷十八至十九宋文；卷二十辭；卷二十一賦；卷二十二《道德經》；卷二十三《文治經》；卷二十四《南華經》。（頁 555）
續刻溫陵四太史評選古今名文珠璣	黃鳳翔等	1545-?	明萬曆二十三年（1595）刊本	善目(集部)(頁 1734)；普志：序末有韆垓子楊九經識語。疑此書蓋楊九經所為，而託名四太史者也。（頁 523）
新刪青陽翁狀元精選四續名世文宗	翁正春輯	1553-1626	明萬曆二十三年（1595）光裕堂刊本	善目(集部)(頁 1735)；筆者按：當為託名翁正春之作。
古文輯選	馮從吾	1556-1627	待考	總目：是編所錄古文，自春秋、秦、漢以迄宋、元，僅百餘篇，自謂皆至

				精者。然其大旨以近講學者為主，不足盡文章之變也。（頁 1765）
秦漢文膾	陳繼儒	1558-1639	待考	總目：是編雜選秦、漢之文，如《戰國策》、《史記》、《漢書》之類，皆不標本書之名。（頁 1762）筆者按：是書序末署鄒迪光纂，故疑此書為鄒氏所作。
歷代文粹	陳省	1559 年進士	明隆慶四年（1570）刊本	哈佛：收先秦文、西漢文、東漢文、魏晉文、唐文、宋文、國朝文，共二百五十篇。（頁 549）
新刊古今名儒論學選粹	趙睿	1562 年進士	明嘉靖金陵南岡郭良材刊本	哈佛：是書乃為科試舉子所選，前集卷一為漢論三題、唐論五題、宋論三十一題；卷二宋論四十六題、皇明論二題。後集卷一程式論九題、墨卷十九題；卷二窗稿三十一題；卷三窗稿三十二題。目錄後有「論體總式」，分總論、破題式、承題式、原題式、講題式、繳題式、結題式。（頁 550）
古文雋	趙耀	1571 年進士	明崇禎元年（1628）刊本	哈佛：卷一至三春秋文、卷四戰國文、卷五至九漢文、卷十三國六朝文、卷十一至十二唐文、卷十三

				至十四宋文、卷十五至十六六子文。（頁 554）
刻劉太史彙選古今舉業文瑨注釋評林	劉曰寧輯 朱之蕃注	1589 年進士 1595 年進士	明萬曆二十四年（1596）金陵書坊周昆同刊本	善目（集部）（頁 1742）
古文世編	潘士達	1597 年進士	萬曆三十八年（1610）刊本	哈佛：是書選錄詩文，自三皇始，至元代止，以世代為次，故曰《世編》。（頁 558）
施會元彙選歷代名文通考便讀評林	施鳳來	1563-1642	明刊本	善目（集部）（頁 1738）
鋟顧太史續選諸子史漢國策舉業玄珠	顧起元	1565-1628	明萬曆書林種德堂熊沖宇刊本	善目（集部）（頁 1742）
新鐫李卓吾評釋名文解錄	袁宏道輯評 李贄評點	1568-1610 1527-1602	明萬曆余應興刊本	善目（集部）（頁 1742）
文壇列組	汪廷訥	1573-1619	明萬曆三十五年（1607）環翠堂刊本	總目：其書分十類：一曰經翼，二曰治資，三曰鑒林，四曰史摘，五曰清尚，六曰掇藻，七曰博趣，八曰別教，九曰賦則，十曰詩概。所錄上及周、秦，下迄明代。（頁 1761）
周文歸	鍾惺	1574-1625	明崇禎刊本	總目：其書刪節《三禮》、《爾雅》、《家

				語》、《三傳》、《國語》、《楚詞》、《逸周書》共為一編，以時文之法評點之。明末士習，輕佻放誕，至敢於刊削聖經，亦可謂悍然不顧矣。（頁 1759）；哈佛：蓋是書應為陳淏所編。署鍾惺者，乃為托其名也。（頁 572）
秦漢文懷	鍾惺輯	1574-1625	明崇禎六年（1633）刊本	善目（集部）（頁 1736）
歷代文歸	鍾惺輯	1574-1625	明崇禎刊本	善目（集部）（頁 1736）
秦漢文歸	鍾惺輯	1574-1626	明末古香齋刊本	善目（集部）（頁 1736）
漢晉南北朝唐宋文歸	鍾惺輯	1574-1626	明末古香齋集賢堂刊本	善目（集部）（頁 1736）
南北朝文歸	鍾惺輯	1574-1626	明末古香齋刊本	善目（集部）（頁 1736）
唐宋十二大家文歸	鍾惺輯	1574-1626	明末刊本	善目（集部）（頁 1736）
唐宋八大家選	鍾惺輯	1574-1626	明崇禎五年（1632）汪應魁刊本	善目（集部）（頁 1736）
古文備體奇鈔	鍾惺輯 黃道周評	1574-1625 1585-1646	崇禎閶門兼善堂刊本	哈佛：是書選《左傳》、《國語》、《戰國策》以及各種體裁之文，如文體、記體、論體、序題、跋體……辨體、對體、碑體。共三百七十五篇。

				（頁 559）
新刻合諸名家評古文啟秀	王納諫	?-1632 1607 年進士	明刊本	善目（集部）（頁 1736）
古文瀆編	王志堅	1576-1633	明崇禎六年（1633）刊本	總目：是編乃其督學湖廣時所選唐宋八家古文。凡諸集中稍涉俳偶者，皆不採錄。以志堅別有《四六法海》一書，登載駢體故也。其曰《瀆編》者，取劉熙《釋名》瀆者，獨也，獨出其所而注於海之義。蓋以八家為正派，餘為支流。故所選歷代之文，別名《瀾編》云。（頁 1759）
新鐫張狀元遴輯評林秦漢狐白	張以誠	1576-?	明萬曆三十三年（1605）余紹崖刊本	善目（集部）（頁 1736）
古文彙編	陳仁錫	1581-1636	明崇禎七年（1634）刊本	總目：以經、史、子、集分部，然所配多不當理……。（頁 1763）
新刊陳太史評選舉業捷徑古文爭奇	陳仁錫評 郭忠志輯	1581-1636	明周道英刻書林李少渠印本	善目（集部）（頁 1742）
秦漢文尤	倪元璐	1593-1644	明末刊本	總目：元璐氣節文章，震耀一世。而是書龐雜特甚，殊不類其所編。其以屈原、宋玉列之秦人，既乖斷限，且名實舛迕。疑

				亦坊刻託名也。（頁1763）
秦漢鴻文	顧錫疇	1619年進士	明崇禎刊本	總目：是編凡秦文五卷，漢文二十卷。秦文首錄《戰國策》，而《楚辭》之〈卜居〉、〈漁父〉皆在焉。漢文亦僅采前、後《漢書》。所錄評論，惟鍾惺為最多。（頁1760）
張太史評選秦漢文範	張溥	1602-1641	明末刊本	善目（集部）（頁1738）
文浦玄珠	穆文熙	萬曆間人	明萬曆十四年（1586）刊本	哈佛：卷一春秋戰國二十五篇、卷二戰國二十三篇，多錄《左傳》、《國語》、《國策》、《呂氏春秋》中文；卷三《史記》文十五篇；卷四漢魏十四篇，收司馬相如、賈誼、東方朔、班彪、諸葛亮、曹植等文；卷五晉唐二十三篇，收陶潛、孔融、阮籍、李密、嵇康、韓愈、柳宗元、王勃等人；卷六宋二十八篇，收歐陽修、蘇洵、蘇軾、曾鞏等文。（頁550-551）
文字會寶	朱文治	字簡叔，錢塘人，萬曆間人	明萬曆三十六年（1608）自刻本；明萬曆刊本	善目（集部）（頁1736）；王要：封面識云：「二龍館選舉業切要之文，乞今名公墨妙，文

				稱琬琰，筆競蛟龍，願同志者寶之。」（頁 452）
廣文字會寶	朱文治	字簡叔，錢塘人，萬曆間人	明萬曆閩建書林葉見遠刊本	哈佛：是編乃文治萃古人名作，遍請當世能書之家書之。……此本有扉頁，刊「思白董太史廣文字會寶。是書海內寶之久矣，第中多缺略，今經董太史訂補，真舉業家髻珠，具眼者珍之。」（頁 560）
秦漢文鈔	馮有翼	字君卿，杭州人，明末間人	明末刊本	總目：凡秦文二卷，西漢文五卷，東漢文三卷。（頁 1762）
古文定本	馬晉允	1658 年進士	明末刊本	哈佛：是書為古文讀本。凡例有云：「是選也，備秦漢之鴻章，參唐宋之散佚，刪繁就簡，以約該多。」（頁 566-567）
古文褒異集記	汪定國	字蒼舒，海寧人，生卒年不詳	明末刊本	哈佛：是書集先秦至明代之頌、贊、表、賦、傳等佳文為一編，亦坊間所刻古文之讀本，分元、亨、利、貞四集。（頁 566）
純師集	余鈺	字式如，浙江龍遊人，生卒年不詳	明末刊本	哈佛：卷一東周文、卷二至三漢文、卷四後漢文、卷五季漢文、卷六晉文、卷七至八唐文、卷九至十二宋文。（頁 566）
古文選粹	吉人	生卒年不詳	明末刊本	善目（集部）（頁 1738）

三蘇文粹	不著撰人		明刊本	總目：凡蘇洵文十一卷，蘇軾文三十二卷，蘇轍文二十七卷。所錄皆議論之文，蓋備場屋策論之用者也。（頁 1767）
諸儒文要	不著撰人		明刊本	總目：所錄周、程、張、朱及陸九淵、張栻、楊簡、陳獻章、王守仁十家之文，凡八十篇。而朱子與守仁居其半，皆講學之言。（頁 1767）
古文選	不著撰人		明末刊本	善目（集部）（頁 1738）

附錄九：明人編撰制舉用書·明文選本

據《四庫全書總目》（總目）、《中國古籍善本總目》（善目）、《中國善本書提要》（王要）、沈津《美國哈佛大學哈佛燕京圖書館善本書志》（哈佛）整理。

書名	編撰者	生卒年／中舉年	知見刊本	提要／資料來源
皇明文衡	程敏政	1445-?	明正德五年（1510）張鵬刊本；明嘉靖六年（1527）范震、李文會刊本；明嘉靖八年（1529）宗文堂刊本	善目（集部）（頁 1778）
皇明文範	張時徹	1500-1577	明萬曆刊本	善目（集部）（頁 1778）
皇明經濟文錄	萬表	1498-1556	明嘉靖三十三年（1554）曲入繩、游居敬刊本	善目（集部）（頁 1779）
皇明文選	汪宗元	1503-1570	明嘉靖三十三年（1554）刊本	善目(集部)(頁 1779)；哈佛：是書選明代之文，卷一詔四、制二、誥二……卷二十墓表四、祭文九。（頁 585-586）
鐫二王分類批點注釋國	王世貞輯 王世懋注	1526-1590 1536-1588	明王錫爵刊本；明萬曆二	善目（集部）（頁 1779）

朝名儒垂世臚言			十年（1592）刊本	
皇明文則	慎蒙	嘉萬間人	明萬曆刊本	善目（集部）（頁 1779）
皇明百家文範	王乾章	1562 年進士	明萬曆三年（1575）自刻本；明刊本	善目(集部)(頁 1779)；哈佛：卷一書類、論類；卷二議類、說類；……卷八傳類、雜著類、賦類。（頁 586）
皇明近代文範	張蓉	嘉萬間人	明銅活字印本	善目（集部）（頁 1779）
新鐫國朝名儒文選百家評林	沈一貫	1531-1615	明萬曆十四年（1586）葉任宇刊本；明唐廷仁刊本	善目（集部）（頁 1779）
今文選	孫鑛	1542-1613	稿本；明萬曆三十一年（1603）坊刻本	總目：是編裒錄明人之文，所選自羅玘至李維楨，凡三十一人。並撮其姓氏、爵里於卷前。其前七卷稱《今文選》，後五卷稱《續選》。觀其自序，蓋以李夢陽為宗，故明初諸人皆不之及焉。（頁 1754）
新刻三狀元評選名公四美士林必讀第一寶	朱國祚 唐文獻 焦竑	1583 年進士 1586 年進士 1541-1620	明萬曆十九年（1591）金陵魏卿刊本	哈佛：此為明季士人之讀本，所選鄒迪光、李廷機、李攀龍……陳文燭、汪道昆、茅坤等人之文，卷一為書；卷二為啟；卷三為壽文；卷四為祭文、墓誌銘。（頁 587）筆者

				按：疑為作序者劉日寧所輯選而託名朱國祚、唐文獻和焦竑。
皇明百大家文選	朱國祚	1583 年進士	明萬曆金陵書坊周宗孔刊本	善目（集部）（頁 1779）
新刊焦太史續選百家評林明文珠璣	焦竑	1541-1620	明萬曆刊本	善目(集部)(頁 1779)。筆者按：當為托名焦竑之作。
皇明翰閣文宗	黃洪憲	1541-1600	明萬曆五年（1577）金陵書坊周竹潭刊本	王要：告白云：「近觀諸高科士子之文，每有古人立言之妙，余選翰閣文，總六百篇，以載我明良致治之休。願同志少覽之，裨科場問對，弋青紫之一助也。」（頁 480）
皇明文徵	何喬遠	1586 年進士	明崇禎四年（1631）刊本	總目：是集以明代詩文分體編次，各體之中又復分類，自洪武迄崇禎初年。自序云：「國家之施設建立，士大夫之經營論著，悉具其中。下及於方外、閨秀，無不兼收並錄。」然其稍傷冗濫，亦由於此。其附時藝數篇，則《宋文鑒》例也。（頁 1756）
新鍥施會元輯注國朝名文英華	施鳳來	1563-1642	明萬曆三十七年熊振宇刊本	善目（集部）（頁 1779）
新刻內閣校	施鳳來	1563-1642	明萬曆金陵王	善目（集部）（頁 1779）

正當朝鳳藻經國鴻謨			氏車書樓刊本	
皇明文雋（全名為《鼎鐫諸方家彙編皇明名公文雋》）	袁宏道精選 丘兆麟參補 陳繼儒標旨 張鼐校閱 吳從光解釋 陳萬言匯評	1568-1610 1572-1629 1558-1639 1640 年進士 明末間人 1619 年進士	明金陵鄭思鳴奎璧堂刊本；明師儉堂蕭少衢刊本	哈佛：是書選明人之文，如方孝孺、劉基、汪道昆、李贄、焦竑、李廷機、唐順之、徐渭、李攀龍、王守仁等數十家（頁588）；總目：蓋坊間刻本，托宏道等以行。前有周宗建序，謂有志公車業者，其沈酣之無後，亦必非宗建語也。（頁 1757）筆者按：陳繼儒標旨亦當為偽託。
鼎鍥百名公評林訓釋古今奇文品勝	孔貞運	1576-1644	明天啟刊本	哈佛：是書題孔貞運編選，疑書肆託名者。卷一詔彙、敕彙、策彙、對彙、議彙、奏彙、疏彙、諫彙、檄彙、表彙、封事彙；卷二論彙、書彙；卷三文彙、序彙、記彙；卷四辭彙、賦彙、傳彙、贊彙、頌彙、說彙；卷五箴彙、至彙、解彙、說彙、辯彙、議彙、對彙、卜彙、評彙、著彙、啟彙、銘彙、歌彙、碑彙、墓表彙、志銘彙。（頁 588-589）
皇明經濟文	陳其愫	字素心，	明天啟七年	總目：是編選明代議論之

輯		余杭人，明末間人	（1627）刊本	文，分聖學、儲宮、宗藩、官制、財計、漕輓、天文、地理、禮制、樂律、兵政、刑法、河渠、工虞、海防、邊夷十六目。書成於天啟丁卯，所錄皆嘉靖、隆慶以前之文。大抵剽諸類書策略，空談多而實際少。其斯為明人之經濟乎？（頁1763）
明文奇賞	陳仁錫	1581-1636	明天啟刊本	哈佛：是編選宋濂、楊維楨、王煒、劉基……高啟等一百七十七人之文，多為序、題辭、論、疏、祭文、書、題跋、箴、評、傳、行狀、表、墓銘、碑、雜著、贊等。（頁589）
皇明今文定	艾南英	1583-1646	明崇禎間刊本	王要：附錄六條，其第一條云：「此刻據予十餘年來藏本，增以近科，然嘉、隆以來，先輩未見全稿者尚多。近科房書藏稿，經選手漏遺者，又未及見，而海內豈無湛思堅忍不好浮名者。倘嘉惠後學，郵寄閶門徐氏書室，共成補刻，此不佞所厚祈也。」（頁481）

附錄十：
明嘉靖以後刊行綱鑑類圖書

據《中國古籍善本書目・史部》（頁 268-270）整理

書名	作者	知見刊本
新刊古本大字合併綱鑑大成	唐順之（1507-1560）	明隆慶四年（1570）書林楊員壽歸仁齋刊本。筆者按：當為坊賈託名唐順之之作。
鼎鍥趙田了凡先生編纂古本歷史大方綱鑑補	袁黃（1505-?）	明萬曆三十八年（1610）余象斗雙峰堂刊本。王重民認為袁黃乃託名。（見《中國善本書提要》，頁 98）
綱鑑大全	王世貞（1526-1590）撰	明刊本。筆者按：當為坊賈託名王世貞之作。
鳳洲綱鑑	王世貞撰；李槃（1538 年進士）增修	明萬曆書林余彰德刊本。筆者按：當為坊賈託名王世貞之作。
鐫王鳳洲先生會纂綱鑑歷朝正史全編	王世貞撰	明萬曆十八年（1590）余彰德萃慶堂刊本。筆者按：當為坊賈託名王世貞之作。
王鳳洲先生綱鑑正史全編	王世貞撰；張睿卿輯	清初刊本。筆者按：當為坊賈託名王世貞之作。
續鳳洲綱鑑	郭彥博輯	
重訂王鳳洲先生綱鑑會纂	王世貞撰；陳仁錫（1581-1638）訂	明末刊本。筆者按：當為坊賈託名王世貞之作。
綱鑑標題要選	王世貞撰；郭子章（1542-1618）參訂	明末刊本。筆者按：當為坊賈託名王世貞之作。
新刊論策標題古今三十	許國（1527-1596）	明萬曆書林詹氏刊本

三朝史綱紀要	撰；黃洪憲（1541-1600）補	
資治歷朝紀政綱目前編	黃洪憲撰；許順義注補	明萬曆二十五年（1597）建陽余彰德刊本
新刊史學備要綱鑑會編	王錫爵（1534-1610）撰	明萬曆六年（1578）鄭以厚刊本
新刊史學備要史綱統會		
刻注解標題歷朝鑿綱論抄	張居正（1525-1582）輯	明萬曆刊本。筆者按：當為坊賈託名張居正之作。
歷朝綱鑑輯要	孫鑛（1542-1613）撰	明末書林兩錢家刻本
鼎鍥纂補標題論策綱鑑正要精抄	馮琦（1558-1603）撰	明萬曆三十四年（1606）書林鄭純鎬聯輝堂刊本
新刻九我李太史編纂古本歷史大方綱鑑	李廷機（1583 年進士）輯	明萬曆二十八年（1600）余文台雙峰堂刊本。沈津指出余象斗「不僅託名于李廷機等人，且變換卷數，炫人耳目」。（見《美國哈佛大學哈佛燕京圖書館中文善本書志》，頁127）
鼎鍥葉太史彙纂玉堂綱鑑	葉向高（1559-1627）撰	明萬曆書林熊成治種德堂刊本；明萬曆三十年（1602）書林熊體忠刊本；明梅墅石渠閣刊本。筆者按：當為坊賈託名葉向高之作。
新鍥國朝三元品節標題綱鑑大觀纂要	焦竑輯；蘇濬刪補	明萬曆二十六年（1598）黃氏崇吾書軒刊本。筆者按：當為託名焦竑之作。
湯睡庵先生歷朝綱鑑全史	湯賓尹（1568-?）撰；陳繼儒（1558-1639）注	明萬曆刊本。筆者按：陳繼儒注當為書賈偽託。
綱鑑標題一覽	湯賓尹撰	明末刊本

綱鑑標題	湯賓尹撰；汪應魁增訂	明廣友堂刊本
新鍥張太史注釋標題綱鑑白眉	張鼐（1604 年進士）輯	明末李潮刊本
綱鑑要編	陳臣忠撰	明萬曆四十五年（1617）刊本；明崇禎刊本
刻王鳳洲先生家藏通考綱鑑旁訓	何喬遠（1558-1632）撰	明末刊本
編輯名家評林史學指南綱鑑纂要	翁正春（1553-1626）撰	明書林鄭以厚刊本
新鐫獻蓋喬先生綱鑑彙編	喬承詔撰	明天啟四年（1624）自刻本
綱鑑正史約	顧錫疇（1619 年進士）撰	明崇禎三年（1630）刊本
新刊翰林考證綱目通鑑玉台青史	汪旦輯	明萬曆三十四年（1606）瀛洲館刊本
鼎鐫鍾伯敬訂正資治通鑑綱鑑正史大全	鍾惺（1574-1625）訂正	明崇禎元年（1628）刊本
夢竹軒訂正綱鑑玉衡	劉孔敬輯	明崇禎十年（1637）夢竹軒刊本
綱鑑統一	馮夢龍（1574-1646）撰	明崇禎舒瀛溪刊本

附錄十一：
明代刊行《歷朝捷錄》系列圖書

據《中國古籍善本書目·史部》（頁 770-771）、王重民《中國善本書提要》（頁 1519-1522）、《國家圖書館善本書志初稿·史部》（頁 414-416）、《美國哈佛大學哈佛燕京圖書館中文善本書志》（頁 267-268）整理

書名	作者	知見刊本
刻歷朝捷錄大成二卷	顧充（1567 年舉人）撰	明萬曆十二年（1584）定海學宮刻本
刻歷朝捷錄大成二卷	顧充撰	明萬曆刻本
刻歷朝捷錄大成二卷	顧充撰	明張國璽刻本
刻歷朝捷錄大成二卷	顧充撰	明刻本
重刻顧迴瀾增改歷朝捷錄大成二卷	顧充撰	明刻本
新刻顧迴瀾先生歷朝捷錄正文二卷	顧充撰	明刻本
重刻歷朝捷錄二卷	顧充撰	明刻本
重刻音注歷朝捷錄四卷	顧充撰	明刻本
新鋟歷朝評林捷錄四卷	顧充撰	明萬曆書林存德堂刻本
重刻全補標題音注歷朝捷錄四卷	顧充撰；顧憲成（1550-1612）音釋	明萬曆六年（1578）舒少軒刻本
重刻增改標題音注歷朝捷錄大成四卷	顧充撰；顧憲成音釋	明萬曆十二年（1584）舒用中刻本
鼎雕陳眉公先生批點歷朝捷錄四卷	顧充撰；陳繼儒（1558-1639）批點	明末刻本。筆者按：陳繼儒批點當為書賈偽託。
新鍥評林注釋列朝捷錄	顧充等撰	明萬曆二十四年（1596）書林

四卷		熊沖宇種德堂刻本
新刻開基翰林評選歷朝捷錄總要四卷	顧充撰；王家植評；張瑞圖（1578-1641）注	明萬曆三十六年（1608）儲賢館詹恒忠刻本。
鐫重訂補歷朝捷錄史鑑提衡四卷首一卷	顧充撰；李廷機（1583年進士）重訂	明萬曆書林熊沖宇刻本。筆者按：李廷機重訂當為書賈託名。
新鐫歷朝捷錄增定全編原本四卷	顧充撰；鍾惺（1574-1625）、屠隆（1542-1605）補	明末刻本。筆者按：鍾惺增補當為書賈託名。
新鐫歷朝捷錄增定全編大成四卷	顧充撰；鍾惺等補	明錢達卿、王公元刻本。筆者按：鍾惺增補當為書賈託名。
新鐫歷朝捷錄增定全編大成四卷	顧充撰；鍾惺增訂	明崇禎吳門王公元刻本。筆者按：鍾惺增補當為書賈託名。
新鐫歷朝捷錄增定全編大成四卷	顧充撰；鍾惺等補	明末刻本。筆者按：鍾惺增補當為書賈託名。
新鐫增定歷朝捷錄增定全編四卷	顧充撰；周昌年補	明周文煥刻本
新鐫歷朝捷錄大全四卷	顧充撰；鍾惺、屠隆補輯	明末古吳陳長卿刊本。筆者按：鍾惺增補當為書賈託名。
新鐫增定歷朝捷錄全編八附卷首一卷	顧充撰；周昌年補	明天啟刻本
新鐫增定歷朝捷錄全編八附卷首一卷	顧充撰；周昌年增訂	明末坊刻本
校刻歷朝捷錄百家評林八卷	顧充撰；茅坤（1512-1601）、王世貞（1526-1590）等評	明萬曆十六年（1588）舒用中刻本。茅、王等評當為書賈託名。
歷朝捷錄百家評林八卷	顧充撰；劉應秋輯評	明刻本
新鐫詳訂注釋捷錄評林十卷	顧充撰；李廷機輯評	明萬曆二十二年（1594）明雅堂刻本。筆者按：李廷機輯評

		當為書賈託名。
六訂歷朝捷錄百家評林五卷	顧充撰；趙秉忠（1570-?）輯評	明萬曆二十九年（1601）存德堂陳耀吾刻本
新鐫顧迴瀾先生歷朝捷錄大成原本五卷	顧充撰；鍾惺評	明末醉畊堂刻本。筆者按：鍾惺評當為書賈託名。
新鐫湯睡庵先生批評歷朝捷錄六卷	顧充撰；湯賓尹（1568-?）評	明萬曆四十二年（1614）書林黃耀宇刻本
歷朝捷錄二卷	顧充撰	明舒瀛溪刻本
元朝捷錄一卷	湯賓尹撰	
新鐫全補標題音注歷朝捷錄四卷	顧充撰；顧憲成音釋	明刻本
新刻全補標題音注元朝捷錄四卷	湯賓尹撰	
新鐫增補評林音注國朝捷錄四卷	郭以偉撰	
訂補標題釋注歷朝捷錄二十四卷	顧充等撰	明崇禎刻本
本朝聖政捷錄六卷	郭以偉撰	
歷朝捷錄四卷	顧充撰	明崇禎十二年（1639）人瑞堂刻本。筆者按：鍾惺撰當為書賈託名。
元朝捷錄一卷	張四知（1622 年進士）撰	
皇明捷錄一卷	李良翰、鍾惺撰	
歷朝捷錄四卷	顧充撰	明末刻本
元朝捷錄一卷	張四知撰	
皇明捷錄一卷	李良翰撰	
古照堂鑑定標題注釋歷朝捷錄七卷	顧充等輯	明刻本
新刻校正歷朝捷錄旁訓評林四卷	顧充撰	明書林詹聖澤刻本

新刻校正我朝捷錄旁訓二卷		
重鋟合併評注我朝元朝捷錄二十二卷（新編屠儀部編纂皇明捷錄十四卷／題屠隆撰；新刻校正纂輯評林元朝捷錄八卷／明張四知撰）		明楊閩齋刻本
新鐫屠儀部編纂元朝捷錄四卷	屠隆輯	明萬曆三十七年金陵書林刻本
新刻校正纂輯皇明我朝捷錄不分卷	李良翰撰	明末刻本
皇明歷朝功德捷錄注釋題評鐫一卷	李良翰撰	明萬曆刻本。筆者按：當為託名王世貞之作。
皇明歷朝捷錄一卷	王世貞撰	

附錄十二：
明人編撰制舉用書·類書

據《四庫全書總目》（總目）、《中國古籍善本總目》（善目）、《中國善本書提要》（王要）、《中國類書》（中國類書）整理。

書名	作者	生卒年／中舉年	知見刊本	提要／資料來源
群書拾唾	張九韶	字美和，清江人。洪武十年，以薦為國子助教，升翰林院編修	明吳昭明刊本；明毓秀齋刊本	總目：其書仿王應麟《小學紺珠》之例，以數記事。分十二門，共一千一百二十五條，頗便檢閱，然特餖飣之學。（頁 1165）
群書備數	張九韶	同上	明張克文刊本；明刊本	總目：檢核其文，與《群書拾唾》一字不異，蓋書肆重刊，改新名以炫俗也。（頁 1165）
群書纂類	袁均哲	正統中官郴州知州	待考	總目：是編因臨江張九韶《群書備數》補其闕遺，加以注釋。凡十三門，百二十三事，千四百三十四條。（頁 1166）
文安策略	劉定之	1409-1469	明宣德九年（1434）刊本	總目：是書乃所擬場屋對策之作。分經書、子史、吏、戶、禮、兵、刑、工各為一科。（頁 1166）
選類程文策	馬子諒	1433 年進	明景泰年間刊	中國類書：采摭歷科之程

場便覽		士	本	文，缺者補之，煩者去之。（頁 199）
策府群玉	何喬新	1427-1502	待考	總目：是編乃私備對策之用，捃拾補綴，不足以言著書。（頁 1166）
王制考	何喬新	1427-1502	明正德刊本	總目：是書采經史中有關制度者，以《周禮》、《禮記》、《春秋左傳》、《國語》凡先王之法類聚於前，以《史記》、《漢書》以下凡後世之法類聚於後，統為七十四篇。自序謂他日下陳場屋，上對明廷，蓋為舉業對策設也。（頁 1167）
策學輯略	不著撰人		明弘治三年(1490)刊本；明刊本	中國類書（頁 200）；善目（子部）（頁 1069）
（古今）經世格要	鄒泉	字子靜，昆山人。正德中諸生。	明萬曆金陵書坊龔邦錄刊本；明刊本	總目：其例以故實分隸六官，六官之中又各立子目，附以諸儒之論。較坊本類書，頗有條理。然所采掇，大抵不出《文獻通考》、《大學衍義》補諸書。為程試之具則有餘，備考古之資則不足也。（頁 1167）
五車霏玉	吳昭明撰汪道昆增訂	不詳 1547 年舉人	明萬曆刊本	總目：是編於諸類書中掇拾殘剩，割裂餖飣，又皆不著其出典。蓋兔園冊子之最陋者。道昆雖陋，尚未必至是，疑坊刻託名也。（頁

				1167）
古今類腴	陳世寶等輯	嘉萬間人	明萬曆九年(1581)刊本；明鈔本；明萬曆十九年（1591）舒石泉集賢書舍刊本；明崇禎靜懷居刊本	總目：是書分十門，一百二十一子目，皆采掇成語以備舉業之用。（頁 1168）
群書纂粹	徐時行	嘉萬間人	待考	總目：是編掇摘諸家議論之文，分類纂輯，以備策論之用。（頁 1169）
三通政典	不著撰人		待考	總目：其書皆場屋策料，每題為論一篇。（頁 1170）
類雋	鄭若庸	正嘉間人	明萬曆六年（1578）汪珙刊本	總目：采掇古文奇字累千卷，名曰《類雋》，蓋傳聞失實之詞，不足據也。沈德符《敝帚軒剩語》稱其書與俞安期《唐類函》俱有功藝苑。（頁 1170）
新刊子史群書論策全備褰摘雲龍便覽	郝孔昭	嘉隆間人	明隆慶四年（1570）唐廷仁刊本	中國類書（頁 219）；善目（子部）（頁 1071）
皇明聖制策要	梁橋	嘉隆間人	明隆慶四年（1570）刊於汴梁	中國類書：歷敘明太祖……武宗至嘉靖為止，引書 24 種，撮其大要，敷敘成篇，以備對策之用。（頁 220）
三才考略	莊元臣	1580 年進士	明萬曆四十四年(1616)莊氏	總目：是書備科舉答策之用，分十二門，皆摭《通

			森桂堂刊本；清乾隆五十四年(1789)鈔本	典》、《通考》諸書為之。（頁 1170）
六經類雅	徐常吉編 陶元良續增	1583 年進士 不詳	明萬曆十七年（1589）刊本	總目：是書以六經之語分類為十八門，以備時文剽剟之用。（頁 1171）
春秋內外傳類選	樊王家	1583 年進士	明萬曆三十六年（1608）刊本	總目：其書以《左傳》、《國語》各標題目，分編二十三門，以備時文之用。（頁 1171）
古今經世文衡	袁黃	1533-1606	明書坊龔堯惠刊本	中國類書（頁 284）
群書備考	袁黃	1533-1606	明刊本	中國類書（頁 285）
合訂正續注釋群書備考原本	袁黃撰 袁儼注	1533-1606 明末間人	明末刊本	善目（子部）（頁 1072）
重訂袁鞏注釋群書備考	袁黃撰 葉世倹增注	1533-1606 明末間人	明末刊本	中國類書（頁 285）
重訂二三場注釋群書備考	袁黃撰 葉世倹增注	1533-1606 明末間人	明末刊本	善目（子部）（頁 1073）
增訂二三場群書備考	袁黃撰 袁儼注 沈昌世增 徐行敏訂	1533-1606 明末間人 明末間人 明末間人	明崇禎豹變齋刊本；明崇禎萬卷樓刊本；明崇禎澹思堂刊本；明崇禎大觀堂刊本	中國類書（頁 308）；善目（子部）（頁 1073）
續二三場群	袁儼	明末間人	明刊本	中國類書（頁 308）

書備考				
翰林諸書選粹	張元忭	1538-1588	明萬曆二年（1574）李廷楫刊本	總目：是書采掇諸子之語，分編二十五類。其第四卷臣道類外又分吏、戶、禮、兵、刑、工六科，門目殊嫌冗雜。（頁 1171）
山堂肆考	彭大翼撰 張幼學增定	1552-1643 萬曆間人	萬曆二十三年（1595）周顯金陵書林刊本	中國類書：大抵薈萃類書，摘錄古籍中的故事……引錄資料範圍較廣，取材豐富。……剪裁得宜，淺顯易懂。為試策類書。（頁 247）
新鍥注選歷朝捷策百家評林	楊道賓	1552-1609	明萬曆十九年（1519）萃和堂刊本	中國類書（頁 242）；善目（子部）（頁 1072）
新鍥注選歷朝捷論百家評林	鄭德溥	萬曆間人	明萬曆十九年（1519）萃和堂刊本	中國類書（頁 242）；善目（子部）（頁 1072）
新鍥注選歷朝捷表百家評林	劉文卿	萬曆間人	明萬曆十九年（1519）萃和堂刊本	中國類書（頁 242）；善目（子部）（頁 1072）
新鍥注選歷朝捷判百家評林	李廷機評注	1583 年進士	明萬曆十九年（1591）萃和堂刊本	中國類書（頁 242）；善目（子部）（頁 1072）
鍥旁注事類捷錄	鄧志謨	1559-?	明萬曆年間刊本	中國類書（頁 279）
對制談經	杜涇	萬曆間人	明萬曆刊本	總目：因宋葉時《禮經會元》舊文百篇散出無緒，乃分類排纂，立十五門以統之。以其可資制科之用，故

				易今名。然葉書四卷，本有次第，涇以不便撏撦，改為類書，且於原文頗有汰節，非古人著書本志也。（頁1172）
文源宗海（亦作《精選舉業切要諸子粹言分類評林文源宗海》）	陶望齡輯 董其昌評	1562-? 1555-1636	明萬曆二十二年（1594）書林唐廷仁刊本；明書林余良木刊本；明萬曆四十二年（1614）余良木刊本	中國類書（頁246）
精選舉業切要書史粹言分類評林諸子狐白	陶望齡輯 董其昌評	1562-? 1555-1636	明萬曆四十二年（1614）書林余良木刊本	中國類書（頁273）
新刻施太史評釋舉業古今摘粹玉圃龍淵	施鳳來	1563-1642	明書林劉朝爵刊本	中國類書（頁351）；善目（子部）（頁1075）
精鋟星卿瞿先生彙拔舉業文航	瞿汝說	1565-1623	明萬曆年間刊本	中國類書（頁285）
新刻顧會元注釋古今捷學舉業天衢	顧起元	1565-1628	明周曰校萬卷樓刊本	中國類書（頁272）
刻劉太史彙選古今舉業文韜注釋評林	劉曰寧輯	1589年進士	明萬曆金陵書坊周昆岡刊本	中國類書（頁270）

新刻劉太史評釋舉業續古今文韜錦繡詞林	劉曰寧輯	1589年進士	明萬曆年間刊本	中國類書（頁270）
玉圃珠淵（亦作《新刻邵太史評釋舉業古今摛粹玉圃珠淵》）	邵景堯	1598年進士	明萬曆二十七年（1599）刊本；明萬曆周時泰博古堂刊本	中國類書（頁251）
宇宙文芒（亦稱《新刑邵翰林評選舉業捷學宇宙文芒》）	邵景堯評選 盧效祖輯	1598年進士 不詳	明萬曆年周時泰博古堂刊本	中國類書（頁286）
八經類集	許獬	1601年進士	待考	總目：八經者，《易》、《書》、《詩》、《春秋》、《禮記》、《周禮》、《孝經》、《小學》也。獬掇拾其詞，分天地、倫常、學術、君道、臣道、朝政、禮樂、雜儀、世道九類。……獬以制藝名一時，而所恃為根柢者不過如此。（頁1172）
藻軒閑錄補續詞叢類采	林濂	廣東三水龍門二縣教諭	明萬曆刊本	總目：雜采古書之詞，分一百六十門，頗為繁碎。蓋為課龍門諸生而作。（頁1172）

諸經纂注	楊聯芳	不詳	明萬曆刊本	總目：以諸經割裂分類，而各注字義於旁，以便記誦。（頁 1172）
朱翼（亦名《論策全書》）	江旭奇	萬曆中官安嶽縣縣丞	明萬曆四十四年（1616）刊本	總目：然是書則僅供場屋之用，故許成智序謂亦名《論策全書》，蓋為舉業而設。凡分六部，曰管窺，曰曝愚，曰調燭，曰完甌，曰委質，曰志林，每部之中又各分子目，皆攟摭諸書，以類排纂，而是非一斷以朱子，故名《朱翼》。中多引釋典、道書，殊乏別擇。甚至采及《水滸傳》，尤龐雜不倫，實與朱子之學南轅北轍也。（頁 1173）
朱翼管窺	江旭奇	萬曆中官安嶽縣縣丞	明萬曆四十六年（1618）刊本	中國類書（頁 281）
經濟言（亦作《經濟言輯要》）	陳子壯	?-1647	明天啟年間刊本	總目：是編掇輯諸子名言，自管、韓迄唐、宋，分類標題，以供程試之用，非真為經濟作也。（頁 1173）
陳太史昭代經濟言	陳子壯	?-1647	明天啟年間刊本	中國類書：該書繼《經濟言輯要》而作，專輯明代疏奏議論，多有關於邊防時政。（頁 291）
新鐫陳太史子史經濟言	陳子壯	?-1647	明天啟年間刊本	中國類書（頁 291）
十三經類語	羅萬藻	1627 年舉	明崇禎十三年	總目：是書因坊本《五經類

		人	（1640）刊本	語》，更取十三經廣之，分一百三十四類。（頁 1174）
藝圃萃盤錄（亦作《新刊昆山周解元精選圃萃盤錄》）	周汝礪 蔣以忠 蔣以化	1627 年解元	明金陵徐小山書坊刊本	總目：是書分類標題，各系以總論，蓋經生揣摩對策之本。卷首題曰丁卯解元用齋周汝礪選，龍辰進士貞菴蔣以忠纂，丁卯同年養菴蔣以化輯，竟不知實出誰手也。（頁 1170）
五經總類	張雲鸞	啟禎間人	待考	總目：此編復取五經及《周禮》、《孝經》之語，分門排比，共為七十二類，釐上下二集。自跋謂大要不外經濟、學術兩端，上集為經濟，下集為學術。今案其目次，以天道、地道、君德、臣德、聖學等為經濟，而以衣服、飲食、器用、宮室、草木、鳥獸等皆入之學術。未為允協。然雲鸞此書，不過為舉業之用，本不為經義立言，亦無足深論。
古今好議論	呂一經	1631 年進士	明崇禎刊本	總目：是書輯漢、唐以下迄於明季諸儒議論，分經學、經濟二門。經學為類二十有二，經濟為類二十有四，共五百五十六則，蓋以備場屋策論之用者也。
六經纂要	顏茂猷	1634 年特賜進士	明末刊本	總目：考顧炎武《日知錄》，茂猷鄉試會試皆以全

				作五經題取旨中式，嗣後始立五經中額。今觀此書，凡分君臣、人倫、修治三門，割剝字句，無所發明，蓋即其揣摩之本也。（頁 1175）
策統綱目	卓有見	不詳	待考	總目：其書以邱濬《大學衍義補》、湛若水《聖學格物通》二書為本，分立四門，曰經傳格言，曰史鑑證義，曰諸儒論議，曰國朝事實，頗略於古義而詳於時務。蓋亦林駉《源流至論》之類，專為射策而作者。（頁 1176）
古史彙編	韓孔贊	不詳	待考	總目：是書摭諸史典故，分四十七門，起於唐虞，終於明代，大致仿《文獻通考》而敘述簡略，僅足供舉業對策之用。（頁 1176）
大政管窺	不著撰人		清鈔本	總目：皆科舉之策略也。分敘吏、敘戶、敘禮、敘經，六曹舉其三，而四部舉其一。（頁 1177）
策場備覽	唐周	不詳	明刊本	中國類書（頁 353）

附錄十三：明代制舉用書的版式安排

據沈津《美國哈佛大學哈佛燕京圖書館中文善本書志》和王重民《中國善本書提要》整理。

書名	版框（公分）	行數／字數
明萬曆刻本四書蒙引	20.6 X 14.2	10 X 24 = 240
明末金閶擁萬堂刻本四書圖史合考	21.5 X 12.2	9 X 22 = 198
明崇禎石渠閣刪注四書人物考	20.8 X 13.2	9 X 19 = 171
明天啟刻本四書人物考訂補	20.2 X 13.7	10 X 20 = 200
明張兆隆刻套印本四書參	20.4 X 13.6	8 X 17 = 136
明萬曆刻本四書便蒙講述	21.4 X 13.8	11 X 25 = 275
明萬曆刻經言枝指本四書名物考	20.5 X 13.9	11 X 22 = 242
明萬曆刻本鼎鐫睡庵湯太史四書脈	21.8 X 12.1	10 X 24 = 240
明末金陵李潮刻本皇明百方家問答	22.2 X 14	10 X 24 = 240
明崇禎刻本四書湖南講	23.4 X 14.3	8 X 20 = 160
明末長庚館刻本新鐫繆當時四書九鼎	22.6 X 12.1	上欄 16 X 16 = 256 下欄 9 X 17 = 153
明萬曆長虹閣刻本新鐫黃貞父訂補四書周莊合解	21.9 X 12	11 X 26 = 286
明萬曆方氏刻本新鍥四書心缽	19.7 X 11.6	10 X 25 = 250
明萬曆大來山房刻本四書眼	20.5 X 13.4	8 X 17 = 136
明末近聖居刻本近聖居四書翼經圖解	20.9 X 11.7	上欄 19 X 21 = 399 下欄 11 X 22 = 242
明崇禎刻本四書備考	21.1 X 13.4	9 X 19 = 171
明金陵書林張少吾刻本新刻乙丑科華會元四書主意金玉髓	22.5 X 13.6	11 X 20 = 220
明末刻本三太史彙纂四書人物類函	22.3 X 13.7	10 X 26 = 260

明萬曆金陵書林晏少溪等刻本鐫彙附雲間三太史約文暢解四書增補微言	23.2 X 14.1	上欄 24 X 12 = 288 下欄 12 X 24 = 288
明末刻本四書徵	21.4 X 11.6	9 X 25 = 225
明崇禎刻本四書經學考	20.3 X 13.7	9 X 20 = 180
明末近聖居刻本近聖居三刻參補四書燃犀解	21.3 X 11.5	上欄 19 X 20 = 380 下欄 11 X 21 = 231
明崇禎顧氏織簾居刻本四書說約（1640）	21.3 X 11.6	9 X 25 = 225
明崇禎刻本四書十一經通考	19.5 X 13.7	10 X 20 = 200
明萬曆書林熊沖宇刻本鐫重訂補注歷朝捷錄史鑑提衡	17.7 X 12.4	7 X 17 = 119
明崇禎王公元刻本新鐫歷朝捷錄增定全編大成	18.8 X 11.8	8 X 18 = 144
明崇禎刻本歷朝捷錄	20.9 X 11.6	10 X 23 = 230
明萬曆余彰德萃慶堂刻本鍥旁注事類捷錄	20.2 X 12	10 X 18 = 180
明種德堂刻本新鐫歷代名賢事類通考	19.6 X 12.6	10 X 20 = 200
明天啟刻本新鐫陳太史子史經濟言	21.4 X 13.4	10 X 20 = 200
明崇禎余元熹敦古齋刻本群書典彙	19.7 X 11.3	9 X 24 = 216
明崇禎刻本諸子類纂	21.4 X 12.3	9 X 25 = 225
明潭陽魏斌臣刻本新鐫舉子六經纂要	21.8 X 12	10 X 20 = 200
明刻本新刊迂齋先生標注崇古文訣	20.5 X 13.5	9 X 19 = 171
明萬曆余氏新安堂蒼泉刻本新刊續文章軌範（1578）	17.9 X 12	10 X 20 = 200
明萬曆刻本文體明辯	19.5 X 13.3	10 X 19 = 190
明嘉靖金陵南罔郭良材刻本金陵新刊古今名儒論學選粹	19.8 X 12	10 X 23 = 230
明萬曆刻本正續名世文宗	22 X 13.3	9 X 20 = 180
明萬曆褚鈇刻本彙古菁華	22.1 X 13.6	9 X 19 = 171
明刻本鉅文	20.4 X 12.9	9 X 19 = 171
明刻本新鐫重訂增補名文珠璣	21.6 X 14	9 X 20 = 180

明萬曆畢懋康刻本文儷	21.7 X 14	10 X 20 = 200
明崇禎閶門兼善堂刻本古文備體奇鈔	19.9 X 13.5	9 X 20 = 180
明萬曆閩建書林葉見遠刻本廣文字會寶	22.7 X 14.5	行字不等
明刻本新刊陳眉公先生精選古論大觀	21.5 X 12.1	9 X 24 = 216
明萬曆閔氏套印本秦漢文鈔	20.6 X 14.1	9 X 19 = 171
明天啟閔元衢刻套印文致	20.5 X 13.9	8 X 18 = 144
明崇禎本新刻陳先生編纂歷代名賢古文宗	22.1 X 12.4	10 X 22 = 220
明末人瑞堂刻本葛仞上先生古文雷橛	19.8 X 11.5	9 X 26 = 234
明萬曆金陵魏卿刻本新刻三狀元評選名公四美士林必讀第一寶	19.7 X 11.9	10 X 20 = 200
明崇禎刻本皇明文徵	19.2 X 14	9 X 18 = 162
明金陵鄭思鳴奎璧堂刻本鼎鐫諸方家彙編皇明名公文雋	21.1 X 12.3	9 X 20 = 180
明天啟刻本鼎鍥百名公評林訓釋古今奇文品勝	21.3 X 11.8	9 X 21 = 189
明萬曆周曰校刻本皇明館課經世宏辭續集	20.7 X 14	12 X 24 = 288
明崇禎大業堂刻本歷科廷試狀元策	19.5 X 12.5	12 X 25 = 300
明刻本皇明論衡	20.1 X 14.2	10 X 21 = 210
明末醉後居刻本醉後居評次名山業皇明小論	21.5 X 12	10 X 26 = 260
明萬曆嘉賓堂刻本新刻乙未翰林館課東觀弘文	21.5 X 14	11 X 22 = 242
明末翁日新刻本新鐫選釋歷科程墨二三場藝府群玉	21 X 12	10 X 28 = 280

參考書目

中文書目

一、傳統文獻

宋・呂祖謙《古文關鍵》，《景印文淵閣四庫全書》冊 1351（臺北：臺灣商務印書館，1983）。

宋・沈括《夢溪筆談》（臺北：臺灣商務印書館，1956）。

宋・朱熹注，王浩整理《四書集注》（南京：鳳凰出版社，2005）。

宋・孟元老《東京夢華錄》，《景印文淵閣四庫全書》冊 589。

宋・祝穆《方輿勝覽》（揚州：江蘇廣陵刻印社，1992）。

宋・葉夢得《石林燕語》（北京：中華書局，1984）。

宋・鄭樵《通志》，《十通》第 4 種（杭州：浙江古籍出版社，2000）。

宋・樓昉《崇古文訣》，《景印文淵閣四庫全書》冊 1354。

宋・謝枋得編《文章軌範》，《景印文淵閣四庫全書》冊 1359。

元・馬端臨《文獻通考》，《十通》第 7 種。

明・于慎行《穀山筆麈》（北京：中華書局，1984）。

明・毛晉《汲古閣校刻書目》，馮惠民、李萬健等編《明代書目題跋叢刊》冊 1（北京：書目文獻出版社，1994）。

明・牛若麟等《吳縣誌》，《天一閣藏明代方志選刊續編》冊 15-19（上海：上海書店，1990）。

明・王士性《廣志繹》（北京：中華書局，1981）。

明・王世貞《弇州四部稿》，《景印文淵閣四庫全書》冊 1279-1284。

———《弇山堂別集》，《景印文淵閣四庫全書》冊 410。

———《觚不觚錄》，《景印文淵閣四庫全書》冊 1041。

———《鐫王鳳洲先生會纂綱鑑歷朝正史全編》，《四庫禁毀書叢刊》史部冊 53（北京：北京出版社，1997）。

明・王守仁撰，吳光等編校《王陽明全集》（上海：上海古籍出版社，1992）。

明・王廷相《王廷相集》（北京：中華書局，1989）。

明・王宇《四書也足園初告》，《四庫未收書輯刊》第 1 輯第 7 種（北京：北京出版社，2000）。

明・王圻《續文獻通考》，《四庫全書存目叢書》子部冊 185（濟南：齊魯書社，1995）。

明・王肯堂《尚書要旨》，《四書全書存目叢書》經部冊 51。

明・王樵《書帷別記》，《四書全書存目叢書》經部冊 51。

明・王錫爵續補，明・焦竑參訂，明・陸翀之纂輯《皇明館課經世宏辭續集》，《四庫禁毀書叢刊》集部冊 92。

———增訂，明・沈一貫參訂《增定國朝館課經世宏辭》，《四庫全書存目叢書補編》冊 18（濟南：齊魯書社，2001）。

明・王鏊等《姑蘇志》，《中國史學叢書》冊 31（臺北：臺灣學生書局，1965）。

———《震澤集》，《景印文淵閣四庫全書》冊 1256。

明・文徵明《文徵明集》（上海：上海古籍出版社，1987）。

明・艾南英《天傭子集》（臺北：藝文印書館，1980）。

明・丘濬《重編瓊臺稿》，《景印文淵閣四庫全書》冊 1248，

明・田藝青《留青日劄》，《續修四庫全書》冊 1129（上海：上海古籍出版社，1995）。

明・杜騏徵等輯《幾社壬申合稿》，《四庫禁毀書叢刊》集部冊 34。

明・何良俊《四友齋叢說》（北京：中華書局，1997）。

明・李京《四書火傳》，明萬曆二十五年（1597）書林熊體忠刊本。臺灣漢學研究中心藏影印本。

明・李開先《李中麓閒居集》，《續修四庫全書》冊 1341。

明・李維楨《大泌山房集》，《四庫全書存目叢書》集部冊 152。
明・李夢陽《空同集》，《景印文淵閣四庫全書》冊 1262。
明・李銘皖等修《蘇州府志》，《中國方志叢書・華中地方》第五種（臺北：成文出版社，1970）。
明・李贄《焚書》（北京：中華書局，1961）。
———《藏書》，《四庫全書存目叢書》史部冊 23-24。
明・祁承㸁《澹生堂藏書目》，《明代書目題跋叢刊》冊 1。
明・沈守正《四書說叢》，《四庫全書存目叢書》經部冊 163。
———《詩經說通》，《四庫全書存目叢書》經部冊 64。
明・沈宗正《雪堂集》，《四庫禁毀書叢刊》集部冊 70。
明・沈德符《萬曆野獲編》（北京：中華書局，1997）。
明・宋應星《天工開物》，《叢書集成續編》冊 80（上海：上海書店，1994）。
明・邵景堯《新刻邵太史評釋舉業古今摘粹玉圃珠淵》，《故宮珍本叢刊》冊 491（海口：海南出版社，2001）。
明・汪邦柱、江柟《周易會通》，《四庫全書存目叢書》經部冊 18。
明・汪道昆《太函集》，《四庫全書存目叢書》集部冊 117-118。
明・余繼登《典故紀聞》（北京：中華書局，1981）。
明・朱升《書經旁注》，《四庫全書存目叢書補編》冊 89。
明・朱泰禎《禮記意評》，《四庫全書存目叢書》經部冊 94。
明・朱國楨《湧幢小品》，《續修四庫全書》冊 1173。
明・朱彝尊著，許維萍、馮曉庭、江永川點校《點校補正經義考》冊 4（臺北：中央研究院中國文哲研究所籌備處，1999）。
明・郎瑛《七修類稿》，《四庫全書存目叢書》子部冊 102。
明・林雲程，明・沈明臣纂修（萬曆）《通州志》，《四庫全書存目叢書》史部冊 203。
明・林堯俞等纂修，明・俞汝楫等編撰《禮部志稿》，《景印文淵閣四庫全書》冊 598。
明・林德謀《古今議論參》，《四庫禁毀書叢刊》集部冊 20-21。

明・茅坤著，張太芝、張夢新點校《茅坤集》（杭州：浙江古籍出版社，1993）。

明・茅維《皇明論衡》，《美國哈佛燕京圖書館藏中文善本彙刊》冊 34（桂林：廣西師範大學出版社，2002）。

———《皇明策衡》，《四庫禁毀書叢刊》集部冊 151-152。

明・吳芝輯《皇明歷科四書墨卷評選》，明萬曆間坊刻本。臺灣國家圖書館藏。

明・吳寬《家藏集》，《景印文淵閣四庫全書》冊 1255。

明・周文德《四明居刪補四書聖賢心訣》，明末刊袖珍本。臺灣漢學研究中心藏影印本。

明・周弘祖《古今書刻》，《明代書目題跋叢刊》冊 2。

明・周延儒，莊奇顯撰，黃汝亨補《新鐫黃貞父訂補四書周莊合解》，《美國哈佛大學哈佛燕京圖書館藏中文善本彙刊》冊 1-3。

明・周亮工《書影》（上海：上海古籍出版社，1981）。

明・郝敬《周禮完解》，《四庫全書存目叢書》經部冊 83。

明・馬士奇校《鼎鐫三十名家彙纂四書紀》，明萬曆書林蕭世熙刊本。臺灣漢學研究中心藏影印本。

明・馬來遠撰，江朝賓校《四書最勝藏》，明刊本。臺灣漢學研究中心藏影印本。

明・馬佶人《荷花蕩》，《全明傳奇》（臺北：天一出版社，1990）。

明・馬時敏《禮記中說》，《四庫全書存目叢書》經部冊 90。

明・施鳳來《重校定丁未科翰林館課全編》，《故宮珍本叢刊》冊 619。

明・陳子龍《陳忠裕公自著年譜》，《北京圖書館藏珍本年譜叢刊》冊 63（北京：北京圖書館，1999）。

———等輯《皇明經世文編》，《續修四庫全書》冊 1655-1662。

明・陳禹謨《四書名物考》，《四庫全書存目叢書》經部冊 160。

明・陳祖綬撰，夏允彝等參補《近聖居三刻參補四書燃犀解》，《美國哈佛大學哈佛燕京圖書館藏中文善本彙刊》冊 4。

———《詩經副墨》，《四庫全書存目叢書》經部冊 71。

明·陳第《世善堂藏書目錄》，《明代書目題跋叢刊》冊 1。
明·陳深《周禮訓雋》，《四庫全書存目叢書》經部冊 82。
明·陳琛《重刊補訂四書淺說》，《四庫未收書輯刊》第 1 輯第 7 種。
明·陳琯《新鐫陳先生家選詳訂四書人鑒》，明末唾玉山房詹伯禎刊本。
明·陳際泰《已吾集》，《四庫禁毀書叢刊》集部冊 9。
———《五經讀》，《四庫全書存目叢書》經部冊 151。
———《四書讀》，《四庫全書存目叢書》經部冊 166。
———《易經說意》，《四庫全書存目叢書》經部冊 24。
明·陳塏《名家表選》，《四庫全書存目叢書補編》冊 13。
明·陳經邦《皇明館課》，《四庫禁毀書叢刊補編》冊 48。
明·陳確《陳確集》（北京：中華書局，1979）。
明·晁瑮《晁氏寶文堂書目》，《明代書目題跋叢刊》冊 1。
明·高儒《百川書志》，《明代書目題跋叢刊》冊 2。
明·高濂《遵生八箋》，《景印文淵閣四庫全書》冊 871。
明·海瑞《海瑞集》（北京：中華書局，1981）。
明·華琪芳《新刻乙丑華會元四書主意金玉髓》，明末金陵書林張少吾刊本。臺灣漢學研究中心藏影印本。
明·陸時儀《復社紀略》，《中國內亂外禍歷史叢書》第 13 輯（上海：神州國光社，1946）。
明·陸容《菽園雜記》（北京：中華書局，1985）。
明·郭偉彙纂《皇明百方家問答》，明金陵聚奎樓李少泉刊本。臺灣漢學研究中心藏影印本。
———彙輯《新鐫六才子四書醒人語》，明末金陵吳繼武刊本。臺灣漢學研究中心藏影印本。
———彙選《新鐫國朝名家四書講選》，明萬曆二十四年（1596）繡谷唐廷仁刊本。臺灣漢學研究中心藏影印本。
明·郭磐《明太學經籍志》，《明代書目題跋叢刊》冊 1。
明·孫肇興《四書約說》，崇禎六年（1633）刊本。臺灣漢學研究中心藏影印本。

明・唐文獻《唐文恪公文集》，《四部全書存目叢書》集部第 170 冊。
明・唐順之《唐荊川先生文集》，《叢書集成續編》冊 116。
明・夏完淳《夏完淳集箋校》（上海：上海古籍出版社，1991）。
明・徐汧纂輯《新刻徐九一先生四書剖訣》，明書林三台館刊本。臺灣漢學研究中心藏影印本。
明・徐光啟《徐光啟集》（上海：上海古籍出版社，1984）。
———《新刻徐玄扈先生纂輯毛詩六帖講意》，《四庫全書存目叢書》經部冊 64。
明・徐師曾《文體明辯》，《四庫全書存目叢書》集部冊 310。
明・徐紘編《明名臣琬琰錄》，《景印文淵閣四庫全書》冊第 453。
明・徐溥等奉敕撰，明・李東陽等重修《明會典》，《景印文淵閣四庫全書》冊 617-618。
明・徐養相《禮記輯覽》，《四庫全書存目叢書》經部冊 89。
明・姚文蔚《周易旁注會通》，《四庫全書存目叢書》經部冊 15。
明・袁宏道《袁中郎全集》，《四庫全書存目叢書》集部冊 174。
———輯，丘兆麟補《鼎鐫諸方家彙編皇明名公文雋》，《四庫全書存目叢書》集部冊 330
明・袁黃《四書刪正》，明末刊本。臺灣漢學研究中心藏影印本。
———《遊藝塾文規》，《續修四庫全書》冊 1718。
———《遊藝塾續文規》，《續修四庫全書》冊 1718。
———《鼎鍥趙田了凡先生編纂古歷史大方綱鑑補》，《四庫禁毀書叢刊》史部冊 67。
———撰，袁儼注《增訂二三場群書備考》，《四庫禁毀書叢刊補編》冊 42。
明・孫能傳等撰《內閣藏書目錄》，《明代書目題跋叢刊》冊 1。
明・馮繼科纂修，明・韋應詔補遺，明・胡子器編次《（嘉靖）建陽縣志》，《天一閣藏明代方志叢刊（10）》（臺北：新文豐出版公司，1985）。
明・馮夢龍《四書指月》，《馮夢龍全集》冊 6-7（杭州：江蘇古籍出版社，

1993）。
———《綱鑑統一》，《馮夢龍全集》冊 8。
———《春秋定旨參新》，《馮夢龍全集》冊 5。
———《春秋衡庫》，《馮夢龍全集》冊 3。
———《麟經指月》，《馮夢龍全集》冊 1。
明・梅之熉《春秋因是》，《四庫全書存目叢書》經部冊 128。
明・許順義《六經三注粹抄》，《四庫全書存目叢書》經部冊 151。
明・許獬《許鍾斗文集》，《四庫全書存目叢書》集部冊第 179。
明・張杞《新刻麟經統一》，《四庫全書存目叢書》經部冊 121。
明・張朝瑞《皇明貢舉考》，《續修四庫全書》冊 828。
明・張萱《西園聞見錄》，《明代傳記叢刊》冊 110（臺北：明文書局，1991）。
明・張溥《七錄齋集》，《四庫禁毀書叢刊》集部冊 182。
明・張慎言《泊水齋詩文鈔》（太原：山西人民出版社，1991）。
明・張鼐《新鐫張太史注釋標題綱鑑白眉》，《四庫禁毀書叢刊》史部冊 52。
明・張瀚《松窗夢語》（上海：上海古籍出版社，1986）。
明・程汝繼《周易宗義》，《續修四庫全書》冊 14。
明・董復亨編《近科衡文錄》，明萬曆庚子（二十八年，1600）刊本。臺灣國家圖書館藏。
明・傅鳳翔《皇明詔令》（臺北：成文出版社，1967）。
明・葛寅亮《四書湖南講》，《四庫全書存目叢書》經部冊 162。
明・焦竑輯，明・胡任興增輯《歷科廷試狀元策》，《四庫禁毀書叢刊》集部冊 19-20。
———，明・吳道南編《歷科廷試狀元策》，明末刊本。臺灣國家圖書館藏。
———選輯，明・李廷機注釋，明・李光縉彙評《史記萃寶評林》，《四庫未收書輯刊》第 2 輯 29 種。
———選輯，明・李廷機注釋，明・李光縉彙評《兩漢萃寶評林》，《四庫未收書輯刊》第 2 輯 29 種。
———《國史經籍志》，《明代書目題跋叢刊》冊 1。
———著，明·李廷機校《焦氏四書講錄》，《續修四庫全書》冊 162。
———《焦太史編輯國朝獻征錄》，《續修四庫全書》冊 525。
———等輯《新鍥皇明百家四書理解集》，萬曆間刻本。臺灣漢學研究中心藏影印本。
———校正，明·翁正春參閱，明·朱之蕃圈點《新鍥翰林三狀元彙選二十九子品彙釋評》，《四庫全書存目叢書》子部冊 133。
———選，明·陶望齡評，明·朱之蕃注《新鐫焦太史彙選中原文獻》，《四庫全書存目叢書》集部冊 330。
———撰，李劍雄點校《澹園集》（北京：中華書局，1999）。
明·黃士俊纂輯《四書大全疑問要解》，明萬曆四十七年（1619）序刊本。臺灣漢學研究中心藏影印本。
明·黃汝亨《寓林集》，《四庫禁毀書叢刊》集部冊 42。
明·黃仲昭《八閩通志》，《北京圖書館珍本叢刊》冊 33（北京：書目文獻出版社，1988）。
明·黃佐《南雍志》，《續修四庫全書》冊 749。
———《翰林記》，《景印文淵閣四庫全書》冊 596。
明·黃省曾《吳風錄》，《續修四庫全書》冊 733。
明·黃景星《黃進士槐之堂四書解》，明刊本。臺灣漢學研究中心藏影印本。
明·黃焜《舉業珍珠船》，明末刊本。臺灣漢學研究中心藏影印本。
明·閔齊華編《九會元集》，明天啟元年（1621）烏程閔氏刊朱墨套印本。臺灣國家圖書館藏。
明·湯賓尹《睡庵文集》，《四庫禁毀書叢刊》集部冊 63。
———編《睡庵湯嘉賓先生評選歷科鄉會墨卷》，明末坊刻本。臺灣國家圖書館藏。
明·湯顯祖《湯許二會元制義》，明萬曆年間刊本。臺灣國家圖書館藏。
———著，徐朔方箋校《湯顯祖全集》（北京：北京古籍出版社，1999）。

明・項聲國撰，明・劉肇慶校《項會魁四書聽月》，明刊本。臺灣漢學研究中心藏影印本。
明・葉盛《水東日記》（北京：中華書局，1980）。
———《菉竹堂書目》，《明代書目題跋叢刊》冊 1。
明・鄧志謨《鍥旁注事類捷錄》，《故宮珍本叢刊》冊 491。
明・賈如式《新刊四書兩家粹意》，萬曆癸未（十一年，1583 年）序刊本。臺灣漢學研究中心藏影印本。
明・楊士奇編《文淵閣書目》，《明代書目題跋叢刊》冊 1。
明・楊梧《禮記說義纂訂》，《四庫全書存目叢書》經部冊 93。
明・楊慎《丹鉛總錄》，《景印文淵閣四庫全書》冊 855。
明・楊鼎熙《禮記敬業》，《四庫全書總目叢書》經部冊 95。
明・蔣一葵編《皇明狀元全冊》，明萬曆辛卯刊本。臺灣國家圖書館藏。
明・趙南星《味檗齋文集》，《叢書集成新編》冊 75。
明・趙琦美《脈望館書目》，《明代書目題跋叢刊》冊 2。
明・鄭來鸞《春秋實錄》，《四庫全書存目叢書》經部冊 124。
明・鄭曉《今言》，《續修四庫全書》冊 425。
明・劉若愚《內板經書紀略》，《明代書目題跋叢刊》冊 1。
明・錢溥《秘閣書目》，《明代書目題跋叢刊》冊 1。
明・薛應旂《四書人物考》，《四庫全書存目叢書》經部冊 157。
明・謝肇淛撰，郭熙途校點《五雜俎》（瀋陽：遼寧教育出版社，2001）。
明・歸有光《文章指南》，《四庫全書存目叢書》集部冊 315。
———《諸子彙函》，《四庫全書存目叢書》子部冊 126。
———著，周本淳校點《震川先生集》（上海：上海古籍出版社，1981）。
明・羅萬藻《止觀堂集》，《四庫禁毀書叢刊》集部冊 192。
明・顏茂猷《新鐫六經纂要》，《四庫全書存目叢書》子部冊 222。
明・蘇濬《重訂蘇紫溪先生會纂標題歷朝綱鑑紀要》，《四庫禁毀書叢刊》史部冊 52-53。
明・顧充《新鐫詳訂注釋捷錄評林》，《四庫禁毀書叢刊》史部冊 22。
———《新鐫歷朝捷錄增定全編大成》，《四庫禁毀書叢刊》史部冊 73。

明・顧起元《客座贅語》，《續修四庫全書》冊 1260。
明・顧夢麟《四書說約》，《四庫未收書輯刊》第 5 輯第 3 種。
———《詩經說約》，《詩經要籍集成》冊 18（北京：學苑出版社，2002）。
清・方苞《方苞集》（上海：上海古籍出版社，1983）。
———奉敕編《欽定四書文》，《景印文淵閣四庫全書》冊 1451。
清・王夫之著，船山全書編輯委員會編校《船山全書》（長沙：岳麓書社，1995）。
清・王國維等著《閩蜀浙粵刻書叢考》（北京：北京圖書館，2003）。
清・永瑢等撰《四庫全書總目》（北京：中華書局，1995）。
清・阮葵生《茶餘客話》，《續修四庫全書》冊 1138。
清・杜登春《社事始末》，《叢書集成新編》冊 26（臺北：新文豐出版公司，1984）。
清・谷應泰《明史紀事本末》（臺北：三民書局，1969）。
清・李延昰《南吳舊話錄》（上海：上海古籍出版社，1985）。
清・李鄴嗣撰，張道勤標點《杲堂詩文集》（南京：浙江古籍出版社，1988）。
清・邵廷采《思復堂文集》，《四庫全書存目叢書》集部冊 251。
清・余懷《板橋雜記》，《叢書集成新編》冊 83（臺北：新文豐出版公司，1984）。
清・吳敬梓《儒林外史》（北京：人民文學出版社，1977）。
清・周以清《四書文源流考》，《學海堂集》初集卷八，廣州啟秀山房道光五年至光緒十二年間（1825-1886）刊本。
清・查繼佐《罪惟錄》，《續修四庫全書》史部冊 321。
清・陳夢雷編著，清・蔣廷錫校訂《古今圖書集成》（上海：中華書局，1934）。
清・孫承澤《春明夢餘錄》，《景印文淵閣四庫全書》冊 868。
清・唐甄《潛書》（北京：古籍出版社，1955）。
清・夏燮《明通鑑》，《續修四庫全書》史部冊 365。
清・徐康《前塵夢影錄》，《續修四庫全書》冊 1186。

清・張廷玉等《明史》（北京：中華書局，1974）。
清・梁章鉅著，陳居淵校點《制義叢話》（上海：上海書店出版社，2001）。
清・黃宗羲《明夷待訪錄》，《明清史料彙編初集》冊 5（臺北：文海出版社，1967）。
———《南雷文定後集》，《四庫全書存目叢書》集部冊 205。
清・黃廷鑒《第六弦溪文鈔》，《叢書集成新編》冊 76（臺北：新文豐出版公司，1984）。
清・黃虞稷撰《千頃堂書目》，《叢書集成續編》冊 67。
清・嵇曾筠等監修，清・沈翼機等編纂《浙江通志》，《景印文淵閣四庫全書》冊 522。
清・葉昌熾《藏書紀事詩》（上海：古典文學出版社，1958）。
清・葉夢珠《閱世編》（上海：上海古籍出版社，1981）。
清・葉德輝《書林清話・書林餘話》（長沙：岳麓書社，1999）。
清・蔡澄《雞窗叢話》，《筆記小說大觀》第 39 編第 6 冊（臺北：新興書局，1985）。
清・郝玉麟等監修，清・謝道承等編纂《福建通志》，《景印文淵閣四庫全書》冊 527。
清・趙弘恩等監修，清・黃之雋等編纂《江南通志》，《景印文淵閣四庫全書》冊 507-512。
清・趙翼《廿二史劄記》（臺北：世界書局，1962）。
———《陔餘叢考》，《續修四庫全書》冊 1151。
清・龍文彬《明會要》，《續修四庫全書》冊 793。
清・錢泳《履園叢話》（北京：中華書局，1979）。
清・錢謙益《列朝詩集小傳》（上海：古典文學出版社，1957）。
———著，清・錢曾箋注，錢仲聯標校《牧齋有學集》（上海：上海古籍出版社，1996）
———《牧齋初學集》，《續修四庫全書》冊 1389-1390。
清・戴名世《南山集》，《續修四庫全書》冊 1419。

———《南山集偶鈔》，《續修四庫全書》冊 1418。
清·顧公燮《消夏閑記摘抄》，《叢書集成續編》冊 96。
清·顧炎武《顧亭林詩文集》（北京：中華書局，1983）。
———《原抄本顧亭林日知錄》（臺北：文史哲出版社，1979）。

二、近人論著

(一)專書

大倉文化財團編《大倉文化財團漢籍善本目錄》（東京：大倉文化財團漢籍善本目錄，1964）。
上海新四軍歷史研究會印刷印鈔分會編《中國印刷史料選輯之一：雕版印刷源流》（北京：印刷工業出版社，1990）。
———《中國印刷史料選輯之二：活字印刷源流》（北京：印刷工業出版社，1990）。
———《中國印刷史料選輯之三：歷代刻書概況》（北京：印刷工業出版社，1991）。
———《中國印刷史料選輯之四：裝訂源流和補遺》（北京：中國書籍出版社，1993）。
毛佩琦，李焯然《明成祖史論》（臺北：文津出版社，1994）。
毛春翔《古書版本常談》（香港：中華書局，1985）。
牛建強《明代人口流動與社會變遷》（開封：河南大學出版社，1997）。
———《明代中後期社會變遷研究》（臺北：文津出版社，1997）。
王伯敏《中國版畫史》（臺北：蘭亭書店，1996）。
王俊義《清代學術探研錄》（北京：中國社會科學出版社，2002）。
王重民《中國善本書提要》（上海：上海古籍出版社，1983）。
———《中國善本書提要補編》（北京：書目文獻出版社，1991）。
———《國會圖書館藏中國善本書錄》（華盛頓：國會圖書館，1957）。
———著，何兆武校訂《徐光啟》（上海：上海人民出版社，1981）。
王桂平《家刻本》（南京：江蘇古籍出版社，2002）。
王健《中國明代思想史》（北京：人民出版社，1994）。
王益，汪鐵千主編《圖書商品學》（北京：人民出版社，1999）。

王彬《禁書·文字獄》（北京：中國工人出版社，1992）。
王鳳喈《中國教育史》（重慶：正中書局，1945）。
王雲五編《四部要籍序跋大全》（臺北：華國出版社，1952）。
———主持《續修四庫全書提要》（臺北：臺灣商務印書館，1972）。
王凱旋《明代科舉制度考論》（瀋陽：瀋陽出版社，2005）。
———，李洪權《明清生活掠影》（瀋陽：瀋陽出版社，2001）。
王道成《科舉史話》（北京：中華書局，2004）。
王德昭《清代科舉制度研究》（香港：中文大學出版社，1982）。
尹德新主編《歷代教育筆記資料》（北京：中國勞動出版社，1990-1993）。
中山大學圖書館編《中山大學圖書館古籍善本書目》（南寧：廣西師範大學大學，2004）。
中央研究院歷史語言研究所編《中央研究院歷史語言研究所善本書目》（臺北：中央研究院歷史語言研究所，1967）。
———《中央研究院歷史語言研究所普通本線裝書目》（臺北：中央研究院歷史語言研究所，1970）。
———校勘《明實錄》（臺北：中央研究院歷史語言研究所，1962-1966）。
中國古籍善本書目編輯委員會編《中國古籍善本書目》（上海：上海古籍出版社，1989-1996）。
中國明代研究學會主編《明人文集與明代研究》（臺北：中國明代研究學會，2001）。
中國科學院圖書館整理《續修四庫全書總目提要·經部》（北京：中華書局，1993）。
———整理《續修四庫全書總目提要（稿本）》（濟南：齊魯書社，1996）。
北京大學圖書館編《北京大學圖書館藏古籍善本書目》（北京：北京大學出版社，1999）。
北京師範大學圖書館古籍部編《北京師範大學圖書館古籍善本書目》（北京：北京圖書館出版社，2002）
北京圖書館編《中國版刻圖錄》（北京：文物出版社，1961）。
北京圖書館善本部編《北京圖書館善本書目》（北京：中華書局，1959）。

弗雷德里克・巴比耶著，劉陽等譯《書籍的歷史》（桂林：廣西師範大學出版社，2005）。
甘鵬雲《經學源流考》（臺北：維新書局，1983）。
曲士培《中國大學教育發展史》（太原：山西教育出版社，1993）。
史小軍《復古與新變：明代文人心態史》（石家莊：河北教育出版社，2001）。
田建平《元代出版史》（石家莊：河北人民出版社，2003）。
田啟霖編著《八股文觀止》（海口：海南出版社，1994）。
由國慶《與古人一起讀廣告》（北京：新星出版社，2006）。
左東嶺《王學與中晚明士人心態》（北京：人民文學出版社，2000）。
吉少甫主編《中國出版簡史》（上海：學林出版社，1991）。
———《書林初探》（上海：上海三聯書店，1995）。
江蘇省地方誌編纂委員會《江蘇省志・出版志》（南京：江蘇人民出版社，1996）。
江澄波等編《江蘇刻書》（南京：江蘇人民出版社，1993）。
任時先《中國教育思想史》（上海：商務印書館，1937）。
朱迎平《宋代刻書產業與文學》（上海：上海古籍出版社，2008）。
朱鴻《明成祖與永樂政治》（臺北：臺灣師範大學歷史研究所，1988）。
邸永君《清代翰林院制度》（北京：社會科學文獻出版社，2002）。
杜信孚纂輯《明代版刻綜錄》（揚州：江蘇廣陵古籍出版社，1983）。
———，杜同書《全明分省分縣刻書考》（北京：線裝書局，2001）。
何宗美《明末清初文人結社研究》（天津：南開大學出版社，2003）。
李弘祺編《中國教育史英文著作評介》（臺北：臺灣大學出版中心，2005）。
李玉安，陳傳藝《中國藏書家辭典》（武漢：湖北教育出版社，1989）。
李兵《書院教育與科舉考試關係研究》（臺北：國立臺灣大學出版中心，2005）。
李國慶編纂《明代刊工姓名索引》（上海：上海古籍出版社，1998）。
李晉華等編《明代敕撰書考附引得》（北京：燕京大學出版社，1966）。

李書華《中國印刷術起源》（香港：新亞研究所，1962）。
李清志《古書版本鑑定研究》（臺北：文史哲出版社，1986）。
李致忠《中國古代書籍史》（北京：文物出版社，1985）。
———《歷代刻書考述》（成都：巴蜀書社，1990）。
———《古書版本學概論》（北京：書目文獻出版社，1990）。
———《古書版本概論》（北京：北京圖書館，1990）。
———《古書版本鑑定》（北京：文物出版社，1997）。
———《宋版書敘錄》（北京：書目文獻出版社，1994）。
李萬健著，肖東發審定《中國古代印刷術》（鄭州：大象出版社，1997）。
李焯然《丘濬評傳》（南京：南京大學出版社，2005）。
———《明史散論》（臺北：允晨文化實業股份有限公司，1988）。
李新達《中國科舉制度史》（臺北：文津出版社，1995）。
李瑞良《中國古代圖書流通史》（上海：上海人民出版社，2000）。
李廣宇《書文化大觀》（北京：中國廣播電視出版社，1994）。
李劍雄《焦竑評傳》（南京：南京大學出版社，1998）。
沈津《美國哈佛大學哈佛燕京圖書館中文善本書志》（上海：上海辭書出版社，1999）。
宋莉華《明清時期的小說傳播》（北京：中國社會科學出版社，2004）。
宋原放，李白堅《中國出版史》（北京：中國書籍出版社，1991）。
———主編《中國出版史料（古代部分）》（武漢：湖北教育出版社，2004）。
汪小洋，孔慶茂《科舉文體研究》（天津：天津古籍出版社，2005）。
肖東發著，白化文審定《中國圖書》（北京：新華出版社，1993）。
———《中國圖書出版印刷史論》（北京：北京大學出版社，2001）。
余英時《中國思想的現代詮釋》（臺北：聯經出版事業公司，1999）。
昌彼得《中國圖書史略》（臺北：文史哲出版社，1993）。
———《版本目錄學論叢》（臺北：學海出版社，1977）。
東方文化研究所編《東方文化研究所漢籍分類目錄》（京都：東方文化研究所，1945）。

東京大學東洋文化研究所編《東京大學東洋文化研究所漢籍分類目錄》（東京：東京大學東洋文化研究所，1981）。
范金民《明代江南商業的發展》（南京：南京大學出版社，1998）。
范軍《中國出版文化史研究書錄（1985-2006）》（開封：河南大學出版社，2008）。
范鳳書《中國私家藏書史》（鄭州：大象出版社，2001）。
郭秉文《中國教育制度沿革史》（上海：商務印書館，1922）。
郭味蕖《中國版畫史略》（北京：朝花美術出版社，1962）。
郭紹虞《照隅室古典文學論集》（上海：上海古籍出版社，1983）。
京都大學人文科學研究所編《京都大學人文科學研究所漢籍分類目錄》（京都：京都大學人文科學研究所，1963）。
來新夏《中國古代圖書事業史概要》（天津：天津古籍出版社，1987）。
———等著《中國古代圖書事業史》（上海：上海人民出版社，1991）。
———《近三百年人物年譜知見錄》（上海：上海人民出版社，1983）。
林申清《宋元書刻牌記圖錄》（北京：北京圖書館出版社，1999）。
林慶彰《明代考據學研究》（臺北：臺灣學生書局，1983）。
林崗《明清之際小說評點學之研究》（北京：北京大學出版社，1999）。
林麗月《明代的國子監生》（臺北：東吳大學中國學術著作獎助委員會，1978）。
孟森《明史講義》（上海：上海古籍出版社，2002）。
屈萬里《普林斯頓大學葛思德東方圖書館中文善本書志》，《屈萬里全集》冊12（臺北：聯經出版事業公司，1984）。
吳辰伯《江浙藏書家史略》（臺北：文史哲出版社，1982）。
吳宣德《中國考試制度通史·第四卷·明代（西元一三六八至一六四四年）》（濟南：山東教育出版社，2000）。
吳智和《明代的儒學教官》（臺北：臺灣學生書局，1991）。
吳蕙芳《萬寶全書：明清時期的民間生活實錄》（臺北：國立政治大學歷史學系，2001）。
亞伯特·拉伯赫作，廖啟凡譯《書的歷史》（臺北：玉山社，2005）。

周心慧《中國古版畫通史》（北京：學苑出版社，2000）。
———《古本小說版畫圖錄（修訂增補本）》（北京：學苑出版社，2000）。
———主編《明代版刻圖釋》（北京：學苑出版社，1998）。
———主編《新編中國版畫史圖錄》（北京：學苑出版社，2000）。
周予同《中國學校制度》（上海：商務印書館，1933）。
周明初《晚明士人心態及文學個案》（北京：東方出版社，1997）。
周彥文《日本九州大學文學部書庫明版圖錄》（臺北：文史哲出版社，1996）。
周蕪《中國古代版畫百圖》（北京：人民美術出版社，1984）。
周寶榮《宋代出版史研究》（鄭州：中州古籍出版社，2003）。
洪湛侯《中國文獻學新探》（臺北：臺灣學生書局，1992）。
———《中國文獻學新編》（杭州：杭州大學出版社，1995）。
柏克萊加州大學東亞圖書館編《柏克萊加州大學東亞圖書館中文古籍善本書志》（上海：上海古籍出版社，2005）。
胡奇光《中國文禍史》（上海：上海人民出版社，1993）。
胡道靜《中國古代的類書》（北京：中華書局，1982）。
胡曉真主編《世變與維新：晚明與晚清的文學藝術》（臺北：中央研究院中國文哲研究所籌備處，2001）。
胡應麟《經籍會通》（北京：北京燕山出版社，1999）。
姜公韜《王弇州的生平與著述》（臺北：國立臺灣大學文學院，1974）。
柳存仁《明清中國通俗小說版本研究》（香港：中山圖書公司，1972）。
柳毅《中國的印刷術》（北京：科學普及出版社，1987）。
馬宗霍《中國經學史》（臺北：臺灣商務印書館，1968）。
首都圖書館編輯《古本戲曲版畫圖錄》（北京：學苑出版社，1997）。
香港中文大學圖書館系統編《香港中文大學圖書館古籍善本書錄》（香港：中文大學出版社，1999）。
陳力《中國圖書史》（臺北：文津出版社，1996）。
陳力編纂《四川大學圖書館古籍善本書目》（成都：四川大學出版社，1992）。

陳萬益《晚明小品與明季文人生活》（臺北：大安出版社，1997）。
陳正宏，談蓓芳《中國禁書簡史》（上海：學林出版社，2004）。
陳江《明代中後期的江南社會與社會生活》（上海：上海社會科學出版社，2006）。
陳戍國點校《四書五經》（長沙：岳麓書社，2005）。
陳先行等編著《中國古籍稿鈔校本圖錄》（上海：上海書店出版社，2000）。
陳青之《中國教育史》（上海：商務印書館，1936）。
陳冠至《明代的蘇州藏書：藏書家的藏書活動與藏書生活》（宜蘭：明史研究小組，2002）。
陳祖武《清初學術思辨錄》（北京：中國社會科學出版社，1992）。
陳彬和《中國書史》（上海：商務印書館，1935）。
陳東原《中國教育史》（再版）（上海：商務印書館，1937）。
陳鼓應，辛冠潔，葛榮晉《明清實學簡史》（北京：社會科學文獻出版社，1994）。
陳寶良《明代社會生活史》（北京：中國社會科學出版社，2004）。
———《明代儒學生員與地方社會》（北京：中國社會科學出版社，2005）。
———《飄搖的傳統：明代城市生活長卷》（長沙：湖南出版社，1996）。
陳懷仁主編《明史論文集：第六屆明史國際學術討論會》（合肥：黃山書社，1997）。
高小康《市民、士人與故事：中國近古社會文化中的敘事》（北京：人民出版社，2001）。
高信成《中國圖書發行史》（上海：復旦大學出版社，2005）。
陸樹侖《馮夢龍研究》（上海：復旦大學出版社，1987）。
孫一珍《明代小說的藝術流變》（成都：四川文藝出版社，1996）。
孫琴安《中國評點文學史》（上海：上海社會科學院出版社，1999）
孫楷第《中國通俗小說書目》（北京：作家出版社，1957）。
唐力行《商人與中國近世社會》（北京：商務印書館，2003）。

夏咸淳《情與理的碰撞：明代士林心史》（石家莊：河北教育出版社，2001）。
———《晚明士風與文學》（北京：中國社會科學出版社，1994）。
席澤宗，吳德鐸主編《徐光啟研究論文集》（上海：學林出版社，1986）。
徐雁，王燕均《中國歷代藏書論著讀本》（成都：四川大學出版社，1990）。
袁震宇，劉明今《中國文學批評通史・明代卷》（上海：上海古籍出版社，1996）。
浙江圖書館古籍部編《浙江圖書館古籍善本書目》（杭州：浙江教育出版社，2002）。
張大偉，曹江紅《造紙史話》（北京：中國大百科全書出版社，2000）。
張中政主編《第五屆明史國際學術討論會暨第三屆中國明史學會年會論文集》（合肥：黃山書社，1993）。
張中曉著，路莘整理《無夢樓隨筆》（上海：上海遠東出版社，1996）。
張安奇，步近智《中華文明史・第八卷・明代》（石家莊：河北教育出版社，1994）。
張秀民《中國印刷史》（上海：上海人民出版社，1989）。
———《中國印刷術的發明及其影響》（臺北：文史哲出版社，1988）。
———，韓琦《中國活字印刷史》（北京：中國書籍出版社，1998）。
———著；印刷工業出版社編輯部編《張秀民印刷史論文集》（北京：印刷工業出版社，1988）。
張治安《明代政治制度》（臺北：五南圖書出版公司，1999）。
張居正《張太岳集》（上海：上海古籍出版社，1984）。
張海鵬，王廷元《徽商研究》（合肥：安徽人民出版社，1995）。
張紹勳《中國印刷史話》（北京：商務印書館，1997）。
張滌華《類書流別》（北京：商務印書館，1985）。
張靜廬輯注《中國近現代出版史料》（上海：上海書店出版社，2003）。
張麗娟，程有慶《宋本》（南京：江蘇古籍出版社，2002）。
張顯清，林金樹《明代政治史》（桂林：廣西師範大學出版社，2003）。

曹之《中國古籍版本學》（武漢：武漢大學出版社，1993）。

———《中國印刷術的起源》（武漢：武漢大學出版社，1994）。

曹樹基《中國人口史・第四卷・明代卷》（上海：復旦大學出版社，2000）。

曹淑娟《晚明性靈小品研究》（臺北：文津出版社，1988）。

國立中央圖書館編《臺灣公藏普通本線裝書目書名索引》（臺北：國立中央圖書館，1982）。

———《國立中央圖書館典藏國立北平圖書館善本書目》（臺北：國立中央圖書館，1969）

———《國立中央圖書館善本書目》（臺北：國立中央圖書館，1967）。

———《國立中央圖書館善本序跋集錄》（臺北：國立中央圖書館，1992-1994）。

———《明人傳記資料索引》（臺北：國立中央圖書館，1965）。

國立故宮博物院編《國立故宮博物院善本舊籍總目》（臺北：國立故宮博物院，1983）。

———編《國立中央圖書館典藏國立北平圖書館善本書目》（臺北：國立中央圖書館，1969）。

國立編譯館編《新集四書注解群書提要附古今四書總目》（臺北：華泰文化事業公司，2000）。

梁家勉《徐光啟年譜》（上海：上海古籍出版社，1981）。

啟功《說八股》（北京：北京師範大學出版社，1992）。

戚志芬《中國的類書、政書和叢書》（北京：商務印書館，1996）。

清華大學圖書館編《清華大學圖書館藏善本書目》（北京：清華大學出版社，2003）。

商衍鎏著，商志潭校注《清代科舉考試述錄及有關著作》（天津：百花文藝出版社，2004）。

宿白《唐宋時期的雕版印刷》（北京：文物出版社，1999）。

章宏偉《出版文化史論》（北京：華文出版社，2002）。

章培恒，王靖宇主編《中國文學評點研究》（上海：上海古籍出版社，

2002）。
程煥文《中國圖書文化導論》（廣州：中山大學出版社，1995）。
———編《中國圖書論集》（北京：商務印書館，1994）。
董治安，夏傳才主編《詩經要籍提要》（北京：學苑出版社，2003）。
辜美高，黃霖主編《明代小說面面觀：明代小說國際學術研討會論文集》（上海：學林出版社，2002）。
黃仁宇著《中國大歷史》（臺北：聯經出版事業公司，1995）。
———《萬曆十五年》（臺北：食貨出版社，1993）。
黃永年，賈二強撰集《清代版本圖錄》（杭州：浙江人民出版社，1997）。
黃明光《明代科舉制度研究》（桂林：廣西師範大學出版社，2000）。
黃鎮偉《坊刻本》（南京：江蘇古籍出版社，2002）。
萬明主編《晚明社會變遷：問題與研究》（北京：商務印書館，2005）。
葉樹聲，余敏輝《明清江南私人刻書史略》（合肥：安徽大學出版社，2000）。
葉瑞寶，曹正元，金虹《蘇州藏書史》（南京：江蘇古籍出版社，2001）。
曾貽芬，崔文印《中國歷史文獻學述要》（北京：商務印書館，2000）。
鄧洪波《中國書院史》（臺北：臺灣大學出版中心，2005）。
鄧嗣禹編《燕京大學圖書館目錄初稿·類書之部》（北京：燕京大學圖書館，1935）。
關文發，顏廣文《明代政治制度研究》（北京：中國社會科學出版社，1995）。
雷夢辰《清代各省禁書彙考》（北京：北京圖書館出版社，1997）。
新文豐出版公司編輯部編《中國古書版本研究》（臺北：新文豐出版公司，1984）。
楊巨中《中國造紙史淵源》（西安：三秦出版社，2001）。
楊海軍《中國古代商業廣告史》（開封：河南大學出版社，2005）。
楊學為主編《中國考試史文獻集成》第 5 卷，明代卷（北京：高等教育出版社，2003）。
———，朱仇美，張海鵬《中國考試制度史資料選編》（合肥：黃山書社，

1992）。
鄭如斯，肖東發《中國書史》（北京：書目文獻出版社，1991）。
鄭利華《明代中期文學演進與城市形態》（上海：復旦大學出版社，1995）。
鄭偉章《書林叢考》（廣州：廣東人民出版社，1995）。
廖可斌《明代文學復古運動研究》（上海：上海古籍出版社，1994）。
趙子富《明代學校與科舉制度研究》（北京：北京燕山出版社，1995）。
趙含坤《中國類書》（石家莊：河北人民出版社，2005）。
趙所生，薛正興主編《中國歷代書院志》（南京：江蘇教育出版社，1995）。
趙前《明本》（南京：江蘇古籍出版社，2003）。
樊樹志《晚明史》（上海：復旦大學出版社，2003）。
潘吉星《中國古代四大發明：源流、外傳及世界影響》（北京：中國科學技術大學出版社，2002）。
———《中國科學技術史·造紙與印刷卷》（北京：科學出版社，1998）。
潘承弼，顧廷龍《明代版本圖錄》，《民國叢書》第 5 編第 100 冊（上海：上海書店，1996）。
劉岱總主編《中國文化新論·學術篇·浩瀚的學海》（北京：三聯書店，1991）。
劉家璧《中國圖書史資料集》（香港：龍門書店，1974）。
劉海峰等《中國考試發展史》（武漢：華中師範大學出版社，2002）。
———《中國科舉史》（上海：東方出版中心，2006）。
———《科舉考試的教育視角》（武漢：湖北教育出版社，1996）。
———《科舉學導論》（武漢：華中師範大學出版社，2005）。
———，莊明水《福建教育史》（福州：福建教育出版社，1996）。
劉國鈞，鄭如斯《中國書史簡編》（北京：書目文獻出版社，1982）。
龍登高《江南市場市：十一至十九世紀的變遷》（北京：清華大學出版社，2003）。
盧前《八股文小史》（上海：商務印書館，1937）。

盧賢中《古代刻書與古籍版本》（合肥：安徽大學出版社，1995）。
錢存訓《中國書籍紙墨及印刷史論文集》（香港：中文大學出版社，1992）。
———《中國古代書籍紙墨及印刷史》（北京：北京圖書館出版社，2002）
———《中國古代書史：書於竹帛》（香港：中文大學出版社，1975）。
———著，鄭如斯編訂《中國紙和印刷文化史》（桂林：廣西師範大學出版社，2004）。
———《中國圖書文史論集》（北京：現代出版社，1992）。
———著，鄭如斯增訂《印刷術發明前的中國書和文字記錄》（北京：印刷工業出版社，1988）。
———著；劉拓、汪劉次昕譯《造紙及印刷》（臺北：臺灣商務印書館，1995）。
錢茂偉《國家、科舉與社會：以明代為中心的考察》（北京：北京圖書館出版社，2004）。
———《明代史學的歷程》（北京：社會科學文獻出版社，2003）。
錢杭，承載《十七世紀江南社會生活》（杭州：浙江人民出版社，1996）。
韓大成《明代城市研究》（北京：中國人民出版社，1991）。
韓兆海，張穎主編《武漢圖書館藏古籍善本書志》（武漢：湖北人民出版社，2004）。
橘君輯注《馮夢龍詩文》（上海：海峽文藝出版社，1985）。
戴南海《版本學概論》（成都：巴蜀書社，1989）。
繆咏禾《明代出版史稿》（南京：江蘇人民出版社，2000）。
魏隱儒《中國古籍印刷史》（北京：印刷工業出版社，1988）。
———《古籍版本鑒賞》（北京：北京燕山出版社，1997）。
謝水順，李珽《福建古代刻書》（福州：福建人民出版社，1997）。
謝國楨等編《古籍論叢》（福州：福建人民出版社，1982）。
———《江浙訪書記》（北京：三聯書店，1985）。
———編《明代社會經濟史料選編》（福州：福建人民出版社，1980）。
———《明清之際黨社運動考》（北京：中華書局，1982）。

———《明清筆記談叢》（上海：上海古籍出版社，1981）。
———《增訂晚明史籍考》（上海：上海古籍出版社，1981）。
學海出版社編輯部《中國圖書版本學論文選輯》（臺北：學海出版社，1981）。
簡錦松《明代文學批評研究》（臺北：臺灣學生書局，1989）。
聶付生《馮夢龍研究》（上海：學林出版社，2002）。
懷效鋒《十六世紀中國的政治風雲》（香港：商務印書館，1988）。
羅光《徐光啟》（臺北：傳記文學出版社，1982）。
羅樹寶《中國古代印刷史》（北京：印刷工業出版社，1993）。
顧志興《浙江出版史研究：中唐五代兩宋時期》（杭州：浙江人民出版社，1991）。
———《浙江藏書家藏書樓》（杭州：浙江人民出版社，1987）。
饒宗頤《香港大學馮平山圖書館藏善本書錄》（香港：香港大學馮平山圖書館，1970）。
嚴文郁《中國書籍簡史》（臺北：臺灣商務印書館，1995）。
龔篤清《八股文鑒賞》（長沙：岳麓書社，2006），
———《明代八股文史探》（長沙：湖南人民出版社，2005）。

㈡學位論文

王建「明代出版思想史」（蘇州：蘇州大學博士論文，2001）。
李鳳萍「晚明山人陳眉公研究」（臺北：東吳大學中國文學研究所碩士論文，1985）。
巫仁恕「明清城市民變研究：傳統中國城市群眾集體行動之分析」（臺北：國立臺灣大學歷史研究所博士論文，1995）。
周彥文「毛晉汲古閣刻書考」（臺中：東海大學中文研究所碩士論文，1980）。
胡萬川「馮夢龍生平及其對小說之貢獻」（臺北：國立政治大學中國文學研究所碩士論文，1973）。
陳昇輝「晚明《論語》學之儒佛會通思想研究」（臺北：淡江大學中國文學系碩士論文，2003）。

郭姿吟「明代書籍出版研究」（臺南：國立成功大學歷史研究所碩士論文，2002）。
徐林「明代中晚期江南士人社會交往研究」（長春：東北師範大學博士論文，2003）。
張連銀「明代鄉試、會試試卷研究」（蘭州：西北師範大學文學院碩士論文，2004）。
張璉「明代中央政府刻書研究」（中國文化大學歷史研究所碩士論文，1983）。
麥傑安「明代蘇常地區出版事業之研究」（臺北：國立臺灣大學圖書館學研究所碩士論文，1996）。
董立夫「明代進士之研究：社會背景的探討」（臺北：國立政治大學政治學研究所碩士論文，1990）。
蔡榮昌「制義叢話研究」（臺北：私立中國文化大學中國文學研究所博士論文，1987）。
蔡惠如「宋代杭州地區圖書出版事業研究」（臺北：國立臺灣大學圖書資訊學研究所碩士論文，1998）。
劉曉東「明代士人生存狀態研究」（長春：東北師範大學博士論文，2000）。
潘峰「明代八股論評試探」（上海：復旦大學中國語言文學研究所博士論文，2003）。

㈢期刊論文

于少海〈評艾南英〉，《撫州師專學報》1995 年第 3 期，頁 24-27，32。
方品光〈福建古代刻書的編輯工作〉，《出版史研究》第 5 輯（1997），頁 72-82。
方彥壽〈建陽古代刻書通考〉，《出版史研究》第 6 輯（1998），頁 13-44。
———〈建陽劉氏刻書考〉，《文獻》1988 年第 2、3 期，頁 196-228、217-242。
———〈明代建陽廣告芻議〉，《文獻》2001 年第 1 期，頁 177-184。
———〈明代刻書家熊宗立述考〉，《文獻》1987 年第 1 期，頁 228-242。
———〈閩北十八位刻書家生平考述〉，《出版史研究》第 4 輯（1996），頁 200-216。

亢學軍，侯建軍〈明代考據學復興與晚明學風的轉變〉，《河北學刊》2005 年第 5 期，頁 129-133。

毛一波〈袁黃的生平〉，《華學月刊》第 20 期（1973 年 8 月），頁 12-14。

王平〈論明清時期小說傳播的基本特徵〉，《文史哲》2003 年第 6 期，頁 33-37。

王世駿〈薛應旂之生平與史學初探〉，《史匯》第 6 期（2002），頁 23-39。

王佩琴〈明清通俗小說的發展特質與發展傾向：從印刷出版的技術與市場談起〉，《書目季刊》第 35 卷第 3 期（2002），頁 17-31。

王家範〈明清江南消費風氣與消費結構描述：明清江南消費經濟探測之一〉，《華東師範大學學報（哲學社會科學版）》1988 年第 2 期，頁 32-42。

王培華〈歸有光與明中期吳中經世之學〉，《蘇州大學學報（哲學社會科學版）》2001 年第 1 期，頁 93-96。

王翔〈論明清江南社會的結構型變遷〉，《江海學刊》1994 年第 3 期，頁 141-148。

王熹〈明代朝野對科舉制度的批評〉，《明史研究》第 7 輯（1999），頁 156-163。

王偉凱〈明代圖書的國內流通〉，《社會科學輯刊》1996 年第 2 期，頁 105-109。

王衛平〈明清時期江南地區的重商思潮〉，《徐州師範大學學報（哲學社會科學版）》2000 年第 2 期，頁 71-74。

文革紅〈從商業化的角度看清初通俗小說的傳播管道〉，《黑河學刊》2005 年第 1 期（2005 年 1 月），頁 101-104。

向燕南〈焦竑的學術特點與史學成就〉，《文獻》1999 年第 2 期，頁 153-169。

———〈薛應旂的史學思想〉，《史學史研究》1999 年第 3 期，頁 39-47。

朱子彥〈論明代江南農業與商品經濟〉，《文史哲》1994 年第 5 期，頁 48-52。

朱迎平〈策論：歷久不衰的考試文體〉，《上海財經大學學報》第 4 卷第 6 期（2002 年 12 月），頁 60-64。
朱瑞熙〈宋元的時文——八股文的雛形〉，《歷史研究》1990 年第 3 期，頁 29-43。
李弘祺〈中國科舉制度的歷史意義及解釋——從艾爾曼（Benjamin Elman）對明清考試制度的研究談起〉，《臺大歷史學報》第 32 期（2003 年 12 月），頁 237-267。
李伯重〈明清江南的出版印刷業〉，《中國經濟史研究》2001 年第 3 期，頁 94-107，146。
李致忠〈明代版刻述略〉，《文史》第 23 期（1984），頁 127-158。
李詠梅〈試論明代私人刻書業與思想文化的關係〉，《四川圖書館學報》1997 年第 2 期，頁 76-80。
———〈明代私人刻書業經營思想成熟的五個表現〉，《四川圖書館學報》1996 年第 4 期，頁 77-80。
李清志〈明代中葉以後版刻特徵〉，《古籍鑑定與維護研習會專集》，頁 96-121。
李琳琦〈略論徽商對家鄉士子科舉的扶持與資助〉，《歷史檔案》2001 年第 2 期，頁 79-83，96。
李焯然〈明代國家理念的成立——明成祖與儒學〉，新加坡國立大學中文系學術論文第 83 種（1989），18 頁。
———〈焦竑之史學思想〉，《書目季刊》第 15 卷第 4 期（1982），頁 33-46。
———《焦竑著述考》，新加坡國立大學中文系學術論文第 41 種（1986），33 頁。
邱澎生〈明代蘇州營利出版事業及其社會效應〉，《九州學刊》第 5 卷第 2 期（1992 年 10 月），頁 139-159。
邵金凱，郝宏桂〈略論晚明社會風尚的變遷〉，《鹽城師範學院學報（人文社會科學版）》第 21 卷第 2 期（2001），頁 58-62。
沈津〈明代坊刻圖書之流通與價格〉，《國家圖書館刊》第 1 期（1996），頁 101-118。
宋莉華〈插圖與明清小說的閱讀與傳播〉，《文學遺產》2000 年第 4 期，頁 116-125。
宋娟〈古文運動、科舉與「唐宋八大家」〉，《北方論叢》2005 年第 2 期，頁 62-65。
汪維真，牛建強〈明代中後期江南地區風尚取向的更移〉，《史學月刊》1990 年第 5 期，頁 30-36。
巫仁恕〈明代平民服飾的流行風尚與士大夫的反應〉，《新史學》第 10 卷第 3 期（1999 年 9 月），頁 55-109。
肖東發〈小議閩刻「京本」〉，《圖書館雜誌》1984 年第 3 期，頁 67-68。
———〈明代小說家、刻書家余象斗〉，《明清小說論叢》第 4 輯（1986），頁 195-212。
范金民〈明代江南進士甲天下及其原因〉，《明史研究》第 5 輯（1997），頁 163-170。
封思毅〈明代蜀本〉，《四川文獻》第 181 期（1982），頁 41-46。
———〈明代蜀刻述略〉，《中國國學》第 11 期（1983），頁 193-215。
居密，葉顯恩〈明清時期徽州的刻書和版畫〉，《江淮論壇》1995 年第 2 期，頁 51-59。
林拓〈福建刻書業與區域文化格局關係的研究〉，《華東師範大學學報（哲學社會科學版）》第 33 卷第 4 期（2001 年 7 月），頁 51-56。
林麗月〈晚明「崇奢」思想隅論〉，《國立臺灣師範大學歷史學報》第 19 期（1991），頁 215-234。
林鶴宜〈晚明戲曲刊行概況〉，《漢學研究》第 9 卷第 1 期（1991 年 6 月），頁 287-328。
孟彭興〈明代商品經濟的繁榮與市民社會生活的嬗變〉，《上海社會科學院學術季刊》1994 年第 2 期，頁 166-173。
苗懷明〈中國古代通俗小說的商業運作與文本形態〉，《求是學刊》2000 年第 5 期（2000 年 9 月），頁 78-83。
吳聖昔〈論鄧志謨的遊戲小說〉，《明清小說研究》1996 年第 2 期，頁 184-

196。
吳世燈〈建本研究的歷史與現狀〉，《出版史研究》第 4 輯（1996），頁 59-66。
———〈福建歷代刻書述略〉，《出版史研究》第 5 輯（1997），頁 53-71。
吳承學〈明代八股文文體散論〉，《中山大學學報（社會科學版）》2000 年第 6 期，頁 1-7，33。
———〈簡論八股文對文學創作與文人心態的影響〉，《文藝理論研究》2000 年第 6 期，頁 79-85。
吳栢青〈明毛晉汲古閣之刻書〉，《大陸雜誌》第 97 卷第 1 期（1998），頁 27-41。
周啟榮〈從坊刻「四書」講章論明末考證學〉，郝延平、魏秀梅主編《近世中國之傳統與蛻變：劉廣京院士七十五歲祝壽論文集》上冊（臺北：中央研究院近代史研究所，1998），頁 53-68
周彥文〈論歷代書目中的制舉類書籍〉，《書目季刊》第 31 卷第 1 期，頁 1-13。
周蕪〈明末金陵版畫〉，《美術》1985 年第 2 期，頁 24-28。
周瀟〈明中葉「前七子」文學復古運動與陽明心學之關係〉，《上海師範大學學報（哲學社會科學版）》第 33 卷第 4 期（2004 年 7 月），頁 50-55。
胡文華〈明朝書市繁榮的特色〉，《中國社會經濟史研究》2003 年第 1 期，頁 95-97。
胡萬川〈馮夢龍與復社人物〉，《中國古典小說研究專集 1》（臺北：聯經出版事業公司，1979），頁 123-136。
俞為民〈明代南京書坊刊刻戲曲考述〉，《藝術百家》1997 年第 4 期，頁 43-50。
陳茂山〈試論明代中後期的社會風氣〉，《史學集刊》1989 年第 4 期，頁 31-40。
陳俊啟〈另一種敘事，另一種現實的呈現：新文化史中的『書的歷史』〉，《中外文學》第 34 卷第 4 期（2005 年 9 月），頁 143-170。

陳翔華〈略論余象斗與其批評三國志傳〉，《明清小說研究》1995 年第 3 期，頁 36-48。
陳選公〈「狀元策」論略——「官人文學」研究之一〉，《鄭州大學學報（哲學社會科學版）》第 30 卷第 6 期（1997 年 11 月），頁 56-65。
陳豪〈宋明時期莆田刻書業初探〉，《福建圖書館學刊》1996 年第 1 期，頁 50-52。
陳學文〈論明清江南流動圖書市場〉，《浙江學刊》1998 年第 6 期，頁 107-111。
高千惠〈明代私家刻書〉，《故宮文物月刊》第 15 卷第 8 期，頁 68-75。
高壽仙〈明代制義風格的嬗變〉，《明清論叢》第 2 輯（2001），頁 428-439。
郭培貴〈論明代教官地位的卑下及其影響〉，《明史研究》第 4 輯（1994），頁 68-77。
郭震旦〈晚明空疏學風與實學思潮〉，《棗莊師範專科學校學報》2004 年第 3 期，頁 20-25。
侯真平〈明末福建版刻書籍刻工零拾〉，《出版史研究》第 4 輯（1996），頁 217-238。
華人德〈明代中後期雕版印刷的成就〉，《蘇州大學學報（哲學社會科學版）》1998 年第 3 期，頁 115-121。
容肇祖〈明馮夢龍生平及著述〉，《嶺南學報》第 2 卷第 2 期，頁 61-91。
———〈焦竑及其思想〉，《燕京學報》第 23 期（1938），頁 1-45。
孫力楠〈論明代翰林院〉，《東北師大學報（哲學社會科學版）》1998 年第 6 期，頁 24-28。
孫之梅〈歸有光與明清之際的學風轉變〉，《文史哲》2001 年第 5 期，頁 43-49。
翁同文〈印刷術對於書籍成本的影響〉，《清華學報》新 6 卷第 1、2 合期（1967 年 12 月），頁 35-43。
徐泓〈明代社會風氣的變遷：以江、浙地區為例〉，《中央研究院第二屆國際漢學會議論文集》（臺北：中央研究院，1989），頁 137-159。

徐曉望〈建陽書坊與明代小說出版業〉，《出版史研究》第 6 輯（1998），頁 67-76。
張民服〈明清時期的私人刻書、販書及藏書活動〉，《鄭州大學學報》1993 年第 1 期，頁 100-103。
張明富〈明清商人投資文化教育述論〉，《西南師範大學學報（哲學社會科學版）》1997 年第 4 期，頁 83-87。
張海鵬，唐力行〈論徽商「賈而好儒」的特色〉，《中國史研究》1984 年第 4 期，頁 57-70，80。
張傳峰〈明代刻書廣告述略〉，《湖州師範學院學報》第 22 卷第 1 期（2000 年 2 月），頁 74-80。
張燦賢〈古代殿試策問藝術簡論〉，《管子學刊》2003 年第 3 其，頁 89-92。
張輔麟〈晚明文化思想述略〉，《明史研究專刊》第 11 期（1994），頁 131-25。
張璉〈明代專制文化政策下的圖書出版情形〉，《漢學研究》第 10 卷第 2 期（1992），頁 355-369。
———〈明代國子監刻書〉，《國立中央圖書館館刊》第 17 卷第 1 期（1984），頁 73-83。
曹之〈明代新安黃氏刻書考略〉，《出版科學》2002 年第 4 期，頁 63-65。
梁仁志，俞傳芳〈明清僑寓徽商子弟的教育科舉問題〉，《安徽師範大學學報（人文社會科學版）》，第 33 卷第 1 期（2005 年 1 月），頁 73-76。
許建昆〈焦竑文教事業考述〉，《東海學報》第 34 卷（1993），頁 79-97。
許培基〈蘇州的刻書與藏書〉，《文獻》第 26 期（1985），頁 211-237。
袁逸〈明後期我國私人刻書業資本主義因素的活躍與表現〉，《浙江學刊》1989 年第 3 期，頁 125-129。
董倩〈明代庶吉士制度探析〉，《社科縱橫》1996 年第 4 期，頁 37-41。
黃卉〈明代通俗小說的書價與讀書群〉，《明清論叢》第 6 輯（2005），頁 222-236。
黃鎮偉〈陳繼儒所輯叢書考〉，《常熟高專學報》2003 年第 5 期，頁 103-

106。
葉國良《八股文的淵源及其相關問題》，《臺大中文學報》第 6 其（1994 年 6 月），頁 1-19。
葉瑞寶〈明代中晚期版刻精劣初探〉，《江蘇圖書館工作》1981 年第 2 期。
葉樹聲〈明代南直隸江南地區私人刻書概述〉，《文獻》1987 年第 2 期，頁 213-229。
曾主陶〈明代中後期出版管理失誤初探〉，《求索》1991 年第 6 期，頁 121-123。
鄒自振〈艾南英及其散文理論與創作〉，《蘇州大學學報（哲學社會科學版）》1995 年第 2 期，頁 47-50。
鄒長清〈明代庶吉士制度探微〉，《廣西師範大學學報（哲學社會科學版）》第 34 卷第 2 期（1998 年 6 月），頁 68-74。
鄧萬春〈明代中晚期文化消費興盛原因〉，《中南民族學院學報（哲學社會科學版）》1999 年第 4 期，頁 67-70。
蔣美華〈馮夢龍史籍著作考述〉，《國立彰化師範大學國文系集刊》第 1 期（1996），頁 137-159。
裘開明〈哈佛大學哈佛燕京圖書館藏明代類書概述（第一部分）〉，《清華學報》第 2 卷第 2 期（1961），頁 93-115。
楊淑媛〈明末復社之研究〉，《史苑》第 50 期（1990 年 5 月），頁 53-73。
趙子富〈明代學校、科舉制度與學術文化的發展〉，《清華大學學報（哲學社會科學版）》第 10 卷第 2 期（1995），頁 83-89，98。
趙芹，戴南海〈淺述明末浙江閔、淩二氏的刻書情況〉，《西北大學學報：哲社版》，頁 80-83。
劉大軍，喻爽爽〈明清時期的圖書發行概覽〉，《中國典籍與文化》1996 年第 1 期，頁 115-120。
劉孝平〈明代出版管理述略〉，《圖書·情報·知識》2004 年第 6 期，頁 55-57。
劉海峰〈科舉文獻與「科舉學」〉，《臺大歷史學報》第 32 期（2003 年 12 月），頁 269-297。

劉祥光〈時文稿：科舉時代的考生必讀〉，《近代中國史研究通訊》第 22 期，頁 49-68。

劉曉東〈世俗人生：儒家經典生活的窘境與晚明士人社會角色的轉換〉，《西南師範大學學報（人文社會科學版）》第 27 卷第 5 期（2001 年 9 月），頁 121-126。

———〈科舉危機與晚明士人社會的分化〉，《山東大學學報（人文社會科學版）》第 2002 年第 2 期，頁 103-108。

———〈晚明文人生計與士風〉，《華北師大學報（哲學社會科學版）》2001 年第 1 期，頁 17-22。

劉毓慶〈論徐光啟《詩》學及其貢獻〉，《北方論壇》2001 年第 2 期，頁 71-77。

潘建國〈明鄧志謨「爭奇小說」探源〉，《上海師範大學學報（社會科學版）》，第 31 卷第 2 期（2002），頁 95-102。

———〈明清時期通俗小說的讀者與傳播方式〉，《復旦學報（社會科學版）》2001 年第 1 期，頁 118-124，130。

潘銘燊〈中國印刷版權的起源〉，《漢學研究》第 7 卷第 1 期（1989 年 6 月），頁 215-222。

———〈明代官私刻書〉，《古籍鑑定與維護研習會專集》，頁 122-136。

冀叔英〈談談明刻本及刻工〉，《文獻》第 7 期（1981），頁 211-231。

———〈談談版刻中的刻工問題〉，《文物》1959 年第 3 期，頁 4-10。

鄺健行〈明代唐宋派古文四大家「以古文為時文」說〉，《香港中文大學中國文化研究所學報》第 22 期（1991），頁 219-231。

閻廣芬〈試論明清時期商人與教育的關係〉，《河北大學學報（哲學社會科學版）》第 26 卷第 3 期（2001 年 9 月），頁 49-55。

龍向洋〈明清之際《詩經》文學評點論略〉，《信陽師範學院學報（哲學社會科學版）》第 22 卷第 5 期（2002 年 10 月），頁 106-112。

繆咏禾〈古代出版人怎樣策劃選題〉，《中國編輯》2005 年第 5 期，頁 84-87。

魏青〈湯顯祖與八股文〉，《溫州師範學院學報（哲學社會科學版）》第 22

卷第 1 期（2001 年 2 月），頁 32-35。

謝景芳〈明人士、商互識論〉，《明史研究專刊》第 11 期（1994），頁 187-200。

瞿屯建〈虯村黃氏刻工考述〉，《江淮論壇》1996 年第 1 期，頁 65-70。

———〈明清時期的徽州刻書〉，《圖書館學通訊》1989 年第 1 期，頁 31-42。

藺文銳〈商業媒介與明代小說文本的大眾化傳播〉，《中國戲曲學院學報》第 26 卷第 2 期（2005 年 5 月），頁 76-84。

蘭壽春〈福建建陽書坊對我國白話小說發展的貢獻〉，《龍岩師專學報》第 13 卷第 4 期（1995 年 12 月），頁 13-16。

龐乃明〈明初儒學教官之選任〉，《信陽師範學院學報（哲學社會科學版）》第 21 卷第 1 期（2001 年 1 月），頁 102-106。

蕭麗玲〈版畫與劇場：從世德堂刊本《琵琶記》看萬曆初期戲曲版畫之特色〉，《藝術學》第 5 期（1991），頁 133-185。

英文書目

Books

Brokaw, Cynthia J., and Chow, Kai-wing (ed.), *Printing and Book Culture in Late Imperial China*, Berkeley: University of California Press, 2005.

------, *Commerce in Culture: the Sibao Book Trade in the Qing and Republican Periods,* Cambridge: Harvard University Asia Center, 2007.

------, *The Ledgers of Merit and Demerit: Social Change and Moral Order in Late Imperial China*, Princeton: Princeton University Press, 1991.

Brook, Timothy, *The Chinese State in Ming Society*, London ; New York: Routledge, 2004.

------, *The Confusions of Pleasure: Commerce and Culture in Ming China*, Berkeley: University of California Press, 1998.

Burke, Peter (ed.), *New Perspective on Historical Writings*, 2nd ed., Pennsylvania: The Pennsylvania State University Press, 2001.

Cardoza, Avery, *The Complete Guide to Successful Publishing*, 2nd ed, New York: Cardoza Publishing, 1998.

Carter, Thomas Francis, *The Invention of Printing in China and Its Spread Westward*, rev. by L. Carrington Goodrich, 2nd ed., New York: Ronald Press Co, 1955.

Cavallo, Guglielmo, and Roger Chartier (ed.), *A History of Reading in the West.* trans. Lydia G. Cochrane, Amherst: University of Massachusetts Press, 1999.

Chia, Lucille, *Printing for Profit: the Commercial Publishers of Jianyang, Fujian, 11th-17th Centuries*, Cambridge: Harvard University Asia Center, 2002.

Chow, Kai-wing, *Publishing, Culture, and Power in Early Modern China,* Stanford: Stanford University Press, 2004.

Darnton, Robert, *The Kiss of Lamourette: Reflections in Cultural History,* New York: Norton, 1990.

de Barry, William Theodore (ed.), *Self and Society in Ming Through*, New York: Columbia University Press, 1970.

Eisenstein, Elizabeth L, *The Printing Press as An Agent of Change,* Cambridge: Cambridge University Press, 1979.

Elman, Benjamin A, *A Cultural History of Civil Examinations in Late Imperial China,* Berkeley: University of California Press, 2000.

------, and Alexander Woodside (ed.), *Education and Society in Late Imperial China, 1600-1900*, Berkeley: University of California Press, 1994.

Finkelstein, David and Alistair McCleery (ed.), *An introduction to Book History,* New York, NY: Routledge, 2005.

------, *The Book History Reader,* London: Routledge, 2002.

Goodrich, Carrington (ed.), *Dictionary of Ming Biography, 1368-1644,* New York: Columbia University Press, 1976.

Hegel, Robert E., *Reading Illustrated Fiction in Late Imperial China*, Stanford: Stanford University Press, 1998.

Ho, Pint-ti, *The Ladder of Success in Imperial China, Aspects of Social Mobility*

1368-1911, New York: John Wiley, 1964.

Johnson, David, Andrew J. Nathan, and Evelyn S Rawski (ed.) *Popular Culture in Late Imperial China,* Berkeley: University of California Press, 1985.

Ko, Dorothy, *Teachers of the Inner Chambers: Women and Culture in Seventeenth Century China*, Stanford: Stanford University Press, 1994.

Lee, Thomas H. C., *Education in Traditional China: A History,* Leiden: Brill, 2000.

McDermott, Joseph P., *A Social History of the Chinese Book: Books and Literati Culture in Late Imperial China,*. Hong Kong: Hong Kong University Press, 2006.

Mote, Frederick, and Denis Twitchett (ed.), *The Cambridge History of China, v.7, The Ming Dynasty, 1368-1644, Part I,* Cambridge: Cambridge University Press, 1988.

Rawski, Evelin Sakakida, *Education and Popular Literacy in Ching China,* Ann Arbor: The University of Michigan Press, 1979.

Smith, Paul Jakov, and Richard von Glahn (ed.) *The Song-Yuan-Ming Transition in Chinese History,* Cambridge: Harvard University Asia Center, 2003.

Tsien, Tsuen-Hsuin, *Paper and Printing*, v.5: 1. section 32, e and g, in Joseph Needham (ed.), *Science and Civilization in China*, New York: Cambridge University Press, 1985.

------, *Written on Bamboo and Silk: the Beginning of Chinese Books and Inscriptions,* Chicago: University of Chicago Press, 1962.

Twitchett, Denis, *Printing and Publishing in Medieval China*, London: The Wynkn de Worde Society, 1983.

------, and Frederick W. Mote (ed.) *The Cambridge History of China, Volume 8. The Ming Dynasty, 1368-1644, Part 2*, Cambridge: Cambridge University Press, 1998.

Wu, K. T, *Scholarship, Book Production and Libraries in China (618-1644)*, Chicago: University of Chicago, 1948.

Journal Articles

Brokaw, Cynthia "Commercial Publishing in Late Imperial China: the Zou and Ma Family Businesses of Sibao, Fujian", *Late Imperial China,* 17, no. 1, June 1996, pp. 49-92.

------, "Fieldwork on the Social and Economic History of Chinese Print Culture: A Survey of Sources", *The East Asian Library Journal,* X, no. 2, Autumn 2001, pp. 6-59.

Bussoti, Michela, "General Survey of the Latest Studies in Western Languages on the History of Publishing in China", *Revue bibliographique de sinlogogie,* 16, 1998, pp. 53-68.

Chia, Lucille, "Counting and Recounting Chinese Imprints", *The East Asian Library Journal,* X, no. 2, Autumn 2001, pp. 60-103.

------, "The Development of the Jianyang Book Trade, Song-Yuan", *Late Imperial China,* 17, no. 1, June 1996, pp. 10-48.

Chow, Kai-Wing, "Writing for Success: Printing, Examinations, and Intellectual Change in Late Ming China", *Late Imperial China,* 17, no. 1, June 1996, pp. 120-157.

Edgren, Sören, "Southern Song Printing at Hangzhou", *Museum of Far Eastern Antiquities Bulletin,* 61, 1989, pp. 1-212.

Eisenstein, Elizabeth L, "Some Conjectures about the Impact of Printing on Western Society and Through: A Preliminary Report", *The Journal of Modern History,* 40, no. 1, March 1968, pp. 1-56.

McLaren, Anne E, "Investigating Readerships in Late-Imperial China: A Reflection on Methodologies", *The East Asian Library Journal,* X, no. 2, Autumn 2001, pp. 104-159.

Widmer, Ellen, "The Huanduzhai of Hangzhou and Suzhou: A Study in Seventeenth-Century Publishing", *Harvard Journal of Asiatic Study,* 56, no.1, June 1996, pp. 77-122.

Wu, K. T. , "Ming Printing and Printers", *Harvard Journal of Asiatic Studies*, 7, no.

3, 1943, pp. 203-260.

Zhang, Qian and Zhang, Zhiqing, "Book Publishing by the Princely Household during the Ming Dynasty", trans by Nancy Norton Tomasko. *The East Asian Library Journal*, X, no. 1, Spring 2001, pp. 85-128.

日文書目

大木康《明末江南の出版文化》（東京：研文出版，2004）。

工藤一郎《中国の図書情報文化史：書物の話》（東京：柘植書房新社，2007）。

———《中国図書文獻史攷》（東京：明治書院，2006）。

小川阳一《日用类书による明清小说の研究》（東京：研文出版，1995）。

方厚樞著，前野昭吉譯《中国出版史話》（東京：新曜社，2002）。

井上进《中国出版文化史：書物世界と知の風景》（名古屋：名古屋大学出版会，2002）。

中国古籍文化研究所編《中国古籍流通学の確立：流通する古籍・流通する文化》（東京：雄山閣，2007）。

米山寅太郎《図說中国印刷史》（東京：汲古書院，2005）。

明代史研究會明代史論叢編集委員會《山根幸夫教授退休記念明代史論叢》（東京：汲古書院，1990）。

酒井忠夫《增補中国善書の研究》（東京：国書刊行会，1999）。

後　記

本書是我在博士論文基礎上修改而成。拙文能如期提交與通過，首先要感謝的是我的指導老師，新加坡國立大學中文系的前主任李焯然副教授。除博士論文外，李老師也是我的榮譽學位畢業論文（1993 年）和碩士論文（2000 年）的指導老師。從榮譽學位論文、碩士論文，到最後的博士論文，老師在我這十多年來求學期間對我方向的指引、疑惑的解答、錯誤的糾正，令我獲益匪淺，終身受用。

我也要感謝另外兩位論文導師：新加坡國立大學中文系的容世誠副教授和蕭馳副教授，均給我的論文提出了許多積極的建議。此外，三位評審委員均在評審論文時貢獻心力，提出寶貴意見。師長們的不吝賜教，使我的論文更臻完善。

我是在職研究生，任職的新加坡國立大學圖書館的上司，以及圖書館各部門的同仁們，均在我修讀課程和撰寫論文期間對我多所關照和諒解，讓我在有限的時間與體力內，得以兼顧工作與學業。而長期以來同窗、摯友相互間的關懷和勉勵，都是推動我勤奮向前的力量。

最後，也要感謝內人秀琳與兩個孩子：長女家怡，幼子家序。內人不僅鼓勵我報讀博士學位，更在這四年多期間默默地操持家業，讓我在沒有後顧之憂的情況下修讀課程和撰寫論文。光陰似箭，兩個孩子在我修讀學位之初還是幼兒班的學生，在我完成博士論文之際，都分別已是小學二、三年級的學生了。在撰寫博士論文期間，下班後及週末或忙於到圖書館收集資料，或把自己關在書房，埋首於翻閱資料，記錄資料，撰寫初稿，在電腦前打字，鮮少抽空帶他們外出，心裏總不免愧疚。他們偶爾靜悄悄地打開書房門，伸進頭來看我的動靜，以為我不留意就溜進書房默默地坐在一旁閱讀，讀累了就靜靜地站在一旁看我打字。他們總是不明白我到底在忙些什麼。

本書部分章節曾發表於《書目季刊》與《漢學研究》等學術期刊，謹此致上謝意。

自知個人的識見和學養有限，本書難免有疏漏和未盡完善之處，敬希讀者不吝指正。

國家圖書館出版品預行編目資料

舉業津梁：明中葉以後坊刻制舉用書的生產與流通
沈俊平著. − 初版. − 臺北市：臺灣學生，2009.06
面；公分
參考書目：面

ISBN 978-957-15-1466-6(平裝)

1. 書業 2. 書史 3. 明代

487.70926　　98008249

舉業津梁：明中葉以後坊刻制舉用書的生產與流通

著作者：沈俊平
出版者：臺灣學生書局有限公司
發行人：盧保宏
發行所：臺灣學生書局有限公司
臺北市和平東路一段一九八號
郵政劃撥帳號：00024668
電話：(02)23634156
傳真：(02)23636334
E-mail：student.book@msa.hinet.net
http：//www.studentbooks.com.tw
本書局登記證字號：行政院新聞局局版北市業字第玖捌壹號
印刷所：長欣印刷企業社
中和市永和路三六三巷四二號
電話：(02)22268853

定價：平裝新臺幣五五〇元

西元二〇〇九年六月初版

48701

ISBN 978-957-15-1466-6(平裝)

文獻學研究叢刊